集成电路科学与工程系列教材

微电子概论与前沿技术

王少熙　李　伟　汪钰成　吴玉潘　编　著

電子工業出版社
Publishing House of Electronics Industry
北京 · BEIJING

内 容 简 介

21 世纪是信息产业时代，微电子技术已经成为信息产业的基石。本书编写团队围绕微电子技术的应用场景，从微电子的发展历史、半导体物理与器件、半导体工艺、集成电路设计、微电子学科前沿等方面全面详细地介绍了微电子学的相关知识。全书包含 11 章，第 1 章主要介绍半导体器件和集成电路的发展历程及微电子学的特点；第 2～4 章主要介绍半导体物理基础、半导体器件基础和半导体工艺相关知识；第 5～7 章主要介绍集成电路设计方面的内容，包括集成电路设计基础、数字集成电路和模拟集成电路；第 8～11 章主要介绍微电子前沿知识，包括目前产业界和科研界比较热门的新型材料与器件、微电子与光电信息、微电子与航空航天、微电子与智能生物方面的学科交叉知识。

本书重点介绍了微电子学的基础知识，根据学科交叉知识拓宽知识面，将理论知识和工程实例相结合，可作为微电子专业低年级本科生及非微电子专业本科生和研究生相关课程的教材，也可作为从事微电子技术工作的专业人员的参考用书。本书在服务教学改革、规范教学实施、提高教学质量及引导专业人员培训等方面具有重要作用。

图书在版编目（CIP）数据

微电子概论与前沿技术 / 王少熙等编著. -- 北京 :
电子工业出版社, 2025. 1. -- ISBN 978-7-121-49650-9

Ⅰ. TN4

中国国家版本馆 CIP 数据核字第 2025BL5151 号

责任编辑：孟　宇
印　　刷：涿州市京南印刷厂
装　　订：涿州市京南印刷厂
出版发行：电子工业出版社
　　　　　北京市海淀区万寿路 173 信箱　　　邮编：100036
开　　本：787×1092　1/16　印张：20　字数：512 千字
版　　次：2025 年 1 月第 1 版
印　　次：2025 年 1 月第 1 次印刷
定　　价：79.80 元

凡所购买电子工业出版社图书有缺损问题，请向购买书店调换。若书店售缺，请与本社发行部联系，联系及邮购电话：（010）88254888，88258888。

质量投诉请发邮件至 zlts@phei.com.cn，盗版侵权举报请发邮件至 dbqq@phei.com.cn。

本书咨询联系方式：mengyu@phei.com.cn。

前言

信息产业的发展离不开微电子技术的发展，微电子技术对当代国民经济的发展具有促进作用。19 世纪末到 20 世纪 30 年代，微电子技术的理论基础——现代物理学建立起来；到了 20 世纪末期，微电子技术已经进入了快速发展阶段。目前，微电子技术已经成为影响国家经济、军事、民生等的重要因素。微电子技术与其他新兴技术（如通信、生物、医疗等）的交叉融合能够促进国家能源、交通、信息安全等产业的快速发展。相比国外，我国微电子技术无论是在设计领域还是在制造领域均面临着关键核心技术难题。

微电子技术涉及面极为广泛，包括材料、物理、电路、制造等，对于从事微电子技术工作的专业人员和主修微电子专业的学生来说，需要全面掌握半导体物理、半导体器件、半导体工艺及集成电路设计等相关知识。因此，本书编写团队围绕微电子技术的应用场景，从微电子的发展历史、半导体物理与器件、半导体工艺、集成电路设计、微电子学科前沿知识等方面详细介绍了微电子学的相关知识。

本书从半导体物理基础出发，结合工程实例介绍半导体器件基础知识，对半导体器件的工作原理进行分析，同时给出定量结论。在介绍半导体工艺知识时，本书尽量避免使用复杂的数学公式，通过简单易懂的示意图给出了工艺流程，使初学者能够快速掌握半导体工艺知识。在介绍集成电路设计相关知识时，本书首先通过设计流程和设计方法介绍了集成电路设计基础，然后结合具体的工程实例介绍了数字集成电路和模拟集成电路的基本模块设计方法及电路优化方法。本书结合近年来微电子技术的新进展，介绍了新型材料与器件、微电子与光电信息、微电子与航空航天、微电子与智能生物方面的学科交叉知识，读者通过这方面的学习可以体会到微电子学在整个信息产业中的重要性。

本书第 6 章、第 7 章、第 10 章由王少熙撰写；1.1 节、第 3 章、第 5 章、第 8 章由李伟撰写；1.2 节、第 2 章、第 9 章由汪钰成撰写；1.3 节、第 4 章、第 11 章由吴玉潘撰写。

本书重点介绍了微电子学的基础知识，根据学科交叉知识拓宽知识面，将理论知识和工程实例相结合，可作为微电子专业低年级本科生及非微电子专业本科生和研究生相关课程的教材，也可作为从事微电子技术工作的专业人员的参考用书。本书在服务教学改革、规范教学实施、提高教学质量及引导专业人员培训等方面具有重要作用。

限于编写团队的水平，书中难免有疏漏与不妥之处，希望广大专家与读者批评指正。

前言

目录

第 1 章 绪论

1.1 半导体器件的发展历程

1.1.1 晶体管的发展历程

晶体管是一种固体半导体器件，包括二极管、三极管、场效应管、晶闸管等多种类型。晶体管主要有检波、整流、放大、开关、稳压、信号调制等多种功能。由于晶体管能够基于输入电压控制输出电流，因此它是一种可变电流开关，利用电信号来控制自身的关断，开关速度可以非常快。晶体管在电路领域有着广泛的应用，许多精密仪器的组成都包含晶体管。

有关晶体管的发展源头可以追溯到 19 世纪。1833 年，英国科学家法拉第最早发现硫化银的电阻率随温度升高而降低，这与一般金属不同，是人们发现的半导体的第一个特性。1839 年，法国的贝克莱尔发现半导体和电解质接触形成的结在光照下会产生一个电压，这就是人们熟知的光生伏特效应，也是人们发现的半导体的第二个特性。1873 年，英国的史密斯发现硒晶体在光照下电导会增加，这就是光电导效应，也是人们发现的半导体的第三个特性。1874 年，德国的布劳恩观察到某些硫化物的电导与所加电场的方向有关，即它们的导电有方向性，在其两端施加正向电压，其将导通；在其两端施加反向电压，其将关断，这就是半导体的整流效应，也是人们发现的半导体的第四个特性。利用半导体的第四个特性制作的检波器已用于早期的无线电实验中。

人们对半导体的大量实验性研究工作开始于 19 世纪中叶，虽然在这个时期半导体的四个特性先后被发现了，但半导体这个名词直到 1911 年才首次被使用。由于半导体的四个特性未能得到理论支撑和确切解释，因此半导体器件在早期未能得到快速发展。

到了 20 世纪初，半导体的理论研究取得了突破性进展。经典力学在解释微观系统时越显不足，而量子力学的出世解决了这一问题。1900 年，普朗克提出了辐射量子假说，假定电磁场与物质交换能量是以能量子这种间断形式实现的。1905 年，爱因斯坦提出了光量子的概念，成功解释了光电效应。1913 年，玻尔在卢瑟福原子模型基础上建立了原子的量子理论。该理论描述了电子在原子中的运动规则：原子中的电子只能在分立的轨道上运动，并且每个原子的能量状态是固定的，称为定态，只有当电子在不同定态间跃迁时，才会吸收或辐射能量。

能带理论最早由斯特拉特在 1927 年提出。1930 年，布里渊在固体能带理论中引入了布里渊区的概念，简化了周期性重复的固体物理研究。1931 年，威尔逊提出了半导体的能带模型，主张晶体中电子的能级可能会分裂成不同的能带，这些能带的数量和宽度在不同晶体中各不相同。他进一步提出了能带理论，根据能带被电子占据的情况，把能带分为价带（满带）、禁带和导带（空带），并从能带理论的角度解释了导体、绝缘体和半导体的行为特征。

随着现代物理学的发展，一系列新发现揭示了微观世界的基本规律，而量子力学理论的出现，从微观原理的角度解释了很多以前矛盾的结论，为微电子领域的发展提供了强大的支撑力。能带理论是现代固体电子学的理论基础，对微电子领域的发展有非常重要的影响。能带理论能帮助人们从微观原理的角度理解现象的本质，为半导体器件的研究提供理论支持。

能带理论的提出为晶体管的诞生奠定了理论基础。随着能带理论的完善，越来越多的科学家开始了半导体物理方面的研究，希望能发明取代电子管的高可靠性器件。1939 年，肖克莱就开始尝试设计像三极电子管那样的能实现放大电流和整流的元器件，但未能成功。1946 年，贝尔实验室成立了以肖克莱、巴丁与布拉顿为核心的小组专门进行此方面的研究。晶体管的三位发明者在实验室的合影如图 1.1 所示，从左至右依次为巴丁、肖克莱和布拉顿。在经过多次实验后，肖克莱根据整流理论提出了场效应原理，这成为之后发明的场效应管的理论基础。巴丁提出了解释信号放大的表面态理论，这一理论帮助人们从理论角度更深刻地理解半导体的结构及其特性。在多次的实验和复盘后，他们终于在 1947 年 12 月，将金属接触丝和半导体进行点接触，成功研制出第一个固态放大器。他们把这种器件命名为晶体管，因为该器件是点接触的形式，所以其又称为点接触晶体管。

图 1.1　晶体管的三位发明者在实验室的合影

晶体管的发明是电子学领域的一个重大技术突破，固态电子器件的发展迎来一个新的时代。三位科学家也凭借此项研究获得了 1956 年的诺贝尔物理学奖。

晶体管的诞生开启了固态电子器件的新发展，之后不断出现新的优异器件。1949 年，肖克莱发表了一篇关于 PN 结理论及性能更好的双极晶体管（BJT）的论文，该论文提出通过控制双极晶体管中间一层很薄的基极上的电流，可以实现放大电流的作用。1950 年，肖克莱成功制造出具有 PN 结的锗晶体管。锗晶体管与电子管相比，在性能上有显著提升：体积小，重量轻，能耗低，无须预加热就可以直接工作，而且它的寿命长、可靠性高。这些优势使得锗晶体管迅速得到广泛应用，取代了之前的电子管而成为主要的电子器件，推动了电子技术的发展，成为电子技术发展史上的一座重要里程碑。1957 年，Kroemer 提出了异质结双极晶体管（HBT），这种器件的运行速度更快。1960 年，贝尔实验室的 Kahng 和 Atalla 成功研制了第一个实用型金属-氧化物-半导体场效应晶体管（Metal-Oxide-Semiconductor Field Effect Transistor，MOSFET，简称 MOS 管）。该晶体管研制成功后迅速发展，并成为微处理器与存储器等集成电路中最重要的组成器件。贝尔实验室设计的晶体管如图 1.2 所示。

图 1.2 贝尔实验室设计的晶体管

人们通过对半导体器件的研究，还有一些微小的发现，这些发现都有可能引起巨大的变革。晶体管的出现开启了半导体器件发展的篇章，并引领着集成电路领域不断进步和发展。

1.1.2 半导体存储器的发展历程

从 20 世纪 70 年代开始，半导体工业主要朝着两个方向发展：半导体存储器与微处理器。本书将在 1.1.2 节和 1.1.3 节中分别介绍其发展历程。

存储器属于时序逻辑设备，按存储介质的不同可分为半导体存储器和磁表面存储器。

半导体存储器是指利用半导体集成电路工艺制成的、用于存储数据信息的固态电子器件。图 1.3 所示为某款存储器芯片外观。它由许多存储单元和输入、输出电路等构成。半导体存储器是构成计算机的重要部件，具有存取速度快、容量大、体积小的优点，并且它的存储单元与主要外围逻辑电路兼容，二者可集成在同一芯片上，从而简化电路。因此，在计算机高速存储方面，半导体存储器替代了之前的磁表面存储器。

最早在 1965 年，快捷公司的施密特使用 MOS 管技术做成了实验性的随机存取存储器。1966 年，IBM 公司的 Robert H. Dennard 发明了动态随机存取存储器（Dynamic Random Access Memory，DRAM），这是挥发性半导体存储器，其由于优异的特性，已广泛应用在计算机领域。1967 年，贝尔实验室的 Kahng 和施敏发明了非挥发性半导体存储器，其结构如图 1.4 所示。这种存储器比 MOS 管多一个浮动栅极，在电源关闭后仍保持存储的电荷，是一种非常重要的半导体存储器。由于非挥发性半导体存储器具有非挥发性、高器件密度、低损耗、可电重写的特点，因此它广泛应用于笔记本计算机、数码相机等常用电子设备中。1969 年，IBM 公司的迪纳发明了只需要一个晶体管和一个电容器就可以存储一个位元的记忆单元的 DRAM，这是存储器发展过程中最重要的一步。由于 DRAM 结构简单、密度高，因此当今半导体技术的发展常以 DRAM 的容量为指标。1994 年，Yano 等发明了能在室温下工作的单电子存储器，它本质上是通过将浮动栅极的长度缩小到极小的尺寸而实现的极端非挥发性半导体存储器。当有电子进入浮动栅极时，其电压会发生变化，排斥其他电子进入。这可以被视为非挥发性半导体存储器的一个极限案例——只需要一个电子就可以存储信息。

图 1.3　某款存储器芯片外观

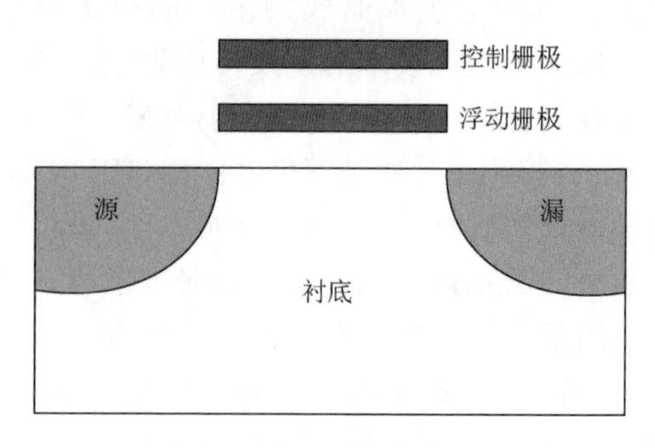

图 1.4　非挥发性半导体存储器的结构

随着集成电路工艺技术的不断进步，半导体存储器的容量迅速增长，其尺寸也不断向着微型化发展，并且出现了很多新型半导体存储器。作为集成电路的重要组成部分，半导体存储器的发展对计算机处理器性能的提升起着重要作用。

1.1.3　微处理器的发展历程

微处理器是由一个或多个大规模集成电路组成的中央处理器，其内部电路执行控制或算术逻辑的功能。微处理器能完成读取、执行指令，以及与外界交换信息，它与存储器和外围电路芯片共同组成微型计算机，主要负责运算和控制。微处理器本身并不等于微型计算机，它是微型计算机的中央处理器。与传统的中央处理器相比，它具有体积小和易模块化的特点。微处理器几乎无处不在，它不仅广泛应用于人们日常使用的移动手机、智能洗衣机、平板电脑等电子产品中，也是智能汽车、导弹精准制导等高端技术不可或缺的组成部分。随着微处理器技术的不断进步，人们的生活也变得越来越智能化。微处理器的外观如图 1.5 所示。

图 1.5　微处理器的外观

自 1947 年晶体管问世以来，半导体技术开始飞速发展，伴随着大规模集成电路的发展，微处理器的集成密度也越来越高。微处理器的发展可分为 6 个阶段。

（1）第 1 阶段（1971—1973 年）。该阶段的微处理器通常是 4 位或 8 位微处理器，其中比较典型的微处理器有 Intel 4004 和 Intel 8008。Intel 4004 是一款 4 位微处理器，能够进行 4 位二进制的并行运算。但它的功能有限，所以它主要用于计算器、照相机、台秤、电视机等小型家用电器中，以提升这些家用电器的智能化水平。Intel 8008 是首个 8 位微处理器，但由于其发展有限，该时期微处理器的指令系统不完整，存储空间小，只有汇编语言，没有操作系统，故由其组成的计算机的工作速度仍较为缓慢，它主要用于工业中的仪表和过程控制。

（2）第 2 阶段（1974—1977 年）。经过一段时间的发展，微处理器的成本较低，能够取代以往体积较大的设备完成计算任务，各公司开始投入研究和生产。该阶段比较典型的微处理器有 Intel 8080/8085、Zilog 公司的 Z80 和 Motorola 公司的 M6800。与上一阶段相比，第 2 阶段的微处理器的集成度提高了 1～4 倍，运算速度提高了 10～15 倍，指令系统更加完整，有多种汇编语言，具有单用户操作系统。第 2 阶段的微处理器具备典型的计算机体系结构及中断、直接存储器存取等功能。

（3）第 3 阶段（1978—1984 年）。该阶段的微处理器是 16 位微处理器，比较典型的微处理器有 Intel 8086、Intel 8088、Intel 80286，Zilog 公司的 Z8000，以及 Motorola 公司的 M68000。1978 年，Intel 公司最早推出了 16 位微处理器 Intel 8086，它的最高主频达到 8MHz 并具有 16 位数据通道。相比于 8 位微处理器，16 位微处理器的寻址空间、运算能力、处理速度和指令系统都得到了提升。在应用方面，16 位微处理器已经能替代部分小型机的功能，工作频率大幅度提升，达到了兆赫兹级别，可以集成上万个晶体管。1981 年，IBM 公司将 Intel 8088 用于其研制的 IBM-PC 中，从此个人计算机（PC）的概念才开始在世界范围发展。随着个人计算机进入人们的工作和生活中，一个新的时代开始了。

（4）第 4 阶段（1985—1992 年）。该阶段的微处理器是 32 位微处理器。1985 年 10 月，Intel 公司划时代的产品——80386DX 发布，其内部集成了 27.5 万个晶体管，最高主频达到了 12.5MHz。它的内、外部工作总线和数据总线都是 32 位。32 位微处理器的寻址空间、运算能力有了大幅度提升，同时由其组成的 PC 也应用到商业办公、工程计算、影音娱乐等更多领域。1989 年，Intel 公司发布的 80486 芯片首次突破了 100 万个晶体管集成的极限，使用了 1μm 的制造工艺，时钟频率最高可达到 50MHz。

（5）第 5 阶段（1993—2005 年）。该阶段也称为奔腾系列微处理器时代。该阶段比较典型的微处理器有 Intel 公司的奔腾系列芯片和 AMD 公司的 K6 系列微处理器。奔腾处理器内部采用超标量指令流水线结构，具有相互独立的指令和高速缓存。为了提高计算机在多媒体及 3D 图形等方面的表现，出现了一些新的指令，如 Intel 公司的 MMX（Multimedia Extensions，多媒体扩展）指令集和 SSE 指令集。1993 年，Intel 公司推出奔腾 586，其主频为 60MHz；1995 年，推出 Pentium Pro，其主频为 166MHz；IBM、Apple、Motorola 公司联合推出 PowerPC；1997 年，Intel 公司推出了增加 MMX 指令集的多功能奔腾微处理器；1998—1999 年，Intel 公司推出了 Pentium Pro 的改进版——Pentium Ⅱ和 Pentium Ⅲ；2000 年，Intel 公司推出 Pentium Ⅳ，其主频为 2.2GHz。该阶段微处理器的快速发展与指令集的推出，共同促进了微机在网络智能化、影音娱乐、办公计算等方面的发展。

（6）第 6 阶段（2006 年至今）。该阶段也称为酷睿系列微处理器时代。酷睿是一款领先节能的新型微架构，其设计的出发点是提高能效比。早期的酷睿是基于笔记本处理器设计的。它的出现代表着微型计算机向新型、便捷的方向发展。2006 年，Intel 公司推出了基于酷睿架构的酷睿 2，它是一个跨平台的架构体系，包括服务器版、桌面版、移动版。笔记本计算机的流行也促进了社会技术的不断进步。直到今天，微处理器还在不断向更大的寻址空间、更强的运算能力、更高的处理速度、更低能耗方向发展。

微处理器的发展历程如图 1.6 所示。

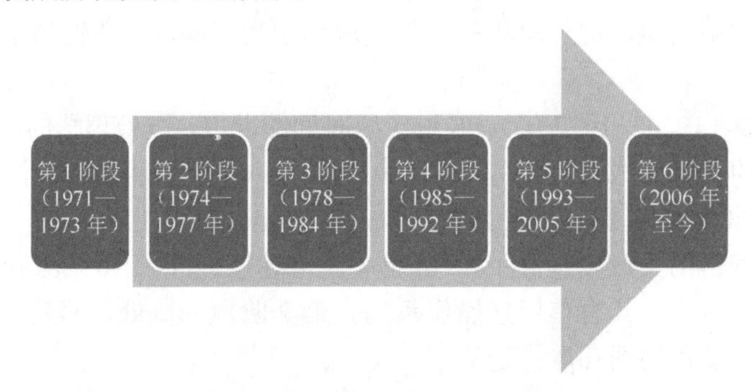

图 1.6　微处理器的发展历程

1.1.4　我国集成电路产业的发展历程

集成电路是一种采用半导体工艺将半导体器件和连接它们的线封装在一片或几片半导体基片上的微型电路。集成电路将元器件在结构上集成为一个整体，推动元器件向小型化、低功耗、智能化的方向发展。集成电路具有体积小、可靠性高、性能好的优点，应用在电视机、计算机、军事、通信等诸多方面，可以说人们的生活离不开集成电路。鉴于集成电路的重要性，各个国家对于集成电路的发展非常重视，本节将介绍我国集成电路产业的发展历程。

我国的集成电路产业起步于 20 世纪 60 年代，其发展历程大致分为以下 3 个阶段。

（1）第 1 阶段（1965—1978 年）。该阶段以计算机和军工配套为主要对象，以开发逻辑电路为主要目标，初步建立集成电路产业基础及配备相关设备、仪器、材料。

1956 年，我国提出了“向科学进军”的口号，并制定了发展尖端科学的《1956—1967 年科学技术发展远景规划》，明确了目标。根据国外发展电子器件的进程，我国也提出了要研究发展半导体科学，把半导体技术的发展列为重点之一。1957 年，北京电子管厂通过还原氧化锗，拉出了锗单晶。之后，我国依靠自己的技术开发，相继研制出了点接触型锗二极管和三极管。1965 年，我国自主研制了第 1 块硅数字集成电路，仅比美国和日本晚了几年，且半导体技术的发展势头并不亚于同处于半导体技术发展初期的美国。我国的集成电路产业按照以军工为主导、以科研创新为动力的模式，形成了自己的产业体系。我国曾召开 3 次全国规模的集成电路工作会议，以逻辑电路、数字电路为主，使其为计算机配套，开发出了 109、130、220、370 计算机系列，并自主开发出配套的设备，形成了自己的计算机生产能力。

（2）第 2 阶段（1979—1990 年）。该阶段主要是通过引进美国的二手设备，来改善集成电路的装备水平，以消费类整机为配套重点，较好地促进了彩电集成电路的国产化。

改革开放后，面对国外显著的技术优势，我国半导体技术的发展模式经历了重大转型。1978 年，无锡 742 厂（现为华晶厂）投资 2.8 亿，从日本东芝引进了全套彩电用线性集成电路生产线（5μm 技术），1982 年起投产，1985 年国家验收通过。华晶厂的全套引进在当时是比较成功的项目。20 世纪 80 年代初，为努力追赶国际水平，中国科学院于 1979 年成功试制 4K 存储器，1980 年做出了 16K 存储器，1985 年做出了 64K 存储器。但是，在巨大的进口潮冲击下，我国在 20 世纪 80 年代后期停止了在通用电路方面对国际水平的追赶（256K 存储器的研发计划被搁置），转而走技术引进的路子。

1984 年是我国的“引进年”，引进了大量的半导体器件生产线。但是，由于当时“巴统”的禁运政策，我国引进的设备基本上是已经淘汰的、不配套的，达不到设计要求，只有 1/3 可以开动。而且，企业急功近利，只考虑生产，而少有明确的引进消化学习方案，也缺乏资金保障，因此引进的半导体器件生产线绝大多数未能发挥作用。

（3）第 3 阶段（1991—2000 年）。该阶段以 908 工程、909 工程为重点，以计算机辅助设计（Computer-Aided Design，CAD）为突破口，抓好科技攻关和北方科研开发基地的建设，为信息产业服务，从而促进了集成电路产业的发展。

1990 年 8 月，我国决定投资 20 亿元人民币，启动 908 工程。该工程包括 1 条 6 英寸生产线（最后定在华晶厂）、1 个后封装企业、10 个设计公司和 6 个设备项目。908 工程强调了集中投资。但是仅仅对该工程立项就用了 4 年，最后只引进了一条二手的 6 英寸生产线，直到 1997 年左右该生产线才建成。从立项到建成投产大概用了 7 年，但国际上的技术发展已经前进了几代。909 工程是由我国集中组织、一次性大规模投资取得的成果，体现了我国集成电路产业的重大进步。909 工程引进了当时国际主流技术和装备，为培养自己的队伍提供了极好的平台，为我国华东地区成为新兴半导体产业区创造了有利条件。20 世纪 90 年代，我国集成电路产业快速发展，但是在跨国公司发展模式下，我国处于世界工厂的地位，其中技术和市场大多由外国掌握。

随着半导体技术的不断发展和融合，集成电路产业也不单单指集成电路的设计和制造，它是集成电路产业链的整体描述，包括电子设计自动化（Electronic Design Automation，EDA）、芯片代工、设备和材料。集成电路产业的发展不仅依靠单一器件的进步，还受到移动互联、智能系统等方面的影响。在电子信息技术发展的过程中，不断进行资源整合，并要有创新精神，集成电路作为其中一个环节，随着整体的变化而不断进步。

2001—2010 年，我国集成电路产量的年平均增长率超过 25%，销售额的年平均增长率达到 23%，2010 年我国的集成电路产量达到 640 亿块，销售额达到 1430 亿元，相比于 2001 年分别增长了 9 倍和 7 倍。我国的集成电路产业规模也从 2%提高到 9%，但是产业规模与市场规模之比未超过 20%。在喜人的数据背后我们也要清楚，目前我国的集成电路产业主要停留在低附加值的装配制造业上，国内的集成电路产品主要依靠进口。没有核心部件——半导体芯片的支持，我国集成电路产业的发展就无法实现真正的突破。

1.2　集成电路的发展历程

1.2.1　集成电路的概念

20 世纪 50 年代末，德州仪器（Texas Instruments，简称 TI）公司注意到可以将硅半导体器件集成在同一块半导体基片上，并通过连接这些器件来构成一个完整的集成电路。1960年，半导体行业的“黄埔军校”仙童公司（Fairchild 公司）制造出第一块可使用的单片集成电路，这项发明促进了微电子技术的飞速发展，TI 公司的基尔比和仙童公司的诺伊斯因此被授予美国国家科学奖章，他们也被公认为是集成电路的共同发明者。

集成电路也被称为微电子或芯片。顾名思义，集成电路就是把一个单元电路或一些功能电路，甚至是某一整机的功能电路集中到一个晶片上。自集成电路诞生以来，集成电路的发展基本遵循戈登·摩尔在 1965 年预言的摩尔定律，其内容为：当价格不变时，集成电路上可容纳的晶体管数量，约每隔 18 个月到 24 个月便会增加一倍，性能也将提升一倍。这也揭示了信息技术进步的速度。

集成电路可以按照以下多个标准进行分类。

（1）按照功能结构分类，集成电路可以分为模拟集成电路、数字集成电路和数/模混合集成电路。

模拟集成电路主要对模拟信号进行处理，如话筒里的声音信号、电视信号、温度采集的模拟信号等，其中输入信号和输出信号之间成比例关系；数字集成电路主要对数字信号进行处理，包括计算机的二进制、十进制、十六进制等，相较于模拟集成电路，数字集成电路精度更高，适合复杂的计算；数/模混合集成电路包含数字集成电路和模拟集成电路组件，能够处理数字信号和模拟信号。

（2）按照制作工艺分类，集成电路可以分为半导体集成电路和膜集成电路。半导体集成电路将多个半导体器件（如晶体管、电阻、电容器）整合在一个单一的半导体基片上，以实现各种电子功能；膜集成电路采用薄膜材料（如金属氧化物、有机半导体或其他薄膜）作为基底，并在其表面上沉积或形成半导体器件，如晶体管、电容器、电阻等，以实现各种电子功能。

（3）按照集成度高低分类，集成电路可以分为小规模集成电路（Small Scale Integrated Circuit，SSI）、中规模集成电路（Medium Scale Integrated Circuit，MSI）、大规模集成电路（Large Scale Integrated Circuit，LSI）、超大规模集成电路（Very Large Scale Integrated Circuit，VLSI）、特大规模集成电路（Ultra Large Scale Integrated Circuit，ULSI）和极大规模集成电路（Gita Scale Integrated Circuit，GSIC）。

（4）按照导电类型分类，集成电路可以分为双极型集成电路和单极型集成电路。

双极型集成电路制作工艺较为复杂，功耗较高，代表的集成电路有晶体管-晶体管逻辑（Transistor-Transistor Logic，TTL）电路、发射极耦合逻辑（Emitter Coupled Logic，ECL）电路等；单极型集成电路制作工艺相对简单，功耗也较低，易于制备大规模集成电路，代表的集成电路有互补金属氧化物半导体（Complementary Metal Oxide Semiconductor，CMOS）。

（5）按照应用领域分类，集成电路可以分为标准通用型集成电路和专用集成电路。标准通用型集成电路一般按照标准的输入、输出要求模式，如各种功率放大器、低通滤波器等；专用集成电路用于使某工具具备某种不常见的特定功能，属于为特定用户或特定电子系统制作的集成电路，如部分解码芯片。

（6）按照技术分类，集成电路可以分为集成电路设计技术、集成电路制造技术和集成电路封装测试技术。三者的具体内容将在 1.2.2 节中阐述。

1.2.2 集成电路制造的流程

集成电路制造的流程包括设计、制造和封装测试三个主要阶段。

集成电路设计技术一般包括数字集成电路设计技术和模拟集成电路设计技术。以数字集成电路设计为例，其设计流程如图 1.7 所示，具体包括以下步骤。

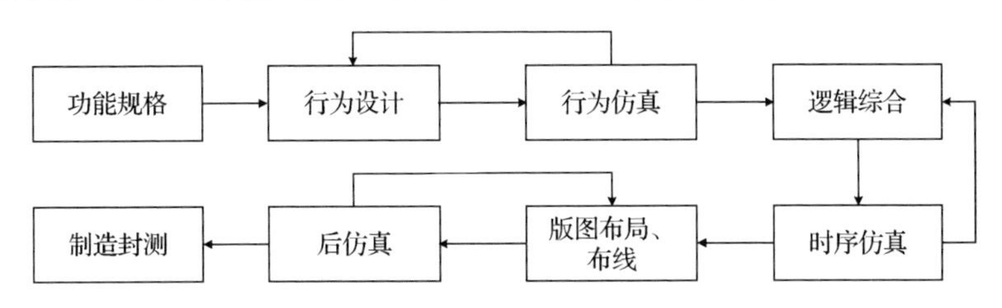

图 1.7 数字集成电路设计流程

（1）功能规格和行为设计：针对要实现的功能规格进行行为设计，一般采用硬件描述语言（Hardware Description Language，HDL）或电路图的形式形成电路文件，输入文件进行编译后，可以生成对电路逻辑的标准模型描述。

（2）行为仿真：通过软件仿真、硬件仿真等方式，对逻辑描述加入输入测试信号，检查输出信号是否满足设计要求，在此阶段，主要关注逻辑关系，不考虑时间因素。

（3）逻辑综合：使用特定的设计方法将高级 HDL（如 VHDL 或 Verilog）中的逻辑描述转化为可实现的物理电路，得到电路实际使用的逻辑单元及其相互互连形式。

（4）时序仿真：在综合电路结构中对每个逻辑单元添加对应的时间延迟信息，在此基础上进行仿真，以检测电路是否存在逻辑或时序错误。

（5）版图布局、布线：通过仿真电路系统，从全局到局部对每个逻辑单元的位置及其连线进行布局和布线。

（6）后仿真：将提取的连线参数带入电路中，在此基础上进行仿真，以检测电路是否存在逻辑或时序错误。

（7）制造封测：将物理电路实际制造出来，并进行封装测试的过程。

主流的集成电路设计技术包括现场可编程门阵列（Field Programmable Gate Array，FPGA）和单片系统（System on Chip，SoC）等。其中，FPGA 是现代集成电路设计和验证的主要技术，属于一种半订制电路；SoC 是指通过一系列先进的半导体设计、制造技术将计算机等电子电路系统集成到单一芯片的技术，具有集成规模超大、成本低、功能丰富等特点。

集成电路制造技术非常复杂，包括晶圆制造、电路设计、设备制造等众多环节，其部分流程如图 1.8 所示，以硅晶圆制造为例，其主要步骤如下。

（1）用电弧炉将石英矿石中的硅提炼出来，并经过氯化氢和蒸馏过程，以制备出高纯度的多晶硅，工业上要求多晶硅纯度高达 99.999999999%。

（2）在多晶硅中加入少量电活性“掺杂剂”，如砷、磷，将其一同放入高温炉中，使其熔化。用一根长晶线缆作为籽晶，将其插入多晶硅的底部，并旋转拉出，等待其冷却结晶，形成圆柱形单晶硅晶棒。

（3）利用特殊的刀片将单晶硅晶棒切成具有几何尺寸的薄晶圆，并对晶圆进行抛光、研磨和清洗，去除粗糙的划痕和杂质，从而得到近乎完美的硅晶圆。

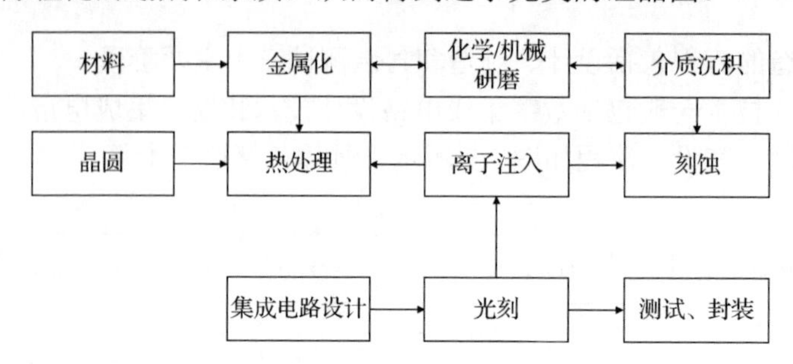

图 1.8 集成电路制造的部分流程

集成电路封装测试技术是将集成电路晶片用塑料、陶瓷等绝缘介质材料进行封装的技术。常见的集成电路封装测试技术包括倒装焊技术、硅通孔（Through Silicon Via，TSV）技术和系统内封装（System In Package，SIP）技术等。

（1）倒装焊技术是一种裸芯片封装技术，先在裸芯片的 I/O 引出段沉积锡铅球，然后通过将芯片翻转加热，使熔化的锡铅球与陶瓷基板紧密结合，完成芯片的封装。倒装焊技术在封装密度和处理速度上具有很大优势，在处理器和高密度集成片的芯片领域应用十分广泛。

（2）硅通孔技术是通过穿透硅晶圆或芯片晶体，实现晶体三维立体互连的封装技术，这一技术在 3D 集成电路领域具有显著优势。

（3）系统内封装技术是一种将多个具有不同功能的集成电路或其他电子组件整合到一个单一的封装中，以形成一个完整的系统或子系统的封装方式。通过该技术可以有效降低系统成本和功耗，显著减小封装体积。

1.2.3 集成电路产业

集成电路是电子信息产品的关键，广泛应用于多个领域中。例如，决定计算机或移动终端设备性能的中央处理器就是一种重要的集成电路。近年来，人工智能（Artificial Intelligence，AI）的飞速发展给人们的生活带来了显著的改变。人工智能的相关理念被应用到集成电路中，为了处理人工智能相关设计中的巨大数据量及满足其对运算速率的要求，一种专门为人工智能领域而设计的人工智能芯片应运而生。除了计算机领域，集成电路在移动通信、航空航天、医疗卫生、交通运输等领域都是重要组件。在当今社会，集成电路发挥着巨大作用，其技术和水平已经成为衡量一个国家综合国力的标志之一。

截至目前，集成电路产业已经形成特有的价值链，主要由上游设计、中游制造和下游封装测试环节组成。全球的集成电路企业主要有两种商业模式，即整机制造和垂直分工，如图 1.9 所示。

整机制造是指集成电路企业能够同时涵盖上游设计、中游制造和下游封装测试环节，能够独立完成从版图设计到最终集成电路产出的全过程。代表性公司有美国的 Intel 公司、韩国的三星公司等。

垂直分工是指集成电路企业只专注于上游设计、中游制造和下游封装测试环节中的某一环节。专注于上游设计环节的企业被称为集成电路设计企业，也叫 Fabless，如美国的高通公司、中国的海思公司；专注于中游制造环节的企业被称为集成电路制造企业，也叫Foundry，如中国台湾的台积电公司、中国的中芯国际公司；专注于下游封装测试环节的企业被称为集成电路封测企业，也叫 Assembly&Test，如中国台湾的日月光公司。目前，我国还没有能够独立完成整机制造的企业。

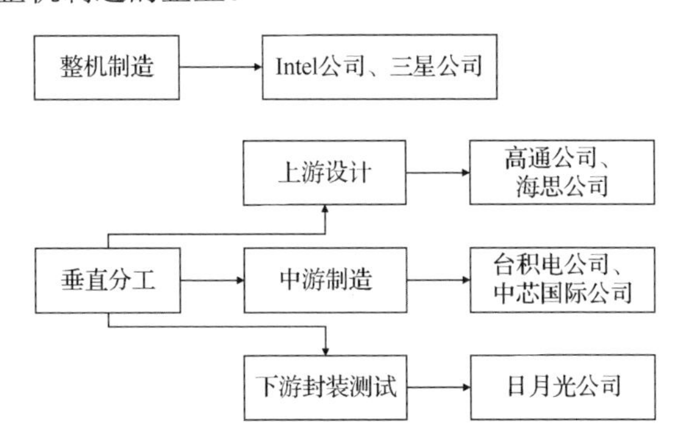

图 1.9　全球集成电路企业的商业模式

集成电路技术是国防现代化的基础，在高精尖的国防系统中扮演着核心的角色。一个国家掌握独立自主的集成电路技术是保障国家信息安全的基石，也是建设现代化国防的需要。在产业环境方面，我国的集成电路产业规模较小，很多新型元器件、关键设备和仪器需要依赖进口；在技术体系方面，我国的自主知识产权产品较少，科研成果的转换效率有待提高；在人才资源方面，我国缺少高层次、复合型人才。因此，我国必须加快发展集成电路产业，为中国在全球信息化竞争中提供保障。

1.3　微电子学的特点

微电子学是现代发展极为迅速的高科技学科之一，其中低功耗、高性能、高集成度、高可靠性是其未来发展的方向。微电子技术通常包括器件物理、工艺设计、电路设计、材料制备、测试、封装等技术，是随着超大规模集成电路的发展而兴起的新技术，主要用于半导体上的微小型集成电路系统。微电子技术的关键在于研究集成电路的工作方式及如何实现其制造和应用，这依赖于各种半导体器件的持续发展和创新。与传统电子技术相比，微电子技术主要通过固体内的微观电子运动来处理和加工信息，且微电子信号可以在极小尺度下进行传递和输送。此外微电子技术可以在晶格级微区工作，同时可将电子功能部件或子系统集成于某一微型芯片中，具有高度的集成性和全面的功能性等优势。集成电路芯片示意图如图 1.10 所示。

图 1.10　集成电路芯片示意图

微电子技术影响着一个国家的综合国力，以及人们的工作方式、生活方式和思维方式，它被视为新技术革命的核心技术。可以毫不夸张地说，没有微电子就没有今天的信息产业，计算机、现代通信、网络等产业的发展更是离不开微电子技术。因此，许多国家都把微电子技术作为重要的战略技术，并投入大量的人力、财力和物力对其进行研究和探索。集成电路实现了材料、元器件和电路的一体化，极大地简化了传统电子设备的制作工艺和成本，促进了电子设备的小型化、高可靠性，从而推动了微电子技术的迅猛发展，对人们社会的生产、生活产生了极其深远的影响。随着信息化时代的到来，微电子技术不仅在生活、工业制造等领域得到了广泛应用，而且在军工领域扮演着极其重要的角色。现代军事力量是否强大与军事装备信息化程度的高低息息相关。一个国家的军事装备集成的微电子技术越多，其在实际战场中具有的优势越大。因此，微电子技术在国防中的广泛应用将为确保我国国家安全奠定基础。

随着微电子技术的发展，人们可以通过缩小工艺尺寸，不断促进芯片的集成化，积极探索应用新材料，加大对低功耗绿色集成电路的研发力度，为微电子技术的稳定、快速发展奠定扎实基础。

第 2 章 半导体物理基础

本章主要介绍的内容为半导体物理基础，包括半导体的概念、半导体能带理论、半导体中的载流子分布规律、半导体输运四个方面。

2.1 半导体的概念

2.1.1 半导体材料

半导体、导体和绝缘体的区别在于它们传导电流的能力不同。在室温（300K）下，导体、半导体、绝缘体的导电能力依次减弱。常见的导体包括金、银、铜、铝等；常见的半导体包括硅、锗、砷化镓、氮化镓等；常见的绝缘体包括二氧化硅、三氧化二铝、金刚石等。

半导体按照元素组成可以分为单元素半导体和化合物半导体。由单一元素组成的半导体称为单元素半导体，由多种元素组成的半导体称为化合物半导体。图 2.1 所示为部分元素周期表，常见的半导体主要分布在ⅢA 族、ⅣA 族和ⅤA 族。例如，ⅣA 族元素硅（Si）可以形成单元素半导体，ⅢA 族元素镓（Ga）和ⅤA 族元素砷（As）可以形成化合物半导体砷化镓（GaAs），ⅣA 族元素碳（C）和硅（Si）可以形成化合物半导体碳化硅（SiC）。

IA																	0
1H 氢 1.0079	IIA											IIIA	IVA	VA	VIA	VIIA	2He 氦 4.0026
3Li 锂 6.941	4Be 铍 9.0122											5B 硼 10.811	6C 碳 12.011	7N 氮 14.007	8O 氧 15.999	9F 氟 18.998	10Ne 氖 20.17
11Na 钠 22.9898	12Mg 镁 24.305	IIIB	IVB	VB	VIB	VIIB	VIII			IB	IIB	13Al 铝 26.982	14Si 硅 28.085	15P 磷 30.974	16S 硫 32.06	17Cl 氯 35.453	18Ar 氩 39.94
19K 钾 39.098	20Ca 钙 40.08	21Sc 钪 44.956	22Ti 钛 49.7	23V 钒 50.9415	24Cr 铬 51.993	25Mn 锰 54.938	26Fe 铁 55.84	27Co 钴 58.9332	28Ni 镍 58.69	29Cu 铜 63.54	30Zn 锌 65.38	31Ga 镓 69.72	32Ge 锗 72.59	33As 砷 74.9216	34Se 硒 78.9	35Br 溴 79.904	36Kr 氪 83.8
37Rb 铷 85.467	38Sr 锶 87.62	39Y 钇 88.906	40Zr 锆 91.22	41Nb 铌 92.9064	42Mo 钼 95.94	43Te 锝 99	44Ru 钌 101.07	45Rh 铑 102.906	46Pd 钯 106.42	47Ag 银 107.868	48Cd 镉 112.41	49In 铟 114.82	50Sn 锡 118.6	51Sb 锑 121.7	52Te 碲 127.6	53I 碘 126.905	54Xe 氙 131.3
55Cs 铯 132.905	56Ba 钡 137.33	57-71 La-Lu 镧系	72Hf 铪 178.4	73Ta 钽 180.947	74W 钨 183.8	75Re 铼 186.207	76Os 锇 190.2	77Ir 铱 192.2	78Pt 铂 195.08	79Au 金 196.967	80Hg 汞 200.5	81Ti 铊 204.3	82Pb 铅 207.2	83Bi 铋 208.98	84Po 钋 (209)	85At 砹 (201)	86Rn 氡 (222)

图 2.1 部分元素周期表

半导体按照发展历史和材料特性可以分为三代。第一代半导体是以硅和锗为代表的单元素半导体，具有制备工艺成熟、成本低、自然界储量大等优势，广泛应用于分立器件、集成电路、新能源、航空航天等产业中；第二代半导体是以砷化镓和磷化铟为代表的化合物半导体，具有较高的电子迁移率和优良的光电特性等，主要应用于高速、高频、大功率及光电器件领域；第三代半导体是以碳化硅、氮化镓为代表的化合物半导体，具有高电导率、高热导率、耐高压等优势，广泛应用于半导体照明、电力电子器件、激光器和探测器等高功率和高频应用领域，如表 2.1 所示。值得注意的是，三代半导体的划分基于应用需求，不是简单的技术迭代升级。每一代半导体都有其独特的物理特性和应用领域，相较于前一代并非在所有方面都具备绝对的优势，硅仍是目前世界上应用最广泛、最成熟的半导体。

表 2.1　三代半导体及其优势与应用对比

名　称	代表半导体	优　势	应　用
第一代半导体材料	硅、锗	制备工艺成熟、成本低、自然界储量大	各类分立器件、集成电路、新能源、航空航天
第二代半导体材料	砷化镓、磷化铟	电子迁移率较高、光电特性优良	高速、高频、大功率及光电器件
第三代半导体材料	碳化硅、氮化镓	高电导率、高热导率、耐高压	半导体照明、电力电子器件、激光器和探测器

2.1.2　半导体的基本类型

按照内部原子的有序排列程度，半导体的基本类型可以分为非晶体和晶体（包括多晶体和单晶体）两种，如图 2.2 所示。非晶体通常仅在几个原子或分子的尺度内进行周期性的几何排列，而晶体中的原子能在大范围内保持有序排列，不同的有序化区域拥有不同的大小和方向，这些有序化区域称为晶粒，晶粒通过晶界相互隔离。如果晶体的所有区域均为有序化区域，则称为单晶体（后面简称单晶）；如果存在多个晶粒，则称为多晶体（后面简称多晶）。

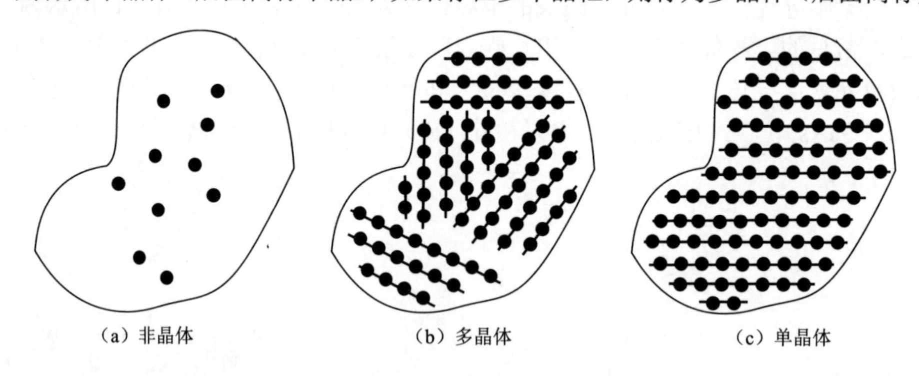

图 2.2　半导体的基本类型示意图

在单晶中，原子在三维的每一个方向上按照某种间隔规则周期性重复排列，这种表示原子周期性排列的空间架构称为晶格，晶格中的每个原子称为格点。构成晶格的最基本的几何单元称为晶胞。为了更加直观地反映晶体的原子分布规律，通常选择晶胞的某一顶点原子作为原点，以单位晶格长度为基准，用数字表示其他原子在晶格中的位置。晶胞中的任意两个原子之间的连线称为晶列，晶列的方向称为晶向。将晶列 $\bar{r}$ 用式（2.1）表示，即

$$\bar{r} = p\bar{a} + q\bar{b} + s\bar{c} \tag{2.1}$$

式中，$\bar{a}$ 、$\bar{b}$ 、$\bar{c}$ 为晶胞参数，分别对应三维坐标系中的三个坐标轴方向；*p*、*q*、*s* 为整数系数，将 *p*、*q*、*s* 化为最简整数比，将最简整数比（晶向指数）用[*pqs*]表示。如果某一数值为负值，那么将负号标注在该数值的正上方，如$[\bar{1}11]$。晶胞中任意三个不在同一晶列上的原子可以构成晶面。和晶向指数类似，晶面也可以用晶面指数（*mnl*）表示，其中 *m*、*n*、*l* 为晶面同三个坐标轴截距的倒数的最简整数比，同样，如果某一数值为负值，那么将负号标注在该数值的正上方，如$(\bar{1}21)$。

晶体按照原子的排列方式和对称性分为七大类别：立方晶系、六方晶系、四方晶系、三方晶系、斜方晶系、单斜晶系和三斜晶系。其中，第一代半导体硅属于立方晶系。基础的立方晶系结构包括简立方、体心立方和面心立方结构。简立方晶胞的杆-球模型如图 2.3（a）所示，该晶胞的八个顶点处各有一个原子，每个原子被该晶胞占用的比例是 1/8，因此一个简立方晶胞内包含一个原子；体心立方晶胞的杆-球模型如图 2.3（b）所示，该晶胞除了在八个顶点处各有一个原子，还在立方体的中心位置额外拥有一个体心原子，体心原子被该晶胞占用的比例是 1，因此一个体心立方晶胞内包含两个原子；面心立方晶胞的杆-球模型如图 2.3（c）所示，该晶胞除了在八个顶点处各有一个原子，在立方体的六个表面的中心各有一个面心原子，面心原子被该晶胞占用的比例是 1/2，因此一个面心立方晶胞内包含四个原子。

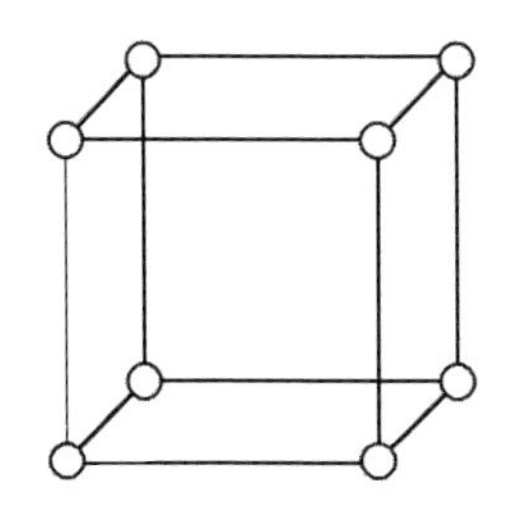

（a）简立方晶胞的杆-球模型

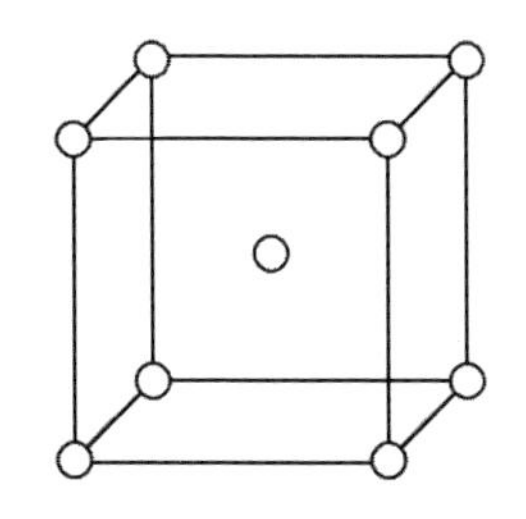

（b）体心立方晶胞的杆-球模型

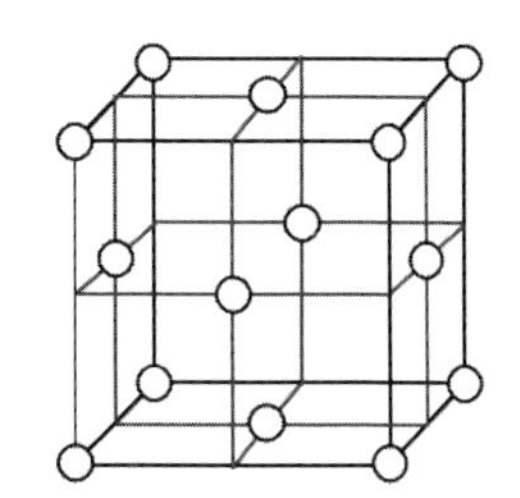

（c）面心立方晶胞的杆-球模型

图 2.3　立方晶系的基础晶胞结构

硅的晶胞结构属于一种特殊的立方晶系结构，称为金刚石结构，如图 2.4 所示。金刚石结构可以认为是在面心立方结构中套构了四个正四面体。硅晶胞的八个顶点处各有一个原子，每个原子被该晶胞占用的比例是 1/8；在立方体的六个表面的中心各有一个面心原子，每个面心原子被该晶胞占用的比例是 1/2；在立方体的内部存在四个原子，每个原子被该晶胞占用的比例是 1。因此一个硅晶胞内包含八个原子。

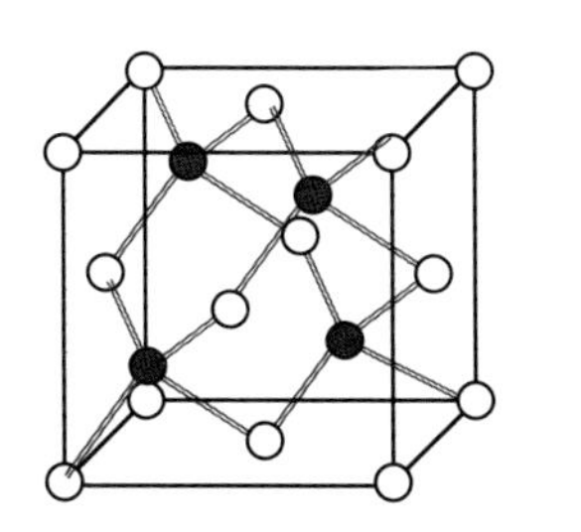

（a）整体结构

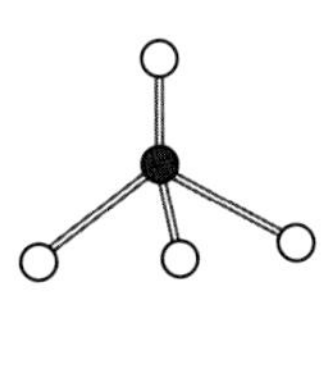

（b）内部正四面体结构

图 2.4　金刚石结构

2.1.3 半导体的原子价键

热平衡系统的总能量会趋于某个最小值，对于由特定原子集合形成的半导体晶格而言，原子之间通过价键“黏在一起”。这些价键包括离子键、共价键、金属键等。

元素周期表从左至右的原子倾向于失去电子转变为获得电子，从而形成具有完整的外层能量壳层的离子。原子失去电子会成为带正电荷的离子，而获得电子则形成带负电荷的离子。这两种相反电荷的离子通过库仑引力相互吸引，形成离子键。以图 2.5（a）中的氯化钠（NaCl）离子键为例，当钠原子的最外层电子被氯原子夺走后，钠离子（Na^+）和氯离子（Cl^-）均能够形成饱和的外层能量壳层。在氯化钠晶体中，每个钠离子被六个氯离子包围，每个氯离子也被六个钠离子包围，形成周期性的原子阵列，构成如图 2.5（b）所示的晶胞结构。

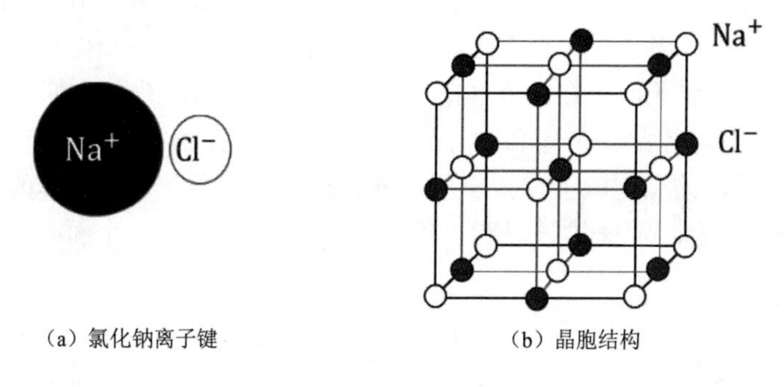

（a）氯化钠离子键　（b）晶胞结构

图 2.5　氯化钠离子键与晶胞结构

除了离子键，另一种能够使原子形成满价电子壳层的价键称为共价键。以图 2.6（a）中的硅原子为例，硅原子外层有四个价电子，需要再获得四个电子以填满外层电子层。当每个硅原子与周围四个其他硅原子共享电子时，每个硅原子通过共享电子使其最外层达到八个价电子，如图 2.6（b）所示，这种原子间通过共用电子对形成的化学键称为共价键。

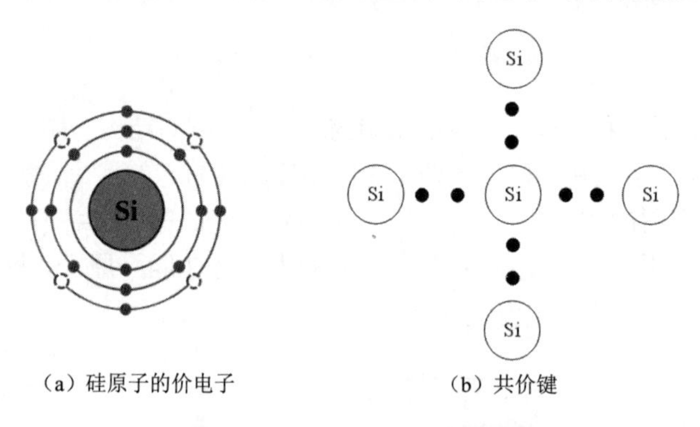

（a）硅原子的价电子　（b）共价键

图 2.6　硅原子的价电子与共价键

除了离子键和共价键，第三种主要的原子之间的价键称为金属键。对于金属原子而言，价电子不是被某一特定原子束缚，而是能够在整个金属基体中自由移动。金属键的本质同共价键类似，都是通过电子的共享实现的。但在金属键中，价电子的共有化程度要远远大于共价键。以金属钠为例，当两个钠原子距离足够接近时，它们的价电子相互影响，且在固态钠的体心立方结构中，每一个钠原子被八个紧邻的钠原子包围，所有原子共享多个自由移动的价电子。

2.2　半导体能带理论

2.2.1　孤立原子的电子能量

半导体能带理论涉及多个原子相互作用的复杂情况，因此首先从孤立原子的电子能量开始讨论，以建立一个基础的理解框架。1913 年，物理学家波尔提出了经典的原子结构理论，他认为氢原子的核外电子在轨道上运行时具有一定的、不变的能量，这种状态称为定态。其中，能量最低的状态称为基态，而能量高于基态的定态称为激发态。在玻尔模型中，带正电的原子核被带负电的核外电子包围，原子核和核外电子之间的库仑引力由以下势函数 $V(r)$ 描述为

$$V(r)=\frac{-e^2}{4\pi\varepsilon_0 r} \tag{2.2}$$

式中，e 为电子电量；ε_0 为真空的介电常数；r 为原子核和核外电子之间的距离，将式（2.2）代入与时间无关的薛定谔方程中，可以求解孤立原子的电子能量 E_n，其表达式为

$$E_n=\frac{-m_0 e^4}{(4\pi\varepsilon_0)^2 2\hbar^2 n^2} \tag{2.3}$$

式中，m_0 为电子的静止质量；$\hbar$ 为约化普朗克常量；n 为量子数。当 n 取 1 时，可得孤立原子的最小电子能量为–13.6eV。随着 n 取正整数 2、3、4…，可得一系列孤立原子的电子能量，这表明孤立原子的电子能量是量子化的，这些离散的电子能量被称为能级。孤立原子的电子能级分布如图 2.7 所示。

图 2.7　孤立原子的电子能级

当两个孤立原子相距很近时，它们之间的相互影响会导致电子的波函数交叠，从能量的角度来说，会导致孤立原子的分立能级分裂成多个能级。能级之间的间距非常小。假设在平衡状态下，原子间距处允许电子的能量宽度为 1eV，如果有 10^{20} 个单电子原子，按照每个能级被一个电子占据来计算，那么能级之间的间距小至 10^{-20}eV。因此，从宏观角度来说，能级是“准连续”的，这些“准连续”能级组合在一起形成能带。在能带中，电子不再属于某一个原子，而是被整个原子团所共有，这种现象称为电子的共有化运动。孤立原子的“准连续”能级形成的每一个能带称为允带。由于在两个允带之间没有能级，电子无法存在于这些区域中，因此这些区域称为禁带。

2.2.2　自由空间和晶体的电子能量

假设在没有任何外界作用力影响下，自由空间的电子的势函数为 0，通过将势函数代入与时间无关的薛定谔方程中，可以推导出自由空间的电子能量 $E(k)$ 的表达式为

$$E(k)=\frac{\hbar^2 k^2}{2m_0} \tag{2.4}$$

式中，k 为波矢，即波的空间频率。如果自由空间的两个电子距离足够远，忽略它们之间的相互作用力，那么这些自由空间的电子的能量是连续的。

晶体中的电子能量不再用自由电子的公式简单描述。晶体的电子在和晶格周期相同的周期性势场中运动，对于一维晶格而言，晶格中位置为 x 处的势函数为

$$V(x)=V(x+na) \tag{2.5}$$

式中，x 是空间坐标；n 为整数；a 为晶格常数。根据布洛赫定理，该类型势函数的解为

$$\psi_k(x)=u_k(x)\exp(2\pi kxi) \tag{2.6}$$

式中，$\psi_k(x)$ 是布洛赫波函数；$u_k(x)$ 是振幅；i 是虚数单位。布洛赫波函数的振幅是一个和晶格周期相同的周期性函数，即

$$u_k(x)=u_k(x+na) \tag{2.7}$$

根据布洛赫波函数的意义，空间中某一点的概率密度与该布洛赫波函数的振幅及其共轭的乘积成比例关系，即 $|u_k(x)|^2$。由于 $u_k(x)$ 是一个和晶格周期相同的周期性函数，因此在晶体中找到某电子的概率密度也具有周期性变化的特性，即电子可以在整个晶体中进行共有化运动。由于组成晶体的原子的外层电子共有化运动的强度较大，其行为与自由电子类似，因此这些电子也称为准自由电子。

对于晶体而言，以简立方晶格为例，某一格点处的电子波在向外传播的过程中，会在距离该格点一个晶格常数的位置处，与下一个格点的原子相互作用并发生反射。根据布拉格定律，当反射波和电子波满足全反射条件时，即

$$2a=\frac{n}{k} \tag{2.8}$$

此时发生全反射，能量由于不再连续而形成一系列禁带。当 n 取±1 时，形成的区域 $-1/2a<k<1/2a$ 为第一布里渊区；当 n 取±2 时，$-1/a<k<-1/2a$ 和 $1/2a<k<1/a$ 为第二布里渊区，以此类推。其中，第一布里渊区也称简约布里渊区。

2.2.3 绝缘体、半导体和导体的能带

前面提到，物质按照导电能力的不同可以分为绝缘体、半导体和导体，其导电机理与电子填充能带的状态有关，如图 2.8 所示。

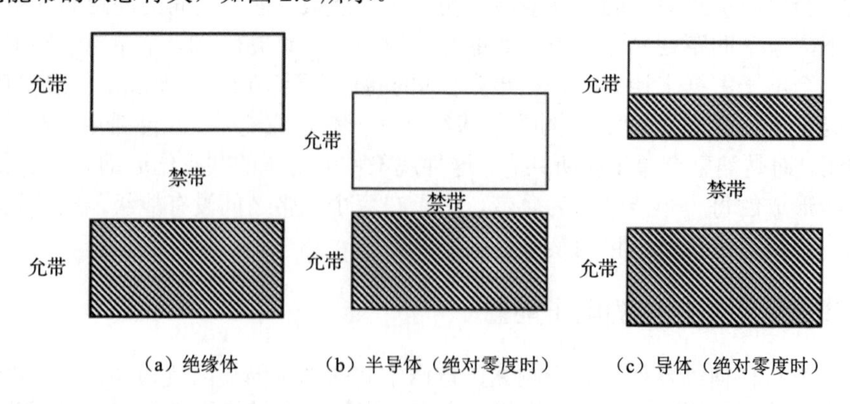

图 2.8 绝缘体、半导体和导体的电子填充能带状态图

在外加电场下，电子的运动会形成电流。对于图 2.8（a）中的绝缘体而言，禁带下方

的允带完全被电子填充，而禁带上方的允带又完全没有电子。由于禁带的能量较高，除非提供足够强大的能量，否则禁带下方的电子不可能跨越“台阶”进入禁带上方，因此在外加电场下，绝缘体通常不会导电。

对于图 2.8（b）中的半导体（绝对零度时）而言，其情况和绝缘体类似，即禁带下方的允带完全被电子填充，而禁带上方的允带完全没有电子，此时半导体无法导电。然而，半导体的禁带宽度通常较小，随着温度的上升，禁带部分电子能够通过热激发跨越“台阶”进入禁带上方，在禁带的上、下两个允带中均存在部分电子。此时，如果外加电场，半导体通常会导电。

对于图 2.8（c）中的导体而言，在绝对零度时，除禁带下方的允带完全被电子填充之外，禁带上方也会有一部分被电子填充，所以导体能够在外加电场下导电。因此，由电子填充能带状态可以看出，导体的电导率大于半导体，半导体的电导率大于绝缘体。

2.2.4 半导体的电子有效质量

由于半导体形成能带起作用的主要是接近上允带能量底部（导带底）或下允带能量顶部（价带顶）的电子，因此可以用泰勒级数展开的方法近似求出极值附近的能量 E 和波矢 k 的关系。此处以一维情况为例，假设在 $k=0$ 处允带能量为最小值，在 $k=0$ 时将 $E(k)$按照泰勒级数展开，忽略高阶项（k 的阶次大于等于 3 的项），可以得到

$$E(k)=E(0)+\left(\frac{\mathrm{d}E}{\mathrm{d}k}\right)_{k=0}k+\frac{1}{2}\left(\frac{\mathrm{d}^2E}{\mathrm{d}k^2}\right)_{k=0}k^2 \tag{2.9}$$

由于 $k=0$ 处允带能量为最小值，因此式（2.9）的等号右边的一阶导项为 0，即

$$E(k)=E(0)+\frac{1}{2}\left(\frac{\mathrm{d}^2E}{\mathrm{d}k^2}\right)_{k=0}k^2 \tag{2.10}$$

将半导体的电子能量的 E-k 关系表达为类似式（2.4）的自由电子 E-k 关系，即

$$E(k)-E(0)=\frac{\hbar^2k^2}{2m_{\mathrm{n}}^*} \tag{2.11}$$

式中，m_{n}^* 为导带底电子有效质量。对比式（2.10）和式（2.11），可以得到

$$\frac{1}{m_{\mathrm{n}}^*}=\frac{1}{\hbar^2}\left(\frac{\mathrm{d}^2E}{\mathrm{d}k^2}\right)_{k=0} \tag{2.12}$$

由于导带底附近的能量均高于导带底的能量 $E(0)$，因此导带底电子有效质量为正值。同样以一维情况为例，假设价带顶的电子能量在 $k=0$ 处为最大值，通过相同的方法可以计算出价带顶的电子能量的 E-k 关系。值得注意的是，价带顶附近的能量低于价带顶的能量，因此价带顶电子有效质量 m_{p}^* 为负值。

能带极值附近的电子速度 v 可以根据德布罗意波长公式计算，电子速度 v 为

$$v=\frac{\hbar k}{m_{\mathrm{n}}^*} \tag{2.13}$$

根据式（2.13），可以发现在导带底附近，电子速度是正值。同理，在价带顶附近，电子速度是负值。同样地，如果考虑外加电压的作用，电子加速度 a 的计算公式和经典力学中的加速度的计算公式类似，即

$$a = \frac{f}{m_n^*} \tag{2.14}$$

式中，f 为外部作用力。当引入导带底电子有效质量后，可以直接把外部作用力和电子加速度联系起来，而不用考虑半导体内部原子及其他电子的势场作用，因此极大地简化了电子的运动规律。

完全填满的能带（满带）和完全没有电子的能带（空带）是不导电的，而部分填满的能带（半满带）是导电的。在绝对零度下，半导体的价带是满的，而导带是空的，因此绝对零度下的半导体不导电。在一定的温度下，价带顶有少量的电子会被激发到导带底，并在外加电场的作用下参与导电。当价带中的一部分电子被激发到导带底后，价带中会留下一部分空的状态，可以用空穴的概念来体现这种状态，即当价带中有一个电子被激发到导带底后，在它原有的位置便会出现一个电荷量为$+q$ 的空穴，而空穴有效质量用 m_p^* 来表示，并令 $m_p^* = -m_n^*$，通常认为价带顶的空穴的有效质量是正值。

引入空穴的概念后，可以将价带中大量电子对电流的贡献作用通过少量的空穴来表示，这使得理解半导体的导电性变得更加直观。在一定的温度下，不考虑外部激励的影响，半导体中的电子和空穴通过热激发产生，如通过本征激发，电子从价带顶跃迁到导带底，并在原来的位置留下一个空穴。然而，该过程也存在逆过程，即导带底附近的电子会跃迁到价带顶，填补价带顶附近的空穴，使得导带中的电子和价带中的空穴双双减少，这两个相反的过程分别称为产生和复合。在一定温度下，产生与复合会达到动态平衡，使得载流子（电子和空穴）浓度保持稳定。当温度变化时，载流子浓度随之变化，直到再次达到新的动态平衡，称为热平衡。

2.3 半导体中的载流子分布规律

2.3.1 状态密度

在某一温度下，热平衡时载流子浓度与能量的关系是较为复杂。首先，并不是每个能量都能和量子态一一对应。例如，在禁带中没有允许的量子态，而能带中的量子态是由很多准连续的能级组成的，但并非绝对连续。其次，根据泡利不相容原理，每一个量子态上最多只能容纳两个自旋方向相反的电子。因此，想要分析半导体中载流子的分布规律，就必须理解两个概念：单位能量下的量子态数量，以及能量为 E 的量子态被电子占据的概率。

单位能量下的量子态数量称为状态密度 $g(E)$，假设在能量为 $E \sim E+\mathrm{d}E$ 的无限小能量间隔内有 $\mathrm{d}Z$ 个量子态，那么状态密度为

$$g(E) = \frac{\mathrm{d}Z}{\mathrm{d}E} \tag{2.15}$$

上文已经介绍了导带底附近电子 E-k 关系，且波矢 k 和量子态是一一对应的，因此，k 空间量子态数量可以通过 k 空间量子态密度和能量区间 $E \sim E+\mathrm{d}E$ 对应的 k 空间体积求得，以三维 k 空间为例，根据玻恩-冯卡门边界条件假设，假设在三维 k 空间下，k 的取值是量子化的，即

$$\begin{cases} k_x = \dfrac{n_x}{L} \\ k_y = \dfrac{n_y}{L} \quad n_x, n_y, n_z = 0, \pm 1, \pm 2, \cdots \\ k_z = \dfrac{n_z}{L} \end{cases} \tag{2.16}$$

将 n_x、n_y、n_z 分别取值为 0 和 1，根据排列组合可以得到八个 k 值，如图 2.9 所示，它们的坐标分别为(0,0,0)、(0,0,1)、(0,1,0)、(0,1,1)、(1,0,0)、(1,0,1)、(1,1,0)和(1,1,1)，这八个 k 值构成 k 空间中的一个简立方体。随着 n 值的变化，该简立方体会沿着空间的三个坐标轴无限复制延伸。因此，为了计算整个 k 空间中的量子态密度，只需要计算单个简立方体的 k 空间量子态密度。

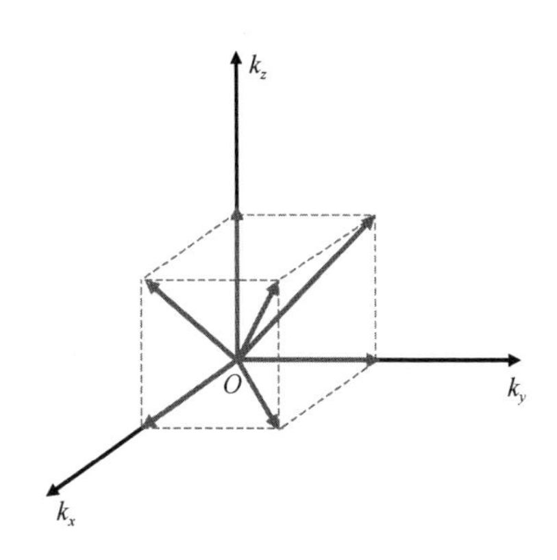

图 2.9　单个简立方体的 k 空间的状态分布图

在单个简立方体中，每个 k 值分别被周围八个简立方体所共有，因此单个简立方体的 k 空间的独立 k 值个数为 1，令单个简立方体的 k 空间的体积$(1/L)^3 = 1/V$，可得其密度为 V。根据泡利不相容原理，单个简立方体的 k 空间的每个点其实代表自旋方向相反的两个量子态，因此电子的量子态密度为 $2V$。

考虑能带极值出现在 $k = 0$ 处，且 E-k 等能面为球面的情况，此时 E-k 等能面的体积为以 k 为半径的球壳和以 k+dk 为半径的球壳之间的体积，半径为 k 的球面体积为 $4\pi k^3/3$，对其进行微分，可以得到两个球壳之间的体积为 $4\pi k^2 \mathrm{d}k$。因此，$E \sim E+\mathrm{d}E$ 的总量子态数 dZ 为量子态密度 $2V$ 和等能面体积 $4\pi k^2 \mathrm{d}k$ 的乘积，即：

$$\mathrm{d}Z = 2V \times 4\pi k^2 \mathrm{d}k \tag{2.17}$$

考虑导带底附近的电子能量 E-k 关系，即

$$E(k) - E_c = \frac{\hbar^2 k^2}{2m_\mathrm{n}^*} \tag{2.18}$$

其中，E_c 为导带底能量，上式两边对 k 求微分有

$$\frac{\mathrm{d}E}{\mathrm{d}k} = \frac{\hbar^2 k}{m_\mathrm{n}^*} \tag{2.19}$$

将式（2.18）和式（2.19）代入式（2.17）中，可以得到

$$\mathrm{d}Z = 4\pi V \frac{(2m_\mathrm{n}^*)^{\frac{3}{2}}}{\hbar^3}(E - E_\mathrm{c})^{\frac{3}{2}} \mathrm{d}E \tag{2.20}$$

再代入到式（2.15），即可以得到导带底附近的状态密度 $g_\mathrm{c}(E)$ 为

$$g_\mathrm{c}(E) = 4\pi V \frac{(2m_\mathrm{n}^*)^{\frac{3}{2}}}{\hbar^3}(E - E_\mathrm{c})^{\frac{1}{2}} \tag{2.21}$$

同理，可以得到价带顶附近的状态密度 $g_\mathrm{v}(E)$ 为

$$g_v(E) = 4\pi V \frac{(2m_p^*)^{\frac{3}{2}}}{\hbar^3}(E_v - E)^{\frac{1}{2}} \tag{2.22}$$

式中，E_v 为价带顶能量。

需要注意的是，以上公式的推导，仅限于能带极值在 $k = 0$ 处，E-k 等能面为球面的情况。在许多实际材料中，能带极值不在 $k = 0$ 处，且 E-k 等能面并不具有简单的球面对称性，此时需要根据特定材料对状态密度公式进行修正。

2.3.2 载流子的统计分布

半导体中的电子数量是非常多的，而且在一定的温度下，电子会在半导体中不停地做无规则运动。从大量电子的整体出发，在热平衡状态下，电子按照能量的大小具有一定的统计分布规律。根据量子统计理论，服从泡利不相容原理的电子遵循费米统计规律，即一个能量为 E 的量子态被一个电子占据的概率为

$$f(E) = \frac{1}{1 + \exp\left(\frac{E - E_f}{k_0 T}\right)} \tag{2.23}$$

式中，$f(E)$ 为电子的费米分布函数；k_0 为玻尔兹曼常数；T 为热力学温度，在温度为 300K 时，$k_0T = 0.0259\text{eV}$；E_f 为费米能级，它和温度、半导体材料的导电类型、杂质含量等相关。

不同温度下电子的费米分布函数 $f(E)$ 的一些特性如下：

（1）当 $T = 0\text{K}$ 时，若 $E<E_f$，则 $f(E) = 1$；若 $E>E_f$，则 $f(E) = 0$。这表明，在系统的温度等于热力学零度时，能量低于费米能级的量子态被电子占据的概率是 1，也就是这些量子态都被电子占满；而能量高于费米能级的量子态被电子占据的概率是 0，也就是这些量子态都是空的。因此，E_f 可以看成量子态是否被电子占据的一个界限。

（2）当 $T>0\text{K}$ 时，若 $E<E_f$，则 $f(E)>0.5$；若 $E>E_f$，则 $f(E)<0.5$；若 $E = E_f$，则 $f(E) = 0.5$。这表明，当系统的温度高于热力学零度时，能量低于费米能级的量子态被电子占据的概率大于 0.5，能量高于费米能级的量子态被电子占据的概率低于 0.5，而当量子态的能量等于费米能级时，该量子态被电子占据的概率为 0.5。

此处用一个案例来分析费米能级的重要性，假设某个量子态比费米能级高或低 $5k_0T$，即当 $E–E_f>5k_0T$ 时，$f(E)<0.007$；当 $E–E_f<5k_0T$ 时，$f(E)>0.993$。由此可见，人们能够通过费米能级来判断量子态被电子占据的概率。

当费米分布函数中的 $E–E_f>>k_0T$ 时，此时费米分布函数会转化为玻尔兹曼分布函数，即

$$f_b(E) = \exp\left(-\frac{E - E_f}{k_0 T}\right) \tag{2.24}$$

费米分布和玻尔兹曼分布的主要差别在于费米分布受泡利不相容原理的限制，而对于玻尔兹曼分布来说，由于量子态已经远高于费米能级，因此泡利不相容原理失去意义。在通常的工作条件下，半导体满足玻尔兹曼分布的条件，称为非简并半导体；而在载流子浓度较高的情况下，半导体的电子分布服从费米分布，称为简并半导体。

2.3.3　导带的电子浓度和价带的空穴浓度

上文中提到，计算导带或价带中的载流子浓度，需要理解单位能量的量子态数量及能量为 E 的量子态被电子占据的概率的概念。对于非简并半导体，能量 E～E+dE 的电子数 dN 为

$$\mathrm{d}N = f_\mathrm{b}(E)g_\mathrm{c}(E)\mathrm{d}E \tag{2.25}$$

将式（2.21）和式（2.24）代入式（2.25）中可得

$$\mathrm{d}N = \exp\left(-\frac{E - E_\mathrm{f}}{k_0 T}\right)4\pi V \frac{(2m_\mathrm{n}^*)^{\frac{3}{2}}}{\hbar^3}(E - E_\mathrm{c})^{\frac{1}{2}}\mathrm{d}E \tag{2.26}$$

单位体积的电子数 dn 为

$$\mathrm{d}n = \frac{\mathrm{d}N}{V} = \exp\left(-\frac{E - E_\mathrm{f}}{k_0 T}\right)4\pi \frac{(2m_\mathrm{n}^*)^{\frac{3}{2}}}{\hbar^3}(E - E_\mathrm{c})^{\frac{1}{2}}\mathrm{d}E \tag{2.27}$$

对上式两边进行积分，即可得到热平衡状态下非简并半导体的导带的电子浓度 n_0，即

$$n_0 = N_\mathrm{c}\exp\left(-\frac{E_\mathrm{c} - E_\mathrm{f}}{k_0 T}\right) \tag{2.28}$$

式中，$N_\mathrm{c} = 2(2\pi m_\mathrm{n}^* k_0 T)^{\frac{3}{2}} / \hbar^3$ 为导带有效状态密度；$k_0 T = 0.0259\mathrm{eV}$ 。

用同样的方法，可以得到热平衡状态下价带的空穴浓度 p_0，即

$$p_0 = N_\mathrm{v}\exp\left(\frac{E_\mathrm{v} - E_\mathrm{f}}{k_0 T}\right) \tag{2.29}$$

式中，$N_\mathrm{v} = 2(2\pi m_\mathrm{p}^* k_0 T)^{\frac{3}{2}} / \hbar^3$，为价带有效状态密度。

将导带的电子浓度和价带的空穴浓度相乘，可以得到

$$n_0 p_0 = N_\mathrm{c} N_\mathrm{v}\exp\left(-\frac{E_\mathrm{c} - E_\mathrm{v}}{k_0 T}\right) = N_\mathrm{c} N_\mathrm{v}\exp\left(-\frac{E_\mathrm{g}}{k_0 T}\right) \tag{2.30}$$

式中，E_g 为半导体的导带底与价带顶的能量差值，称为禁带宽度。对于一定的半导体，$n_0 p_0$ 仅取决于温度，如果温度固定，则该乘积是一个常数。因此，如果提高价带的空穴浓度，那么导带的电子浓度就会降低；反之，提高导带的电子浓度会导致价带的空穴浓度降低。通常情况下，我们把导带的电子浓度高于价带的空穴浓度的半导体称为 N 型半导体，此时电子称为多数载流子（多子），空穴称为少数载流子（少子）；把价带的空穴浓度高于导带的电子浓度的半导体称为 P 型半导体，此时空穴称为多子，电子称为少子。

2.3.4　本征半导体和杂质半导体的载流子浓度

热平衡状态下，载流子的产生包括本征激发和杂质电离两种方式。对于没有杂质和缺陷的半导体，即本征半导体而言，当半导体的温度大于 0K 时，电子会从价带激发到导带，同时在价带相应位置会产生空穴，这个过程称为本征激发。由于本征激发的电子和空穴是成对产生的，因此导带的电子浓度等于价带的空穴浓度，即 $n_0 = p_0$。

将电子浓度和空穴浓度的计算公式代入 $n_0 = p_0$ 中，可以计算出本征半导体的费米能级 E_fi，即

$$N_{\mathrm{c}}\exp\left(-\frac{E_{\mathrm{c}}-E_{\mathrm{v}}}{k_0T}\right)=N_{\mathrm{v}}\exp\left(\frac{E_{\mathrm{v}}-E_{\mathrm{f}}}{k_0T}\right) \tag{2.31}$$

对上式进行变换，可以得到

$$E_{\mathrm{fi}}=\frac{E_{\mathrm{c}}+E_{\mathrm{f}}}{2}+\frac{3k_0T}{4}\ln\frac{m_{\mathrm{p}}^*}{m_{\mathrm{n}}^*} \tag{2.32}$$

对于硅、锗等半导体来说，$m_{\mathrm{p}}^*/m_{\mathrm{n}}^*$ 的值约等于 0.5，因此 E_{fi} 的值近似等于 $(E_{\mathrm{c}}+E_{\mathrm{f}})/2$，也就是说本征半导体的费米能级基本在禁带中线处。

在实际的半导体晶格中，总是存在各种形式的缺陷。同时，实验表明微量的掺杂会对半导体的导电性产生极大的影响。缺陷和杂质的存在会破坏半导体原子排列的周期性势场，并在禁带中产生额外的能级，这些额外的能级能够显著影响载流子的浓度和分布，改变半导体的电导特性。

在半导体硅中掺入V族元素磷（P），如图 2.10 所示，磷原子最外层有五个电子，当磷原子占据硅原子的位置后，每个磷原子会和周围的四个硅原子形成共价键，但仍然还有一个多余的电子，此时磷原子变成了一个正电中心。该正电中心对于多余电子的束缚能力较弱。多余电子只需要很低的能量就能挣脱正电中心对它的束缚，变为在晶体中自由运动的导电电子。这种电子脱离杂质（原子）的束缚成为导电电子的过程称为杂质电离，挣脱束缚所需要的能量称为杂质电离能ΔE_{D}。因为杂质能够提供电子，所以这种杂质称为施主杂质，释放电子的过程称为施主电离。施主杂质未电离时是中性的，称为束缚态或中性态，电离后成为正电中心，称为施主离化态。

施主杂质的电离过程可以用如图 2.11 所示的施主能级和施主电离能带图表示。当施主杂质的多余电子获得杂质电离能ΔE_{D}后，它会从施主能级 E_{D} 跃迁到导带成为导带电子。对于常见的硅、锗等半导体来说，由于杂质电离能通常远小于禁带宽度，因此施主能级通常位于距离导带底很近的禁带中。当杂质电离后，导带的电子浓度会相应增大。

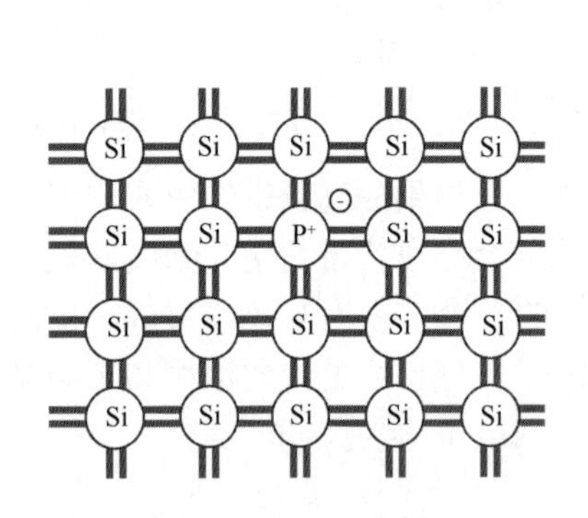

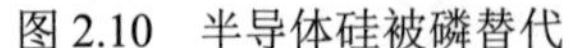

图 2.10　半导体硅被磷替代

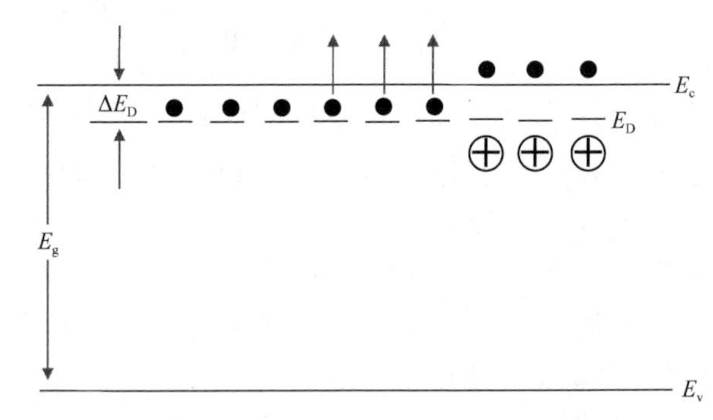

图 2.11　施主能级和施主电离能带图

同理，如果在半导体硅中掺入IIIA 族元素硼（B），如图 2.12 所示，由于硼原子最外层只有三个电子，当硼原子占据硅原子的位置后，每个硼原子会和周围的四个硅原子形成共价键，因此需要从其他的硅原子中夺走一个电子，被夺走电子的硅原子就产生了一个空穴，而硼原子接收一个电子后变成了负电中心。该负电中心对于多余空穴的束缚能力很弱，空穴只需要很低的能量就能挣脱负电中心对其的束缚而变为在晶体中自由运动的导电空穴。这种空穴脱离杂质（原子）的束缚成为导电空穴的过程也称为杂质电离，挣脱束缚所需要的能量称为杂质电离能ΔE_A。因为杂质能够提供空穴，所以这种杂质称为受主杂质，释放空穴的过程称为受主电离，电离后成为负电中心，称为受主离化态。

受主杂质的电离过程可以用如图 2.13 所示的受主能级和受主电离能带图表示。当受主杂质的多余空穴获得杂质电离能ΔE_A后，它会从受主能级 E_A 跃迁到价带成为价带空穴。对于常见的硅、锗等半导体来说，由于杂质电离能ΔE_A 通常远小于禁带宽度，因此受主能级通常位于距离价带顶很近的禁带中。杂质电离后，价带中的空穴浓度会相应增大。

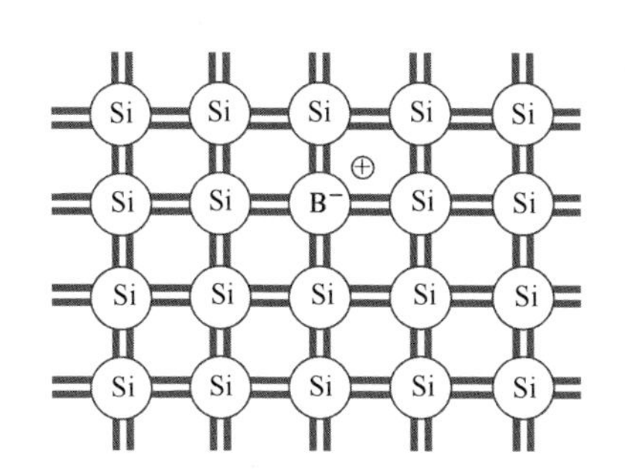

图 2.12　半导体硅被硼替代

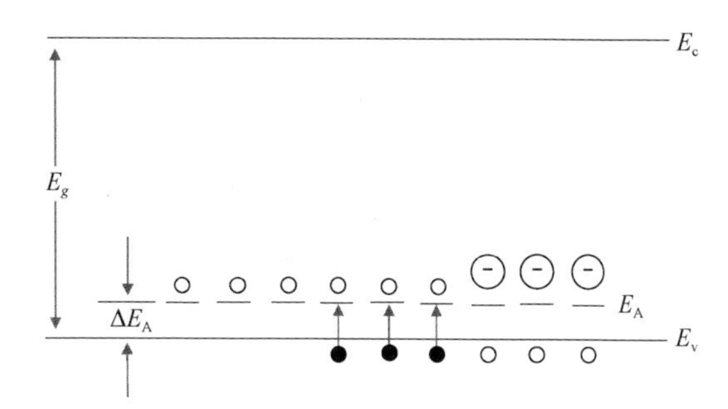

图 2.13　受主能级和受主电离能带图

电子占据施主能级的概率 $f_D(E)$ 可以由如下公式得出。

$$f_D(E)=\frac{1}{1+\dfrac{1}{g_D}\exp\left(\dfrac{E_D-E_f}{k_0T}\right)} \tag{2.33}$$

式中，g_D 为简并因子，对于常见的硅、锗等半导体来说，$g_D=2$。

假设单一掺杂施主浓度为 N_D 的杂质，施主能级上的电子浓度 n_D 为

$$n_D=N_Df_D(E)=\frac{N_D}{1+\dfrac{1}{g_D}\exp\left(\dfrac{E_D-E_f}{k_0T}\right)} \tag{2.34}$$

使单一掺杂施主浓度减去施主能级上的电子浓度，就可以得到电离的施主浓度 $n_D{}^+$，相应公式为

$$n_D^+=N_D-n_D=\frac{N_D}{1+g_D\exp\left(-\dfrac{E_D-E_f}{k_0T}\right)} \tag{2.35}$$

从以上公式可以看出，杂质能级与费米能级的高低反映了施主杂质电离的程度。当 $E_D-E_f\gg k_0T$ 时，$n_D\approx 0$，$n_D^+\approx N_D$ 说明当施主能级远高于费米能级时，施主杂质全部电离。同理，如果施主能级远低于费米能级，那么说明施主杂质几乎没有电离。

空穴占据受主能级的概率可以由如下公式得出。

$$f_A(E)=\frac{1}{1+\dfrac{1}{g_A}\exp\left(\dfrac{E_f-E_A}{k_0T}\right)} \tag{2.36}$$

式中，E_A 为杂质能级；g_A 为简并因子，对于常见的硅、锗等半导体来说，$g_A=4$。

假设单一掺杂受主浓度为 N_A 的杂质，受主能级上的空穴浓度 p_A 为

$$p_A = N_A f_A(E) = \frac{N_A}{1+\dfrac{1}{g_A}\exp\left(\dfrac{E_f - E_A}{k_0 T}\right)} \tag{2.37}$$

使单一掺杂受主浓度减去受主能级上的空穴浓度，就可以得到电离的受主浓度 p_A^-，相应公式为

$$p_A^- = N_A - p_A = \frac{N_A}{1+g_A\exp\left(-\dfrac{E_f - E_A}{k_0 T}\right)} \tag{2.38}$$

从以上公式可以看出，杂质能级与费米能级的高低反映了受主杂质电离的程度。当 $E_f - E_A \gg k_0 T$ 时，$p_A \approx 0$，$p_A^- \approx N_A$，说明当受主能级远低于费米能级时，受主杂质全部电离。同理，如果受主能级远高于费米能级，那么说明受主杂质几乎没有电离。

对于半导体中同时含有施主杂质和受主杂质的一般情况，在计算载流子浓度和费米能级等参数时，需要建立一般情况下的电中性条件。如果半导体中有 n 个导带电子，每个电子的电荷为 $-q$，有 p 个空穴，每个空穴的电荷为 $+q$，电离的施主浓度为 n_D^+，每个电离施主贡献电荷 $+q$，电离的受主浓度为 p_A^-，每个电离受主贡献电荷 $-q$。如果半导体是电中性且杂质均匀分布，那么空间电荷处处为 0，即电中性条件满足

$$p_0 + n_D^+ = n_0 + p_A^- \tag{2.39}$$

将式（2.34）～式（2.38）代入式（2.39）中，即可计算出不同温度下的载流子浓度和费米能级等参数。

2.4 半导体输运

2.4.1 载流子的漂移运动

图 2.14 所示为一个长度为 d、横截面积为 S、电阻率为 ρ（电导率为 σ）的半导体，若在半导体两端施加电压 V，半导体内部的电场强度为 E，则

$$E = \frac{V}{d} \tag{2.40}$$

漂移电流密度 J 可表示为

$$J = \sigma E \tag{2.41}$$

上述公式把某一点的电流密度和该点处的电导率及电场强度直接联系起来，也称为欧姆定律的微分形式。

在电场力的作用下，半导体中的电子沿着电场反方向做定向运动形成电流，如果电子做定向运动的平均漂移速度 $v = d/t$，那么漂移电流密度可以通过如下公式计算。

$$J = qnv \tag{2.42}$$

式中，q 为单位电子的电荷量；n 为电子浓度。上述公式不考虑漂移电流密度的方向。

将漂移电流密度的两个计算公式［式（2.41）和式（2.42）］进行对比可以看出，当半导体内部电场恒定时，电子应该具有恒定的平均漂移速度，且平均漂移速度和电场强度成正比。可以用迁移率 μ 表征单位电场强度下电子的平均漂移速度，即

$$\mu = \frac{v}{E} \tag{2.43}$$

将上式代入漂移电流密度的计算公式［式（2.41）和式（2.42）］中，可得到电子电导率 σ_n 和电子漂移电流密度 J_n，即

$$\sigma_n = nq\mu_n \tag{2.44}$$

$$J_n = qnV = nq\mu_n E \tag{2.45}$$

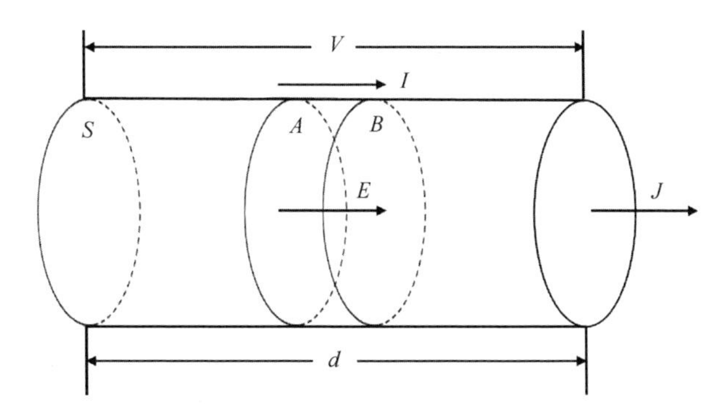

图 2.14　电流密度分析模型

同理，空穴电导率 σ_p 和空穴漂移电流密度 J_p 可表示为

$$\sigma_p = pq\mu_p \tag{2.46}$$

$$J_p = pq\mu_p E \tag{2.47}$$

对于一个均匀的半导体来说，在其两端加上电压，半导体内部会产生电场。空穴沿着电场方向漂移，电子逆着电场方向漂移，但形成的电流的方向都是沿着电场方向。因此，半导体的总漂移电流密度是空穴漂移电流密度和电子漂移电流密度之和，即

$$J = J_n + J_p = nq\mu_n E + pq\mu_p E \tag{2.48}$$

半导体的电导率 σ 为

$$\sigma = \sigma_n + \sigma_p = nq\mu_n + pq\mu_p \tag{2.49}$$

通常，电子和空穴的电导率差别不太大，因此半导体的导电类型决定了电导率。对于 N 型半导体，如果 $n \gg p$，那么空穴对电流的影响可以忽略不计，电导率 σ 为

$$\sigma = nq\mu_n \tag{2.50}$$

如果其是本征半导体，即 $n = p = n_i$，则此时电导率为

$$\sigma_i = n_i q(\mu_n + \mu_p) \tag{2.51}$$

在外加电场下，载流子会在电场作用下做加速运动，因此其漂移速度应该无限增大，半导体的总的漂移电流也将一直增大，这肯定和实际情况相矛盾。实际中的载流子在半导体中运动时，会不断和电离杂质离子或热振动的晶格原子相互作用，即发生散射。当载流子遭受散射时，其速度的大小和方向不断改变。在电场力的作用下，载流子被加速，但同时在外力和散射的双重影响下失去附加速度，所以载流子会以一定的平均速度沿电场方向漂移，只有在遭受两次散射之间才进行真正的自由运动。载流子连续两次遭受散射间的平均路程称为平均自由程，平均时间称为平均自由时间。

对于常见的硅、锗等半导体来说，其主要散射机制包括电离杂质散射和晶格振动散射。

（1）电离杂质散射。在施主或受主杂质电离后，电离施主/受主周围会形成库仑势场，当半导体中载流子运动到电离杂质附近时，库仑引力使载流子运动的方向发生变化，这种现象称为电离杂质散射。通常用散射概率 P 来描述散射的强弱，散射概率是指单位时间内一个载流子被散射的次数。电离杂质浓度 N_i 与载流子的散射概率 P_i 和温度 T 的关系为

$$P_\mathrm{i} \propto N_\mathrm{i} T^{\frac{3}{2}} \tag{2.52}$$

可见电离杂质浓度 N_i 越大，载流子遭受散射的概率越大；温度越高，载流子热运动的平均速度越大，可以越快地掠过电离杂质，因此散射概率越小。

（2）晶格振动散射。在一定的温度下，晶体中的原子会在各自的平衡位置附近做微弱的振动，载流子在晶体中移动时，可能会与这些振动相互作用，导致运动方向发生变化，称为晶格振动散射。晶格振动散射主要包括声学波散射和光学波散射。因为电子的热运动速度和温度成正比，所以声学波散射的散射概率 P_s 和温度的关系为

$$P_\mathrm{s} \propto T^{\frac{3}{2}} \tag{2.53}$$

光学波散射的散射概率和温度的关系较为复杂，所以本章不做赘述。

2.4.2 掺杂浓度和温度对迁移率和电阻率的影响

由于载流子在半导体中会受到散射作用，因此其并不是连续做加速运动，而是在两次散射之间做加速运动，两次散射之间的时间称为自由时间。假设有 N 个电子以速度 v 沿着某个方向运动，$N(t)$为 t 时刻未遭受散射的电子数，散射概率为 P，在 t～$(t+\Delta t)$时间段内遭受散射的电子数为 $N(t)P\Delta t$，因此有

$$N(t) - N(t+\Delta t) = N(t)P\Delta t \tag{2.54}$$

当Δt 很小时，上述公式可以转化为

$$\frac{\mathrm{d}N(t)}{\mathrm{d}t} = \lim_{\Delta t \to 0} \frac{N(t+\Delta t) - N(t)}{\Delta t} = -N(t)P \tag{2.55}$$

对上式求解得到

$$N(t) = N_0 \exp(-Pt) \tag{2.56}$$

式中，N_0 为 $t = 0$ 时未遭受散射的电子数。因此，在 t～$(t+\mathrm{d}t)$时间段内遭受散射的电子数为 $N_0\exp(-Pt)P\mathrm{d}t$ 。由于在该时间段所有遭受散射的电子的自由时间均为 t，因此载流子的平均自由时间可表示为

$$\tau = \frac{1}{N_0} \int_0^\infty N_0 P \exp(-Pt) t \mathrm{d}t = \frac{1}{P} \tag{2.57}$$

因此，平均自由时间的数值为散射概率的倒数。

N_0 个电子的平均漂移速度 v 是平均自由时间和加速度 a 的乘积，计算公式为

$$v = a\tau = \frac{qE}{m_\mathrm{n}^*} \tau_\mathrm{n} \tag{2.58}$$

根据迁移率的定义，可得电子迁移率μ 的计算公式为

$$\mu = \frac{v}{E} = \frac{q\tau^*}{m_\mathrm{n}^*} \tag{2.59}$$

因为平均自由时间和散射概率成倒数关系，所以不同散射机制的迁移率和温度的关系为

$$\text{电离杂质散射：}\quad \mu_{\mathrm{i}} \propto \frac{1}{N_{\mathrm{i}}} T^{\frac{3}{2}} \tag{2.60}$$

$$\text{晶格振动散射（声学波散射）：}\quad \mu_{\mathrm{s}} \propto T^{-\frac{3}{2}} \tag{2.61}$$

当同时存在多种散射机制时，总的散射概率为各种散射概率之和，而平均自由时间为散射概率的倒数，迁移率和平均自由时间成正比。因此，对于掺杂的硅、锗等半导体来说，其总的迁移率为

$$\frac{1}{\mu} = \frac{1}{\mu_{\mathrm{i}}} + \frac{1}{\mu_{\mathrm{s}}} \tag{2.62}$$

将上式与电离杂质散射常数 A 和声学波散射常数 B 相结合，可得

$$\mu = \frac{q}{m_{\mathrm{n}}^{*}} \frac{1}{AT^{\frac{3}{2}} + BN_{\mathrm{i}}T^{-\frac{3}{2}}} \tag{2.63}$$

由式（2.63）可知，迁移率与温度和电离杂质浓度的关系如下（以硅为例）。

在高纯或低掺杂样品中，如果掺杂浓度低于 $10^{17}\mathrm{cm}^{-3}$，则电离杂质散射可以被忽略掉，晶格振动散射起主要作用，所以迁移率随着温度的升高而降低；随着掺杂浓度的升高，电离杂质散射逐渐加强，当掺杂浓度升高到 $10^{18}\mathrm{cm}^{-3}$ 以上后，在低温时，迁移率随着温度的升高而缓慢升高，但温度升高到一定程度后，晶格振动散射开始主导，因而总体迁移率先升高后降低。

半导体的电阻率可表示为

$$\rho = \frac{1}{nq\mu_{\mathrm{n}} + pq\mu_{\mathrm{p}}} \tag{2.64}$$

N 型半导体的电阻率可表示为

$$\rho_{\mathrm{n}} = \frac{1}{nq\mu_{\mathrm{n}}} \tag{2.65}$$

P 型半导体的电阻率可表示为

$$\rho_{\mathrm{p}} = \frac{1}{pq\mu_{\mathrm{p}}} \tag{2.66}$$

电阻率主要由载流子浓度和迁移率决定。这两个参数均与掺杂浓度和温度相关。因此，半导体的电阻率随掺杂浓度和温度而异。

（1）首先考虑电阻率和掺杂浓度的关系，同样以硅为例，在轻掺杂时（掺杂浓度低于 $10^{17}\mathrm{cm}^{-3}$），杂质在室温下全部电离，载流子浓度近似等于掺杂浓度，因此电阻率和掺杂浓度成简单反比关系。然而，当掺杂浓度继续升高（变为重掺杂）时，杂质不能全部电离，同时迁移率随着电离杂质散射概率的增大而逐渐降低，最终电阻率和杂质浓度会偏移简单反比关系。

（2）然后考虑电阻率和温度的关系，温度按照高低可以分为以下三个区间。

① 低温区间，本征激发可以忽略，杂质电离占主导地位，由于杂质电离程度随温度升高而增大，因此载流子浓度也随温度升高而增大。低温区间的主要散射机制为电离杂质散射，电离杂质散射概率随温度升高而减小，因此迁移率会随着温度升高而增大，电阻率将会减小。

② 室温附近区间，杂质已经全部电离，本征激发仍然可以被忽略，因此载流子浓度基本不随温度变化，此时的散射机制主要为晶格振动散射（声学波散射）。散射概率随温度升高而增大，因此迁移率会随着温度升高而增大，电阻率将会增大。

③ 高温区间，此时本征激发占主导地位，载流子浓度随温度升高而急剧增大。虽然此时的散射机制主要为晶格振动散射（声学波散射），但是迁移率随温度的减小程度远远不如载流子，因此总的电阻率将会减小。

2.4.3 非平衡载流子和复合

由上文可知，在一定温度下，热平衡状态下半导体的载流子浓度是一定的。如果对半导体施加外界作用破坏热平衡状态，则此时的状态称为非平衡状态。非平衡状态的电子和空穴浓度不再平衡，会多出一部分额外的载流子，这部分载流子称为非平衡载流子。以光敏半导体为例，当用适量的光照射半导体时，如果光子能量大于半导体的禁带宽度，光子会把价带电子激发到导带，从而产生电子-空穴对。相较于平衡状态，导带中额外多出的一部分电子称为非平衡电子Δn，价带中额外多出的一部分空穴称为非平衡空穴Δp，非平衡电子和非平衡空穴统称为非平衡载流子。

用光照使得半导体内部产生非平衡载流子称为非平衡载流子的光注入，此时有

$$\Delta n = \Delta p \tag{2.67}$$

通常情况下，光注入的非平衡载流子浓度会比平衡时的多子浓度低，却比平衡时的少子浓度高，这种情况称为小注入。对于小注入 N 型半导体来说，有

$$\Delta n = \Delta p \ll n_0 \tag{2.68}$$

非平衡载流子的光注入将导致半导体的电导率增加，额外的电导率可表示为

$$\Delta \sigma = \Delta n q \mu_{\mathrm{n}} + \Delta p q \mu_{\mathrm{p}} \tag{2.69}$$

停止光照后，非平衡载流子浓度是随着时间推移按指数规律逐渐降低的。非平衡载流子并不是立刻复合消失，而是有一定的生存时间，非平衡载流子的平均生存时间为非平衡载流子的寿命，用 τ 来表示。和载流子散射概率类似，非平衡载流子的复合概率也是寿命的倒数，通常把单位时间单位体积净复合消失的电子-空穴对数称为非平衡载流子的复合率，用$\Delta p/\tau$ 表示。

假定一束光在一块 N 型半导体内部均匀地产生非平衡载流子Δn 和Δp，在 $t=0$ 时，停止光照，Δp 将随时间推移而逐渐降低，单位时间内非平衡载流子浓度减小的值应该等于 $-\mathrm{d}\Delta p(t)/\mathrm{d}t$，即等于非平衡载流子的复合概率，故有

$$\frac{\mathrm{d}\Delta p(t)}{\mathrm{d}t} = -\frac{\Delta p(t)}{\tau} \tag{2.70}$$

上式的通解为

$$\Delta p(t) = (\Delta p)_0 \exp\left(-\frac{t}{\tau}\right) \tag{2.71}$$

式中，$(\Delta p)_0$ 为在 $t=0$ 时非平衡载流子的浓度，由上式可以得到$\Delta p(t+\tau) = \Delta p(t)/\mathrm{e}$，因此非平衡载流子的寿命标志着非平衡载流子浓度衰减到原值的 1/e 所经历的时间。

半导体中的电子系统处于热平衡状态时有统一的费米能级。当半导体处于非简并状态时，电子和空穴的浓度可表示为

$$n_0 = N_c \exp\left(-\frac{E_c - E_f}{k_0 T}\right) \tag{2.72}$$

$$p_0 = N_v \exp\left(\frac{E_v - E_f}{k_0 T}\right) \tag{2.73}$$

当外界激励破坏了热平衡后，半导体会处于非平衡状态，此时不再存在统一的费米能级。然而，导带电子和价带空穴各自趋于局部的平衡状态，因此费米能级和统计分布函数对导带和价带是适用的，它们可以分别引入局部的费米能级（也称准费米能级）。导带和价带间的不平衡导致了它们的准费米能级不重合，我们用 E_{fn} 代表电子准费米能级，用 E_{fp} 代表空穴准费米能级。在引入准费米能级后，非平衡载流子浓度可以用平衡载流子浓度类似公式表示，即

$$n = N_c \exp\left(-\frac{E_c - E_{fn}}{k_0 T}\right) \tag{2.74}$$

$$p = N_v \exp\left(\frac{E_v - E_{fp}}{k_0 T}\right) \tag{2.75}$$

由上式可以得出，当电子准费米能级越靠近导带底能量时，非平衡电子浓度越高；当空穴准费米能级越靠近价带顶能量时，非平衡空穴浓度越高。对于 N 型半导体的小注入情况来说，Δn 远小于 n_0，因此 $n \approx n_0$，电子准费米能级会接近费米能级，而Δp 远大于 p_0，$p \approx p_0$，空穴准费米能级会显著偏离费米能级。很显然，准费米能级偏离费米能级的程度，代表着非平衡状态的程度，如果准费米能级和费米能级重合，那么半导体就进入了平衡状态。

半导体的平衡状态是指系统内部一定的相互作用所引起的微观过程的相互平衡，非平衡载流子会不断复合，从而促使系统由非平衡状态转向平衡状态。直接复合和间接复合如图 2.15 所示。在图 2.15 中，黑球代表电子，白球代表空穴，从复合的微观角度来说，复合过程大致可以分为以下两类。

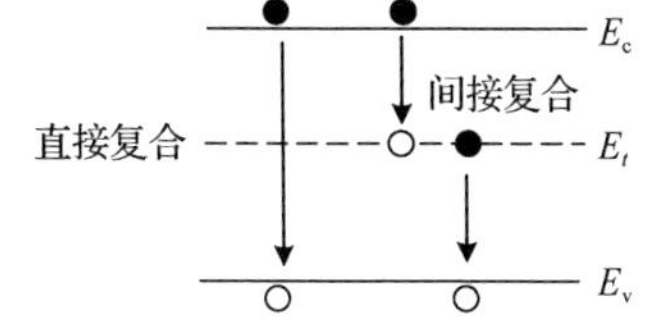

图 2.15　直接复合和间接复合

（1）直接复合：载流子在导带和价带之间的直接跃迁，引起电子和空穴的直接复合。

（2）间接复合：电子和空穴通过禁带能级（复合中心）进行复合。

复合过程按发生位置的不同可以分为表面复合和体内复合。复合过程按载流子复合释放能量方式的不同可以分为以下几类。

（1）发射光子：伴随复合，发射光子的现象，也称辐射复合。

（2）发射声子：将多余能量传递给晶格，加强晶格振动。

（3）俄歇复合：将多余能量传递给其他载流子。

2.4.4　载流子的扩散运动

当微观粒子在不同区域的浓度不均匀时，就会进行无规则运动，从浓度高的地方向浓度低的地方扩散。扩散运动和粒子的无规则运动密切相关。对于一块掺杂均匀的半导体，用适当波长的光去照射其表面，假设光在半导体表面薄层被吸收，产生大量的非平衡载流子，而半导体内部的非平衡载流子却很少，那么半导体表面非平衡载流子浓度要比内部高，引起非平衡载流子从半导体表面向内部扩散。

考虑一维情况，假定非平衡载流子浓度只随距离 x 变化，记为$\Delta p(x)$，单位时间通过单位面积的粒子数称为扩散流密度。扩散流密度和非平衡载流子浓度梯度 $\mathrm{d}\Delta p(x)/\mathrm{d}x$ 成正比。用 S_p 表示空穴扩散流密度，则有

$$S_\mathrm{p} = -D_\mathrm{p}\frac{\mathrm{d}\Delta p(x)}{\mathrm{d}x} \tag{2.76}$$

式中，D_p 为空穴扩散系数，单位是 $\mathrm{cm^2/s}$。式（2.76）中的负号表示空穴从浓度高的地方向浓度低的地方扩散。

非平衡载流子在从半导体表面向内部不断扩散的过程中也在不断复合而消失。设半导体表面处非平衡载流子浓度为恒定值Δp_0，由于半导体表面不断地注入非平衡载流子，半导体内部各点空穴浓度不随时间改变，而形成稳定的分布，这种情况称为稳态扩散。由于非平衡载流子的扩散，单位时间、单位体积内积累的空穴数为

$$-\frac{\mathrm{d}S_\mathrm{p}(x)}{\mathrm{d}x} = D_\mathrm{p}\frac{\mathrm{d}^2\Delta p(x)}{\mathrm{d}x^2} \tag{2.77}$$

在稳态扩散下，上式应该等于单位时间、单位体积内由于复合而消失的空穴数$\Delta p(x)/\tau$，也就是复合概率，即

$$D_\mathrm{p}\frac{\mathrm{d}^2\Delta p(x)}{\mathrm{d}x^2} = \frac{\Delta p}{\tau} \tag{2.78}$$

这就是一维稳态非平衡少子的扩散方程，它的通解为

$$\Delta p(x) = A\exp\left(-\frac{x}{L_\mathrm{p}}\right) + B\exp\left(\frac{x}{L_\mathrm{p}}\right) \tag{2.79}$$

$$L_\mathrm{p} = \sqrt{D_\mathrm{p}\tau} \tag{2.80}$$

式中，A、B、L_p 为待定系数。

考虑半导体足够厚的情况，即非平衡载流子尚未到达半导体的另一端就会全部复合，即当 x 趋于无穷大时，$\Delta p(x) = 0$，故有 $B = 0$，这样式（2.79）可表示为

$$\Delta p(x) = A\exp\left(-\frac{x}{L_\mathrm{p}}\right) \tag{2.81}$$

当 $x = 0$ 时，$\Delta p = \Delta p_0$，可得

$$\Delta p(x) = \Delta p_0\exp\left(-\frac{x}{L_\mathrm{p}}\right) \tag{2.82}$$

上式说明，非平衡少子从半导体表面的Δp_0开始向内部呈指数衰减，当衰减到原值的 1/e 时所扩散的距离恰巧等于 L_p。因此，L_p 也标志着非平衡载流子深入半导体的平均距离，即扩散长度。

2.4.5 爱因斯坦关系

由上文可知，如果半导体中非平衡载流子浓度分布不均匀，同时又有外加电场的作用，那么除了非平衡载流子的扩散运动外，还有漂移运动。总电流为扩散电流和漂移电流之和。非平衡载流子一维漂移扩散如图 2.16 所示，假设半导体为一个 N 型均匀半导体，沿水平方向加均匀电场，在半导体最左边光注入非平衡载流子，那么空穴总电流密度为

$$J_{\mathrm{p}} = J_{\mathrm{p漂}} + J_{\mathrm{p扩}} = pq\mu_{\mathrm{p}}E - qD_{\mathrm{p}}\frac{\mathrm{d}\Delta p}{\mathrm{d}x} \tag{2.83}$$

电子总电流密度为

$$J_{\mathrm{n}} = J_{\mathrm{n漂}} + J_{\mathrm{n扩}} = nq\mu_{\mathrm{n}}E + qD_{\mathrm{n}}\frac{\mathrm{d}\Delta n}{\mathrm{d}x} \tag{2.84}$$

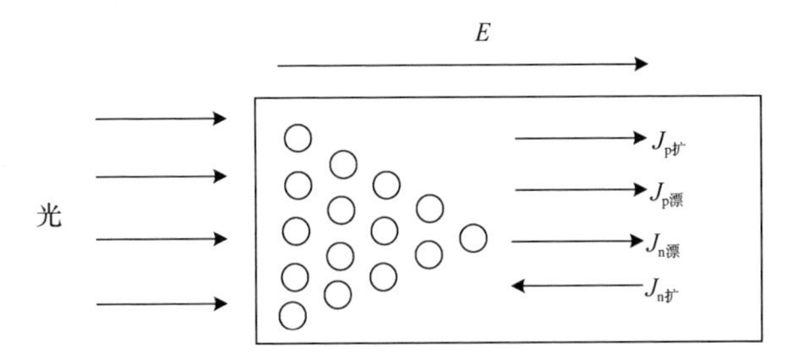

图 2.16　非平衡载流子一维漂移扩散

由于迁移率反映了载流子在电场作用下运动的难易程度，扩散系数反映了存在浓度梯度时载流子运动的难易程度，因此两者之间存在某种联系。处于热平衡状态的非均匀 N 型半导体存在浓度梯度，这必然引起载流子沿着水平方向扩散，而电离杂质是不能移动的，因此载流子的扩散运动使得半导体内部产生一个反抗扩散电流的漂移电场，最终使得平衡状态下的电子总电流密度和空穴总电流密度之和等于 0，即

$$J_{\mathrm{n}} = J_{\mathrm{n漂}} + J_{\mathrm{n扩}} = 0 \tag{2.85}$$

$$J_{\mathrm{p}} = J_{\mathrm{p漂}} + J_{\mathrm{p扩}} = 0 \tag{2.86}$$

将式（2.84）代入式（2.85）中，可得

$$n_0(x)\mu_{\mathrm{n}}E = -D_{\mathrm{n}}\frac{\mathrm{d}n_0(x)}{\mathrm{d}x} \tag{2.87}$$

半导体内部电场 E 的计算公式为

$$E = -\frac{\mathrm{d}V(x)}{\mathrm{d}x} \tag{2.88}$$

式中，$V(x)$ 为静电势，由于附加的静电势能会导致导带的偏移，因此导带的能量应为 $E_{\mathrm{c}}-qV(x)$，在非简并状态下，电子浓度修正为

$$n_0(x) = N_{\mathrm{c}}\exp\left(\frac{E_{\mathrm{f}} + qV(x) - E_{\mathrm{c}}}{k_0T}\right) \tag{2.89}$$

对式（2.89）两边求导，可得

$$\frac{\mathrm{d}n_0(x)}{\mathrm{d}x} = n_0(x)\frac{q}{k_0T}\frac{\mathrm{d}V(x)}{\mathrm{d}x} = -n_0(x)\frac{qE}{k_0T} \tag{2.90}$$

将式（2.90）代入式（2.87）中，可以得到电子的扩散系数和迁移率的关系为

$$\frac{D_{\mathrm{n}}}{\mu_{\mathrm{n}}} = \frac{k_0T}{q} \tag{2.91}$$

同理，空穴的扩散系数和迁移率的关系为

$$\frac{D_{\mathrm{p}}}{\mu_{\mathrm{p}}} = \frac{k_0T}{q} \tag{2.92}$$

式（2.91）和式（2.92）称为爱因斯坦关系，表明了非简并状态下载流子扩散系数和迁移率的关系。

对于同时存在漂移运动和扩散运动时少子的运动方程，此处以 N 型半导体为例对其进行介绍，在一维情况下，在半导体的左侧光注入非平衡载流子，同时有指向 x 方向的电场 E，此时空穴不仅仅是位置的函数，也是时间的函数。由扩散运动可得，单位时间、单位体积中积累的空穴数为

$$-\frac{1}{q}\frac{\partial J_{\text{p扩}}}{\partial x}=D_{\text{p}}\frac{\partial^2 p}{\partial x^2} \tag{2.93}$$

而由漂移运动可得，单位时间单位体积中积累的空穴数为

$$-\frac{1}{q}\frac{\partial J_{\text{p漂}}}{\partial x}=-\mu_{\text{p}}E\frac{\partial p}{\partial x}-\mu_{\text{p}}p\frac{\partial E}{\partial x} \tag{2.94}$$

在小注入情况下，单位时间、单位体积中复合消失的空穴数为$\Delta p/\tau$，用产生率 g_{p} 表示由其他外界因素引起的单位时间、单位体积中空穴数的增加量，则单位体积内空穴数随时间的变化率为

$$\frac{\partial p}{\partial t}=D_{\text{p}}\frac{\partial^2 p}{\partial x^2}-\mu_{\text{p}}E\frac{\partial p}{\partial x}-\mu_{\text{p}}p\frac{\partial E}{\partial x}-\frac{\Delta p}{\tau}+g_{\text{p}} \tag{2.95}$$

该方程称为连续性方程。

第3章 半导体器件基础

3.1 PN结

3.1.1 平衡状态下的PN结

在前面的章节中，我们已经学习了P型半导体和N型半导体。P型半导体中多子是空穴，而N型半导体中多子是电子。若将一个P型半导体和一个N型半导体结合，实现冶金学接触（原子级接触），则两者的交界处就会形成PN结。形成PN结最常用的方法是杂质扩散。例如，在一个N型半导体上，以适当的工艺掺入P型杂质，若掺入的P型杂质浓度超过N型杂质浓度，则这个半导体单晶的不同区域会分别显示出P型和N型两种不同的导电类型，两个区域的交界处就会形成PN结。

平衡状态是指PN结内温度均匀、稳定，不存在外加电压、光照、磁场、辐射等作用。本节主要介绍空间电荷区的形成、内建电场、内建电势差及空间电荷区宽度等。

1. 空间电荷区的形成及内建电场

在PN结形成后，N型区域（N区）内自由电子为多子，空穴为少子，而P型区域（P区）内空穴为多子，自由电子为少子，在它们的交界处就出现了自由电子和空穴的浓度差。在扩散运动的作用下，电子和空穴由高浓度处向低浓度处扩散，一些电子从N区向P区扩散，同时一些空穴从P区向N区扩散，这种扩散运动的结果就是P区一侧失去空穴，留下了带负电的受主电荷，N区一侧失去电子，留下了带正电的施主电荷。这些受主电荷和施主电荷带电，且固定不动，称为空间电荷，空间电荷存在的区域称为空间电荷区。这样，P区和N区的交界处就形成了一个空间电荷区。PN结的空间电荷区示意图如图3.1所示。

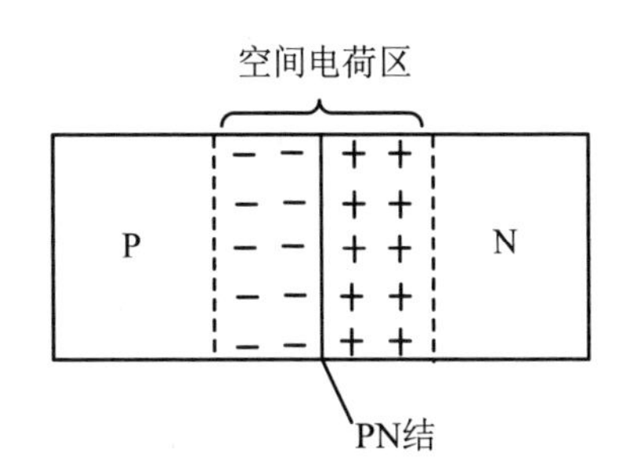

图3.1 PN结的空间电荷区示意图

在空间电荷区形成后，由于N区一侧的空间电荷区带正电，P区一侧的空间电荷区带负电，因此空间电荷区会形成一个内建电场，其方向是从带正电的N区指向带负电的 P 区。显然，这个电场的方向与载流子扩散运动的方向相反。因此，内建电场会阻止载流子的扩散运动，但它也会使 N 区的少子（空穴）向 P 区漂移，使 P 区的少子（电子）向 N 区漂移，漂移运动的方向正好与扩散运动的方向相反。从 N 区漂移到 P 区的空穴补充了原来交界处 P 区失去的空穴，从 P 区漂移到 N 区的电子补充了原来交界处 N 区失去的电子，这就使空间电荷减少，内建电场的电场强度减弱。因此，漂移运动的结果是使空间电荷区变窄，扩散运动加强。P 型半导体和 N 型半导体交界处两侧有一个电离杂质薄层，当电离杂质薄层形成的空间电荷区宽度不发生变化时，PN 结称为平衡状态下的 PN 结。由于空间电荷区缺少多子，因此其也被称为耗尽区。

2. 平衡状态下 PN 结的能带图

在 PN 结形成前，N 区费米能级高于 P 区费米能级。根据费米能级的物理意义可知，在 PN 结形成后，电子将从费米能级高的 N 区流向费米能级低的 P 区。同理，空穴将从 P 区流向 N 区，以至于 N 区的费米能级不断下移，P 区的费米能级不断上移，直至两个区的费米能级相等，此时 PN 结达到热平衡状态。由于 PN 结中内建电场的作用，空间电荷区将存在一个由 P 区到 N 区不断降低的电势，这使得 P 区的能带相对于 N 区上移，而 N 区的能带相对于 P 区下移，直至 P 区和 N 区的费米能级处处相等，因此 PN 结中费米能级处处相等表示每一种载流子的扩散电流和漂移电流相互抵消，没有净电流通过 PN 结。空间电荷区内除费米能级以外的能级都由 P 区向 N 区逐渐降低，各个能级与真空能级平行。平衡状态下的 PN 结能带示意图如图 3.2 所示。

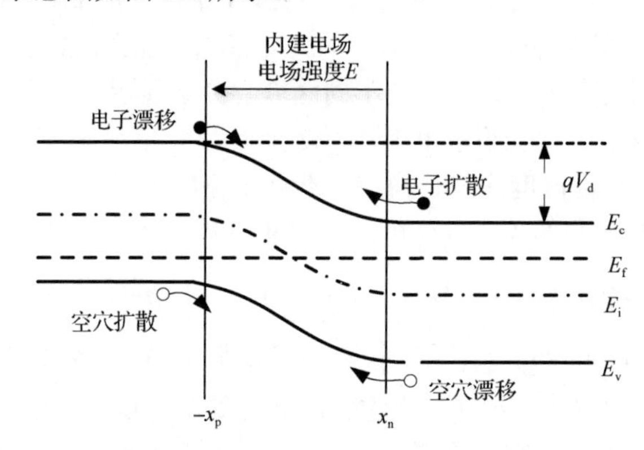

图 3.2 平衡状态下的 PN 结能带示意图

3. 空间电荷区近似

热平衡状态下的 PN 结可分为三个区：空间电荷区、中性区和边界层。空间电荷区内的载流子完全扩散掉，即完全耗尽，空间电荷区仅包含电离杂质，此时的空间电荷区又可称为“耗尽层”。

为简化分析，本节将做如下假设：PN 结为突变结；空间电荷区的载流子浓度为零；N 型中性区、P 型中性区和空间电荷区之间的转变是突变的。

突变结在边界层上，泊松方程无法得到解析解，在计算机辅助计算的基础上，得到边界层的宽度约为特征长度的 3 倍，此特征长度称为非本征德拜长度 L_D，即

$$L_{\mathrm{D}}=\left(\frac{k\varepsilon_0 V_T}{q\left|N_{\mathrm{D}}-N_{\mathrm{A}}\right|}\right)^{\frac{1}{2}} \tag{3.1}$$

式中，N_{D}为 PN 结 N 区的掺杂浓度；N_{A}为 PN 结 P 区的掺杂浓度。

在净杂质浓度（$|N_{\mathrm{D}}-N_{\mathrm{A}}|$）为$10^{16}\mathrm{cm}^{-3}$的硅中，$L_{\mathrm{D}}\approx 3\times10^{-6}\mathrm{cm}$。因此，边界层厚度远小于空间电荷区宽度，因此其可以完全被忽略，即 PN 结完全可以分为中性区和空间电荷区。

4. PN 结的内建电势差

由于 PN 结存在内建电场，因此空间电荷区两侧存在电势差，这个电势差称为内建电势差，也称为接触电势差，用V_{cpd}表示。能带的弯曲程度，即电子的电势差qV_{cpd}为势垒高度。

由图 3.2 可知，能带的弯曲是由费米能级差引起的，因此

$$qV_{\mathrm{cpd}}=E_{\mathrm{fn}}-E_{\mathrm{fp}} \tag{3.2}$$

在平衡状态下，N 区的电子浓度与 P 区的电子浓度可表示为

$$n_{\mathrm{n0}}=n_{\mathrm{i}}\exp\left(\frac{E_{\mathrm{fn}}-E_{\mathrm{i}}}{k_0T}\right),\quad n_{\mathrm{p0}}=n_{\mathrm{i}}\exp\left(\frac{E_{\mathrm{fp}}-E_{\mathrm{i}}}{k_0T}\right) \tag{3.3}$$

$$\ln\frac{n_{\mathrm{n0}}}{n_{\mathrm{p0}}}=\frac{1}{k_0T}\left(E_{\mathrm{fn}}-E_{\mathrm{fp}}\right) \tag{3.4}$$

在平衡状态下，若 N 区的电子浓度$n_{\mathrm{n0}}=N_{\mathrm{D}}$，P 区的空穴浓度$p_{\mathrm{p0}}=N_{\mathrm{A}}$，且$n_{\mathrm{p0}}p_{\mathrm{p0}}=n_{\mathrm{i}}^2$，则$n_{\mathrm{p0}}=n_{\mathrm{i}}^2/N_{\mathrm{A}}$，将式（3.2）～式（3.4）联立，可得

$$V_{\mathrm{cpd}}=\frac{1}{q}(E_{\mathrm{fn}}-E_{\mathrm{fp}})=\frac{k_0T}{q}\ln\frac{n_{\mathrm{n0}}}{n_{\mathrm{p0}}}=\frac{k_0T}{q}\ln\frac{N_{\mathrm{D}}N_{\mathrm{A}}}{n_{\mathrm{i}}^2} \tag{3.5}$$

由上式可以看出，PN 结的内建电势差与 PN 结两侧的掺杂浓度、温度、禁带宽度等有关。

5. PN 结的内建电场、电势分布和空间电荷区宽度

PN 结的空间电荷区内的泊松方程可表示为

$$\begin{aligned}\frac{\mathrm{d}^2V_{\mathrm{n}}}{\mathrm{d}x^2}&=-\frac{qN_{\mathrm{D}}}{\varepsilon}\quad(0<x<x_{\mathrm{n}})\\ \frac{\mathrm{d}^2V_{\mathrm{p}}}{\mathrm{d}x^2}&=\frac{qN_{\mathrm{A}}}{\varepsilon}\quad(-x_{\mathrm{p}}<x<0)\end{aligned} \tag{3.6}$$

式中，x_{n}和x_{p}分别为空间电荷区 N 区边界和 P 区边界；ε为半导体的介电常数。

在平衡状态下，由电中性条件可知 PN 结两侧的电荷相等，即

$$N_{\mathrm{A}}x_{\mathrm{p}}=N_{\mathrm{D}}x_{\mathrm{n}} \tag{3.7}$$

可得空间电荷区宽度W为

$$W=x_{\mathrm{n}}+x_{\mathrm{p}} \tag{3.8}$$

对 PN 结的空间电荷区内的泊松方程进行积分，可得

$$\begin{cases} \dfrac{\mathrm{d}V_{\mathrm{n}}}{\mathrm{d}x} = -\left(\dfrac{qN_{\mathrm{D}}}{\varepsilon}\right)x + c_1 & (0 < x < x_{\mathrm{n}}) \\ \dfrac{\mathrm{d}V_{\mathrm{p}}}{\mathrm{d}x} = \left(\dfrac{qN_{\mathrm{A}}}{\varepsilon}\right)x + c_2 & (-x_{\mathrm{p}} < x < 0) \end{cases} \tag{3.9}$$

由于内建电场主要存在于空间电荷区中，空间电荷区边界上的内建电场的电场强度为零，因此式（3.9）的边界条件可以表示为

$$\begin{cases} E_{\mathrm{n}}(x_{\mathrm{n}}) = -\dfrac{\mathrm{d}V_{\mathrm{n}}}{\mathrm{d}x}\Big|_{x=x_{\mathrm{n}}} = 0 \\ E_{\mathrm{p}}(-x_{\mathrm{p}}) = -\dfrac{\mathrm{d}V_{\mathrm{p}}}{\mathrm{d}x}\Big|_{x=-x_{\mathrm{p}}} = 0 \end{cases} \tag{3.10}$$

将式（3.10）代入式（3.9）中，得到

$$c_1 = \frac{qN_{\mathrm{D}}x_{\mathrm{n}}}{\varepsilon},\ \ c_2 = \frac{qN_{\mathrm{A}}x_{\mathrm{p}}}{\varepsilon}$$

由电中性条件可知$c_1 = c_2$，因此空间电荷区中的电场分布为

$$\begin{cases} E_{\mathrm{n}}(x) = -\dfrac{\mathrm{d}V_{\mathrm{n}}}{\mathrm{d}x} = \dfrac{qN_{\mathrm{D}}(x - x_{\mathrm{n}})}{\varepsilon} & (0 < x < x_{\mathrm{n}}) \\ E_{\mathrm{p}}(x) = -\dfrac{\mathrm{d}V_{\mathrm{p}}}{\mathrm{d}x} = -\dfrac{qN_{\mathrm{A}}(x + x_{\mathrm{p}})}{\varepsilon} & (-x_{\mathrm{p}} < x < 0) \end{cases} \tag{3.11}$$

由上式可以看出，空间电荷区中的内建电场是位置的线性函数，在PN结交界处($x = 0$)，内建电场的电场强度取得最大值，即

$$E_{\mathrm{m}} = E_{\mathrm{n}}\big|_{x=0} = E_{\mathrm{p}}\big|_{x=0} = -\frac{qN_{\mathrm{D}}x_{\mathrm{n}}}{\varepsilon} = -\frac{qN_{\mathrm{A}}x_{\mathrm{p}}}{\varepsilon} \tag{3.12}$$

对式（3.11）进行积分，得到空间电荷区中的电势分布为

$$\begin{cases} V_{\mathrm{n}}(x) = -\left(\dfrac{qN_{\mathrm{D}}}{2\varepsilon}\right)x^2 + \left(\dfrac{qN_{\mathrm{D}}x_{\mathrm{n}}}{\varepsilon}\right)x + d_1 & (0 < x < x_{\mathrm{n}}) \\ V_{\mathrm{p}}(x) = \left(\dfrac{qN_{\mathrm{A}}}{2\varepsilon}\right)x^2 + \left(\dfrac{qN_{\mathrm{A}}x_{\mathrm{p}}}{\varepsilon}\right)x + d_2 & (-x_{\mathrm{p}} < x < 0) \end{cases} \tag{3.13}$$

由于在空间电荷区中，沿着内建电场的方向电势降低，因此假设P区边界处（$x = -x_{\mathrm{p}}$）电势为0，N区边界处（$x = x_{\mathrm{n}}$）电势为V_{cpd}，即

$$V_{\mathrm{n}}(x_{\mathrm{n}}) = V_{\mathrm{cpd}},\ \ V_{\mathrm{p}}(-x_{\mathrm{p}}) = 0$$

将上式代入式（3.13）中，得到

$$d_1 = V_{\mathrm{cpd}} - \frac{qN_{\mathrm{D}}x_{\mathrm{n}}^2}{2\varepsilon},\ \ d_2 = \frac{qN_{\mathrm{A}}x_{\mathrm{p}}^2}{2\varepsilon}$$

由于电势处处连续，因此当$x = 0$时，$V_{\mathrm{n}}(0) = V_{\mathrm{p}}(0)$，$d_1 = d_2$，将$d_1$和$d_2$代入式（3.13）中，得到电势分布为

$$\begin{cases} V_{\mathrm{n}}(x) = V_{\mathrm{cpd}} - \dfrac{qN_{\mathrm{D}}(x^2 + x_{\mathrm{n}}^2)}{2\varepsilon} + \dfrac{qN_{\mathrm{D}}xx_{\mathrm{n}}}{\varepsilon} & (0 < x < x_{\mathrm{n}}) \\ V_{\mathrm{p}}(x) = \dfrac{qN_{\mathrm{A}}(x^2 + x_{\mathrm{p}}^2)}{2\varepsilon} + \dfrac{qN_{\mathrm{A}}xx_{\mathrm{p}}}{\varepsilon} & (-x_{\mathrm{p}} < x < 0) \end{cases} \tag{3.14}$$

由上式可以看出，空间电荷区中的电势分布是抛物线形式，$-qV(x)$表示 x 点处电子的电势能。根据式（3.11）和式（3.14）画出平衡状态下 PN 结的内建电场分布和电势分布示意图，如图 3.3 所示。

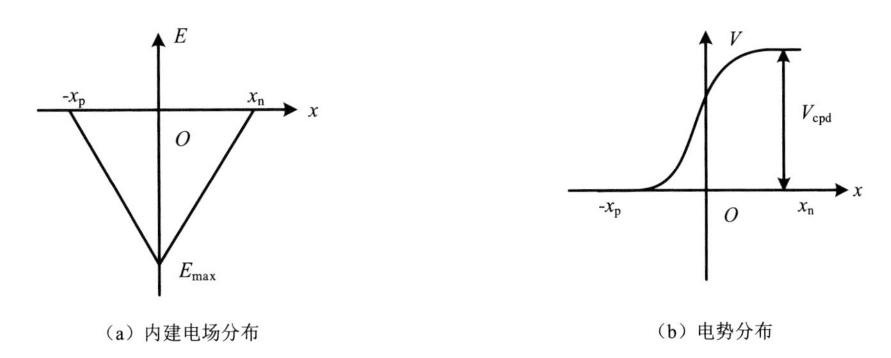

（a）内建电场分布　　（b）电势分布

图 3.3　平衡状态下 PN 结的内建电场分布和电势分布示意图

由于 $V_n(0)=V_p(0)$，因此将其代入式（3.14）中就可以得到平衡状态下 PN 结的接触电势差，即

$$V_{cpd}=\frac{q(N_A x_p^2+N_D x_n^2)}{2\varepsilon} \tag{3.15}$$

根据电中性条件可以得到 N 区和 P 区的空间电荷区宽度分别为

$$x_n=\frac{N_A W}{N_D+N_A},\quad x_p=\frac{N_D W}{N_D+N_A}$$

并且

$$N_A x_p^2+N_D x_n^2=\frac{N_A N_D W^2}{N_D+N_A} \tag{3.16}$$

将式（3.16）代入式（3.15）中，得到接触电势差，即

$$V_{cpd}=\frac{qN_A N_D W^2}{2\varepsilon(N_D+N_A)} \tag{3.17}$$

所以，平衡状态下 PN 结的空间电荷区宽度为

$$W=\sqrt{\frac{2V_{cpd}\varepsilon}{q}\left(\frac{N_D+N_A}{N_A N_D}\right)} \tag{3.18}$$

以下分析单边突变结的内建电场、接触电势差和空间电荷区宽度。对于 P^+N 单边突变结，$N_A>>N_D$；对于 PN^+单边突变结，$N_A<<N_D$。由电中性条件可知，在单边突变结中，轻掺杂一侧的空间电荷区宽度远大于重掺杂一侧的空间电荷区宽度。

对于 P^+N 结，其最大电场强度为

$$E_{max}=-\frac{qN_D x_n}{\varepsilon}$$

空间电荷区宽度为

$$W=x_n=\sqrt{\frac{2V_{cpd}\varepsilon}{qN_D}}$$

接触电势差为

$$V_{cpd}=\frac{qN_DW^2}{2\varepsilon}=\frac{qN_Dx_n^2}{2\varepsilon}$$

对于 PN^+结，其最大电场强度为

$$E_{max}=-\frac{qN_Ax_p}{\varepsilon}$$

空间电荷区宽度为

$$W=x_p=\sqrt{\frac{2V_{cpd}\varepsilon}{qN_A}}$$

接触电势差为

$$V_{cpd}=\frac{qN_AW^2}{2\varepsilon}=\frac{qN_Ax_p^2}{2\varepsilon}$$

由以上分析可以看出，单边突变结具有以下特点：①空间电荷区宽度随着轻掺杂一侧杂质浓度的增大而减小；②最大电场强度随着轻掺杂一侧杂质浓度的增大而增大；③接触电势差随着轻掺杂一侧杂质浓度的增大而增大；④由于空间电荷区主要在轻掺杂一侧，因此能带弯曲也主要发生在轻掺杂一侧。

3.1.2 PN 结的单向导电性

平衡状态下的 PN 结没有外加电压，内部没有电流流通，净电流为零。当 PN 结外加电压时，其平衡状态被打破，内部产生电流。由于空间电荷区内部载流子浓度远小于中性区载流子浓度，因此空间电荷区的电阻远高于中性区的电阻，这样连接在 PN 结的外加电压降主要落在空间电荷区，中性区的电压降可以忽略不计。故本章后面所述的 PN 结电压通常指空间电荷区两端的电压。

流过 PN 结的电流与施加在 PN 结两端的电压极性及电压大小有关。当对 P 区施加相对于 N 区更高的电压 V 时，PN 结的势垒高度下降为 $q(V_{cpd}-V)$，势垒高度的下降有助于 N 区的电子向 P 区扩散，以及 P 区的空穴向 N 区扩散。因此，外加电压打破了 PN 结原有的平衡状态，扩散电流大于漂移电流，PN 结内部形成从 P 区到 N 区的净电流，人们通常把这种外加电压称为正向电压。相反地，当对 P 区施加相对于 N 区更低的电压 V_R 时，PN 结的势垒高度上升为 $q(V_{cpd}+V_R)$，势垒高度的上升阻挡了载流子的扩散，此时，PN 结的阻抗很大，内部的电流很小，人们通常把这种外加电压称为反向电压。不同电压极性下的 PN 结具有不同的导通特性，这说明 PN 结具有单向导电性，也称为 PN 结的整流特性。

3.1.3 非平衡状态下的 PN 结

平衡状态下的 PN 结具有一定的势垒宽度和势垒高度，空间电荷区存在一定的内建电场，每一种载流子的扩散电流和漂移电流互相抵消，没有净电流通过 PN 结，PN 结费米能级处处相等。由 PN 结的单向导电性可知，当对 PN 结外加电压时其处于非平衡状态，费米能级不再处处相等，势垒高度和势垒宽度也发生相应的变化，因此本节将具体分析非平衡状态下 PN 结的空间电荷区变化情况、载流子运动过程及能带图。

1. 正向电压下PN结势垒高度的变化及载流子的运动

由PN结的单向导电性可知，对PN结外加正向电压V时，由于外加电场的方向与内建电场的方向相反，内建电场强度减弱，势垒高度从平衡时的qV_{cpd}下降为$q(V_{cpd}-V)$，因此能带弯曲程度减小，如图3.4所示。

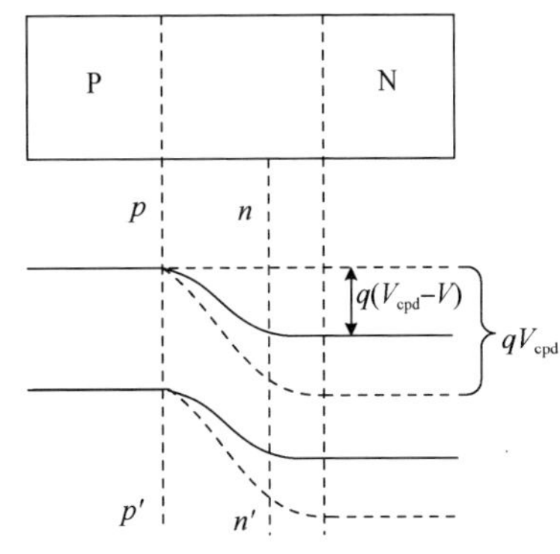

图3.4 正偏时PN结能带变化

外加正向电压引起的内建电场强度减弱破坏了载流子扩散运动和漂移运动之间原有的平衡，使得扩散运动增强，漂移运动减弱，扩散电流大于漂移电流。所以，对PN结外加正向电压后，产生了电子从N区向P区及空穴从P区向N区的净扩散电流。电子从N区扩散进入P区后，在P区边界pp'（$x=-x_p$）形成电子的积累，P区边界的电子成为非平衡少子，且P区边界的少子浓度比P区内部大，这样形成了从P区边界向P区内部的电子扩散流。非平衡少子（电子）在P区内部扩散的同时与P区的多子（空穴）复合，经过比扩散长度大若干倍的距离后，非平衡少子（电子）全部被复合掉，这段区域称为扩散区。在一定的正向电压下，单位时间内从N区扩散到P区边界的非平衡少子的浓度是一定的，并在扩散区内形成稳定的分布。所以，当正向电压一定时，从P区边界到P区内部会形成稳定的电子扩散电流。同理，从N区边界到N区内部会形成稳定的空穴扩散电流。

由以上分析可以看出，对PN结外加正向电压后，扩散运动的增强导致P、N区内部的多子向对方区域扩散，形成对方区域的非平衡少子。正向电压增大后，势垒高度降得更低，扩散运动增强，流入P区的电子流和流入N区的空穴流增大，这种外加正向电压使非平衡载流子进入半导体的过程称为非平衡载流子的电注入。

图3.5所示为对PN结外加正向电压时的电流分布。对PN结外加正向电压后，N区的电子从N区内部向N区边界漂移，越过空间电荷区后经P区边界扩散至P区内部，形成P区的电子电流。在扩散过程中，电子与从P区内部向P区边界漂移过来的空穴不断复合，电子电流不断转化为空穴电流，直到注入的电子全部被复合掉，电子电流全部转化为空穴电流。同样，从P区扩散到N区的空穴也不断与N区的电子复合，直到空穴电流全部转化为电子电流。可见，通过PN结任一截面的电子电流和空穴电流并不相等，但是根据电流连续性原理可知，通过任一截面的总电流是相等的，只是电子电流和空穴电流所占比例有所不同。在假定通过空间电荷区的电子电流和空穴电流均保持不变的情况下，通过PN结的总电流就是通过P区边界的电子电流与通过N区边界的空穴电流之和。

2. 反向电压下PN结势垒高度的变化及载流子的运动

对PN结外加反向电压V时，外加电场的方向与内建电场的方向相同，内建电场强度增大，势垒高度从平衡时的qV_{cpd}上升为$q(V_{cpd}+V)$，能带弯曲程度增大，如图3.6所示。

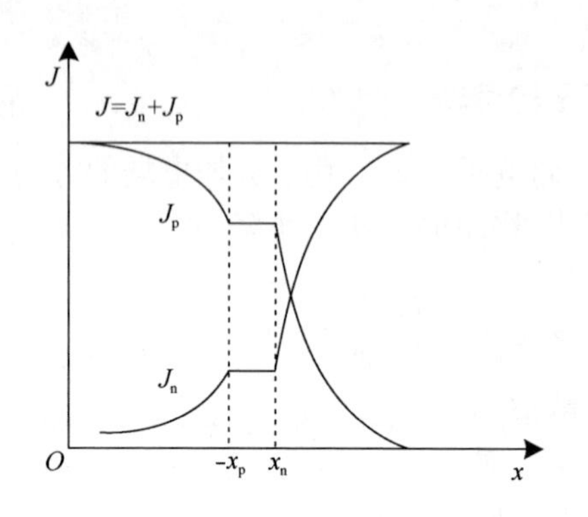

图 3.5　对 PN 结外加正向电压时的电流分布

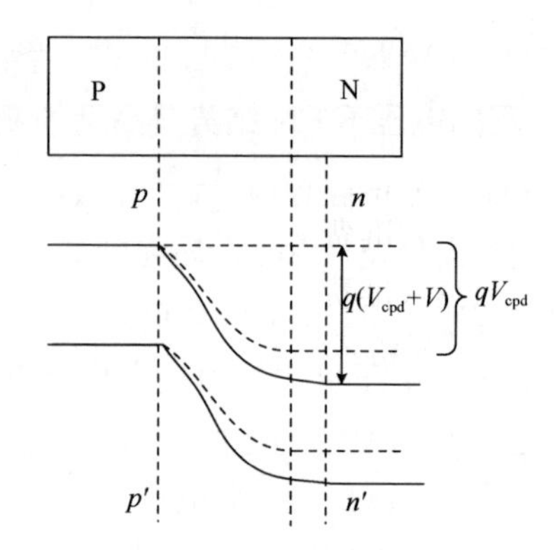

图 3.6　对 PN 结外加反向电压时的能带变化

外加反向电压引起的内建电场强度增大破坏了载流子扩散运动和漂移运动之间原有的平衡，使得漂移运动增强，扩散运动减弱。这时，空间电荷区的电场方向从 N 区指向 P 区，只有 N 区的少子（空穴）和 P 区的少子（电子）会经过空间电荷区形成 PN 结的电流。N 区边界的空穴在电场作用下漂移到 P 区，P 区边界的电子在电场作用下漂移到 N 区，当这些少子在电场作用下漂移走后，N 区内部的空穴浓度比 N 区边界的空穴浓度高，P 区内部的电子浓度比 P 区边界的电子浓度高，这样形成了反向电压下的电子扩散电流和空穴扩散电流，即 N 区内部的空穴向 N 区边界扩散，P 区内部的电子向 P 区边界扩散，这种情况就像少子不断地被抽出来，所以也被称为少子的抽取或吸出。PN 结中总的反向电流等于 P 区边界和 N 区边界附近的少子扩散电流之和。因为少子浓度很低，而扩散长度基本不变，所以外加反向电压时少子的浓度梯度也较小。当反向电压很大时，边界处的少子可以认为是零。这时少子的浓度梯度不再随反向电压的变化而变化，扩散电流也不随反向电压的变化而变化。所以，在外加反向电压下，PN 结的电流较小并且基本不随反向电压的变化而变化。

3．非平衡状态下 PN 结的能带图

因为对 PN 结外加正向电压后，N 区和 P 区均有少子扩散进入，所以必须用电子准费米能级和空穴准费米能级取代原来平衡时的统一费米能级。由于电子扩散电流和空穴扩散电流随位置的变化而变化，因此准费米能级也随位置的变化而变化。在 N 区扩散区内，因为空穴浓度比电子浓度小，所以空穴准费米能级的变化很大，电子准费米能级的变化很小。空穴从 P 区注入 N 区后，N 区边界浓度很大。随着空穴远离 N 区边界，其和电子复合，空穴浓度逐渐减小。因此，N 区空穴准费米能级为一斜线。当 N 区扩散区与 N 区边界的距离比扩散长度大很多时，空穴被全部复合掉，此时空穴准费米能级与电子准费米能级相等。由于空穴浓度的变化主要发生在扩散区，空间电荷区几乎不发生变化，因此空穴准费米能级的变化主要发生在扩散区，其在空间电荷区中的变化可忽略不计，即在空间电荷区内，空穴准费米能级保持不变。用同样的分析方法，可以得出 P 区扩散区内准费米能级的变化情况，即电子准费米能级主要在 P 区扩散区发生变化，在空间电荷区的变化可忽略不计，当 P 区扩散区与 P 区边界的距离比扩散长度大很多时，电子准费米能级与空穴准费米能级相等。综上，可以画出正向电压下 PN 结的费米能级示意图，如图 3.7 所示。空穴准费米能级从 P 型中性区到 N 区边界处为一水平线，在空穴扩散区该斜线上升，在注入空穴为零处空穴准费米能级与电子准费米能级相等。电子准费米能级在 N 区中性区到 P 区边界处为一水平线，在电子扩散区呈斜线

下降趋势，在注入电子为零处电子准费米能级与空穴准费米能级相等。

对 PN 结外加反向电压时，在电子扩散区、空间电荷区、空穴扩散区中，电子准费米能级和空穴准费米能级的变化规律与对 PN 结外加正向电压时基本相似，不同的只是电子准费米能级和空穴准费米能级的相对位置发生了变化。对 PN 结外加正向电压时，电子准费米能级高于空穴准费米能级；对 PN 结外加反向电压时，空穴准费米能级高于电子准费米能级，如图 3.8 所示。

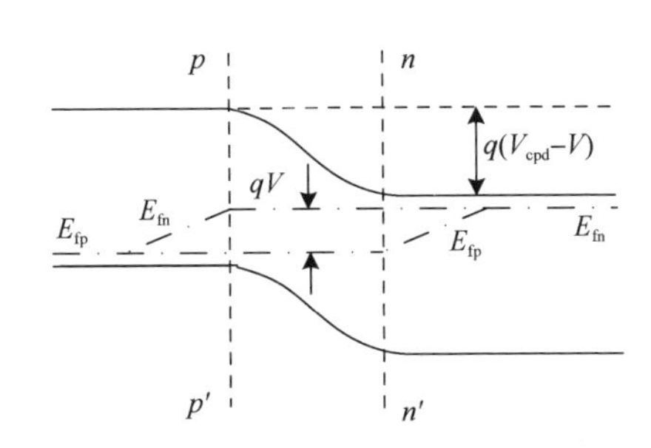

图 3.7　正向电压下 PN 结的费米能级示意图

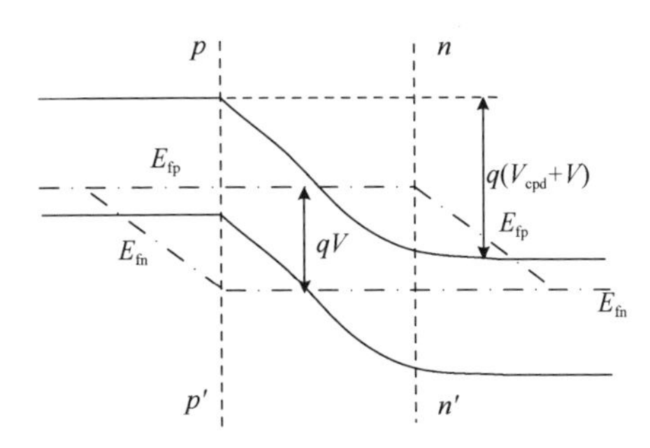

图 3.8　反向电压下 PN 结的费米能级示意图

4．非平衡状态下 PN 结的势垒电容

以突变 PN 结为例，假如 PN 结的外加电压为 V，其为正向电压时，$V>0$，其为反向电压时，$V<0$，根据平衡状态下 PN 结的空间电荷区宽度可以得到非平衡状态下 PN 结的空间电荷区宽度，即

$$W=\sqrt{\frac{2(V_{\text{cpd}}-V)\varepsilon}{q}\left(\frac{N_{\text{D}}+N_{\text{A}}}{N_{\text{A}}N_{\text{D}}}\right)} \tag{3.19}$$

P^{+}N 结的空间电荷区宽度为

$$W=x_{\text{n}}=\sqrt{\frac{2(V_{\text{cpd}}-V)\varepsilon}{qN_{\text{D}}}}$$

PN^{+}结的空间电荷区宽度为

$$W=x_{\text{p}}=\sqrt{\frac{2(V_{\text{cpd}}-V)\varepsilon}{qN_{\text{A}}}}$$

与平衡状态下的 PN 结一样，非平衡状态下 PN 结的空间电荷区宽度与 $V_{\text{cpd}}-V$ 的大小成正比，正向电压 V 增大，空间电荷区宽度减小；反向电压$|V|$增大，空间电荷区宽度增大。对于单边突变结，空间电荷区宽度与轻掺杂一侧的掺杂浓度成反比，说明在非平衡状态下，空间电荷区也主要向轻掺杂一侧展宽。

由电中性条件可知，空间电荷区单位面积上的总电荷量为$|Q|=qN_{\text{A}}x_{\text{p}}=qN_{\text{D}}x_{\text{n}}$，又因为 PN 结的 P 型空间电荷区和 N 型空间电荷区宽度为

$$x_{\text{n}}=\frac{N_{\text{A}}W}{N_{\text{D}}+N_{\text{A}}},\quad x_{\text{p}}=\frac{N_{\text{D}}W}{N_{\text{D}}+N_{\text{A}}}$$

所以

$$|Q|=\frac{qN_{\text{A}}N_{\text{D}}W}{N_{\text{D}}+N_{\text{A}}}$$

将式（3.19）代入上式得到对 PN 结外加电压 V 时，空间电荷区中的总电荷量为

$$|Q|=\sqrt{2q\varepsilon(V_{\mathrm{cpd}}-V)\left(\frac{N_{\mathrm{A}}N_{\mathrm{D}}}{N_{\mathrm{D}}+N_{\mathrm{A}}}\right)} \tag{3.20}$$

由电容定义可得，空间电荷区单位面积上的电容（势垒电容）为

$$C'=\left|\frac{\mathrm{d}Q}{\mathrm{d}V}\right|=\sqrt{\frac{\varepsilon qN_{\mathrm{A}}N_{\mathrm{D}}}{2(N_{\mathrm{D}}+N_{\mathrm{A}})(V_{\mathrm{cpd}}-V)}} \tag{3.21}$$

若 PN 结的面积为 A，则 PN 结的势垒电容为

$$C=AC'=A\left|\frac{\mathrm{d}Q}{\mathrm{d}V}\right|=A\sqrt{\frac{\varepsilon qN_{\mathrm{A}}N_{\mathrm{D}}}{2(N_{\mathrm{D}}+N_{\mathrm{A}})(V_{\mathrm{cpd}}-V)}} \tag{3.22}$$

将式（3.19）代入上式，得到

$$C=A\frac{\varepsilon}{W}$$

由上式可以看出，PN 结的势垒电容公式与平行板电容器的电容公式在形式上相同，因此可以把 PN 结的势垒电容等效为平行板电容器的电容，空间电荷区宽度对应为两平行板电极之间的距离。由于 PN 结的空间电荷区宽度随外加电压的变化而变化，因此势垒电容是随外加电压变化而变化的非线性电容，而平行板电容器的电容是一个恒量。

单边突变结的空间电荷区电容可简化为

$$C=A\sqrt{\frac{\varepsilon qN_{\mathrm{B}}}{2(V_{\mathrm{cpd}}-V)}} \tag{3.23}$$

式中，N_{B} 为单边突变结轻掺杂一侧的浓度。

由式（3.23）可以看出，势垒电容随着反向偏压的增大而减小，随着轻掺杂一侧杂质浓度的增大而增大。

这里需要说明的是，在计算势垒电容的过程中，假设空间电荷区没有载流子流过，这对于外加反向电压的 PN 结来说是成立的。但是对 PN 结外加正向电压时，大量的载流子流过空间电荷区，对势垒电容有很大影响；对 PN 结外加正向电压时，空间电荷区宽度很小，势垒电容很大。所以，上面的推导仅适合对 PN 结外加反向电压的情况。

3.1.4 PN 结的击穿

通过前文分析可知 PN 结具有整流效应，对其外加反向电压后会产生较小的反向电流，且该电流不会随反向电压的变化发生明显变化。但是，反向电压持续增大时，PN 结还会具有稳定不变的反向电流吗？实验发现，当反向电压不断增大且达到某一数值时，由于载流子数量增加，反向电流密度会迅速变大，我们把这种现象称为 PN 结的击穿。PN 结发生击穿时的临界反向电压称为 PN 结的击穿电压，记作 V_{BR}，PN 结的击穿曲线如图 3.9 所示。根据不同的击穿机理，PN 结的击穿分为雪崩击穿、隧道击穿（又称齐纳击穿）和热电击穿。下文将对这三种击穿做详细的介绍。

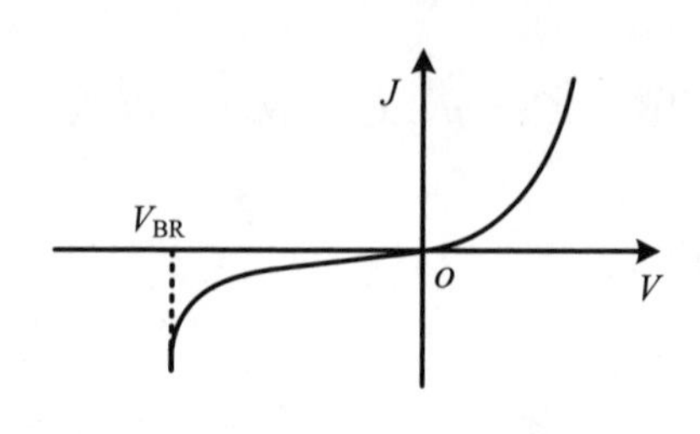

图 3.9　PN 结的击穿曲线

1. 雪崩击穿

通过上文分析可知，PN结的反向电流主要来自P区向空间电荷区扩散的电子电流和N区向空间电荷区扩散的空穴电流。当反向电压很大时，空间电荷区的电场强度很大，空间电荷区的电子和空穴受到强电场的漂移作用，可获得足够的动能，这些获得足够动能的电子和空穴会与空间电荷区中的晶格原子碰撞，把价键上的电子碰撞出来，产生导电电子-空穴对，从能带观点来看，就相当于高能量的电子和空穴将满带中的电子激发到导带中。碰撞产生的电子和空穴在空间电荷区继续获得足够的动能，将再次碰撞空间电荷区中的晶格原子，产生新的导电电子-空穴对。

PN结载流子的倍增效应示意图如图3.10所示，空间电荷区中的电子1碰撞晶格原子产生一个电子2和一个空穴2，于是一个载流子变成了三个载流子。这三个载流子在空间电荷区强电场作用下继续运动并获得足够的动能，并和空间电荷区中的晶格原子发生碰撞，产生第三代导电电子-空穴对。同样，空穴1也如此产生第二代、第三代载流子。虽然在反向电压下空间电荷区内的载流子很少，但是在反复碰撞下，空间电荷区内的载流子就会在短时间内大量增加，这种现象称为载流子的倍增效应。在载流子的倍增效应下，空间电荷区短时间内会产生大量载流子，从而使得反向电流迅速增大，由此引起的击穿称为雪崩击穿。

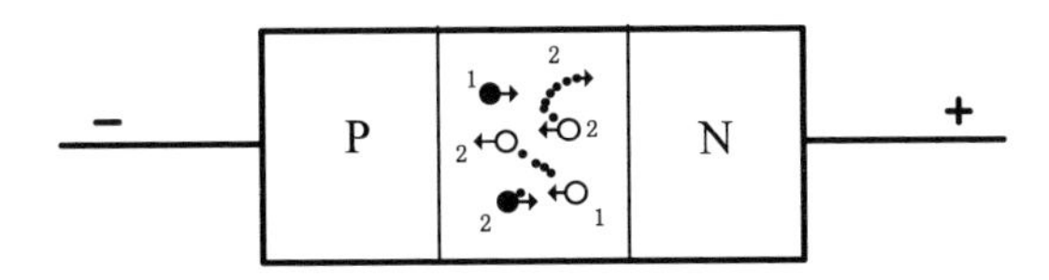

图3.10　PN结载流子的倍增效应示意图

2. 隧道击穿

PN结在反向电压下产生的大量电子会从价带穿过禁带直接进入导带，这种现象称为PN结的隧道效应，由隧道效应引起的PN结击穿称为隧道击穿。因为电介质击穿现象最初是由齐纳提出并解释的，所以隧道击穿也称齐纳击穿。

对PN结外加反向电压后，能带弯曲程度增大，空间电荷区宽度减小。反向电压越大，空间电荷区宽度越小，甚至可以使N区的导带底比P区的价带顶还要低，如图3.11所示。图3.11中P区价带中的A点和N区导带中的B点的能量相同，因此通常情况下A点的电子不会过渡到B点。但是当反向电压足够大时，空间电荷区宽度将变得足够小，当隧道长度Δx短到一定程度时，量子力学证明P区价带中的电子将有一定概率（隧穿概率）在隧道效应下穿过禁带而到达N区导带中，这一概率公式如下：

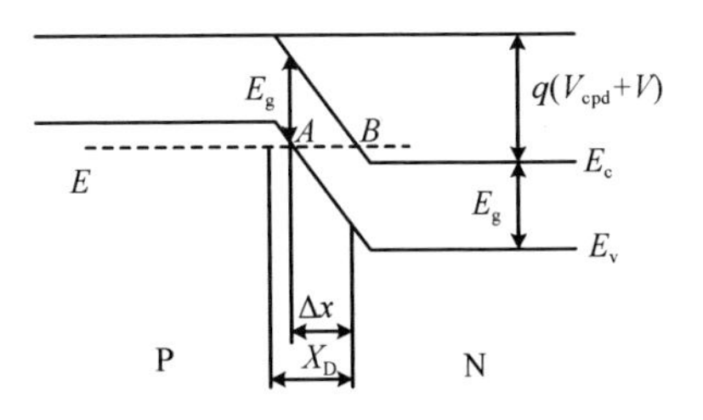

图3.11　对PN结外加较大反向电压后的能带图

$$P=\exp\left[-\frac{4}{3\hbar}(2m_{dn})^{\frac{1}{2}}E_g^{\frac{1}{2}}\Delta x\right] \tag{3.24}$$

式中，m_{dn}为导带底电子状态密度有效质量。

由此看出，对于一定的半导体，隧道长度越短，隧穿概率越大。隧道长度与能带弯曲程度有关，当外加的反向电压越大时，空间电荷区的电场强度越大，能带弯曲程度越大，隧道长度越短，隧穿概率越大，此时P区价带中大量的电子穿过势垒到达N区导带，使反向电流急剧增大，于是发生隧道击穿。这时外加的反向电压即隧道击穿电压，也称齐纳击穿电压。

此外，隧道效应也与掺杂浓度有关。当掺杂浓度较高时，空间电荷区内建电场强度较大，空间电荷区宽度也较小，因此外加较小的反向电压就能产生较短的隧道长度，也容易发生隧道击穿。当掺杂浓度较低时，外加较大的反向电压才能使内建电场强度增大，发生隧道击穿，但是，此时的空间电荷区很宽，隧道长度会变长，不利于发生隧道击穿，却有利于发生雪崩击穿。因此，在掺杂浓度适中的情况下，发生的主要击穿是雪崩击穿。当掺杂浓度较高时，在反向电压较小的情况下就会发生隧道击穿，此时空间电荷区宽度较小，不利于载流子在空间电荷区获得足够的动能，因此雪崩击穿无法发生。

3. 热电击穿

PN结的热电击穿是由热不稳定性引起的。PN结的反向饱和电流密度随温度上升按指数规律增大。当反向电压持续增大时，PN结内部流过的电流会引起热损耗，即结温上升。当温度达到一定程度时，反向饱和电流密度迅速增大，增大的反向饱和电流密度又引起结温的进一步上升，导致反向饱和电流密度进一步增大，如此反复，会使反向饱和电流密度无限增大而引起击穿。

对于禁带宽度比较小的半导体如锗PN结，由于反向饱和电流密度较大，导致器件工作在较大的反向电压下时内部温度过高，因此器件在室温下很容易发生热电击穿。

3.1.5 PN结的应用

PN结原理是电子学重要的理论基础之一。PN结在电子工业中应用极其广泛，几乎所有的电路中都能找到它的身影。可以说当今世界上只要有电子电路的地方就有PN结。例如，PN结构成的MOS管是笔记本计算机、手机、各种数码产品的芯片的基本构成单元。同时，PN结也是LED灯、太阳能电池、光通信激光器和探测器的芯片的基本组成部分。除此之外，PN结还可以作为温度传感器的基本结构。本节将从PN结的原理出发，对PN结的应用进行简要介绍。

1. 二极管

根据PN结的材料、掺杂分布、几何结构、偏置条件及基本特性可以制作出多种功能的二极管。例如，利用PN结的单向导电性可以制作整流二极管、检波二极管和开关二极管；利用PN结的击穿特性可以制作稳压二极管和雪崩二极管；利用高掺杂PN结隧道效应可以制作隧道二极管；利用结电容随外加电压变化的效应可以制作变容二极管。将半导体的光电效应与PN结相结合还可以制作多种光电器件。例如，利用前向偏置异质结的载流子注入与复合可以制作半导体激光二极管与半导体发光二极管（LED）。此外，利用两个PN结之间的相互作用可以产生放大、振荡等多种电子功能。PN结是构成双极晶体管和MOS管的核心，是现代电子技术的基础，在二极管中应用广泛。对PN结外加反向电压时，其反向电流很小，近似开路，因此它是一个主要由势垒电容构成的比较理想的电容器件，且其增量电容随外加电压的变化而变化，利用该特性可制作变容二极管。变容二极管在非线性电路中应用较广泛，如压控振荡器（Voltage Controlled Oscillator，VCO）、频率调制等。下文将介绍几种常见的二极管。

（1）整流二极管。

利用 PN 结的单向导电性，可以将 PN 结作为防止电流反向流动的器件使用。也就是人们常说的整流二极管。整流二极管是一种用于将交流电转换为直流电的半导体器件。二极管最重要的特性就是单向导电性。在电路中，电流只能从二极管的正极流入，负极流出。整流二极管通常包含一个 PN 结，有正极和负极两个端子。整流二极管可用半导体锗或硅等材料制作。硅整流二极管的击穿电压大，反向漏电流小，高温性能良好。通常高压、大功率整流二极管都用高纯单晶硅制作（掺杂较多时容易发生反向击穿）。这种器件的 PN 结面积较大，能通过较大电流（可达上千安），但工作频率不高，一般在几十千赫兹以下。整流二极管主要用于各种低频半波整流电路，要达到全波整流需要连成整流桥使用。整流二极管具有将交流变为直流的作用。几乎所有家用电器都能用到整流二极管，如电视机、微波炉、电控热水器、洗衣机、节能灯等。

（2）稳压二极管。

稳压二极管又称齐纳二极管。它根据 PN 结的反向击穿状态，即 PN 结被反向击穿后，电压会保持稳定不变的原理进行工作。它是一种用于稳定电压的单 PN 结二极管。此二极管在反向击穿前都具有很大的电阻，因此可以将其串联起来，以便在较大的电压上使用。它主要用于浪涌保护电路、电视机中的过压保护电路、电弧抑制电路等中。

（3）变容二极管。

变容二极管又称可变电抗二极管，它是利用对 PN 结外加反向电压时结电容大小随外加电压变化的特性制成的。反向电压增大时结电容减小，反之则结电容增大，变容二极管的电容一般较小，最大值为几十皮法到几百皮法，最大值与最小值之比约为 5∶1。变容二极管主要用于高频电路中的自动调谐、调频、调相等，如在电视接收机的调谐回路中作为可变电容器。

（4）LED。

在日常生活中，人们接触最多的就是 LED。它是半导体二极管的一种，可以把电能转变为光能；LED 与普通二极管一样由一个 PN 结组成，也具有单向导电性。给 LED 加上正向电压后，从 P 区注入 N 区的空穴和从 N 区注入 P 区的电子，在 PN 结附近数微米内分别与 N 区的电子和 P 区的空穴复合，产生自发辐射的荧光。

LED 在很多领域得到普遍应用，如在电路及仪器中作为指示灯、组成文字或数字显示，在电子用品中一般用作屏背光源，或应用于显示、照明，大型的液晶电视、计算机、媒体播放器 MP3、MP4 及手机等的显示屏，以及城市的装饰灯中。LED 与霓虹灯相比，寿命更长、更节能、驱动和控制更简易、无须维护。

LED 具有安全、效率高、环保、寿命长、响应快、体积小、结构牢固等普通发光器件所无法比拟的特性，是一种符合绿色照明要求的光源。

（5）光电二极管。

光电二极管是将光能转换为电能的半导体器件。它的核心部分是一个 PN 结，它在结构上和普通二极管不同的是，为了便于接收入射光照，PN 结面积要尽量大一些，电极面积尽量小一些，而且 PN 结的结深很浅，一般小于 1μm。它是在反向电压作用下工作的。当没有光照时，它的反向电流很小（一般小于 0.1μA），该电流被称为暗电流。当有光照时，携带能量的光子进入 PN 结后，把能量传给共价键上的束缚电子，使部分电子挣脱共价键，从而产生电子-空穴对，光照后产生的电子和空穴称为光生载流子。

光生载流子在反向电压作用下参加漂移运动，使反向电流明显变大，光的强度越大，反向电流也越大，这种特性称为光电导。光电二极管在一般照度的光线的照射下，所产生的电流叫光电流。如果在外电路上接上负载，那么负载就获得了电信号，并且这个电信号随着光的变化而变化。

2. 光电池

光电池是一种不需要外加电压，能把光能直接转换为电能的 PN 结光电器件。光电池按用途可分为两大类：太阳能光电池和测量光电池。

（1）太阳能光电池。

太阳能光电池是一种利用太阳光直接发电的光电半导体薄片，它只要受到光的照射，就可瞬间输出电压及电流。而此种太阳能光电池简称为太阳能电池或太阳电池，又可称为太阳能晶片。

太阳能电池工作的主要原理是光伏效应，是指光照使不均匀半导体或半导体与金属组合的不同部位之间产生电位差的现象。当光照射太阳能电池表面时，一部分光子被硅材料吸收，光子的能量传递给了硅原子，使电子发生了跃迁，成为自由电子，并在 PN 结两侧集聚，形成了电位差，该过程会形成光生电压。当太阳能电池外部接上负载形成闭合电路时，在光生电压的作用下，将会有电流流过闭合电路，产生一定的输出功率。这个过程的实质是：光子能量转换为电能的过程。

太阳能电池主要用作电源，对它的要求是转换效率高、成本低。它的特点是结构简单、体积小、质量轻、可靠性高、寿命长、在空间中就能将太阳能转换为电能。因此，太阳能电池不仅是航天工业中的重要电源，还被广泛应用于供电困难的场所和人们的日常生活中。

（2）测量光电池。

测量光电池主要用作光电探测，即在无外加电压的情况下，将光能转换为电能。它被广泛应用于光度、色度、光学精密计量和测试中。

3. PN 结温度传感器

PN 结温度传感器是利用二极管、三极管 PN 结的正向压降随温度变化的特性而制成的温度敏感器件。因为在低温测量方面，它具有体积小、响应快、线性好和使用方便等优点，所以它在电子电路中的过热和过载保护、工业自动控制领域的温度控制和医疗卫生领域的温度测量等方面有较广泛的应用。

3.2 金属-半导体接触

1874 年，布莱恩注意到金属-半导体的点接触的总电阻与外加电压极性和具体的表面态有关。1931 年，威尔逊阐明了金属-半导体接触的输运理论。1938 年，肖特基提出了金属-半导体接触的肖特基势垒，之后莫特将肖特基势垒模型修改为莫特模型。1942 年，贝特提出了热电子发射模型。

由于金属-半导体接触在直流、微波应用及作为其他半导体器件的组成部分等方面的重要性，因此其已经得到了广泛的研究，并且金属-半导体接触已被用来制作光电探测器、太阳能电池及 MESFET（金属-半导体场效应晶体管）的栅极等。更重要的是，金属与重掺杂的半导体的接触可以形成欧姆接触，它是所有半导体器件的流入和流出电流所必需的。

3.2.1　金属-半导体接触的能带图

1. 金属和半导体的功函数

金属中的电子虽然可以在金属中自由运动，但绝大多数电子所处的能级都低于体外能级。因此，要使金属中的电子跃迁到金属外，就需要外界为其提供一定的能量，使其可以逸出。用 E_0 表示真空能级，金属的功函数示意图如图 3.12 所示。将金属的功函数定义为真空能级与费米能级的差值，即

$$W_{\mathrm{m}} = E_0 - E_{\mathrm{fm}} \tag{3.25}$$

功函数表示处于费米能级上的电子跃迁到真空能级上所需的能量。同理，半导体的功函数也可以定义为真空能级与费米能级的差值，即

$$W_{\mathrm{s}} = E_0 - E_{\mathrm{fs}} \tag{3.26}$$

N 型半导体的功函数示意图如图 3.13 所示。

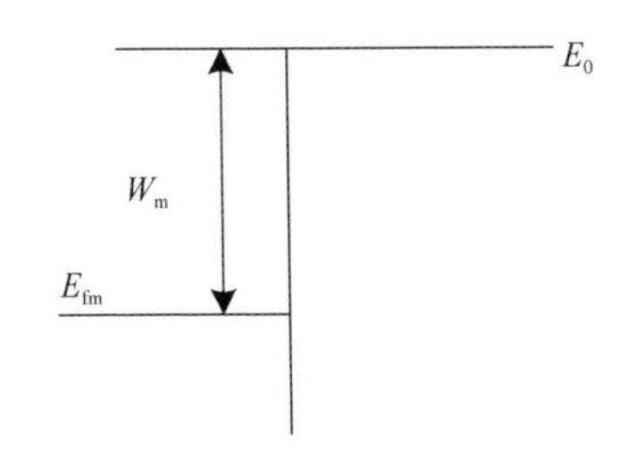

图 3.12　金属的功函数示意图

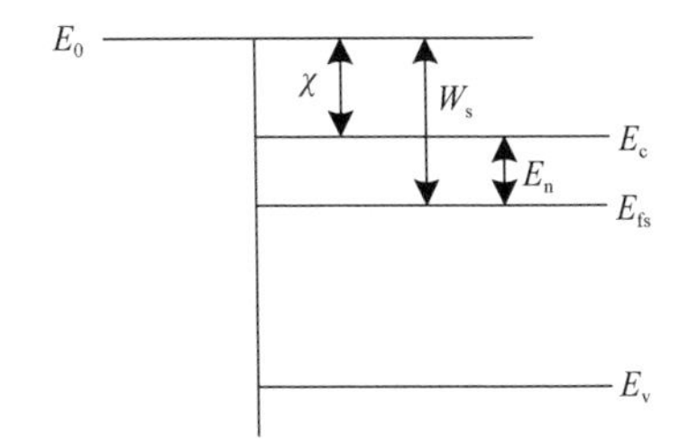

图 3.13　N 型半导体的功函数示意图

半导体的电子亲和能 χ 定义为真空能级与导带底能级的差值，即

$$\chi = E_0 - E_{\mathrm{c}} \tag{3.27}$$

电子亲和能表示半导体导带底的电子跃迁到真空能级所需要的最小能量。利用电子亲和能的公式，半导体的功函数还可以表示为

$$W_{\mathrm{s}} = \chi + [E_{\mathrm{c}} - E_{\mathrm{fs}}] = \chi + E_{\mathrm{n}} \tag{3.28}$$

$$E_{\mathrm{n}} = E_{\mathrm{c}} - E_{\mathrm{fs}} \tag{3.29}$$

半导体的功函数与杂质浓度的关系如表 3.1 所示。

表 3.1　半导体的功函数与杂质浓度的关系

半导体	电子亲和能/eV	功函数/eV					
		N 型 N_D/cm^{-3}			P 型 N_A/cm^{-3}		
		10^{14}	10^{15}	10^{16}	10^{14}	10^{15}	10^{16}
Si	4.05	4.37	4.31	4.25	4.87	4.93	4.99
Ge	4.13	4.43	4.37	4.31	4.51	4.57	4.63
GaAs	4.07	4.29	4.23	4.17	5.20	5.26	5.32

2. 肖特基势垒的形成

金属与 N 型半导体接触前的能带图如图 3.14 所示。当金属与 N 型半导体未接触时，金属与半导体的能带都是水平的，其中金属的功函数大于半导体的功函数。现在假设用导线将金属与半导体连接起来，由于金属的功函数大于半导体的功函数，且两者的真空能级均相等，因此金属的费米能级低于半导体的费米能级。在金属与半导体的距离逐渐缩小到原子间距这一过程中，半导体中的电子会通过导线向金属流动，使金属一侧带负电，其费米能级更接近导带底，而半导体一侧由于失去电子，则形成了由电离施主杂质形成的正电荷区域，半导体一侧带正电，能带向上弯曲，费米能级远离导带底。当系统处于平衡状态时，金属与半导体的费米能级相等，如图 3.15 所示。

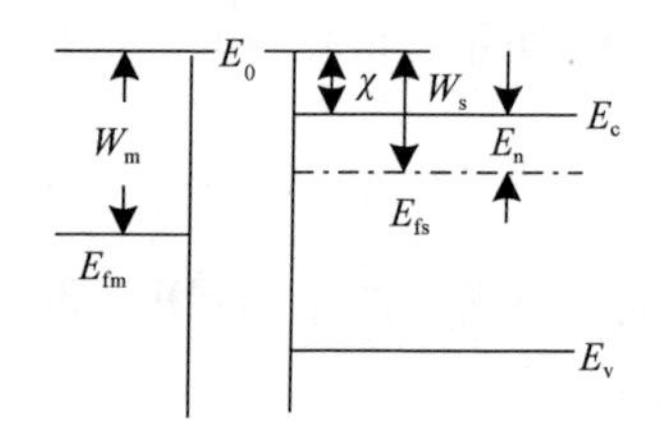

图 3.14　金属与 N 型半导体接触前的能带图

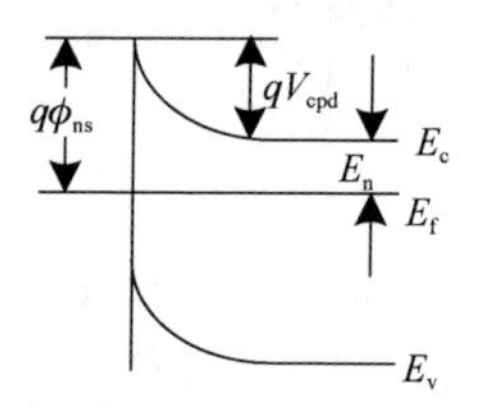

图 3.15　金属与 N 型半导体接触后的能带图

电中性条件要求金属表面的负电荷与半导体表面的正电荷大小相等，符号相反。由于金属中的电子浓度高，因此金属表面的空间电荷层很薄，但半导体中的施主浓度相较于金属中的电子浓度来说低很多，根据电荷量相等公式可知，施主浓度越低，空间电荷区就会越宽。因此，半导体的空间电荷层会更厚。

由图 3.15 可以得到，半导体一侧的势垒高度为

$$qV_{cpd} = -qV_s = W_m - W_s \tag{3.30}$$

$$\frac{W_s - W_m}{q} = V_s \tag{3.31}$$

金属一侧的势垒高度为

$$q\phi_{ns} = qV_{cpd} + E_n = -qV_s + E_n = W_m - W_s + E_n = W_m - \chi \tag{3.32}$$

一般将金属一侧的势垒称为肖特基势垒，相应的势垒高度称为肖特基势垒高度。

当金属与 N 型半导体接触时，若 $W_m > W_s$，即当金属的功函数大于半导体的功函数时，因为金属与半导体的真空能级相同，所以金属的费米能级低于半导体的费米能级，电子会向能级低的地方跃迁，即电子会沿着导线从半导体向金属流动，导致半导体一侧带正电荷，金属一侧带负电荷，电场方向由半导体内部指向表面。因此，靠近半导体表面的能带会向上弯曲。空间电荷区主要由电离施主组成，并且在平衡状态下，金属和半导体的费米能级相等，所以半导体表面的电子浓度低于内部的电子浓度。因此，该区域是高阻区域，称为 N 型阻挡层。

当金属与 N 型半导体接触时，若 $W_m < W_s$，即当金属的功函数小于半导体的功函数时，因为金属与半导体的真空能级相等，所以金属的费米能级高于半导体的费米能级，电子会沿着导线从金属向半导体流动，导致金属一侧带正电，半导体一侧带负电，电场方向由半导体表面指向内部。因此，靠近半导体表面的能带会向下弯曲，从而使半导体表面电子浓度高于内部电子浓度，该区域是高电导区域。这种由接触形成的接触电阻不会对电子从半

导体向金属一侧流动产生影响，通常将这种接触在半导体一侧形成的空间电荷区称为 N 型反阻挡层。图 3.16 所示为金属与 N 型半导体 N 型反阻挡层的能带图。

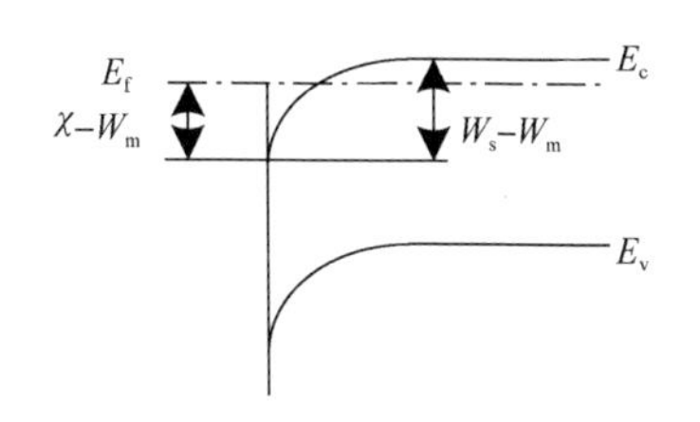

图 3.16　金属与 N 型半导体 N 型反阻挡层的能带图

当金属与 P 型半导体接触时，形成 P 型阻挡层与 P 型反阻挡层的条件正好与 N 型半导体相反，即当 $W_m>W_s$ 时，能带向上弯曲，形成 P 型反阻挡层；当 $W_m<W_s$ 时，能带向下弯曲，形成 P 型阻挡层。金属与 P 型半导体接触后的能带图如图 3.17 所示。表 3.2 列出了形成 N 型阻挡层与 P 型阻挡层的条件。

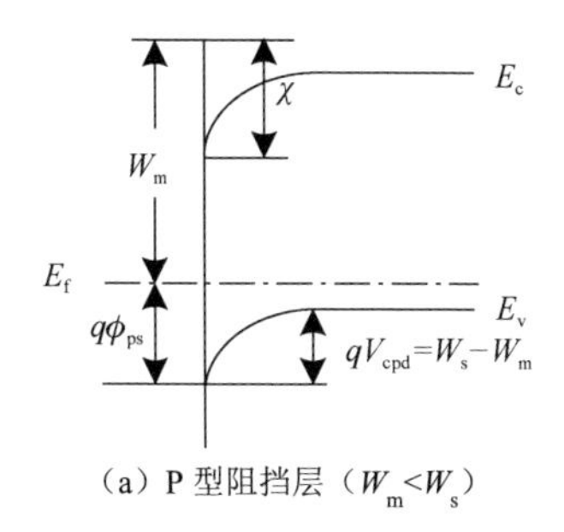

（a）P 型阻挡层（$W_m<W_s$）

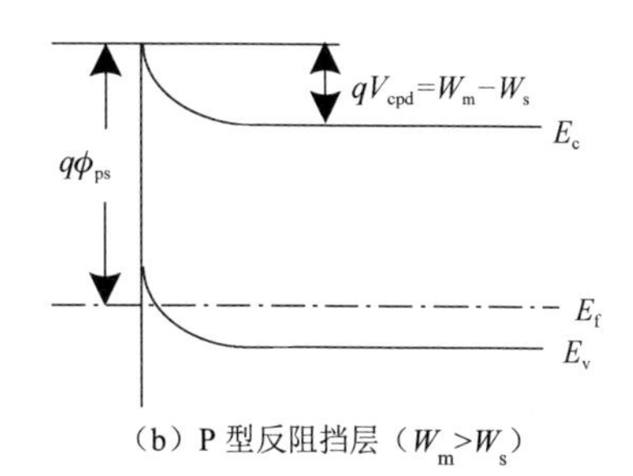

（b）P 型反阻挡层（$W_m>W_s$）

图 3.17　金属与 P 型半导体接触后的能带图

表 3.2　形成 N 型阻挡层与 P 型阻挡层的条件

条　　件	金属与 N 型半导体接触	金属与 P 型半导体接触
$W_m>W_s$	N 型阻挡层	P 型反阻挡层
$W_m<W_s$	N 型反阻挡层	P 型阻挡层

3. 外加电压对肖特基势垒的影响

平衡状态下的肖特基势垒能带图如图 3.18 所示，金属与半导体具有相等的费米能级。在没有外加电压时，金属一侧带负电，半导体一侧带正电，肖特基接触界面存在一个电场，该电场方向由半导体指向金属，沿着电场方向电势降低，电子电势能升高，因此金属与半导体接触界面处的能带向上弯曲。当外加正向电压时，即在金属上外加正向电压 V，相当于减弱了一部分内建电场的作用，使能带弯曲的程度减小，即从半导体流向金属一侧的电子数目增多，超过了从金属到半导体的电子数目，从而形成了从金属到半导体的正向电流，由于该电流是由半导体中的电子移动形成的，因此正向电流较大，并且外加正向电压越大，半导体一侧的势垒高度减小的程度就越大，正向电流就会越大。外加正向电压时肖特基势垒的能带图如图 3.19 所示。

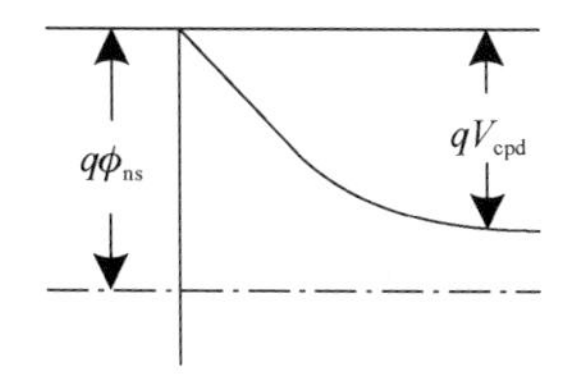

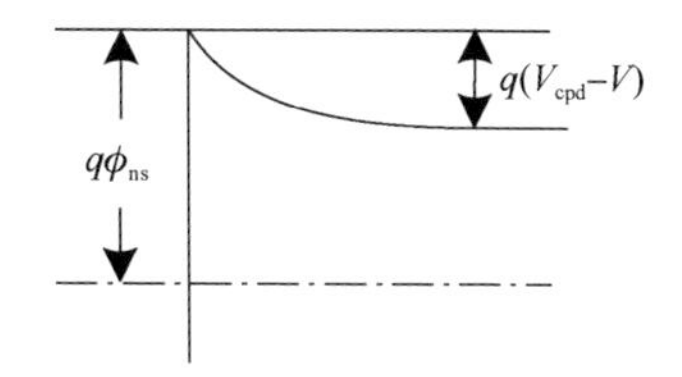

图 3.18　平衡状态下的肖特基势垒能带图

图 3.19　外加正向电压时肖特基势垒的能带图

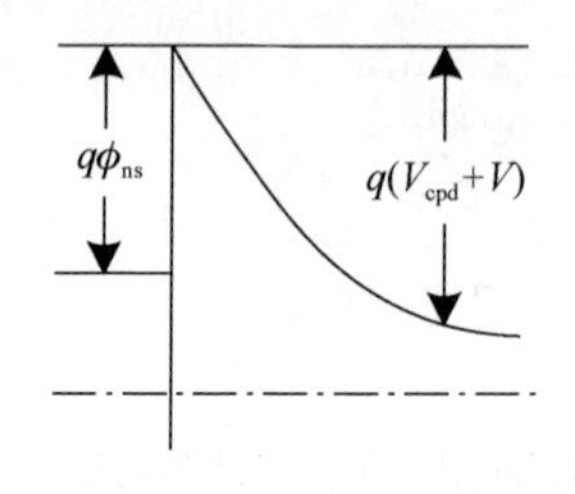

图 3.20　外加反向电压时肖特基势垒的能带图

外加反向电压时，平衡状态下内建电场的作用会增强，半导体一侧的势垒高度就会增大，从半导体流入金属的电子数目会减少，从金属流入半导体的电子数目占组成电流部分电子数目的较大比例，形成从半导体到金属的反向电流。外加反向电压时肖特基势垒的能带图如图 3.20 所示，从该图中可以看出，肖特基势垒不随外加电压的变化而变化，所以从金属到半导体的电子流是恒定的。当反向电压增大时，从半导体到金属的电流很小，可以忽略不计，所以反向电流就趋于饱和。以上讨论说明，外加正向电压时，电流很大，外加反向电压时，电流很小且趋于饱和，这样的特性类似于 PN 结的整流特性。

3.2.2　界面态对肖特基势垒的影响

由于肖特基势垒与金属的功函数和电子亲和能有关，对于同一种类的半导体，电子亲和能具有固定的数值，因此肖特基势垒主要由金属的功函数决定。但实际情况并非如此，大量的测试结果表明：不同的金属，虽然彼此之间的功函数相差很大，但它们的肖特基势垒高度却相差很小。上述结果表明，金属的功函数对肖特基势垒的影响并不大。这是因为在实际的肖特基二极管中，在界面处晶格的断裂会产生大量能量状态，称为界面态或表面态，其位于禁带内。表面态一般分为两类，分别为施主型表面态和受主型表面态。若能级被电子占据时呈电中性，放出电子后呈正电性，则该状态为施主型表面态；若能级放出电子后呈电中性，被电子占据时呈负电性，则该状态为受主型表面态。

假设在一个 N 型半导体表面存在表面态，对于大多数半导体来说，表面态位于距离价带顶约三分之一禁带宽度的能带处，在图 3.21 中为距离价带顶为 $q\phi_0$ 的能级。在该 N 型半导体中，费米能级高于表面态，因为费米能级以下的能带基本都被电子填充，所以表面态带负电。在这种情况下，半导体表面会存在一定的正电荷，这时存在一个电场，电场方向由半导体表面指向半导体内部。沿着电场方向电势降低，电子的电势能升高，从而形成电子的势垒，半导体一侧的势垒高度恰好使表面态上的负电荷与空间电荷区的正电荷数量相等。平衡状态下的能带图如图 3.21 所示。

如果表面态密度很大，那么只要费米能级比 $q\phi_0$ 高一点，表面态上就会积累大量负电荷，能带向上弯曲的程度会较大，当能带弯曲到一定程度时，费米能级就会与表面态重合，这时表面费米能级就会被钉扎在某一与金属无关的位置上，这时肖特基势垒高度称为被高表面态密度钉扎。存在高表面态密度时 N 型半导体肖特基接触的能带图如图 3.22 所示。

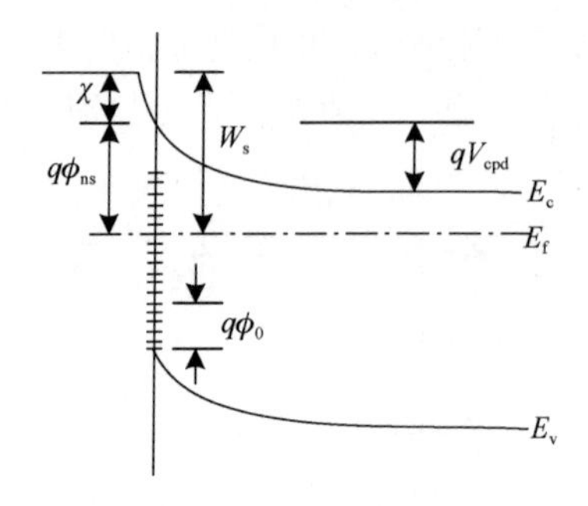

图 3.21　平衡状态下的能带图

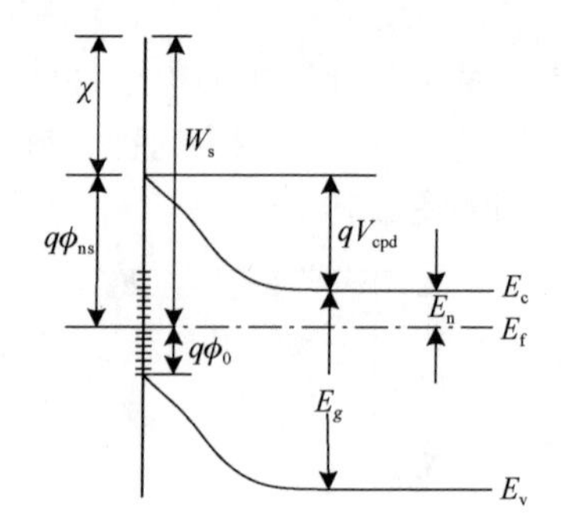

图 3.22　存在高表面态密度时 N 型半导体肖特基接触的能带图

3.2.3　镜像力对肖特基势垒的影响

在金属-真空系统中，金属表面附近 x 处的电子会在金属上感应出正电荷。电子与感应电荷之间的吸引力等于位于 x 处的电子和位于 $-x$ 处的等量正电荷之间的静电引力，这个正电荷称为镜像电荷（见图 3.23），静电引力称为镜像力。根据库仑引力可得镜像力为

$$F=\frac{-q^2}{4\pi\varepsilon_0(2x)^2} \tag{3.33}$$

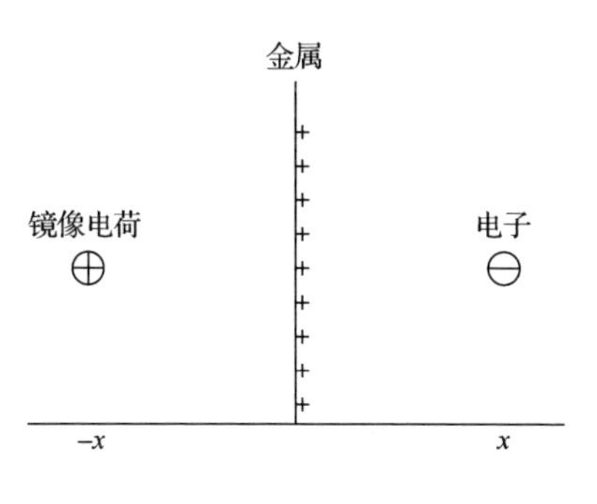

图 3.23　镜像电荷

式中，ε_0 为真空的介电常数。当把电子从 x 处移至无穷远处时，电场力所做的功为

$$\int_x^{\infty}F\mathrm{d}x=\frac{-q^2}{16\pi\varepsilon_0 x} \tag{3.34}$$

当半导体和金属接触时，利用上面的结果，将势能零点选在 E_{fm} 处，由于镜像力的作用，电子所具有的电势能为

$$\mathrm{PE}=\frac{-q^2}{16\pi\varepsilon_0\varepsilon_{\mathrm{r}}x}-q|E|x \tag{3.35}$$

式中，ε_{r} 为半导体的相对介电常数；$-q|E|x$ 为不考虑镜像力影响的肖特基二极管电势能。在考虑镜像力的作用时，在平衡状态下可以得到如图 3.24 所示的能量图。$q\phi_{\mathrm{ns}}$ 为不考虑镜像力的肖特基势垒高度，$q\Delta\phi$为肖特基势垒高度的降低量，$q\phi_{\mathrm{B}}$ 为考虑镜像力的肖特基势垒高度。在镜像力的作用下，电势能会在 $x_{\max}$ 处出现极大值。这个极大值发生在作用于电子的镜像力平衡的位置，即式（3.35）取得极大值点，相应公式为

$$\frac{\mathrm{d}(\mathrm{PE}(x))}{\mathrm{d}x}=0$$

计算上式得到最大势垒的位置 $x_{\max}$ 为

$$x_{\max}=\sqrt{\frac{q}{16\pi\varepsilon_0\varepsilon_{\mathrm{r}}|E|}}$$

由上式可以看出，镜像力可以使肖特基势垒高度的最大值向 x 轴的正方向移动，并且会使肖特基势垒高度减小。

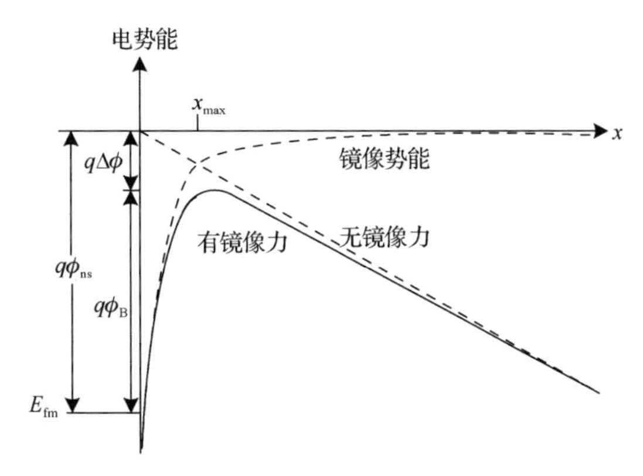

图 3.24　镜像力对肖特基势垒的影响

因此，考虑镜像力时，肖特基势垒高度的降低量为

$$q\Delta\phi=\frac{-q^2}{16\pi\varepsilon x_{\max}}-q|E|x_{\max}=-q\sqrt{\frac{q|E|}{4\pi\varepsilon_0\varepsilon_r}} \tag{3.36}$$

上式表明，镜像力的存在会使肖特基势垒高度降低，并且随着反向电压的增大，肖特基势垒高度的降低量也随之增加。肖特基势垒高度降低，从半导体流入金属的电子数目增多，这会使反向电流增大，并且随着反向电压的增大而增大。

3.2.4 金属-半导体接触整流理论

1. 扩散理论

对于N型阻挡层，当空间电荷区宽度比电子的平均自由程大很多时，电子在跨越空间电荷区时会发生多次碰撞，这样的阻挡层称为厚阻挡层。扩散理论是适用于厚阻挡层的理论。由于空间电荷区存在电场，载流子存在漂移运动，因此在计算流过空间电荷区的电流时，应该既考虑扩散电流，又考虑漂移电流，即总电流为漂移电流和扩散电流之和。在空间电荷区中，根据空间电荷区近似理论，自由载流子几乎完全扩散掉，空间电荷完全由电离杂质电荷组成。图3.25所示为N型半导体中的空间电荷区，其中，x_d表示空间电荷区宽度。

根据热扩散理论得到肖特基二极管的电流密度：当 $V>0$，并且 $qV\gg k_0T$ 时，有 $J=J_{sD}\exp\left(\frac{qV}{k_0T}\right)$；当 $V<0$，并且$|qV|\gg k_0T$时，有 $J=-J_{sD}$，其中，J_{sD} 表示反向饱和电流。

因为 J_{sD} 随外加电压的变化而变化，所以反向电流并不饱和。根据扩散理论可以得到图3.26所示的金属-半导体接触伏安特性曲线。

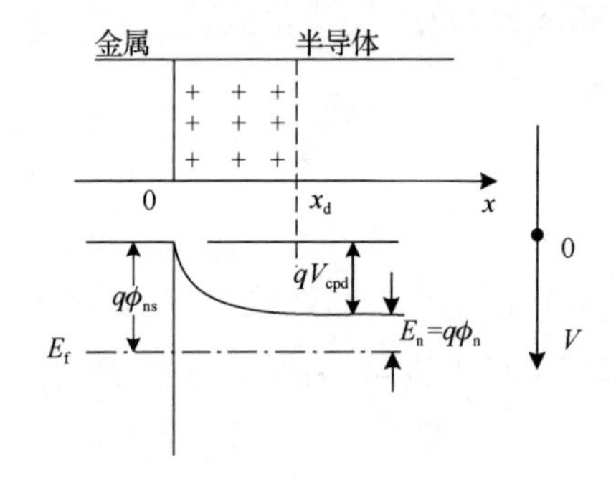

图3.25 N型半导体中的空间电荷区

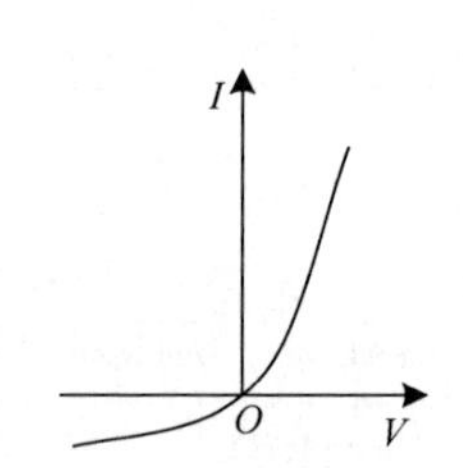

图3.26 金属-半导体接触伏安特性曲线

扩散理论适用于氧化铜这种载流子迁移率较小的半导体。

2. 热电子发射理论

当N型阻挡层很薄时，电子的平均自由程远大于势垒高度，扩散理论不再适用。在这种情况下，电子在空间电荷区中发生的碰撞可以被忽略，电流的大小主要取决于势垒高度，电流包括从半导体内部跨越势垒流入金属形成的电流和从金属流入半导体的电流。因此，电流的计算可以归结为跨越势垒的载流子数目的计算。上述描述就是热电子发射理论。

此处仍旧以 N 型阻挡层为例进行讨论，并且假设势垒高度$-q(V_s)_0\gg k_0T$，因为从半导体内部跨越势垒流入金属的电子总量只占半导体中电子数目的很小的一部分，所以可以假

设半导体中的电子浓度为常数。这里涉及的半导体仍然为非简并半导体。

若规定电流的正方向为从金属到半导体，则从半导体到金属的电子流所形成的电流密度为

$$\begin{aligned}
J_{\mathrm{s}\to\mathrm{m}} &= qn_0\left(\frac{m_\mathrm{n}^*}{2\pi k_0 T}\right)^{3/2}\int_{-\infty}^{\infty}\mathrm{d}v_z\int_{-\infty}^{\infty}\mathrm{d}v_y\int_{v_{x0}}^{\infty}v_x\exp\left[-\frac{m_\mathrm{n}^*(v_x^2+v_y^2+v_z^2)}{2k_0T}\right]\mathrm{d}v_x \\
&= qn_0\left(\frac{m_\mathrm{n}^*}{2\pi k_0 T}\right)^{3/2}\int_{-\infty}^{\infty}\exp\left(-\frac{m_\mathrm{n}^*v_z^2}{2k_0T}\right)\mathrm{d}v_z\int_{-\infty}^{\infty}\exp\left(-\frac{m_\mathrm{n}^*v_y^2}{2k_0T}\right)\mathrm{d}v_y\int_{v_{x0}}^{\infty}v_x\exp\left(-\frac{m_\mathrm{n}^*v_x^2}{2k_0T}\right)\mathrm{d}v_x \\
&= qn_0\left(\frac{k_0T}{2\pi m_\mathrm{n}^*}\right)^{1/2}\exp\left(-\frac{m_\mathrm{n}^*v_{x0}^2}{2k_0T}\right) \\
&= \frac{qm_\mathrm{n}^*k_0^2}{2\pi^2\hbar^3}T^2\exp\left(-\frac{E_\mathrm{c}-E_\mathrm{f}}{k_0T}\right)\exp\left[\frac{q(V_\mathrm{s})_0+qV}{k_0T}\right] \\
&= \frac{qm_\mathrm{n}^*k_0^2}{2\pi^2\hbar^3}T^2\exp\left(-\frac{q\phi_\mathrm{ns}}{k_0T}\right)\exp\left(\frac{qV}{k_0T}\right) \\
&= A^*T^2\exp\left(-\frac{q\phi_\mathrm{ns}}{k_0T}\right)\exp\left(\frac{qV}{k_0T}\right)
\end{aligned} \tag{3.37}$$

其中，

$$A^* = \frac{qm_\mathrm{n}^*k_0^2}{2\pi^2\hbar^3} \tag{3.38}$$

称为有效理查森数。热电子向真空中发射的理查森数是 $A = qm_0k_0^2/2\pi^2\hbar^3 = 120\mathrm{A(cm^2\cdot K^2)}$。

电子从金属到半导体跨越的势垒高度是肖特基势垒高度，且不随外加电压的变化而变化。因此，从金属到半导体的电子流所形成的电流密度 $J_{\mathrm{m}\to\mathrm{s}}$ 是常数，它应与热平衡状态下的 $J_{\mathrm{s}\to\mathrm{m}}$ 大小相等，方向相反，即

$$J_{\mathrm{m}\to\mathrm{s}} = -J_{\mathrm{s}\to\mathrm{m}}\big|_{V=0} = -A^*T^2\exp\left(-\frac{q\phi_\mathrm{ns}}{k_0T}\right) \tag{3.39}$$

式中，ϕ_ns 为肖特基势垒高度。

因此，总电流密度为

$$\begin{aligned}
J = J_{\mathrm{s}\to\mathrm{m}} + J_{\mathrm{m}\to\mathrm{s}} &= A^*T^2\exp\left(-\frac{q\phi_\mathrm{ns}}{k_0T}\right)\left[\exp\left(\frac{qV}{k_0T}\right)-1\right] \\
&= J_\mathrm{sT}\left[\exp\left(\frac{qV}{k_0T}\right)-1\right]
\end{aligned} \tag{3.40}$$

其中，

$$J_\mathrm{sT} = A^*T^2\exp\left(-\frac{q\phi_\mathrm{ns}}{k_0T}\right) \tag{3.41}$$

由于 Ge、Si、GaAs 具有较高的载流子迁移率，因此在室温下，这些半导体的肖特基势垒中的电流输运机构主要是多子的热电子发射。

3.2.5 肖特基二极管与 PN 结二极管的比较

1. 高的工作频率和开关速度

对 PN 结外加正向电压时，N 区中的电子流入 P 区，P 区中性区积累了一定量的电子，同理，P 区中的空穴流入 N 区，N 区中性区积累了一定量的空穴，上述电子和空穴对于 P 区和 N 区来说都是少子，它们存储在中性区。对 PN 结外加反向电压时，在正向电压下，存储在中性区的非平衡载流子不能立即被抽走，这影响了 PN 结的开关速度。而肖特基二极管的正向电流主要由半导体中的多子进入金属形成，没有少子存储效应。因而，肖特基二极管具有比 PN 结二极管更高的工作频率特性。

2. 大的反向饱和电流和小的正向导通电压

多子电流大于少子电流，即肖特基二极管的反向饱和电流大于 PN 结二极管的反向饱和电流。同时根据肖特基二极管扩散理论和热电子发射理论推导得出的电流密度方程和 PN 结二极管的电流密度方程可得，肖特基二极管较 PN 结二极管具有更小的正向导通电压。肖特基二极管和 PN 结二极管在正向电压下的电流-电压特性如图 3.27 所示。

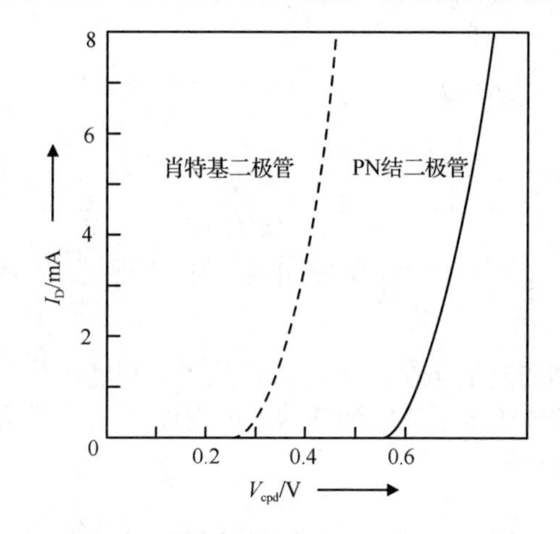

图 3.27　肖特基二极管和 PN 结二极管在正向电压下的电流-电压特性

3.2.6 欧姆接触

金属与半导体接触时可以形成非整流接触，即欧姆接触。欧姆接触是指：不产生明显的附加阻抗，而且不会使半导体内部的平衡载流子浓度发生显著的改变。理想欧姆接触的电阻与半导体的电阻相比应该很小，当有电流流过时，欧姆接触上的电压降应当远小于半导体本身的电压降，这种接触不影响半导体的电流-电压特性。在实际中，欧姆接触有重要的应用。半导体一般都要利用金属电极输入或输出电流，这就要求在金属和半导体之间形成良好的欧姆接触。在超高频和大功率器件中，欧姆接触是设计和制造中的关键问题之一。

在不考虑表面态的影响时，金属与半导体接触可以形成反阻挡层，而反阻挡层没有整流作用，如果选用适当的金属材料，就可能得到欧姆接触。目前，在实际中，主要利用隧道效应的原理在半导体上制造欧姆接触。

重掺杂的 PN 结可以产生很大的隧道电流。当金属与半导体接触时，如果半导体的掺杂浓度很高，那么空间电荷区的宽度会变得很小，电子也会通过隧道效应贯穿势垒产生相当大的隧道电流，甚至超过热电子发射电流而成为电流的主要部分。当隧道电流占主导地位时，它的接触电阻可以很小，形成欧姆接触。因此，当半导体重掺杂时，它与金属的接触可以形成接近理想的欧姆接触。

3.3　半导体异质结

上文讨论过的 PN 结，是通过对同一块半导体单晶进行相反类型的掺杂获得的。一般的 PN 结由于导电类型不同，其两侧是用同一种材料制作的，这样的 PN 结称为同质结。如果采用不同的半导体单晶制作 PN 结，那么这种 PN 结称为异质结。许多元素半导体、ⅢA-ⅤA 族、ⅡA-ⅥA 族、ⅣA-ⅣA 族化合物半导体都可以组成异质结。异质结两边的导电类型仍然由掺杂决定。掺杂类型相同的异质结称为同型异质结，如由 N 型掺杂的 Ge 与 N 型掺杂的 GaAs 组成的同型异质结。而掺杂类型相反的异质结称为异型异质结，如由 P 型掺杂的 Si 与 N 型掺杂的 GaP 组成的 PN 结。

异质结的概念早在 1951 年就被提出，但是由于工艺方面的困难，人们对异质结的研究仅停留于理论研究阶段。1957 年，克罗默指出由导电类型相反的两种不同的半导体单晶制作的异质结，比同质结具有更高的注入效率。自此研究者发现将两种禁带宽度及其他特性不相同的材料结合，会使得异质结具有一系列同质结没有的特性，也能获得某些同质结所不具备的功能。异质结取得工艺上的突破发生在 20 世纪 60 年代初期，人们第一次通过气相外延技术成功制作出异质结。1969 年关于第一次制成异质结二极管的报告被发表，到 20 世纪 70 年代，液相外延、金属有机化学气相沉积和分子束外延等先进的材料生长方法相继出现，使异质结工艺日趋完善。

本节主要讨论半导体异质结的能带结构、平衡状态下半导体异质结的特性、半导体异质结的电流-电压特性及注入特性、半导体异质结量子阱结构与应变异质结结构的相关内容。

说明：本节采用大写字母 N 或 P 表示异质结中禁带宽度较大的材料的导电类型，小写字母 n 或 p 表示异质结中禁带宽度较小的材料的导电类型。

3.3.1　半导体异质结的能带结构

对半导体异质结的能带结构进行研究是对半导体异质结基本特性进行研究的基础。在不考虑两种半导体接触界面态的前提下，任何异质结的能带图都取决于两种半导体的电子亲和能、禁带宽度及功函数。类似于同质结的概念，异质结分为突变异质结和缓变异质结两种。突变异质结是指从一种半导体向另一种半导体的过渡只发生于几个原子距离范围内，缓变异质结是指该过渡发生于几个扩散长度范围内。自此，异质结便可分为四类：同型突变异质结、同型缓变异质结、异型突变异质结、异型缓变异质结。以下主要针对异型突变异质结的能带结构进行探讨。

1．理想异型突变异质结的能带图

所谓理想异型突变异质结，是指两种半导体在接触界面上形成突变接触，接触界面无

界面态，半导体之间也不存在偶极层和夹层。异型突变异质结分为 Pn 型突变异质结和 pN 型突变异质结，下文以 pN 型突变异质结为例对异型突变异质结的能带图进行分析。

pN 型突变异质结形成前的平衡状态能带图如图 3.28（a）所示。两种半导体接触前 p 型半导体的费米能级低于 N 型半导体的费米能级，接触后由于两者的费米能级不相同，因此会发生电荷转移现象既而拉平费米能级来达到平衡状态。电子将从 N 型半导体流向 p 型半导体，空穴则以与电子流动方向相反的方向流动，直至形成如图 3.28（b）所示的 pN 型突变异质结的平衡状态能带图。在上述过程进行的同时，N 型半导体和 p 型半导体交界面将分别形成正、负空间电荷区，正、负空间电荷将形成内建电场，使电子在空间电荷区中各点有附加电势能，从而使能带发生弯曲，能带的弯曲量也是真空电子能级的弯曲量，即

$$qV_{\mathrm{cpd}} = qV_{\mathrm{cpd1}} + qV_{\mathrm{cpd2}} = E_{\mathrm{F2}} - E_{\mathrm{F1}} \tag{3.42}$$

式中，V_{cpd} 为接触电势差，它等于两种半导体的功函数之差，由交界面的 p 型半导体和 N 型半导体中的内建电势差共同组成，即 $V_{\mathrm{cpd}} = V_{\mathrm{cpd1}}+V_{\mathrm{cpd2}}$，而 V_{cpd1} 和 V_{cpd2} 分别为两种半导体交界面两侧的 p 型半导体和 N 型半导体中的内建电势差。

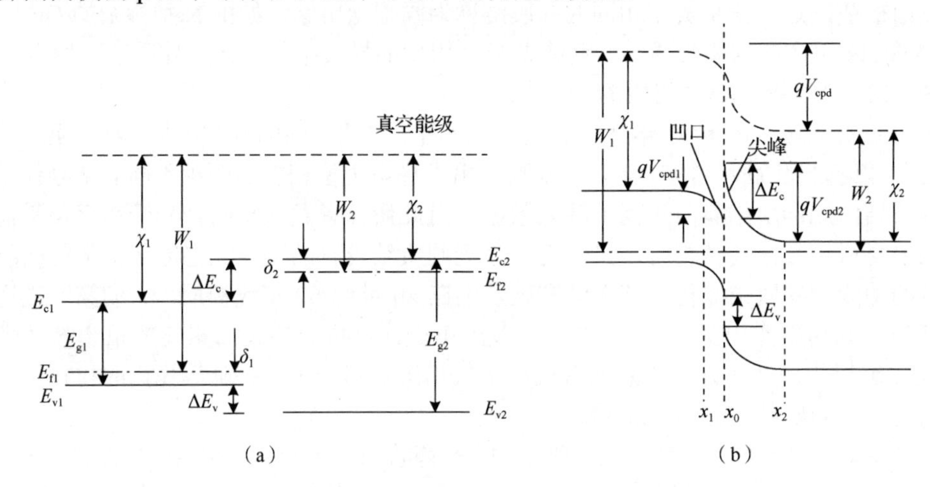

图 3.28　pN 型突变异质结形成前和形成后的平衡状态能带图

观察图 3.28（b）所示的能带图不难发现，与同质结的能带弯曲情况相比，异质结两边能带无法对齐，即能带不连续，出现了能带的突变。具体而言，N 型半导体的导带底和价带顶的弯曲量为 qV_{cpd2}，导带底在交界面形成向上的尖峰，p 型半导体的导带底和价带顶的弯曲量为 qV_{cpd1}，导带底在交界面形成向下的凹口，两种半导体的导带底在交界面的突变量为

$$\Delta E_{\mathrm{c}} = \chi_1 - \chi_2 \tag{3.43}$$

类似地，价带顶也存在着突变，突变量为

$$\Delta E_{\mathrm{v}} = (E_{\mathrm{g2}} - E_{\mathrm{g1}}) - (\chi_1 - \chi_2) \tag{3.44}$$

且有

$$\Delta E_{\mathrm{c}} + \Delta E_{\mathrm{v}} = E_{\mathrm{g2}} - E_{\mathrm{g1}} \tag{3.45}$$

以上三个公式对所有突变异质结普遍适用。导带底和价带顶的突变量被称为导带带阶和价带带阶，也就是所谓的安德森定则。根据导带带阶和价带带阶的概念对理想异型突变异质结能带图进行分析很有意义。

2. 理想同型突变异质结的能带图

由两种导电类型相同的不同半导体组成的突变异质结就是同型突变异质结，它可分为 nN 型突变异质结和 pP 型突变异质结。与异型突变异质结不同的是，同型突变异质结中两种半导体交界面两侧的载流子类型相同，因此交界面两侧的势垒不能都看成是耗尽的，必有一侧存在载流子的积累，并且积累的载流子会在交界面处形成电荷分布，从而对整体的电荷平衡和电势分布产生贡献。下文对同型突变异质结的能带图进行分析。

图 3.29（a）所示为 nN 型突变异质结形成前的平衡状态能带图，图 3.29（b）所示为 nN 型突变异质结形成后的平衡状态能带图。当两种半导体接触时，由于宽禁带的 N 型半导体的费米能级高于窄禁带的 n 型半导体的费米能级，因此电子从 N 型半导体流入 n 型半导体，n 型半导体一侧界面形成了电子的积累层，而另一侧界面形成了空间电荷区。类似地，图 3.30 也展示了 pP 型突变异质结的平衡状态能带图，由该图可见，同型突变异质结根据两种半导体的禁带宽度、电子亲和能及功函数等的不同，呈现了不同的能带界面。

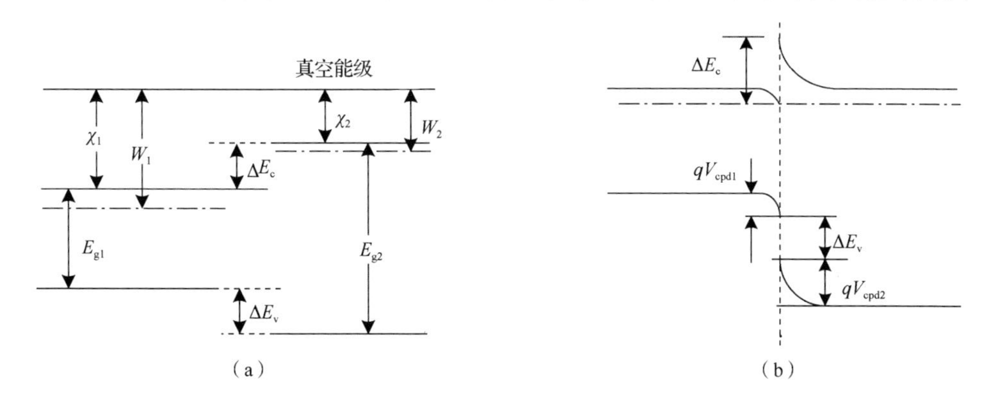

图 3.29　nN 型突变异质结形成前和形成后的平衡状态能带图

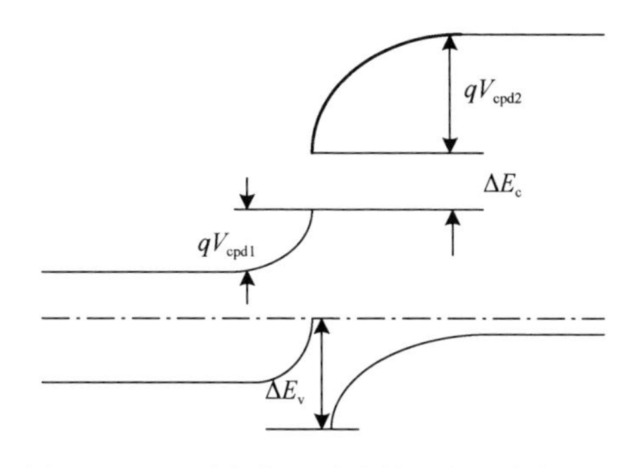

图 3.30　pP 型突变异质结的平衡状态能带图

以上突变异质结的平衡状态能带图是在安迪生于 1962 年假设肖克莱 PN 结理论同样适用的情况下做出来的，故称为安迪生-肖克莱模型。

3. 考虑界面态时的能带图

界面态的产生主要是由于异质结的两种半导体的晶格常数不同。当这两种半导体结合时，不可避免地会出现一些不配对的键，这些键被称为悬挂键。这些悬挂键排列起来可能会形成刃型位错缺陷，如图 3.31 所示。

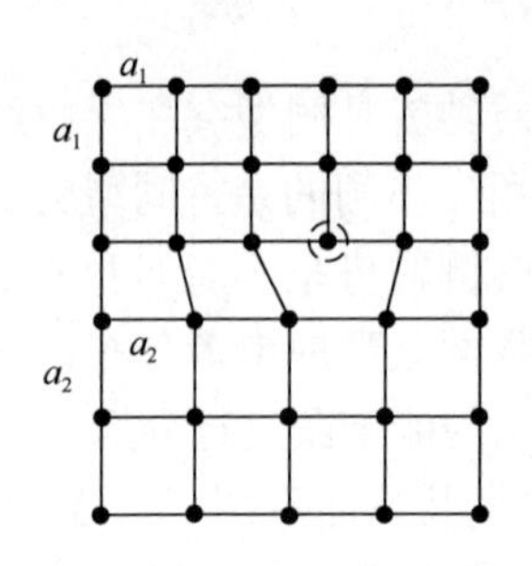

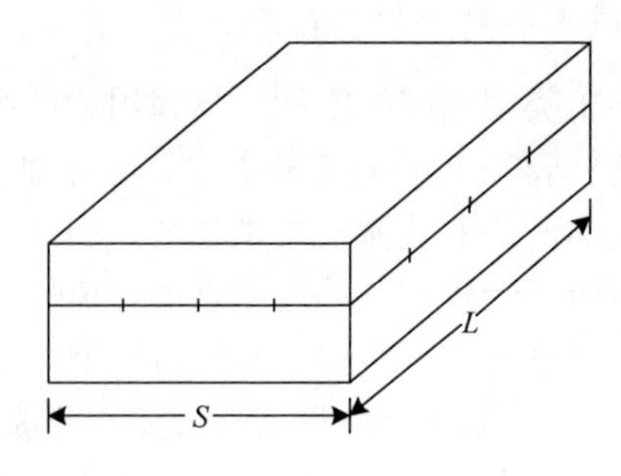

图 3.31　刃型位错缺陷

组成异质结的两种半导体的晶格常数的差别可以用晶格失配量来描述，其定义为

$$\frac{a_2-a_1}{\frac{1}{2}(a_2+a_1)}=\frac{\Delta a}{a} \tag{3.46}$$

式中，a_2和a_1分别为两种半导体的晶格常数。表 3.3 列出了几种半导体异质结的晶格失配。要想得到比较理想的异质结，首先应该选择晶格失配量小的半导体。对于特定的器件，同时还应考虑禁带宽度等其他因素。

表 3.3　几种半导体异质结的晶格失配

异　质　结	晶格常数 a/Å	晶格失配量	异　质　结	晶格常数 a/Å	晶格失配量
Ge-Si	5.6575～5.4307	4.1%	Si-GaAs	5.4307～5.6531	4%
Ge-InP	5.6575～5.8687	3.7%	Si-GaP	5.4307～5.4505	0.36%
Ge-GaAs	5.6575～5.6531	0.08%	InSb-GaAs	6.4787～5.6531	13.6%
Ge-GaP	5.6575～5.4505	3.7%	GaAs-GaP	5.6531～5.4505	3.6%
Ge-CdTe	5.6575～6.477	13.5%	GaP-AlP	5.4505～5.451	0.01%

界面态能级对能带图的影响与界面态密度的大小和界面态的性质有关。当界面态密度较小时，无论界面态能级的类型是施主型还是受主型，都不影响异质结能带图的基本形状。但当界面态密度较大时，界面态能级上的电荷虽然不影响能带弯曲的方向，但已能显著地改变某一侧空间电荷区的厚度和势垒高度，能带弯曲的方向将受界面电荷的影响。以金刚石结构的晶体为例，根据表面能级理论计算求得，当金刚石结构的晶体表面能级密度在 10^{12}cm^{-2} 以上时，表面的费米能级约位于禁带宽度的 1/3 处，如图 3.32 所示。该结论是由巴丁等得到的，故称其为巴丁极限。

对于 p 型半导体，悬挂键起施主作用，表面态接受空穴带正电，表面积累电子，因此 p 型半导体接触面处的能带向下弯曲，与其紧邻的 n 型半导体表面积累电子，n 型半导体接触面处的能带也向下弯曲，无论是 pn、np 异型突变异质结还是 pp 同型突变异质结，接触面处的能带均向下弯曲，如图 3.33（a）～图 3.33（c）所示。对于 n 型半导体，悬挂键起受主作用，表面态接受电子带负电，表面积累空穴，因此 n 型半导体接触面处的能带向上弯曲，与其紧邻的 p 型半导体表面积累空穴，p 型半导体接触面处的能带也向上弯曲，无论是 pn、np 异型突变异质结还是 nn 同型突变异质结，接触面处的能带均向上弯曲，如图 3.33（d）～图 3.33（f）所示。

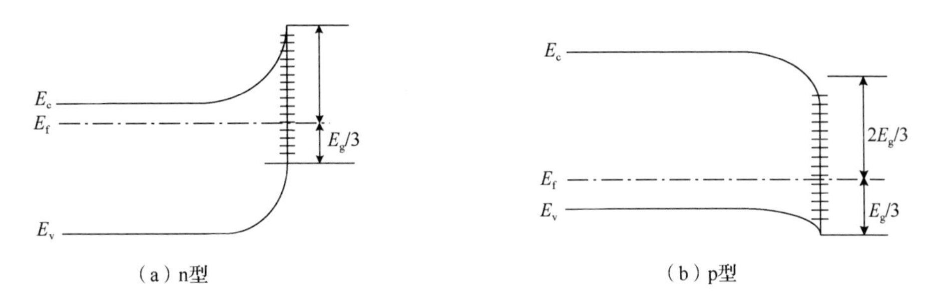

图 3.32　表面能级密度大的半导体能带图

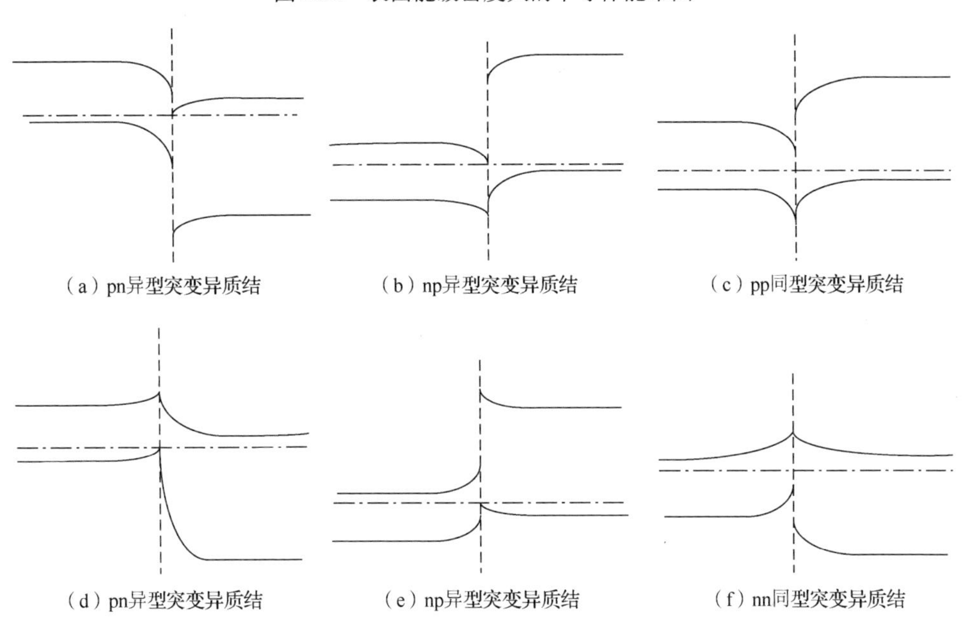

图 3.33　考虑界面态影响后异质结的能带示意图

3.3.2　平衡状态下半导体异质结的特性

通过上文对 PN 结的分析可知，人们可根据能带图计算出 PN 结的内建电场、接触电势差、势垒电容等特性。同样，异质结的内建电场、接触电势差、势垒电容等特性也可以根据能带图轻松获得。下面对 pN 型突变异质结的内建电场、接触电势差、势垒宽度、势垒电容进行计算和分析。

从基本的泊松方程出发，有

$$\frac{\mathrm{d}E}{\mathrm{d}x}=\frac{\rho(x)}{\varepsilon} \tag{3.47}$$

式中，E 为电场强度；$\rho(x)$为某一位置处的电荷密度；ε 为半导体的介电常数。根据电场强度 E 和电势 V 的关系 $E=-\mathrm{d}V(x)/\mathrm{d}x$，泊松方程可以表示为

$$\frac{\mathrm{d}^2V(x)}{\mathrm{d}x^2}=-\frac{\rho(x)}{\varepsilon} \tag{3.48}$$

因为空间电荷区没有自由载流子，只有完全离化了的杂质电荷，所以 $\rho(x)$为

$$\begin{cases}\rho(x)=-qN_{\mathrm{A}}, & x_1<x<x_0\\ \rho(x)=qN_{\mathrm{D}}, & x_0<x<x_2\end{cases} \tag{3.49}$$

式中，q 为电子电荷量；N_A 和 N_D 分别为窄禁带 p 区的受主杂质浓度和宽禁带 N 区的施主杂质浓度；x_1 和 x_2 分别为窄禁带 p 区的空间电荷区边界和宽禁带 N 区的空间电荷区边界。将式（3.49）代入式（3.48）中，得到

$$\begin{cases}\dfrac{d^2V_1(x)}{dx^2}=\dfrac{qN_A}{\varepsilon_1}, & x_1<x<x_0\\ \dfrac{d^2V_2(x)}{dx^2}=-\dfrac{qN_D}{\varepsilon_2}, & x_0<x<x_2\end{cases} \tag{3.50}$$

式中，ε_1 和 ε_2 分别为窄禁带半导体和宽禁带半导体的介电常数，对式（3.50）积分可得

$$\begin{cases}E_1(x)=-\dfrac{dV_1(x)}{dx}=-\displaystyle\int\dfrac{d^2V_1(x)}{dx^2}dx=-\displaystyle\int\dfrac{qN_A}{\varepsilon_1}dx=-\dfrac{qN_A}{\varepsilon_1}x+c_1, & x_1<x<x_0\\ E_2(x)=-\dfrac{dV_2(x)}{dx}=-\displaystyle\int\dfrac{d^2V_2(x)}{dx^2}dx=+\displaystyle\int\dfrac{qN_D}{\varepsilon_2}dx=\dfrac{qN_D}{\varepsilon_2}x+c_2, & x_0<x<x_2\end{cases} \tag{3.51}$$

由于空间电荷区边界处电场强度为零，因此当 $x=x_1$ 时，$E_1=0$；当 $x=x_2$ 时，$E_2=0$。将边界条件代入式（3.51）中，得到常数 c_1 和 c_2，即

$$c_1=\frac{qN_A}{\varepsilon_1}x_1,\quad c_2=-\frac{qN_D}{\varepsilon_2}x_2$$

将两个常数代入式（3.51）中，得到异质结的电场强度为

$$\begin{cases}E_1(x)=-\dfrac{qN_A}{\varepsilon_1}(x-x_1), & x_1<x<x_0\\ E_2(x)=-\dfrac{qN_D}{\varepsilon_2}(x_2-x), & x_0<x<x_2\end{cases} \tag{3.52}$$

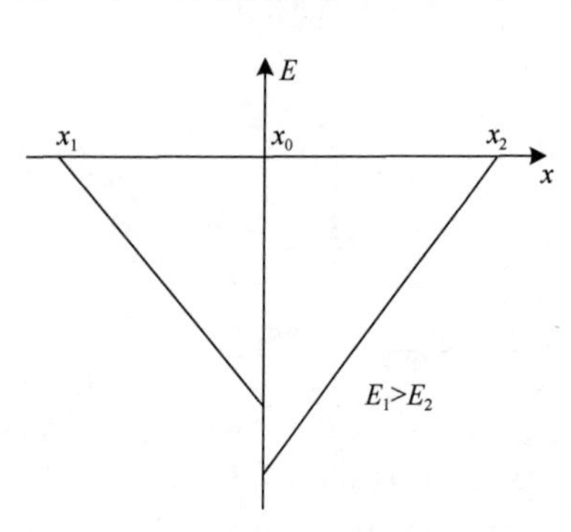

图 3.34 pN 型突变异质结的电场分布

根据式（3.52）可以画出 pN 型突变异质结的电场分布，如图 3.34 所示，在 PN 结界面（$x=0$）处电场强度达到最大值。

对电场强度再次积分，求得电势分布为

$$\begin{cases}V_1(x)=-\displaystyle\int E_1(x)dx=\displaystyle\int\dfrac{qN_A}{\varepsilon_1}(x-x_1)dx=\dfrac{qN_A}{\varepsilon_1}\left(\dfrac{1}{2}x^2-x_1x\right)+c_1', & x_1<x<x_0\\ V_2(x)=-\displaystyle\int E_2(x)dx=\displaystyle\int\dfrac{qN_D}{\varepsilon_2}(x_2-x)dx=\dfrac{qN_D}{\varepsilon_2}\left(x_2x-\dfrac{1}{2}x^2\right)+c_2', & x_0<x<x_2\end{cases} \tag{3.53}$$

在平衡状态下，窄禁带 p 区接触电势差 $V_{cpd1}=V_1(x_0)-V_1(x_1)$，宽禁带 N 区接触电势差 $V_{cpd2}=V_2(x_2)-V_2(x_0)$，由于电势连续，因此 PN 结界面处 $V_1(x_0)=V_2(x_0)$，而总的接触电势差满足

$$V_{cpd}=V_{cpd1}+V_{cpd2}=V_2(x_2)-V_1(x_1) \tag{3.54}$$

选择窄禁带一侧空间电荷区以外的电势为基准，此时当 $x=x_1$ 时，$V_1=0$；当 $x=x_2$ 时，$V_2=V_{cpd}$，将此边界条件代入式（3.53）中，得到

$$c_1'=\frac{1}{2}\frac{qN_A}{\varepsilon_1}x_1^2,\quad c_2'=V_{cpd}-\frac{1}{2}\frac{qN_D}{\varepsilon_2}x_2^2$$

将计算得到的常数代入式（3.53）中，得到

$$\begin{cases} V_1(x) = \dfrac{1}{2}\dfrac{qN_A}{\varepsilon_1}(x - x_1)^2, & x_1 < x < x_0 \\ V_2(x) = V_{cpd} - \dfrac{1}{2}\dfrac{qN_D}{\varepsilon_2}(x - x_2)^2, & x_0 < x < x_2 \end{cases} \tag{3.55}$$

这样，可以得到窄禁带 p 区的接触电势差和宽禁带 N 区的接触电势差为

$$\begin{cases} V_{cpd1} = V_1(x_0) - V_1(x_1) = V_1(x_0) = \dfrac{1}{2}\dfrac{qN_A}{\varepsilon_1}(x_0 - x_1)^2 \\ V_{cpd2} = V_2(x_2) - V_2(x_0) = V_{cpd} - V_2(x_0) = V_{cpd} - \left[V_{cpd} - \dfrac{1}{2}\dfrac{qN_D}{\varepsilon_2}(x_2 - x_0)^2\right] = \dfrac{1}{2}\dfrac{qN_D}{\varepsilon_2}(x_2 - x_0)^2 \end{cases} \tag{3.56}$$

总的接触电势差为

$$V_{cpd} = V_{cpd1} + V_{cpd2} = \frac{1}{2}\frac{qN_A}{\varepsilon_1}(x_0 - x_1)^2 + \frac{1}{2}\frac{qN_D}{\varepsilon_2}(x_2 - x_0)^2 \tag{3.57}$$

根据电中性条件 $qN_A(x_0-x_1) = qN_D(x_2-x_0)$，得到

$$\frac{x_0 - x_1}{x_2 - x_0} = \frac{N_D}{N_A} \tag{3.58}$$

和同质结相似，异质结的空间电荷区宽度和杂质浓度成反比，空间电荷区主要在轻掺杂一侧展宽，将式（3.58）代入式（3.56）中，得到

$$\frac{V_{cpd1}}{V_{cpd2}} = \frac{N_A\varepsilon_2(x_0 - x_1)^2}{N_D\varepsilon_1(x_2 - x_0)^2} = \frac{N_D\varepsilon_2}{N_A\varepsilon_1} \tag{3.59}$$

由此可见，势垒也主要落在轻掺杂一侧。结合式（3.59）和式（3.54），得到

$$\begin{cases} V_{cpd1} = \dfrac{N_D\varepsilon_2}{N_A\varepsilon_1 + N_D\varepsilon_2}V_{cpd} \\ V_{cpd2} = \dfrac{N_A\varepsilon_1}{N_A\varepsilon_1 + N_D\varepsilon_2}V_{cpd} \end{cases} \tag{3.60}$$

结合式（3.60）和式（3.56）得到窄禁带 p 区的空间电荷区宽度和宽禁带 N 区的空间电荷区宽度，即

$$\begin{cases} x_0 - x_1 = \left(\dfrac{2\varepsilon_1 V_{cpd1}}{qN_A}\right)^{\frac{1}{2}} = \left[\dfrac{2\varepsilon_1\varepsilon_2 N_D}{qN_A(N_A\varepsilon_1 + N_D\varepsilon_2)}V_{cpd}\right]^{\frac{1}{2}} \\ x_2 - x_0 = \left(\dfrac{2\varepsilon_2 V_{cpd2}}{qN_D}\right)^{\frac{1}{2}} = \left[\dfrac{2\varepsilon_1\varepsilon_2 N_A}{qN_D(N_A\varepsilon_1 + N_D\varepsilon_2)}V_{cpd}\right]^{\frac{1}{2}} \end{cases} \tag{3.61}$$

当 pN 型突变异质结外加电压 V_a（外加正向电压时 $V_a>0$，外加反向电压时 $V_a<0$）时，窄禁带 p 区的空间电荷区宽度和宽禁带 N 区的空间电荷区宽度变为

$$\begin{cases} x_0 - x_1 = \left(\dfrac{2\varepsilon_1 V_{cpd}}{qN_A}\right)^{\frac{1}{2}} = \left[\dfrac{2\varepsilon_1\varepsilon_2 N_D}{qN_A(N_A\varepsilon_1 + N_D\varepsilon_2)}(V_{cpd} - V_a)\right]^{\frac{1}{2}} \\ x_2 - x_0 = \left(\dfrac{2\varepsilon_2 V_{cpd}}{qN_D}\right)^{\frac{1}{2}} = \left[\dfrac{2\varepsilon_1\varepsilon_2 N_A}{qN_D(N_A\varepsilon_1 + N_D\varepsilon_2)}(V_{cpd} - V_a)\right]^{\frac{1}{2}} \end{cases} \tag{3.62}$$

总的空间电荷区宽度为

$$(x_0 - x_1) + (x_2 - x_0) = \left[\frac{2\varepsilon_1\varepsilon_2(N_A + N_D)^2}{qN_A N_D(N_A\varepsilon_1 + N_D\varepsilon_2)} V_{cpd} \right]^{\frac{1}{2}} \tag{3.63}$$

空间电荷区的总电荷为

$$Q = qN_A(x_0 - x_1) = qN_D(x_2 - x_0) = \left[\frac{2qN_A N_D\varepsilon_1\varepsilon_2}{\varepsilon_1 N_A + \varepsilon_2 N_D}(V_{cpd} - V_a) \right]^{\frac{1}{2}} \tag{3.64}$$

因此，单位面积异质结的电容为

$$C = \left|\frac{dQ}{dV_a}\right| = \left[\frac{qN_A N_D\varepsilon_1\varepsilon_2}{2(\varepsilon_1 N_A + \varepsilon_2 N_D)} \frac{1}{V_{cpd} - V_a} \right]^{\frac{1}{2}} \tag{3.65}$$

$$\frac{1}{C^2} = \frac{2(\varepsilon_1 N_A + \varepsilon_2 N_D)(V_{cpd} - V_a)}{qN_A N_D\varepsilon_1\varepsilon_2} \tag{3.66}$$

$$\frac{d(1/C^2)}{dV_a} = -\frac{2(\varepsilon_1 N_A + \varepsilon_2 N_D)}{qN_A N_D\varepsilon_1\varepsilon_2} \tag{3.67}$$

由式（3.66）可得，$1/C^2$ 和 V_a 之间存在线性关系，可以根据直线在电压轴上的截距求得势垒高度。和同质结一样，如果异质结两侧掺杂水平悬殊，那么可以根据该直线的斜率求出轻掺杂一侧的掺杂浓度。

由式（3.56）可以看出，势垒在界面两侧呈抛物线形状，这点和同质结相似，唯一不同之处在于宽禁带一侧出现了一个尖峰，而窄禁带一侧出现了一个能谷（阱），尖峰起到了限制载流子的作用，阻止电子向宽禁带一侧运动，尖峰在势垒上的位置由两侧半导体的相对掺杂浓度决定，有可能出现如图 3.35 所示的几种情况：当宽禁带掺杂比窄禁带掺杂少得多时，势垒主要落在宽禁带，如图 3.35（a）所示；当两边掺杂相差不大时，势垒尖峰在平衡时并不露出 p 区的导带底，但在外加正向电压时有可能影响载流子的输运，如图 3.35（b）所示；当窄禁带掺杂远远少于宽禁带掺杂时，势垒主要落在窄禁带，尖峰靠近势垒的根部，如图 3.35（c）所示。

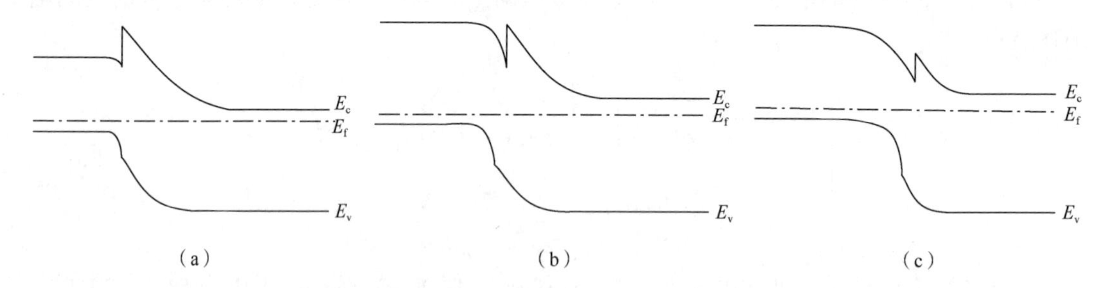

图 3.35　异质结能带图上几种可能的尖峰位置

以上讨论的是 pN 型突变异质结的情况，如果是 Pn 型突变异质结，即 P 型半导体为宽禁带，n 型半导体为窄禁带，那么其能带图如图 3.36 所示。此时势垒的尖峰会出现在价带，也就是对空穴起限制作用。

当然，异型突变异质结的能带图远不止以上两种，按照不同半导体不同电子亲和能、费米能级及功函数的组合，可以得到不下十种异型突变异质结的能带图。图 3.37 列举了其中常见的四种异型突变异质结能带图，分析方法都与本节的 pN 型突变异质结类似。

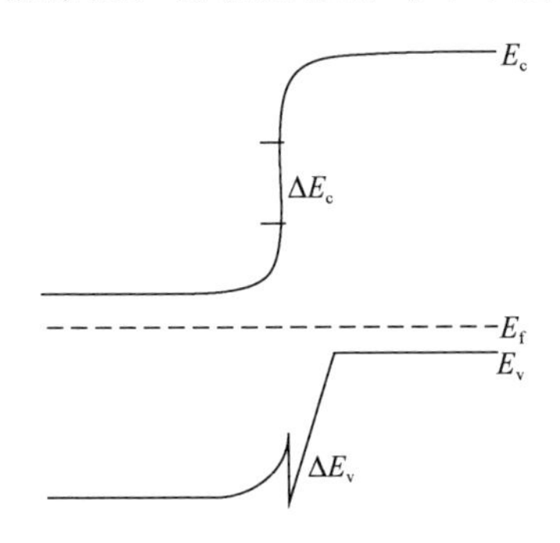

图 3.36　Pn 型突变异质结的能带图

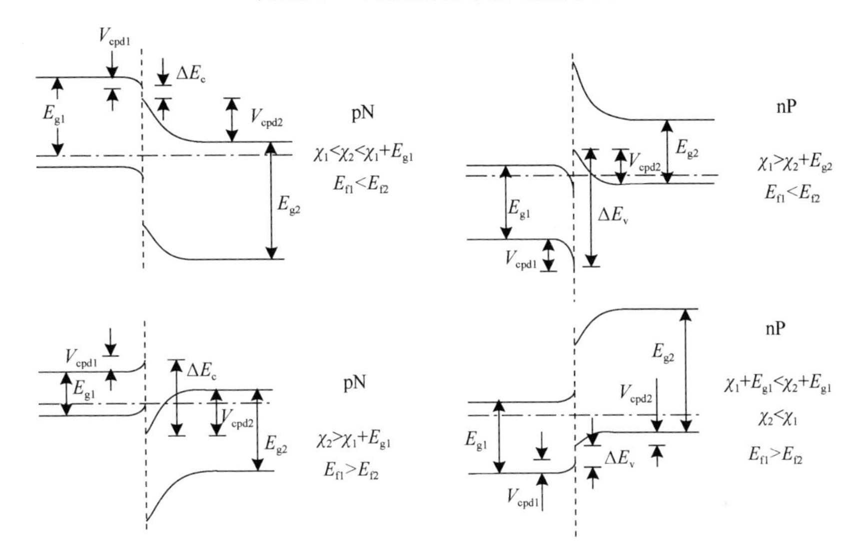

图 3.37　常见的四种异型突变异质结能带图

3.3.3　半导体异质结的电流-电压特性及注入特性

1. 异质结的电流-电压特性

由于异质结两种半导体界面处能带不连续，存在势垒尖峰及势阱，且存在界面态，因此异质结的电流-电压特性比同质结要复杂得多。目前提出的异质结中的电流输运模型有扩散模型、发射模型、发射-复合模型、隧穿模型等。

首先建立理想突变异质结模型，假设其满足以下四个条件：①小注入条件——注入的少子浓度比平衡状态多子浓度小得多；②突变空间电荷区近似——外加电压和接触电势差落在空间电荷区，空间电荷区由电离施主和电离受主组成，空间电荷区外的半导体呈电中性，注入的少子在 P 区和 N 区为纯扩散模型；③空间电荷区的电子和空穴为常数，空间电荷区无载流子的产生和复合；④空间电荷区边界载流子满足玻尔兹曼分布。

pN 型突变异质结在导带底存在两种尖峰，如图 3.38 所示。当 pN 型突变异质结存在低势垒尖峰时，N 区的电子可以越过低势垒尖峰进入 p 区，异质结电流主要由扩散机制决定。当 pN 型突变异质结存在高势垒尖峰时，只有 N 区的电子能量高于高势垒尖峰时，它才可以通过发射机制进入 p 区，异质结电流主要由发射机制决定。接下来分别对两种势垒尖峰对应的不同机制的电流密度进行计算。这里需要说明的是，公式中下角标 1 代表窄禁带 p 区，下角标 2 代表宽禁带 N 区，下角标 0 代表平衡状态。

$$qV_{cpd1} + qV_{cpd2} - \Delta E_c = qV_{cpd} - \Delta E_c \tag{3.68}$$

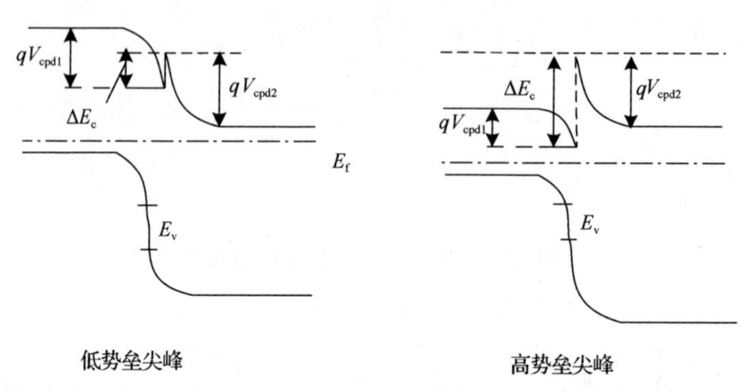

图 3.38　pN 型突变异质结存在的尖峰

电流密度的计算流程是，需要根据准费米能级计算从空间电荷区边界注入的非平衡载流子浓度，有了边界条件后，就可以得出扩散区的非平衡少子连续性方程，从而计算得出扩散区的非平衡载流子的电流密度，将两种载流子的电流密度相加就可以得出最终的电流密度了。

首先分析低势垒尖峰下的电流密度，低势垒尖峰下平衡状态和非平衡状态的能带图如图 3.39 所示，其中 N 型半导体导带底到 p 型半导体导带底的势垒高度，也就是电子势垒高度为

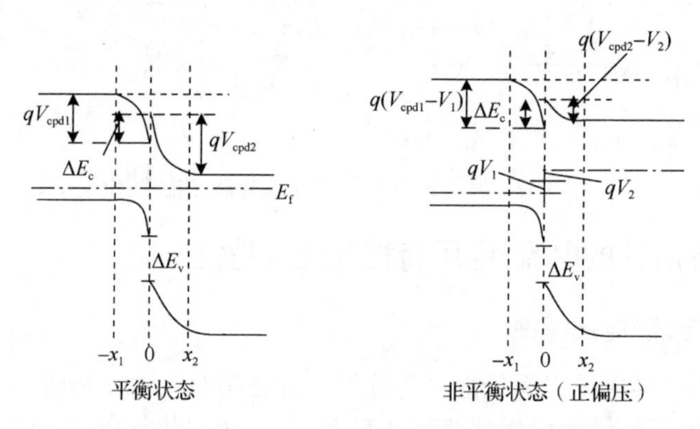

图 3.39　低势垒尖峰下平衡状态和非平衡状态的能带图

N 型半导体价带顶到 p 型半导体价带顶的势垒高度，也就是空穴势垒高度为

$$qV_{cpd1} + qV_{cpd2} + \Delta E_v = qV_{cpd} + \Delta E_v \tag{3.69}$$

因此，平衡状态电子势垒高度和空穴势垒高度分别为

$$E_{fn} - E_{fp} = qV_{cpd} - \Delta E_c \tag{3.70}$$

$$E_{fn} - E_{fp} = qV_{cpd} + \Delta E_c \tag{3.71}$$

在平衡状态下，p 区空间电荷区少子浓度 n_{10} 与 N 区多子浓度 n_{20} 的关系为

$$n_{10} = n_{20} \exp\left[\frac{-(qV_{cpd} - \Delta E_c)}{k_0 T}\right] \tag{3.72}$$

同样，N 区空间电荷区少子浓度 p_{20} 与 p 区多子浓度 p_{10} 的关系为

$$p_{20} = p_{10} \exp\left[\frac{-(qV_{\text{cpd}} + \Delta E_{\text{v}})}{k_0 T}\right] \tag{3.73}$$

在非平衡状态下，当外加电压为 V 时，为了简化计算需要引入准费米能级。

此时，在外加电压下，p 区的电子浓度 n_1 为

$$n_1 = n_{\text{i}} \exp\left(\frac{E_{\text{fn}} - E_{\text{i}}}{k_0 T}\right) \tag{3.74}$$

p 区的空穴浓度 p_1 为

$$p_1 = n_{\text{i}} \exp\left(\frac{E_{\text{i}} - E_{\text{fp}}}{k_0 T}\right) \tag{3.75}$$

N 区的空穴浓度 p_2 为

$$p_2 = n_{\text{i}} \exp\left(\frac{E_{\text{i}} - E_{\text{fp}}}{k_0 T}\right) \tag{3.76}$$

N 区的电子浓度 n_2 为

$$n_2 = n_{\text{i}} \exp\left(\frac{E_{\text{fn}} - E_{\text{i}}}{k_0 T}\right) \tag{3.77}$$

因此，在 p 区空间电荷区边界（$-x_1$）和 N 区空间电荷区边界（x_2）有

$$n_1(-x_1) p_1(-x_1) = n_{\text{i}}^2 \exp\left(\frac{qV}{k_0 T}\right) \tag{3.78}$$

$$p_2(x_2) n_2(x_2) = n_{\text{i}}^2 \exp\left(\frac{qV}{k_0 T}\right) \tag{3.79}$$

由于 p 区空间电荷区边界的空穴和 N 区空间电荷区边界的电子为多子，且满足如下关系：

$$p_1(-x_1) = p_{10}\text{，}\quad p_{10} n_{10} = n_{\text{i}}^2$$

从而可以得到 p 区空间电荷区边界的电子浓度表达式为

$$n_1(-x_1) = n_{10} \exp\left(\frac{qV}{k_0 T}\right) = n_{20} \exp\left\{\frac{-\left[q(V_{\text{cpd}} - V) - \Delta E_{\text{c}}\right]}{k_0 T}\right\} \tag{3.80}$$

类似地，N 区空间电荷区边界有

$$n_2(x_2) = n_{20}\text{，}\quad n_{20} p_{20} = n_{\text{i}}^2$$

从而可以得到 N 区空间电荷区边界的空穴浓度表达式为

$$p_2(x_2) = p_{20} \exp\left(\frac{qV}{k_0 T}\right) = p_{10} \exp\left\{\frac{-[q(V_{\text{cpd}} - V) + \Delta E_{\text{v}}]}{k_0 T}\right\} \tag{3.81}$$

因此，非平衡状态下的 p 区空间电荷区边界的电子浓度和 N 区空间电荷区边界的空穴浓度分别为

$$\Delta n_1(-x_1) = n_1(-x_1) - n_{10} = n_{10}\left[\exp\left(\frac{qV}{k_0 T}\right) - 1\right] \tag{3.82}$$

$$\Delta p_2(x_2)=p_2(x_2)-p_{20}=p_{20}\left[\exp\left(\frac{qV}{k_0T}\right)-1\right] \tag{3.83}$$

在稳态条件下，非平衡少子电子和空穴的连续性方程分别为

$$D_{n_1}\frac{\mathrm{d}^2\Delta n_1(x)}{\mathrm{d}x^2}-\frac{\Delta n_1(x)}{\tau_{n_1}}=0 \tag{3.84}$$

$$D_{p_2}\frac{\mathrm{d}^2\Delta p_2(x)}{\mathrm{d}x^2}-\frac{\Delta p_2(x)}{\tau_{p_1}}=0 \tag{3.85}$$

式（3.84）和式（3.85）的通解为

$$\Delta n_1(x)=n_1(x)-n_{10}=A\exp\left(\frac{-x}{L_{n_1}}\right)+B\exp\left(\frac{x}{L_{n_1}}\right) \tag{3.86}$$

$$\Delta p_2(x)=p_2(x)-p_{20}=C\exp\left(\frac{-x}{L_{p_2}}\right)+D\exp\left(\frac{x}{L_{p_2}}\right) \tag{3.87}$$

式中，L_{n_1} 和 L_{p_2} 为扩散长度，即

$$L_{n_1}=\sqrt{D_{n_1}\tau_{n_1}}\text{，}\qquad L_{p_2}=\sqrt{D_{p_2}\tau_{p_2}}$$

由边界条件算出非平衡状态下少子浓度表达式中的常数 A、B、C、D。当远离空间电荷区边界时，非平衡少子浓度为0，在空间电荷区边界上，非平衡少子浓度由式（3.82）和式（3.83）给出，具体内容如下。

当 $x\to-\infty$ 时，因为 $\Delta n_1(-\infty)=0$，所以 $A=0$。

当 $x=-x_1$ 时，因为 $\Delta n_1(-x_1)=n_{10}\left[\exp\left(\frac{qV}{k_0T}\right)-1\right]$，所以 $B=n_{10}\left[\exp\left(\frac{qV}{k_0T}\right)-1\right]\exp\left(\frac{x_1}{L_{n_1}}\right)$。

当 $x\to+\infty$ 时，因为 $\Delta p_2(+\infty)=0$，所以 $D=0$。

当 $x=x_2$ 时，因为 $\Delta p_2(x_2)=p_{20}\left[\exp\left(\frac{qV}{k_0T}\right)-1\right]$，所以 $C=p_{20}\left[\exp\left(\frac{qV}{k_0T}\right)-1\right]\exp\left(\frac{x_2}{L_{p_2}}\right)$。

因此，非平衡状态下的 p 区电子浓度和 N 区空穴浓度分别为

$$\Delta n_1(x)=n_1(x)-n_{10}=n_{10}\left[\exp\left(\frac{qV}{k_0T}\right)-1\right]\exp\left(\frac{x_1+x}{L_{n_1}}\right) \tag{3.88}$$

$$\Delta p_2(x)=p_2(x)-p_{20}=p_{20}\left[\exp\left(\frac{qV}{k_0T}\right)-1\right]\exp\left(\frac{x_2-x}{L_{p_2}}\right) \tag{3.89}$$

根据扩散模型，可得空间电荷区边界的电子扩散电流密度和空穴扩散电流密度为

$$J_\mathrm{n}=qD_{n_1}\left.\frac{\mathrm{d}\left(\Delta n_1(x)\right)}{\mathrm{d}x}\right|_{x=-x_1}=\frac{qD_{n_1}n_{10}}{L_{n_1}}\left[\exp\left(\frac{qV}{k_0T}\right)-1\right]=J_{\mathrm{n},-x_1} \tag{3.90}$$

$$J_\mathrm{p}=-qD_{p_2}\left.\frac{\mathrm{d}\left(\Delta p_2(x)\right)}{\mathrm{d}x}\right|_{x=x_2}=\frac{qD_{p_2}p_{20}}{L_{p_2}}\left[\exp\left(\frac{qV}{k_0T}\right)-1\right]=J_{\mathrm{p},x_2} \tag{3.91}$$

将电子扩散电流密度和空穴扩散电流密度相加，即可得到当外加电压 V 时通过异质结的总电流密度，即

$$J = J_{n,-x_1} + J_{p,x_2} = q\left(\frac{D_{n_1}}{L_{n_1}}n_{10} + \frac{D_{p_2}}{L_{p_2}}p_{20}\right)\left[\exp\left(\frac{qV}{k_0T}\right) - 1\right] \tag{3.92}$$

由式（3.92）可以看出，当外加正向电压时，电流密度将随电压按指数关系增大。

下文对此电流密度进行分析，将式（3.72）和式（3.73）代入式（3.90）和式（3.91）中，可得

$$J_n = \frac{qD_{n_1}n_{20}}{L_{n_1}}\exp\left[\frac{-\left(qV_{cpd} - \Delta E_c\right)}{k_0T}\right]\left[\exp\left(\frac{qV}{k_0T}\right) - 1\right] \tag{3.93}$$

$$J_p = \frac{qD_{p_2}p_{10}}{L_{p_2}}\exp\left[\frac{-\left(qV_{cpd} + \Delta E_v\right)}{k_0T}\right]\left[\exp\left(\frac{qV}{k_0T}\right) - 1\right] \tag{3.94}$$

假设 n_{20} 和 p_{10} 在同一数量级，则有

$$J_n \propto \exp\left(\frac{\Delta E_c}{k_0T}\right),\ J_p \propto \exp\left(\frac{-\Delta E_v}{k_0T}\right) \tag{3.95}$$

在 pN 型突变异质结中，因为 ΔE_c 和 ΔE_v 都为正值，所以 $J_n >> J_p$，这就表明流过异质结的电流主要为电子电流，空穴电流占比很小。

下文分析高势垒尖峰下的电流密度，对高势垒尖峰外加正向电压 V 时的非平衡状态能带图如图 3.40 所示。

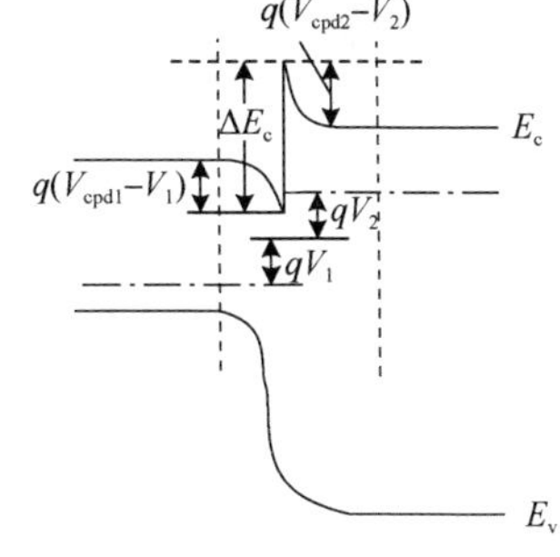

图 3.40　对高势垒尖峰外加正向电压 V 时的非平衡状态能带图

假设外加电压 $V = V_1 + V_2$，其中 V_1 和 V_2 分别为加在 p 区和 N 区的电压，$\overline{v_2}$ 为 N 区电子热平均速度，满足玻尔兹曼分布，即

$$\overline{v_2} = \left(\frac{8k_0T}{\pi m_2^*}\right)^{\frac{1}{2}} \tag{3.96}$$

式中，m_2^* 为 N 区电子有效质量。单位时间从 N 区撞击到势垒处单位面积上的电子数为

$$n_{20}\frac{\overline{v_2}}{4} = \frac{1}{4}n_{20}\left(\frac{8k_0T}{\pi m_2^*}\right)^{\frac{1}{2}} = n_{20}\left(\frac{k_0T}{2\pi m_2^*}\right)^{\frac{1}{2}} \tag{3.97}$$

因为只有能量超过势垒高度 $q(V_{cpd2}-V_2)$ 的电子可以进入 p 区，所以从 N 区注入 p 区的电子电流密度为

$$J_2 = qn_{20}\left(\frac{k_0T}{2\pi m_2^*}\right)^{\frac{1}{2}}\exp\left[\frac{-q(V_{cpd2} - V_2)}{k_0T}\right] \tag{3.98}$$

从 p 区注入 N 区的电子电流密度为

$$J_1 = qn_{10}\left(\frac{k_0T}{2\pi m_1^*}\right)^{\frac{1}{2}}\exp\left\{\frac{-[\Delta E_c - q(V_{cpd1} - V_1)]}{k_0T}\right\} \tag{3.99}$$

将 $n_{10} = n_{20}\exp\left[-(qV_{cpd} - \Delta E_c)/k_0T\right]$ 代入式（3.99）中可得

$$J_1 = qn_{20}\left(\frac{k_0T}{2\pi m_1^*}\right)^{\frac{1}{2}}\exp\left[\frac{-q(V_{cpd2} + V_1)}{k_0T}\right] \tag{3.100}$$

假设 $m_1^* = m_2^* = m^*$，可得正向电流密度为

$$J = J_2 - J_1 = qn_{20}\left(\frac{k_0T}{2\pi m^*}\right)^{\frac{1}{2}} \exp\left(\frac{-qV_{\text{cpd2}}}{k_0T}\right)\left[\exp\left(\frac{qV_2}{k_0T}\right) - \exp\left(\frac{-qV_1}{k_0T}\right)\right] \tag{3.101}$$

当外加正向电压时，从 p 区注入 N 区的电子很少，因此正向电流密度可以简化为

$$J \propto \exp\left(\frac{qV_2}{k_0T}\right) \propto \exp\left(\frac{qV}{k_0T}\right) \tag{3.102}$$

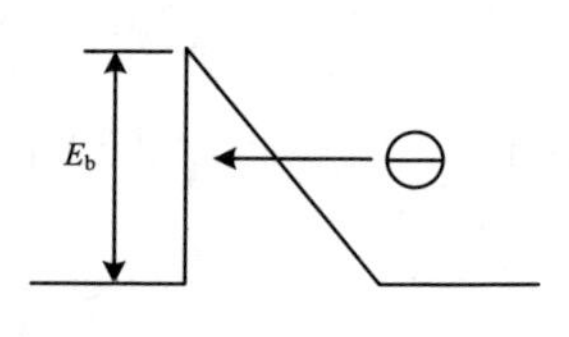

图 3.41 电子隧穿三角形势垒示意图

分析上式可得，在发射模型下，正向电流密度随电压增大按照指数关系增大。注意式（3.101）不能用于外加反向电压的情况。因为当外加反向电压时，电子从 p 区注入 N 区，反向电流由 p 区少子浓度决定，在较大的反向电压下反向电流为饱和电流。

下文继续讨论第三种常用模型——隧穿模型。由于势垒尖锋的厚度有限，电子无须具有高出整个“尖”的能量就能以隧穿的方式由 N 区注入 p 区。考虑如图 3.41 所示的三角形势垒，在对势垒加正电压后，电子由右向左的隧穿概率为

$$T \approx \exp\left[-\frac{4}{3}(2m^*)^{\frac{1}{2}}\frac{E_b^{\frac{3}{2}}}{\hbar F_0}\right]\exp\left[2(2m^*)^{\frac{1}{2}}\frac{E_b}{\hbar F_0}qV_a\right] \tag{3.103}$$

式中，F_0 为三角形势垒的电场，隧穿电流可表示为隧穿概率与入射电子流的乘积，式（3.103）中的指数项不包括温度，一般情况下可以将隧道电流表示为

$$J = J_s(T)\exp(AV_a) \tag{3.104}$$

由于只有能量到达三角形势垒底部的电子才有可能以隧穿方式穿透势垒尖峰，因此在一般情况下，隧道电流和热电子发射电流是同时存在的。图 3.42 所示为穿透势垒尖峰的隧道电流产生的伏安特性曲线。当正向电压较小时，只有少部分电子到达势垒尖区，总电流受热电子发射电流的限制；当正向电压较大时，大量电子到达势垒尖区，总电流受隧穿概率的限制。

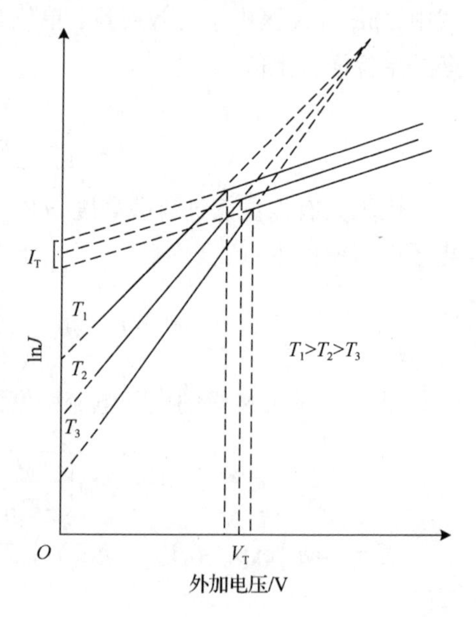

图 3.42 穿透势垒尖峰的隧道电流产生的伏安特性曲线

式（3.104）中的 $J_s(T)$ 是与温度有微弱关系的常数，A 是和温度无关的常数，因此图 3.42 中 $\ln J$-V_T 关系曲线转折点以下的曲线斜率与温度有关，是热电子发射或扩散机制，转折点以上的曲线斜率与温度无关，是隧道机制。

2. 异质结的注入特性

对于 pN 型突变异质结来说，注入比是指对 pN 型突变异质结外加正向电压时，N 区向 p 区注入的电子电流和 p 区向 N 区注入的空穴电流之比，同样采用理想突变异质结模型，该注入比可表示为

$$\frac{J_{\mathrm{n}}}{J_{\mathrm{p}}}=\frac{D_{n_1}n_{20}L_{p_2}}{D_{p_2}p_{10}L_{n_1}}\exp\left(\frac{\Delta E}{k_0T}\right) \tag{3.105}$$

式中，$\Delta E=\Delta E_{\mathrm{c}}+\Delta E_{\mathrm{v}}=E_{\mathrm{g2}}-E_{\mathrm{g1}}$，$E_{\mathrm{g2}}$ 和 E_{g1} 分别为 N 区和 p 区的禁带宽度，假设 N 区和 p 区的杂质完全电离，则有

$$n_{20}=N_{\mathrm{D2}},\ p_{10}=N_{\mathrm{A1}} \tag{3.106}$$

因此可以得到注入比为

$$\frac{J_{\mathrm{n}}}{J_{\mathrm{p}}}=\frac{D_{n_1}N_{\mathrm{D2}}L_{p_2}}{D_{p_2}N_{\mathrm{A1}}L_{n_1}}\exp\left(\frac{\Delta E}{k_0T}\right) \tag{3.107}$$

又因为 $D_{n_1}\approx D_{p_2}$，$L_{n_1}\approx L_{p_2}$，而且 $\exp(\Delta E/k_0T)>>1$，所以即使 $N_{\mathrm{D2}}<N_{\mathrm{A1}}$，也可以得到很高的注入比。注入比表达式可简化为

$$\frac{J_{\mathrm{n}}}{J_{\mathrm{p}}}\propto\frac{N_{\mathrm{D2}}}{N_{\mathrm{A1}}}\exp\left(\frac{\Delta E}{k_0T}\right) \tag{3.108}$$

举个例子，宽禁带 N 型半导体 $Al_{0.3}Ga_{0.7}As$ 和窄禁带 p 型半导体 GaAs 组成 pN 型突变异质结，两者禁带宽度之差 $\Delta E=0.37\mathrm{eV}$，假设 p 区掺杂浓度 $N_{\mathrm{A}}=2\times10^{19}\mathrm{cm}^{-3}$，N 区掺杂浓度 $N_{\mathrm{D}}=5\times10^{17}\mathrm{cm}^{-3}$，则可得注入比为

$$\frac{J_{\mathrm{n}}}{J_{\mathrm{p}}}\propto\frac{N_{\mathrm{D2}}}{N_{\mathrm{A1}}}\exp\left(\frac{\Delta E}{k_0T}\right)\approx4\times10^4 \tag{3.109}$$

从结果来看，与同质结不同，即使宽禁带 N 区掺杂浓度低于窄禁带 p 区掺杂浓度两个数量级，也能获得很高的注入比。高注入比特性是异质结区别于同质结的主要特点之一，其也因此得到了重要应用。例如，在 NPN 型双极性晶体管中，发射结的发射效率可表示为

$$\gamma=\frac{J_{\mathrm{n}}}{J_{\mathrm{n}}+J_{\mathrm{p}}}=\frac{1}{1+\dfrac{J_{\mathrm{p}}}{J_{\mathrm{n}}}} \tag{3.110}$$

式中，J_{n}、J_{p} 分别为由发射区注入基区的电子电流密度和由基区注入发射区的空穴电流密度，当 $\gamma\to1$ 时，NPN 型双极晶体管才能获得较高的电流放大倍数。当采用同质结制作 NPN 型双极晶体管时，为了提高电子发射效率，人们会让发射区的掺杂浓度较基区高几个数量级，这会导致基区电阻较高。降低基区的电阻及增加基区的宽度，将影响晶体管频率效应的提高。采用异质结制作 NPN 型双极晶体管，将宽禁带 N 型半导体 $Al_{0.3}Ga_{0.7}As$ 作为发射区，窄禁带 p 型半导体 GaAs 作为基区，当基区的掺杂浓度为 $2\times10^{19}\mathrm{cm}^{-3}$ 时，就可以获得很高的注入比，得到接近 1 的发射效率。采用异质结制作的双极晶体管被称为异质结双极晶体管（HBT），其优势就是具有较高的注入效率，可以提高 HBT 的增益和频率特性，主要应用在微波和毫米波领域。

pN 型突变异质结的超注入现象是指 pN 型突变异质结中由宽禁带半导体注入窄禁带半导体的少子浓度，超过了宽禁带半导体的多子浓度。以窄禁带 p 型半导体 GaAs 与宽禁带 N 型半导体 $Al_xGa_{1-x}As$ 组成的 pN 型突变异质结为例，对其增大正向电压时的能带图如图 3.43 所示。

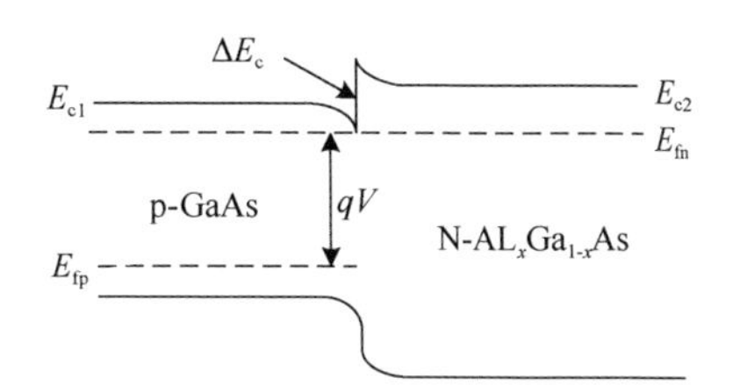

图 3.43 对 p-GaAs/N-$Al_xGa_{1-x}As$ 异质结增大正向电压时的能带图

当正向电压足够大时，N 区导带底高于 p 区导带底，这就导致 p 区少子的准费米能级随电压的增大升高得很快，使得 pN 型突变异质结两侧的电子准费米能级持平，在这种情况下，由于 p 区导带底较 N 区导带底更低，距离电子准费米能级更近，故 p 区的电子浓度高于 N 区。分别用 n_1、n_2 表示 p 区和 N 区的电子浓度，根据玻尔兹曼分布得

$$n_1 = N_{c1}\exp\left[\frac{-(E_{c1}-E_{fn})}{k_0T}\right],\quad n_2 = N_{c2}\exp\left[\frac{-(E_{c2}-E_{fn})}{k_0T}\right] \tag{3.111}$$

式中，N_{c1}、N_{c2} 分别为窄禁带 p 型半导体 GaAs 和宽禁带 N 型半导体 $Al_xGa_{1-x}As$ 导带的有效状态密度，可以认为 $N_{c1} \approx N_{c2}$，因此可得

$$\frac{n_1}{n_2} \approx \exp\left(\frac{E_{c2}-E_{c1}}{k_0T}\right) \tag{3.112}$$

由式（3.112）可以看出，如果 E_{c1}–E_{c2} 较 k_0T 大一倍，可得 n_1 较 n_2 大近一个数量级。

超注入现象在半导体异质结激光器中有着广泛的应用，利用窄禁带注入载流子浓度很高这一特点，可以实现激光器要求的粒子数反转条件。

3.3.4 半导体异质结量子阱结构与应变异质结结构

1．半导体异质结量子阱结构

本节将简单介绍量子阱的概念及方形势阱中粒子运动的特性。考虑如图 3.44 所示的一维无限深方形势阱，势阱内的能量 E 满足

$$E = E_n = \frac{\hbar^2\pi^2n^2}{2ma^2},\quad n = 1,2,3,\cdots \tag{3.113}$$

式中，n 为量子数；a 为势阱宽度。

由上式可以看出，势阱中粒子的能量 E 是量子化的，只允许能量满足上式的波函数存在，能量和量子数的平方成正比，两个相邻能级之间的能量间隔为

$$\Delta E_{n,n+1} \approx \frac{\hbar^2\pi^2}{ma^2}\left(n+\frac{1}{2}\right),\quad n = 1,2,3,\cdots \tag{3.114}$$

由于能级间距和量子数成正比，因此能级呈现从势阱底越往上越稀疏的分布状态。另外，能级间距还和势阱宽度的平方成反比，当势阱宽度较小时，势阱中的能量呈量子化分布，而当势阱宽度较大时，势阱中的能量呈连续分布。

以一维有限深方形势阱为基础，假设势阱的深度不是无穷大，而是一个有限值 V_0，如图 3.45 所示。

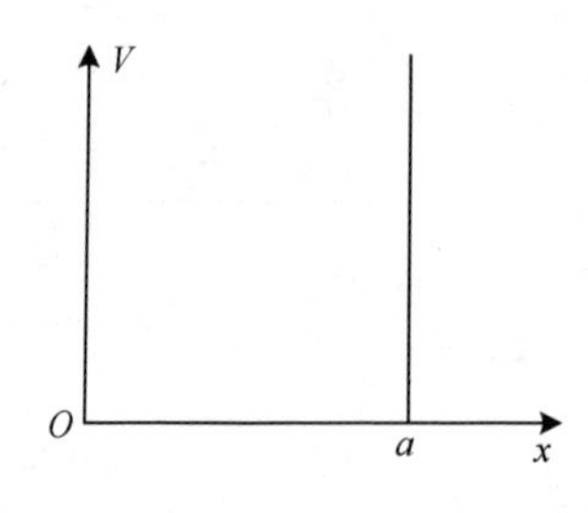

图 3.44 一维无限深方形势阱

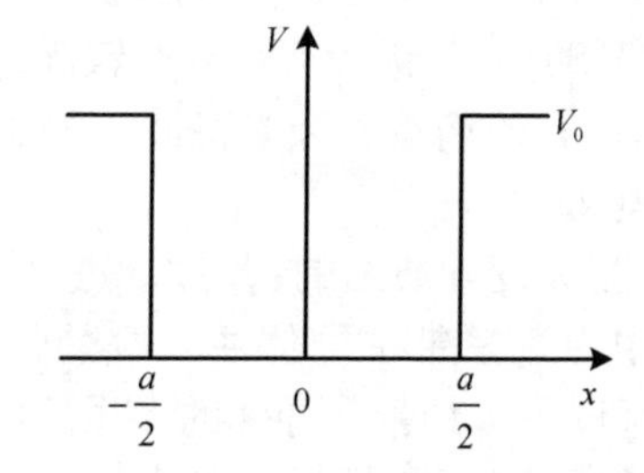

图 3.45 一维有限深方形势阱

设想一个宽禁带-窄禁带-宽禁带的理想突变异质结结构，不考虑界面态的存在，它的

能带图就呈现出了一个方形势阱。事实上，得益于分子束外延等工艺技术的发展，以及调制掺杂异质结结构的发现，如果先在宽禁带半导体 $Al_xGa_{1-x}As$ 上异质外延极薄的窄禁带 GaAs，然后异质外延较厚的 $Al_xGa_{1-x}As$，就可以形成如图 3.46 所示的单量子阱结构。如果不考虑界面能带的弯曲，只要 GaAs 够薄，那么电子和空穴就可视为处于量子阱中。另外，这种双势垒单量子阱结构中还存在载流子的共振隧穿效应。

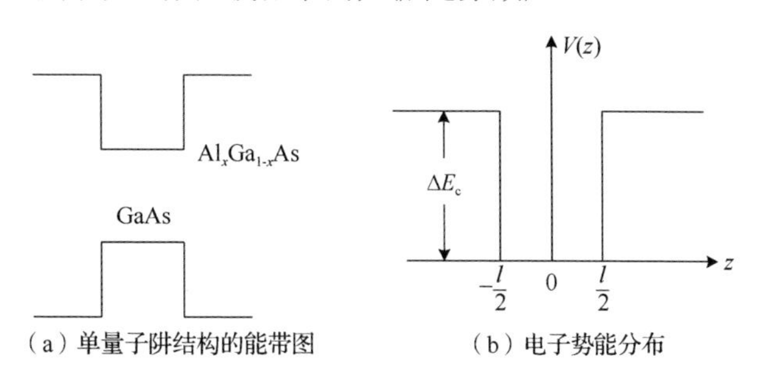

图 3.46　单量子阱结构

2. 调制掺杂异质结和高电子迁移率晶体管

重掺杂 N 型半导体 $Al_xGa_{1-x}As$ 和本征半导体 GaAs 组成的异质结是典型的调制掺杂异质结，其能带图如图 3.47 所示。在这种能带图中，重掺杂 N 型半导体 $Al_xGa_{1-x}As$ 中的电子扩散到本征半导体 GaAs 中后，电子被限制在异质结界面处很窄的势阱中。这样，垂直于界面方向上的电子将被限制在紧靠界面的极窄的势阱中，而平行于界面方向上的电子仍可做自由运动，通常情况下把这种电子称为二维电子气。在调制掺杂异质结中，重掺杂 N 型半导体 $Al_xGa_{1-x}As$ 和本征半导体 GaAs 界面处靠近本征半导体 GaAs 界面一侧很窄的势阱中会形成大量的二维电子气，由于这些二维电子气在本征半导体 GaAs 势阱中运动时不会受到电离杂质散射的影响，因此其具有超高的迁移率。采用调制掺杂异质结制作的器件由于沟道载流子具有较高的迁移率，通常被称为高电子迁移率晶体管（High Electron Mobility Transistor，HEMT）。这种器件中的沟道载流子就是本征半导体 GaAs 界面处的二维电子气。与调制掺杂异质结结构不同的是在重掺杂 N 型半导体 $Al_xGa_{1-x}As$ 和本征半导体 GaAs 之间插入了一层超薄本征半导体 $Al_xGa_{1-x}As$，这样做是为了避免本征半导体 GaAs 界面处的二维电子气受到重掺杂 N 型半导体 $Al_xGa_{1-x}As$ 电离杂质散射的影响，导致迁移率降低。目前，HEMT 已广泛应用于卫星接收、雷达系统、微波/毫米波等集成电路中。

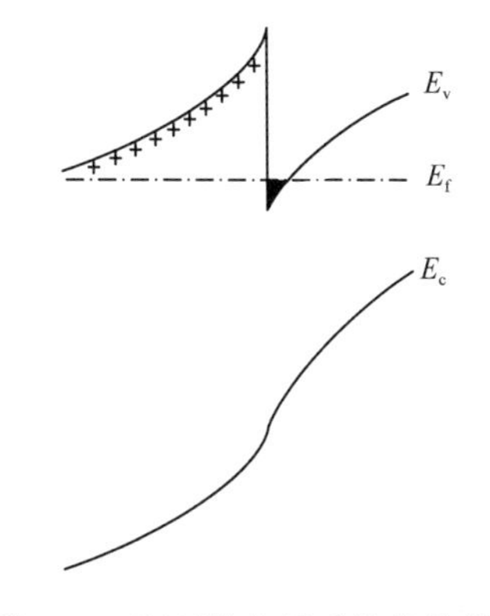

图 3.47　调制掺杂异质结的能带图

3. 半导体应变异质结结构

当组成异质结的两种半导体晶格常数不同，即发生晶格失配时，界面会产生位错缺陷，从而影响器件性能，所以通常要选取晶格匹配的半导体异质结结构。但进一步研究发现，在衬底上外延的半导体晶格常数相差不大且外延层厚度不超过某一临界值，仍可获得晶格匹配的异质结结构，此时外延层将发生弹性形变，在平行于界面方向产生张应变或压缩应变，这种异质结称为应变异质结。当外延层厚度超过某一临界值时，外延层的应变消失，恢复原来的晶格常数，这一现象称为弛豫。应变异质结的外延生长及弛豫过程如图 3.48 所示。

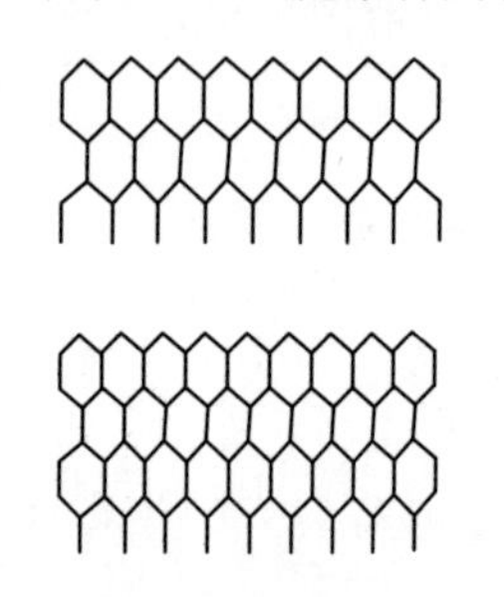

（a）两种晶格常数不同的半导体

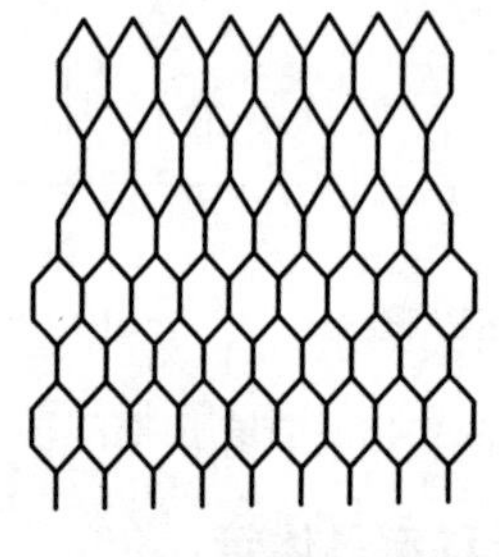

（b）两种半导体形成的应变异质结

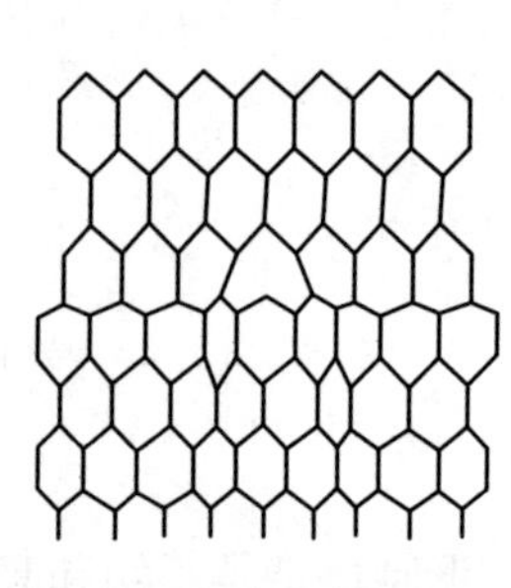

（c）弛豫过程

图 3.48　应变异质结的外延生长及弛豫过程

应变过程中伴有应力存在，这种应力称为内应力。应变异质结的无界面失配层的生长模式称为赝晶生长。这种生长模式不能稳定地无限生长材料，因为随着生长厚度的增加，伴随应变的弹性能量不断积累，当其积累到一定程度时，弹性能量将通过在界面附近产生位错缺陷而释放出来，应变层转变为应变完全弛豫的无应变层。据研究，这样的临界值 h_c 会随着生长温度的升高而减小，随赝晶组分的不同而改变。

应变异质结不仅扩展了异质结的种类，还提供了利用异质结赝晶层的应变使材料的能带结构及其他特性发生改变以实现材料人工改性的新途径，为发展新型半导体器件及提高器件和集成电路特性提供了新思路，具有重要的应用前景。

3.4　双极晶体管

双极晶体管是集成电路中的一种核心有源器件，简称 BJT。双极晶体管由发射极、基极、集电极三个端口组成，因此其也被称为三极管。双极晶体管是由两个靠得很近的 PN 结组成的，其工作机理与这两个 PN 结的结构和工作过程密切相关。本节主要从基本结构、工作原理、频率响应和制备工艺等方面对双极晶体管进行详细介绍。

3.4.1　双极晶体管的基本结构

双极晶体管的 PN 结的不同区域构成了双极晶体管的发射区、基区和集电区。发射区和集电区的掺杂类型相同，与基区的掺杂类型相反。发射区的掺杂浓度比集电区高。发射区和基区组成的 PN 结称为发射结，基区和集电区组成的 PN 结称为集电结。根据不同需求和功能，双极晶体管可分为 NPN 型双极晶体管和 PNP 型双极晶体管。NPN 型双极晶体管的发射区和集电区为N型掺杂，基区为P型掺杂；PNP型双极晶体管的发射区和集电区为P型掺杂，基区为N型掺杂。双极晶体管的结构示意图和电路符号图如图3.49所示，电路符号图中发射极的箭头方向代表流经发射极的电流方向，字母E、B和C分别代表发射极、基极和集电极。

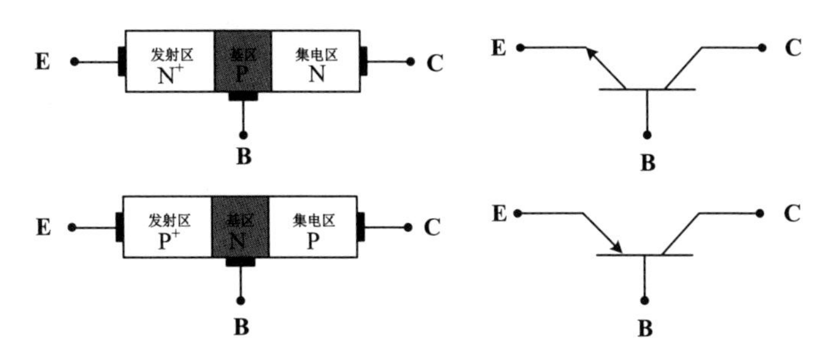

图3.49 双极晶体管的结构示意图和电路符号图

硅平面NPN型双极晶体管的结构示意图如图3.50所示。该晶体管的基区是在N^+衬底外延层上经过P型扩散形成的，集电区是在基区上二次扩散形成的。因此，实际的NPN型双极晶体管结构是一个N^+PNN^+的四层结构，发射极从顶层的N^+扩散区引出，基极从P型扩散区引出，集电极从衬底N^+区引出，发射结的面积小于集电结的面积。通常将离发射结和集电结最近的基区称为内基区，其余部分的基区称为外基区。硅平面NPN型双极晶体管的净掺杂浓度分布如图3.51所示。

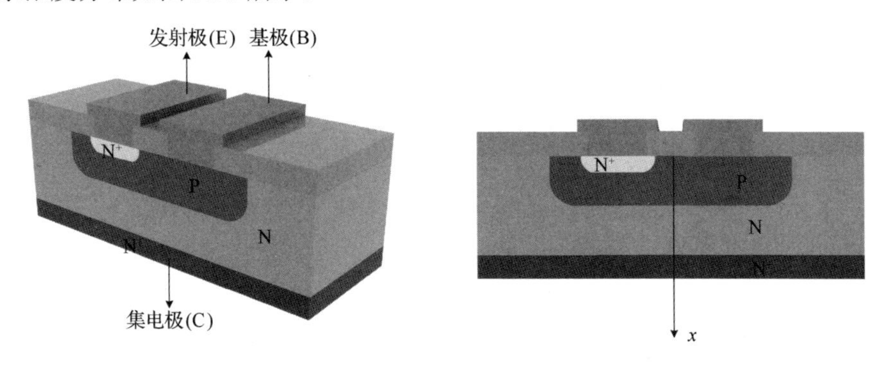

图3.50 硅平面NPN型双极晶体管的结构示意图

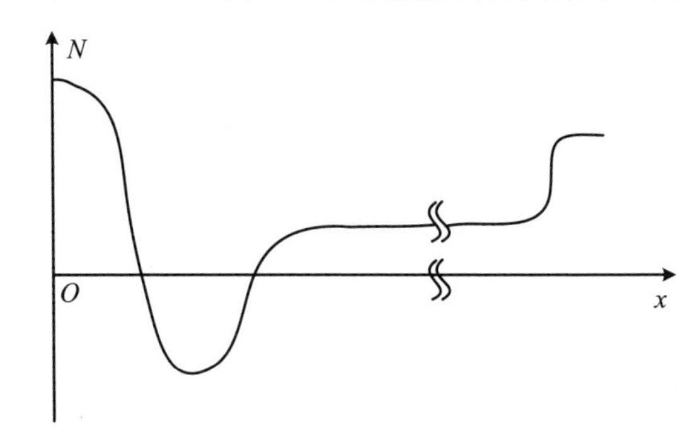

图3.51 硅平面NPN型双极晶体管的净掺杂浓度分布

双极晶体管中基区电流输运过程与基区的掺杂浓度密切相关。根据基区掺杂浓度分布形式的不同，双极晶体管可以分为均匀基区双极晶体管和缓变基区双极晶体管。均匀基区是指基区的掺杂浓度是常数，不随位置的变化而变化，低注入下基区少子主要做扩散运动；缓变基区是指基区的掺杂浓度随位置的变化而变化，低注入下基区少子除了做扩散运动以外，还做漂移运动，因此缓变基区双极晶体管也称为漂移双极晶体管。通过双扩散工艺形成的双极晶体管属于缓变基区双极晶体管，如大部分分立器件和集成双极晶体管。

3.4.2 双极晶体管的工作原理

1. 工作模式

双极晶体管根据发射结和集电结的不同导通状态，可以在四种工作模式下工作。这四种工作模式也称为四个工作区。令 $V_E = V_{BE} = V_B - V_E$，$V_C = V_{BC} = V_B - V_C$，则 NPN 型双极晶体管的四种工作模式如下。

（1）正向有源模式：$V_E>0$，$V_C<0$，即发射结正偏，集电结反偏。

（2）反向有源模式：$V_E<0$，$V_C>0$，即发射结反偏，集电结正偏。

（3）饱和模式：$V_E>0$，$V_C>0$，即发射结正偏，集电结反偏。

（4）截止模式：$V_E<0$，$V_C<0$，即发射结反偏，集电结反偏。

2. 放大电路

双极晶体管在集成电路中主要作为放大管使用，但是其只有在正向有源模式下工作才具有放大作用，即发射结正偏，集电结反偏。图 3.52 所示为 NPN 型双极晶体管在正向有源模式下工作的电路示意图。在图 3.52 中，基极既处于输入电路中又处于输出电路中，这种连接方法称为共基极连接法。由于发射结正偏，因此发射区中的电子向基区扩散，基区中的空穴向发射区扩散。由于集电结反偏，集电结空间电荷区具有较高的内建电场，因此当基区做得较薄时，从发射区扩散到基区的电子只有很少一部分被复合掉，大量电子到达集电结空间电荷区边缘后在集电结空间电荷区电场的作用下漂移到集电区，从而形成集电极电流。漂移到集电区的电子形成的集电极电流要远大于集电结反偏时的反向电流，如果集电极接入负载，即可实现电压的放大作用。图 3.53 所示为 NPN 型双极晶体管在正向有源模式下工作的能带图。由以上分析可得，双极晶体管要实现放大作用必须使从发射区注入基区的大量电子能够漂移到集电区，因此基区做得较薄是必要条件。如果基区做得很厚，那么注入基区的电子还没有到集电区就已经被复合掉了，此时只是两个背靠背的 PN 结，无法实现放大作用。

以上是根据双极晶体管的工作原理定性分析得出的 NPN 型双极晶体管具有放大作用，下文将通过电流分量对其进行定量分析。图 3.54 所示为 NPN 型双极晶体管在正向有源模式下工作的电流分量。图 3.54 中各电流分量的物理意义如下。

I_{nE}：从发射区注入基区的电子流。

I_{nC}：从发射区注入基区的电子到达集电区形成的电子流。

$I_{nE}-I_{nC}$：从发射区注入基区的电子通过基区时复合引起的复合流。

I_{pE}：从基区注入发射区的空穴流。

I_{RE}：发射结空间电荷区内的复合流。

I_{CO}：集电结反向电流，包括集电结反向饱和电流和集电结空间电荷区产生的电流。

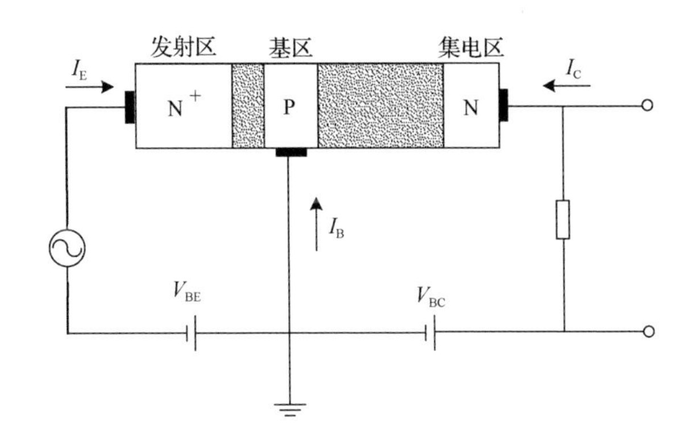

图 3.52 NPN 型双极晶体管在正向有源模式下工作的电路示意图

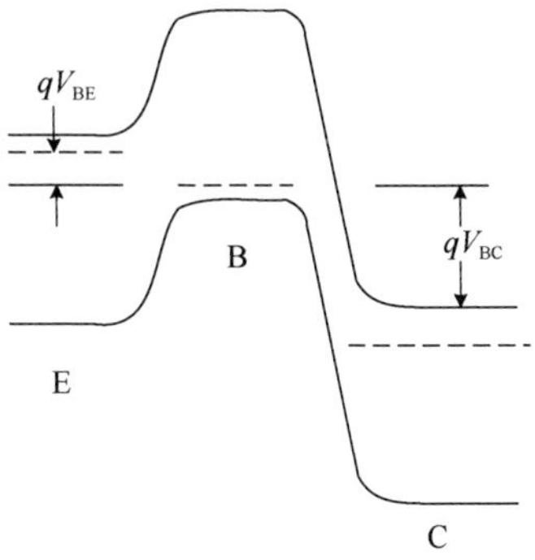

图 3.53 NPN 型双极晶体管在正向有源模式下工作的能带图

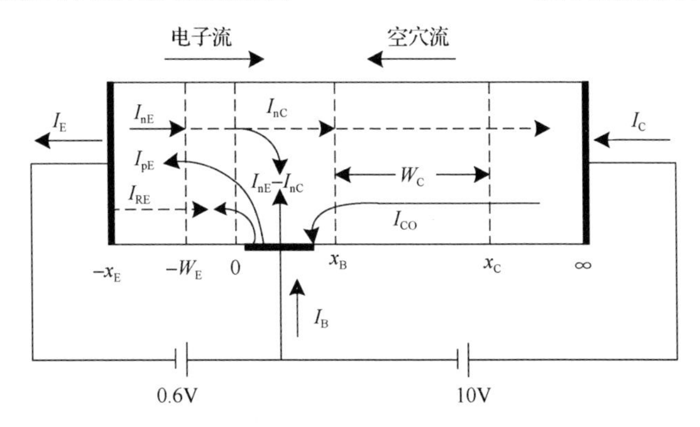

图 3.54 NPN 型双极晶体管在正向有源模式下工作的电流分量

根据图 3.54 中的各电流分量，可将发射极电流 I_E、集电极电流 I_C 和基极电流 I_B 表示为

$$I_E = I_{nE} + I_{pE} + I_{RE} \tag{3.115}$$

$$I_B = I_{pE} + I_{RE} + (I_{nE} - I_{nC}) - I_{CO} \tag{3.116}$$

$$I_C = I_{nC} + I_{CO} \tag{3.117}$$

且满足

$$I_E = I_C + I_B \tag{3.118}$$

下文将根据上面的电流分量具体分析双极晶体管的直流电流增益。首先引入两个物理量：发射极注入效率（γ）和基区输运因子（β_T）。γ 是指从发射区注入基区的电子电流在发射极总电流中所占的比例。β_T 是指从发射区注入基区的电子能够到达集电区所占的比例。根据 γ 和 β_T 的物理意义，可得

$$\gamma = \frac{I_{nE}}{|I_E|} = \frac{I_{nE}}{I_{nE} + I_{pE} + I_{RE}} \tag{3.119}$$

$$\beta_T = \frac{I_{nC}}{I_{nE}} \tag{3.120}$$

共基极直流电流增益（α）是判断双极晶体管放大能力的一个重要参数，它是指到达集电区的电子流在整个发射极电流中所占的比例，即

$$\alpha = \frac{I_{nC}}{I_E} = \frac{I_C - I_{CO}}{I_E} = \frac{I_{nC}}{I_{nE} + I_{pE} + I_{RE}} = \gamma\beta_T \tag{3.121}$$

由上式可以看出，NPN 型双极晶体管的共基极直流电流增益与发射极注入效率和基区输运因子成正比。由于$|I_{nC}|<|I_{nE}|<|I_E|$，因此共基极直流电流增益小于 1。要使 NPN 型双极晶体管具有较高的共基极直流电流增益，需要提高发射极注入效率和基区输运因子，使其尽量接近 1。有了共基极直流电流增益后，集电极电流就可以表示为

$$I_C = \alpha I_E + I_{CO} \tag{3.122}$$

上式给出了 NPN 型双极晶体管共基极连接时的输出电流与输入电流之间的关系，此关系式只有双极晶体管在正向有源模式下工作时才能使用。

当双极晶体管在正向有源模式下工作时，发射结正偏，集电结反偏，发射极电流 I_E 与发射极电压有关，与集电极电压无关，在理想情况下，I_{CO} 与集电极电压无关。因此，集电极电流 I_C 与集电极电压无关。但是当集电结正偏时，集电区向基区注入电子电流，基区向集电区注入空穴电流，集电结正偏时向发射区注入的电子和空穴扩散电流方向与发射极扩散电流方向相反，此时，集电极电流将变为

$$I_C = \alpha I_E - I_{CO}\left[\exp\left(\frac{V_C}{V_T}\right) - 1\right] \tag{3.123}$$

式中，V_C 为集电极电压，当 V_C 是很大的负值时，集电结正偏时的集电极电流与集电结反偏时的集电极电流相同；V_T 为室温下的热电压。NPN 型双极晶体管共基极连接时的电流–电压特性如图 3.55 所示。

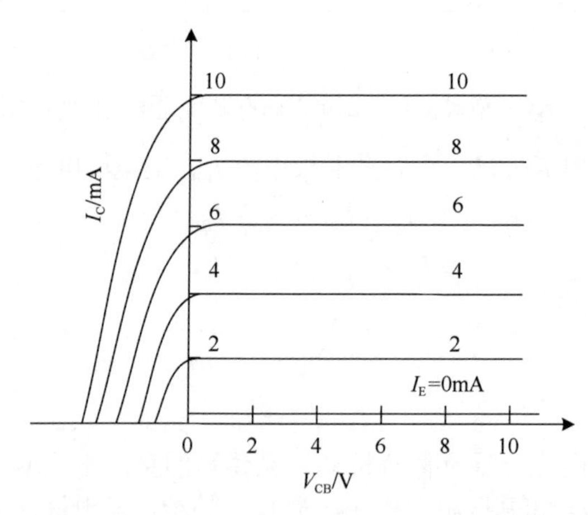

图 3.55 NPN 型双极晶体管共基极连接时的电流–电压特性

双极晶体管还有一种经常采用的接法是共发射极连接法，即把发射极作为公共端，基极作为输入端，集电极作为输出端，如图 3.56 所示。由发射极、集电极、基极的电流关系式可得

$$I_C = \alpha(I_C + I_B) + I_{CO} \tag{3.124}$$

由上式可以解出集电极电流，即

$$I_C = \frac{\alpha}{1-\alpha}I_B + \frac{I_{CO}}{1-\alpha} = h_{FE}I_B + I_{CEO} \tag{3.125}$$

式中，$h_{FE}=\alpha/(1-\alpha)$ 为共发射极直流电流增益；$I_{CEO}=I_{CO}/(1-\alpha)$，为基极开路时集电极与发射极之间的电流，也称为漏电流或穿透电流。因此，可以画出NPN型双极晶体管共发射极连接时的电流–电压特性，如图3.57所示。在图3.57中，有源区代表双极晶体管发射结正偏，集电结反偏，由于基极电流与发射结电压无关，集电极反向电流与发射结电压无关，因此在理想情况下输出电流曲线的斜率为0。截止区代表双极晶体管发射结和集电结均反偏，输出电流很小。饱和区代表双极晶体管发射结和集电结均正偏。

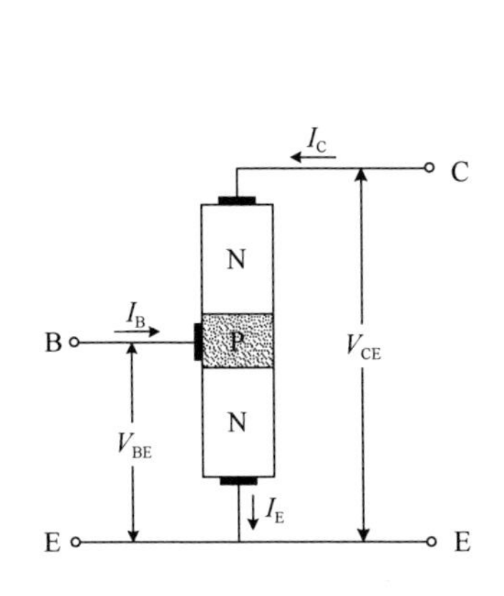

图3.56　NPN型双极晶体管共发射极连接示意图

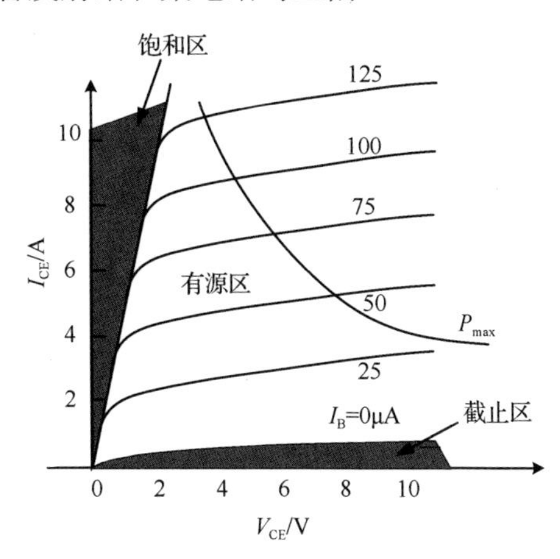

图3.57　NPN型双极晶体管共发射极连接时的电流–电压特性

3.4.3　双极晶体管的非理想效应

前文分析都是基于理想情况下的双极晶体管进行的，即在发射区掺杂浓度远高于基区掺杂浓度，基区掺杂浓度均匀分布，且电流限制在小注入的情况下。如果发射区是简并掺杂，基区掺杂浓度分布不均匀，电流为高注入，那么在这种情况下双极晶体管的性能会发生怎样的变化呢？

1．发射区禁带宽度减小

为了提高共发射极直流电流增益，双极晶体管的发射区掺杂浓度要远高于基区掺杂浓度。但是当发射区重掺杂程度较大达到简并状态时，发射区禁带宽度减小会影响双极晶体管的共发射极直流电流增益。共发射极直流电流增益为

$$h_{FE}\sim\frac{N_E}{N_B}\exp\left(-\frac{\Delta E_g}{kT}\right) \tag{3.126}$$

式中，N_E 和 N_B 分别为发射区掺杂浓度和基区掺杂浓度；ΔE_g 为发射区禁带宽度的减小量。因此，共发射极直流电流增益随着发射区禁带宽度的减小而降低。

2．缓变基区双极晶体管

理想的双极晶体管发射区掺杂浓度和基区掺杂浓度是恒定的，即杂质是均匀分布的。但是在实际工艺中发射区掺杂浓度和基区掺杂浓度并不是恒定的，而是缓慢变化的。通过表面双扩散工艺制作的双极晶体管从发射区到基区，其掺杂浓度从表面到内部逐渐降低。

发射区缓变掺杂的分布对双极晶体管性能不会有很大影响，但是，基区缓变的掺杂分布会在基区引入内建电场，该内建电场方向为掺杂浓度增大的方向，即内建电场方向从基区指向发射区。因此，从发射区注入基区的电子会在该内建电场的作用下向集电极漂移，这意味着基区缓变掺杂使得基区的电子同时做扩散运动和漂移运动，使基区输运因子增加。

3．基区扩展电阻和电流拥挤效应

由于基区掺杂浓度较低，因此在实际情况下基区会有体电阻，基区电阻除了基区中心的体电阻之外，还有基区与发射区接触的边缘电阻。双极晶体管中的基区扩展电阻示意图如图 3.58 所示。当发射区的电子注入基区时，由于基区存在扩展电阻，因此在扩展电阻的作用下基区会产生电压，从而降低发射结的净电压 V_{BE}，而且发射区和基区接触的有源区电压要比基区边缘处下降得更快，因此靠近发射区中心的基极电流要比边缘处下降得更快，从而导致发射区与接触区边缘处产生更高的电流密度，这种现象称为双极晶体管的电流拥挤效应。

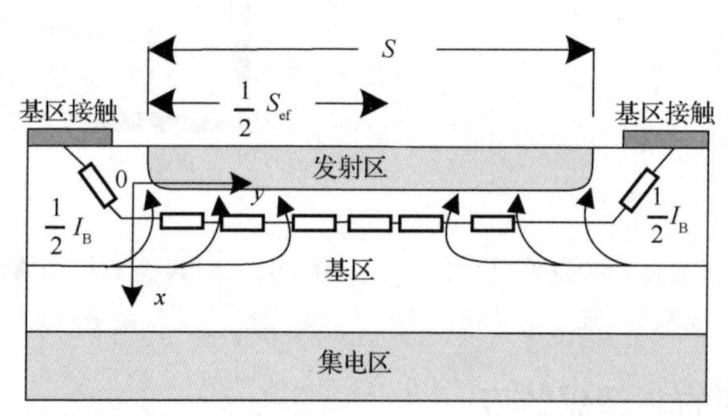

图 3.58　双极晶体管中的基区扩展电阻示意图

电流拥挤效应使得双极晶体管的有源区有效面积减小，这对发射极和基极的制作带来了挑战。在实际工艺中，发射极条宽可以做得很小，这样在一定程度上能够降低电流拥挤效应产生的影响。此外，基极和发射极接触设计成叉指形状也可以解决这一问题。

4．基区宽度调变效应

基区宽度调变效应主要存在于共发射极电路中。在理想情况下，在给定基极电流 I_B 时，集电极电流 I_C 与集电极电压 V_{CE} 无关，因此双极晶体管在放大模式下工作，电流-电压特性中电流曲线的斜率为 0，但是在实际情况下 I_C 会随着 V_{CE} 的增大而轻微增大，这种效应称为双极晶体管的基区宽度调变效应，也称厄利效应。

共发射极直流电流增益为

$$h_{FE} \equiv \frac{\alpha}{1-\alpha} = \frac{\gamma\beta_T}{1-\gamma\beta_T} \approx \frac{\beta_T}{1-\beta_T} \approx \frac{2L_n^2}{x_B^2} \tag{3.127}$$

式中，x_B 为有效基区宽度；L_n 为基区电子的扩散长度。当 V_{CE} 增大时，反偏的集电结空间电荷区展宽，有效基区宽度减小，共发射极直流电流增益升高。同样

$$I_{CEO} = \frac{I_{CO}}{1-\alpha} = (1+h_{FE})I_{CO} \tag{3.128}$$

所以，集电极电流呈现不饱和特性。

3.4.4　双极晶体管的击穿特性

由于双极晶体管是由 PN 结构成的，因此双极晶体管的工作电压会受到 PN 结击穿电压的影响。本节主要讲述双极晶体管的击穿特性。

当双极晶体管在反向电压下工作，且反向电压较小时，反向电流不会随着反向电压的增大而增大，但是当反向电压增大到一定程度时，反向电流突然增大，这种现象称为双极晶体管的击穿特性。当反向电流增大到一定程度时，对应的反向电压称为双极晶体管的击穿电压。双极晶体管的击穿电压不仅与 PN 结的雪崩击穿或隧道击穿有关，还与其电路连接方法有关。下文将详细分析共基极连接和共发射极连接下的击穿电压及双极晶体管的基区穿通击穿。

1. 共基极连接

当双极晶体管为共基极连接时，将发射极开路（$I_E = 0$），集电极和基极之间允许的最高反向电压（BV_{CBO}）主要由集电结的雪崩击穿决定，雪崩倍增因子的经验公式为

$$M = \frac{1}{1-(V_{CB}/BV_{CBO})^n} \tag{3.129}$$

当集电结电压等于击穿电压，即 $V_{CB} = BV_{CBO}$ 时，雪崩倍增因子 $M = \infty$，发生击穿。当 $V_{CB} = BV_{CBO}$ 时，集电极电流 I_C 突然增大，这是共基极连接下集电结击穿时的电流-电压特性。双极晶体管共基极连接和共发射极连接下的击穿电压曲线如图 3.59 所示。

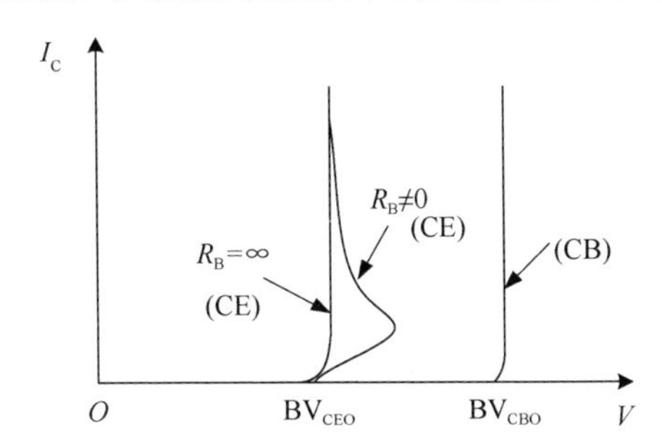

图 3.59　双极晶体管共基极连接和共发射极连接下的击穿电压曲线

2. 共发射极连接

要使共发射极连接的双极晶体管发生击穿，意味着共发射极直流电流增益 h_{FE} 达到无穷大。假设击穿时的共基极直流电流增益变成 $\alpha^* = M\alpha$，则共发射极直流电流增益为

$$h_{FE}^* = \frac{\alpha^*}{1-\alpha^*} = \frac{M\alpha}{1-M\alpha} \tag{3.130}$$

由上式可以看出，当 $M\alpha$ 接近 1 时，共发射极直流电流增益可以达到无穷大。一般情况下，当 α 接近 1，且 M 不比 1 大很多时能满足发射极击穿条件。

当基极开路时，共发射极击穿电压用 BV_{CEO} 表示，令 $V_{CB} = BV_{CEO}$，$M = 1/\alpha$，则共发射极击穿电压与共基极击穿电压的关系为

$$BV_{CEO} = BV_{CBO}\sqrt[n]{1-\alpha} = BV_{CBO}(h_{FE})^{-\frac{1}{n}} \tag{3.131}$$

硅的 n 值为 2～4，当 h_{FE} 很大时，共发射极击穿电压 BV_{CEO} 比共基极击穿电压 BV_{CBO} 小

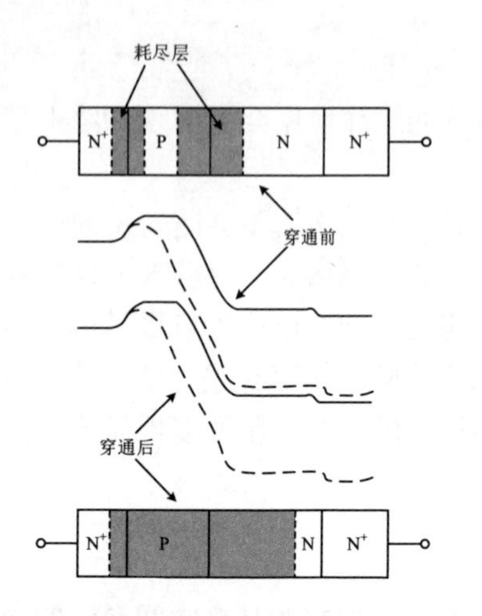

图 3.60 NPN 型双极晶体管发生穿通击穿时的空间电荷区示意图及能带图

很多。若基极串联电阻为 R_B，当 R_B 很大时，基极开路，击穿电压接近 BV_{CEO}；当 R_B 很小时，基极与发射极短路，击穿电压接近 BV_{CBO}。在有限的 R_B 下，击穿电压处于 BV_{CEO} 和 BV_{CBO} 之间，如图 3.59 所示。

3．穿通击穿

当双极晶体管基极开路时，反偏的集电结使得空间电荷区展宽。当集电极电压增大到一定程度时，在发生雪崩之前集电结的空间电荷区就展宽到了发射结，这导致从发射区注入基区的电子急剧增加，此时双极晶体管中会有很大的电流流过，这种现象称为基区穿通，引起的击穿称为穿通击穿。

当发生穿通击穿时，集电结空间电荷区与发射结空间电荷区连接在一起，发射结空间电荷区势垒高度降低。图 3.60 展示了 NPN 型双极晶体管发生穿通击穿时的空间电荷区示意图及能带图。

3.4.5 双极晶体管的频率响应

前文讨论的双极晶体管共基极和共发射极直流电流增益是双极晶体管在低频下工作时的直流放大特性，电流增益与工作频率无关。但是当双极晶体管在高频条件下工作时，其放大能力与工作频率相关，这种现象称为双极晶体管的频率响应。一般情况下，交流信号的频率增大到临界值后，双极晶体管的电流增益会下降。

1．交流小信号电流增益

由于频率响应分析需要交流小信号，因此这里需要定义双极晶体管的交流小信号电流增益。

共基极交流小信号电流增益为

$$\alpha \equiv \left.\frac{\mathrm{d}I_\mathrm{C}}{\mathrm{d}I_\mathrm{E}}\right|_{V_\mathrm{CB}=\text{常数}}$$

共发射极交流小信号电流增益为

$$h_\mathrm{fe} \equiv \left.\frac{\mathrm{d}I_\mathrm{C}}{\mathrm{d}I_\mathrm{B}}\right|_{V_\mathrm{CE}=\text{常数}}$$

在上述定义中，输出端偏压为常数，相当于交流短路，因此交流小信号电流增益也称为交流短路电流增益。

交流小信号电流增益一般对放大倍数取对数，用分贝（dB）表示交流小信号电流增益，即

$$\alpha(\mathrm{dB}) = 20\lg|\alpha|\text{，}\quad h_\mathrm{fe}(\mathrm{dB}) = 20\lg|h_\mathrm{fe}|$$

2．双极晶体管的频率特性

描述双极晶体管的频率特性的参数有截止频率和增益带宽积，截止频率也称工作带宽。下文分别对二者进行定义。

共基极截止频率 ω_α：α 的大小下降为 $0.707\alpha_0$（α 的模量的平方等于 α_0 的平方的一半或者说下降 3dB）时的频率。α_0 为低频时的共基极直流电流增益。

α 可表示为

$$\alpha = \frac{\alpha_0}{1 + \mathrm{j}\omega/\omega_\alpha} \tag{3.132}$$

当 $\omega = \omega_\alpha$ 时，$\alpha = 1/(\sqrt{2}\alpha_0)$。

共发射极截止频率 ω_β：h_{fe} 的大小下降为 $0.707h_{\mathrm{FE}}$（h_{fe} 的模量的平方等于 h_{FE} 的平方的一半或者说下降 3dB）时的频率。h_{FE} 为低频时的直流电流增益，h_{fe} 为共发射极小信号电流增益。

h_{fe} 可表示为

$$h_{\mathrm{fe}} = \frac{\alpha}{1-\alpha} = \frac{h_{\mathrm{FE}}}{1 + \mathrm{j}\omega/\omega_\beta} \tag{3.133}$$

当 $\omega = \omega_\beta$ 时，$h_{\mathrm{fe}} = 1/(\sqrt{2}h_{\mathrm{FE}})$。

增益带宽积（特征频率）ω_{T}：共发射极小信号直流电流增益 h_{fe} 的模量为 1 时的频率。当 $\omega = \omega_{\mathrm{T}}$ 时，$|h_{\mathrm{fe}}| = 1$，即

$$\omega_{\mathrm{T}} = \omega_\beta \sqrt{h_{\mathrm{FE}}^2 - 1} \approx \omega_\beta h_{\mathrm{FE}} \tag{3.134}$$

式中，ω_β 为共发射极截止频率（工作带宽）。

根据 α 和 h_{fe} 的关系，可得

$$\omega_\beta = \omega_\alpha (1 - \alpha_0) \tag{3.135}$$

所以，共发射极截止频率比共基极截止频率低得多。

因为 $h_{\mathrm{FE}} = \alpha/(1-\alpha)$，所以

$$\omega_{\mathrm{T}} = \frac{\alpha_0}{1-\alpha_0}\omega_\beta = \alpha_0\omega_\alpha < \omega_\alpha \tag{3.136}$$

即增益带宽积接近 ω_α。

根据上文的分析可以画出双极晶体管的交流小信号电流增益简图，如图 3.60 所示。由图 3.61 可以看出，在截止频率以内，交流小信号电流增益和直流电流增益一样保持不变，说明截止频率表征了双极晶体管具有放大能力的最大频率。当频率超过截止频率时，交流小信号电流增益下降，且增益下降 3dB 对应的频率为截止频率，有时候也称 3dB 频率。

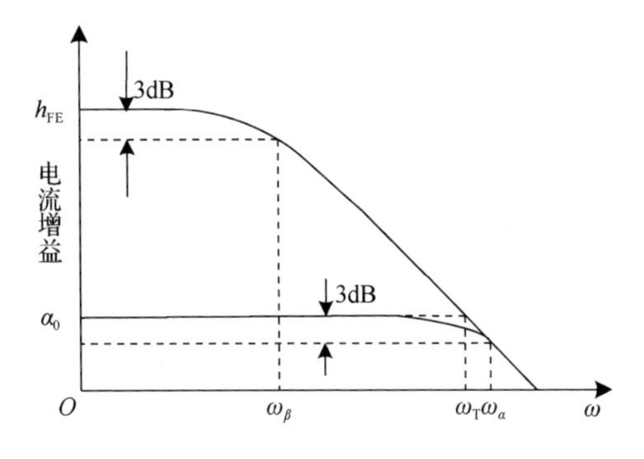

图 3.61 双极晶体管的交流小信号电流增益简图

3.4.6 双极晶体管的制备工艺

前文主要讲述了双极晶体管的工作原理，本节主要讲述双极晶体管的制备工艺，这里以 NPN 型双极晶体管为例，其制备工艺流程如下。

（1）衬底制备：选择轻掺杂的 P 型硅衬底，如图 3.62（a）所示。

（2）埋层制备：为了降低集电极串联电阻，在集电区外延层和衬底间通常要制备 N^+埋层。首先在衬底上生长氧化层，然后通过光刻和刻蚀工艺制备埋层窗口，最后在埋层窗口中离子注入 N 型杂质，并退火形成 N^+埋层，如图 3.62（b）所示。

（3）集电区（外延层）制备：在生长埋层的衬底上外延一层轻掺杂硅，使其作为双极晶体管的集电区。整个双极晶体管制备在该外延层上，如图 3.62（c）所示。

（4）隔离区制备：首先在外延层上生长氧化层，并通过光刻和刻蚀工艺制备隔离窗口，然后在隔离区离子注入硼杂质形成 P^+隔离区，P^+隔离区主要起双极晶体管之间的电绝缘作用，如图 3.62（d）所示。

（5）引出集电极：在集电区外延层通过氧化、光刻、刻蚀、离子注入等工艺制备 N^+区，将其作为集电极接触区，集电极接触区有助于降低集电极接触电阻，如图 3.62（e）所示。

（6）基区制备：首先通过氧化、光刻、刻蚀工艺制备基区窗口，然后离子注入 P 型杂质形成 P 型基区。由于 P 型基区的掺杂直接影响双极晶体管增益、频率等特性，因此离子注入 P 型杂质的量需要严格控制。形成 P 型基区后，继续通过光刻、刻蚀、离子注入等工艺引出 P^+基极接触区，如图 3.62（f）所示。

（7）发射区制备：首先通过氧化、光刻、刻蚀工艺制备发射区窗口，然后离子注入 N^+型杂质形成 N^+发射区，如图 3.62（g）所示。

（8）金属接触：首先通过氧化、光刻、刻蚀工艺制备金属接触窗口，然后通过磁控溅射或电子束蒸发金属引出电极，如图 3.62（h）所示。

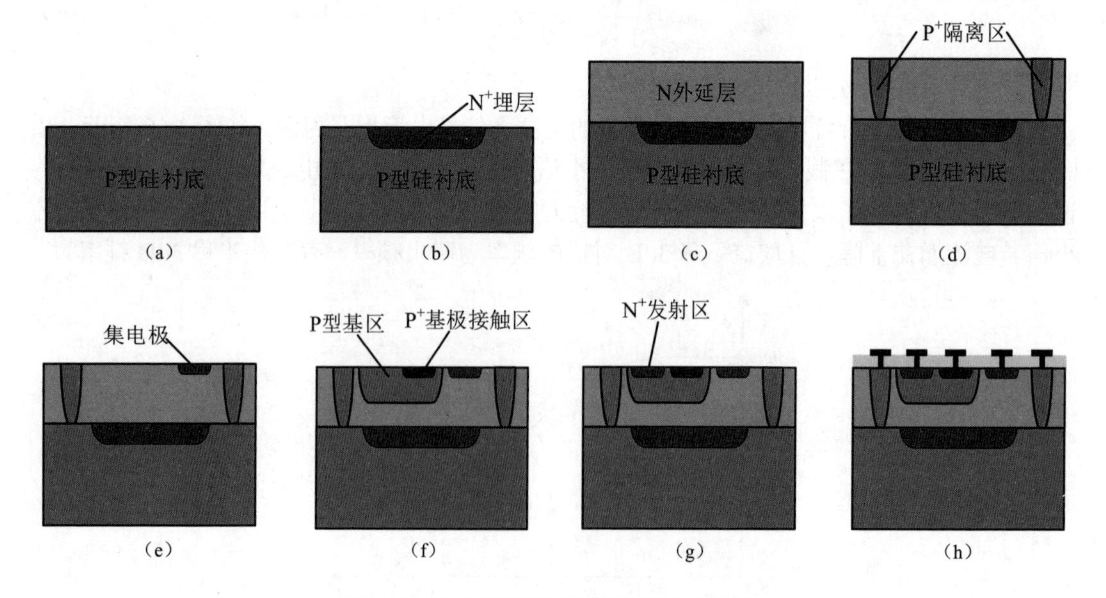

图 3.62 NPN 型双极晶体管制备工艺流程

3.5 MOS 管

MOS 管是集成电路、微处理器、半导体存储器等芯片中的核心原件。本节详细分析 MOS 管的基本结构、工作原理及非理想效应等。

3.5.1 MOS 管的基本结构——MOS 电容

1. MOS 电容的结构

MOS 管的基本结构是 MOS 电容。MOS 电容是由金属、绝缘层、半导体依次堆叠形成的夹层，其结构如图 3.63 所示。

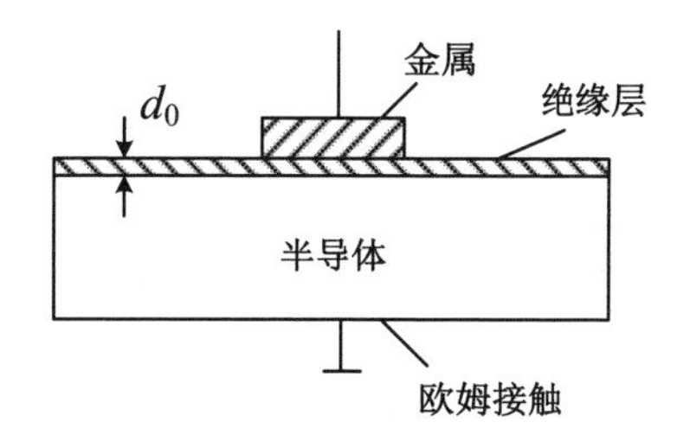

图 3.63　MOS 电容的结构

分析其结构可知，在金属和半导体上施加电压后，由于金属侧和半导体侧有电压差，因此金属-氧化物交界处和半导体-氧化物交界处会出现电荷堆积，金属和半导体间产生电场，此结构和电容器的充电结构相似，故称之为 MOS 电容结构。

由于金属中的自由电子密度非常高，因此金属-氧化物交界处的电荷层非常窄，大约在一个原子层的范围内，但半导体中的自由载流子密度远不及金属中的自由电子密度，因此半导体-氧化物交界处的电荷将分布在一定厚度的表面层内，此区域为空间电荷区。空间电荷区两端的电势差称为表面势，用 V_S 表示。当半导体表面电势比内部电势高时，$V_S>0$；当半导体表面电势比内部电势低时，$V_S<0$。

本节以 P 型衬底 MOS 电容结构为例进行分析。为便于描述，我们将金属和半导体之间所加的电压定义为 V_G，$V_G>0$ 表示金属侧电压高于半导体侧电压；$V_G<0$ 表示金属侧电压低于半导体侧电压。

（1）多子积累状态。

当 $V_G<0$ 时，由电容器结构原理可知，金属-氧化物交界处会出现负电荷堆积，产生一个由半导体侧指向金属侧的电场，P 型半导体中的多子（空穴）会向半导体-氧化物交界处聚集，形成空穴堆积层，此状态称为多子积累状态。多子积累状态及其能带图如图 3.64 所示，此时 $V_S<0$，金属-氧化物交界处的能带向上弯曲。

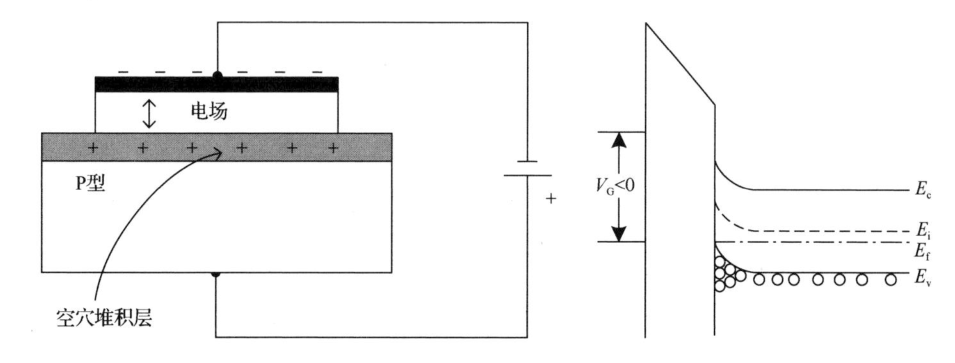

图 3.64　多子积累状态及其能带图

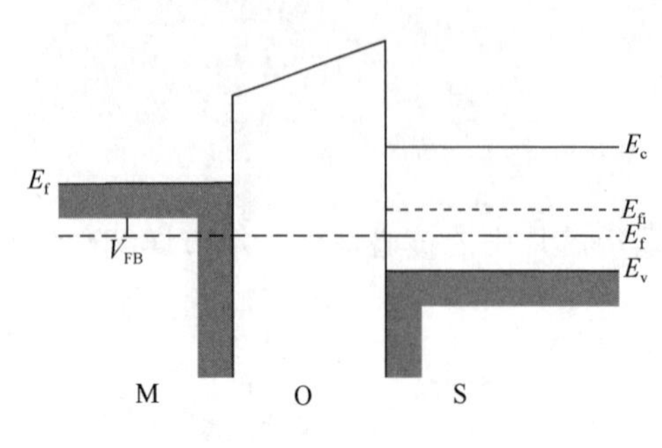

图 3.65　平带状态的能带图

（2）平带状态。

平带状态的能带图如图 3.65 所示。半导体内的能带不弯曲时的状态称为平带状态。但此时穿过氧化物的电压不一定为 0V。

（3）多子耗尽状态。

当 V_G>0 时，P 型半导体中靠近半导体-氧化物交界处的多子空穴将会被推离，出现一层空间电荷层（空间电荷区），空间电荷区内的多子（空穴）浓度小于半导体内的空穴浓度，且多出许多电离受主阴离子，故空间电荷区内的负电荷浓度基本等于电离受主杂质浓度。由于这种状态看上去好像把交界处的多子（空穴）“耗尽”了，故此状态称为多子耗尽状态。多子耗尽状态及其能带图如图 3.66 所示，此时 V_S>0，半导体-氧化物交界处的能带向下弯曲。

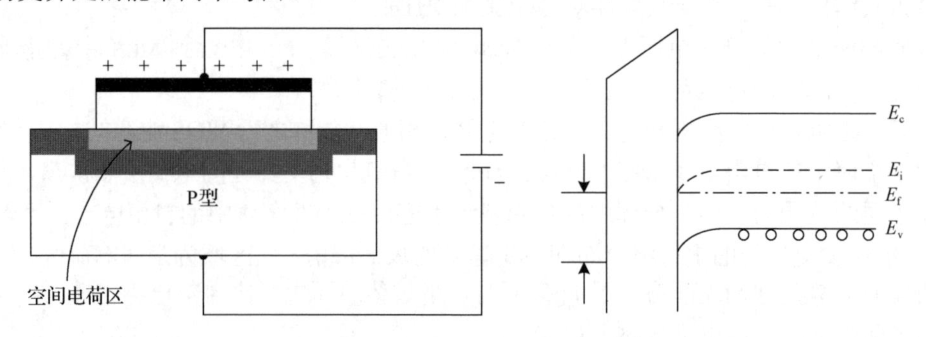

图 3.66　多子耗尽状态及其能带图

（4）少子反型状态。

在多子耗尽状态，V_G 将在 V_G>0 的基础上进一步加大，此时 P 型半导体中靠近半导体-氧化物交界处的多子（空穴）不但会被推离，还会吸引 P 型半导体中的少量少子（电子）聚集在半导体-氧化物交界处，此时交界处的电子浓度将大于空穴浓度，在交界处形成与衬底类型相反的一层 N 型半导体层，故此状态称为少子反型状态。少子反型状态的能带图如图 3.67 所示，此时 V_S>0，半导体-氧化物交界处的能带进一步向下弯曲，表面费米能级的位置可能高于禁带中线 E_i。

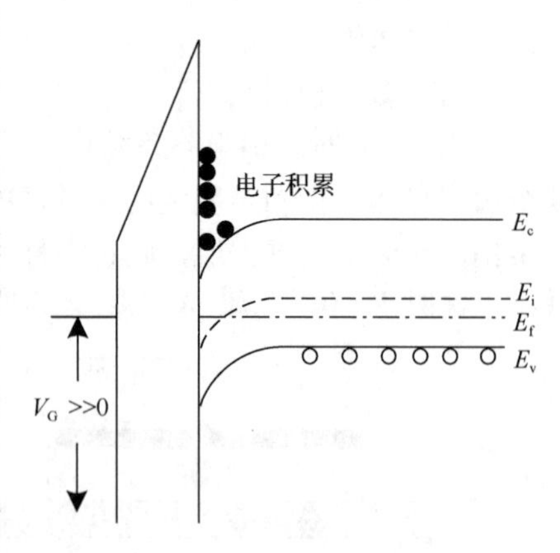

图 3.67　少子反型状态的能带图

在定性地分析 P 型衬底 MOS 电容结构的不同状态后，有必要对各个状态中比较关键的一些数据进行定量计算。

2．空间电荷区宽度

已知在 P 型衬底 MOS 电容结构中，当 V_G>0 时，P 型半导体靠近半导体-氧化物交界处会出现空间电荷区，我们可以通过计算得到空间电荷区宽度，即

$$x_{\mathrm{d}}=\left(\frac{2\varepsilon V_{\mathrm{S}}}{qN_{\mathrm{A}}}\right)^{\frac{1}{2}} \tag{3.137}$$

多子耗尽状态的能带图如图 3.68 所示。V_{S} 为空间电荷区两侧的电势差，即半导体内部的本征费米能级与界面处的本征费米能级的势垒高度；ε 为半导体的介电常数。φ_{fP} 为 P 型半导体内部的费米能级与本征费米能级的电势差，其定义式为

$$\varphi_{\mathrm{fP}}=V_{\mathrm{th}}\ln\frac{N_{\mathrm{A}}}{n_{\mathrm{i}}} \tag{3.138}$$

式中，N_{A} 为受主杂质浓度；n_{i} 为本征载流子浓度。

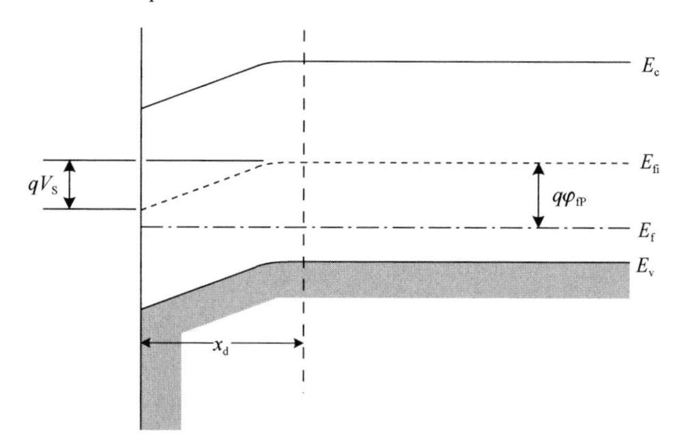

图 3.68　多子耗尽状态的能带图

从式（3.138）中可以看到，φ_{fP} 只与半导体本身的性质有关，我们可以结合图 3.68 将其理解为，半导体在不变型的条件下可允许的最大承受电势（此说法仅供读者更好地对照图像理解）。结合图 3.68 可知，该图中的 $V_{\mathrm{S}}<\varphi_{\mathrm{fP}}$，此时半导体-氧化物交界处的费米能级仍低于本征费米能级，半导体还呈现 P 型半导体的性质。如果进一步增大 V_{G} 使 $V_{\mathrm{S}}=2\varphi_{\mathrm{fP}}$，如图 3.69 所示，那么半导体-氧化物交界处的费米能级高于本征费米能级，半导体呈现 N 型半导体的性质。

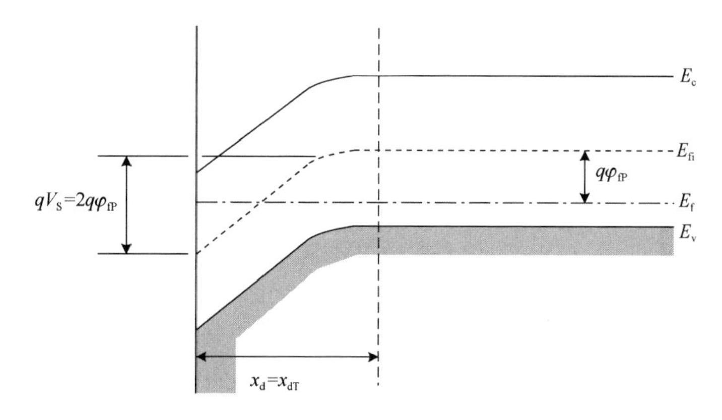

图 3.69　阈值反型空间电荷区最大时的能带图

结合图 3.69 给出以下定义。

（1）阈值反型点。对于 P 型半导体：表面势 $V_{\mathrm{S}}=2\varphi_{\mathrm{fP}}$；对于 N 型半导体：表面势 $V_{\mathrm{S}}=2\varphi_{\mathrm{fN}}$。

（2）阈值电压。阈值电压是达到阈值反型点的栅压。在阈值电压上继续增大电压，空间电荷区宽度变化甚微，在这种情况下，空间电荷区宽度达到最大值 x_{dT}，即

$$x_{dT} = \left(\frac{4\varepsilon\varphi_{fP}}{qN_A}\right)^{\frac{1}{2}} \tag{3.139}$$

3．功函数差

金属和半导体接触前和接触后热平衡时 MOS 结构能带图如图 3.70 所示。接触前的金属和半导体之间的费米能级存在电势差，将其通过氧化物连接后，即使在未施加电压的情况下，为保证热平衡状态下具有统一的费米能级，会出现载流子的运动，导致半导体-氧化物侧的能带发生弯曲。

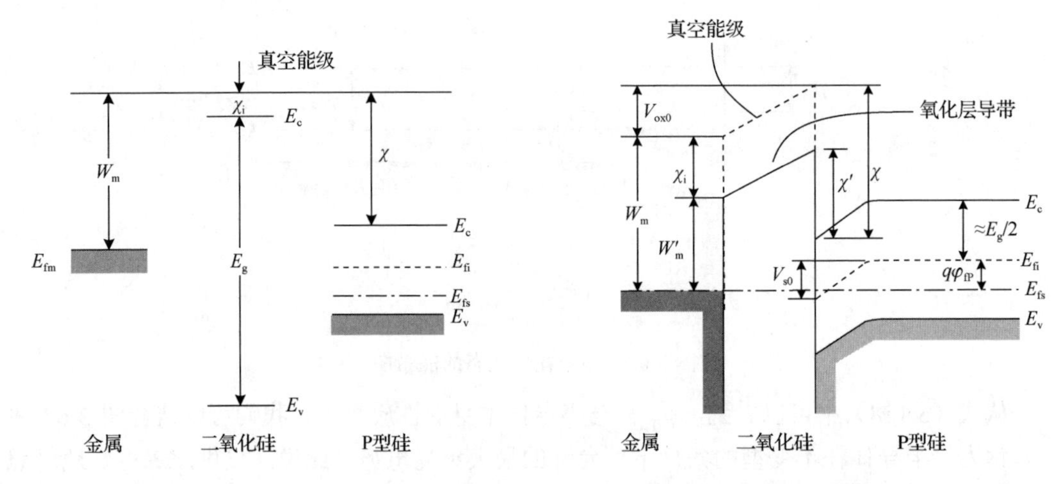

图 3.70　金属和半导体接触前和接触后热平衡时 MOS 结构能带图

金属-半导体功函数差 φ_{ms} 的定义式为

$$\varphi_{ms} \equiv \left[\varphi'_m - \left(\frac{\chi'}{q} + \frac{E_g}{2q} + \varphi_{fP}\right)\right] \tag{3.140}$$

式中，φ'_m 为修正的金属功函数；从金属向氧化物的导带注入一个电子所需的势能；χ' 为修正的电子亲和能。

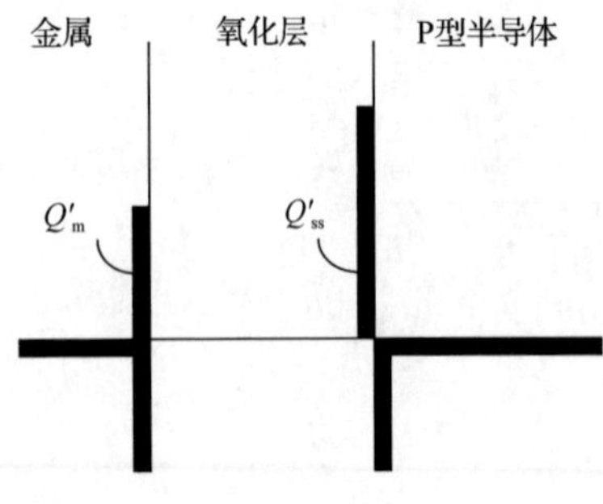

图 3.71　平带状态下 MOS 结构电荷分布图

4．平带电压

由图 3.70 可知，在 $V_G = 0$ 的情况下，半导体侧的能带弯曲程度不满足平带状态条件，满足平带状态条件的栅压为平带电压。

平带状态下 MOS 结构电荷分布图如图 3.71 所示。由图 3.71 可知，半导体中的净电荷为零，假设栅氧化层中存在等价的固定表面电荷，金属中的电荷密度是 Q'_m，单位面积栅氧化层等价陷阱电荷是 Q'_{ss}，由电中性条件可得

$$Q'_m + Q'_{ss} = 0 \tag{3.141}$$

结合单位面积栅氧化层电容 C_{ox} 可得穿过氧化层的电压 V_{ox} 为

$$V_{\text{ox}} = \frac{Q'_{\text{m}}}{C_{\text{ox}}} \tag{3.142}$$

$$V_{\text{ox}} = \frac{-Q'_{\text{ss}}}{C_{\text{ox}}} \tag{3.143}$$

在平带状态下，半导体侧能带不弯曲，根据表面势得到 MOS 管的平带电压 V_{FB}，即

$$V_{\text{G}} = V_{\text{FB}} = \varphi_{\text{ms}} - \frac{Q'_{\text{ss}}}{C_{\text{ox}}} \tag{3.144}$$

5. 阈值电压

达到阈值反型点的 P 型和 N 型 MOS 管能带图如图 3.72 所示。

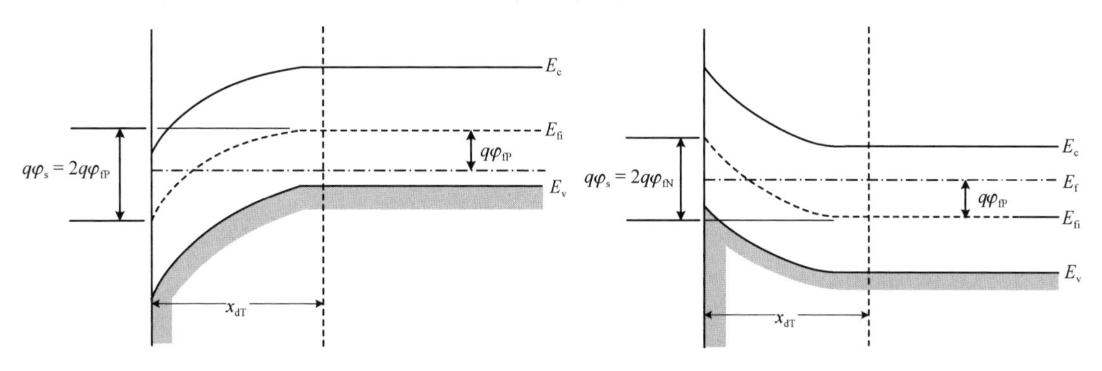

图 3.72　达到阈值反型点的 P 型和 N 型 MOS 管能带图

此处以 P 型 MOS 管为例进行分析，已知，达到阈值反型点时的空间电荷区已经达到最大宽度 x_{dT}，根据图 3.73 可知，此时金属-半导体交界处的正电荷为 Q'_{mT}，单位面积栅氧化层等价陷阱电荷为 Q'_{ss}，由电荷守恒原理可得

$$Q'_{\text{mT}} + Q'_{\text{ss}} = \left|Q'_{\text{SD}}(\max)\right| = qN_{\text{A}}x_{\text{dT}} \tag{3.145}$$

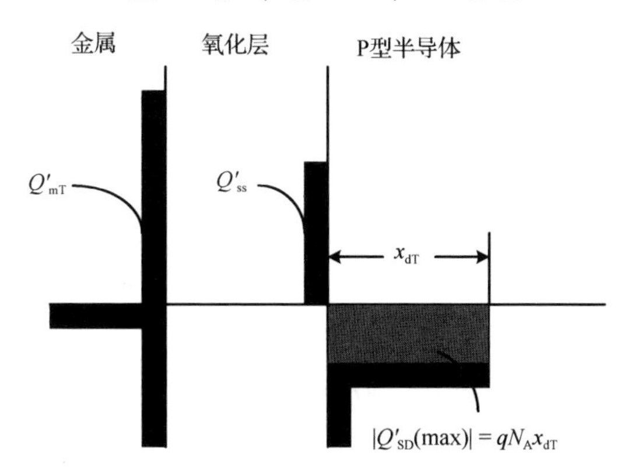

图 3.73　达到阈值反型点的 P 型 MOS 管电荷分布图

由于栅压和栅氧化层电压与表面势的关系为

$$V_{\text{G}} = \Delta V_{\text{ox}} + \Delta\phi_{\text{s}} = V_{\text{ox}} + \varphi_{\text{s}} + \varphi_{\text{ms}} \tag{3.146}$$

将其代入阈值反型点 P 型 MOS 管的定义条件：表面势 $\varphi_{\text{s}} = 2\varphi_{\text{fP}}$，可得

$$V_{\text{th}} = V_{\text{oxT}} + 2\varphi_{\text{fP}} + \varphi_{\text{ms}} \tag{3.147}$$

式中，V_{th} 为阈值电压；V_{oxT} 为阈值反型点栅氧化层电压。由金属-半导体交界处的电荷 Q'_{mT} 和单位面积栅氧化层电容 C_{ox} 可得

$$V_{oxT} = \frac{Q'_{mT}}{C_{ox}} \tag{3.148}$$

整理得到阈值电压为

$$V_{th} = \left(\left|Q'_{SD}(\max)\right| - Q'_{ss}\right)\left(\frac{t_{ox}}{\varepsilon_{ox}}\right) + \varphi_{ms} + 2\varphi_{fP} \tag{3.149}$$

$$V_{th} = \frac{\left|Q'_{SD}(\max)\right|}{C_{ox}} - \frac{Q'_{ss}}{C_{ox}} + \varphi_{ms} + 2\varphi_{fP} \tag{3.150}$$

又因为平带电压为

$$V_{FB} = \varphi_{ms} - \frac{Q'_{ss}}{C_{ox}} \tag{3.151}$$

所以阈值电压用平带电压可表示为

$$V_{th} = \frac{\left|Q'_{SD}(\max)\right|}{C_{ox}} + V_{FB} + 2\varphi_{fP} \tag{3.152}$$

3.5.2 MOS 管的分类

在学习了 MOS 电容结构后，我们需要明白，MOS 管之所以有控制作用，是因为反型层的形成为电流搭建了可以流动的“沟道”，这种需要施加一定电压才能形成反型导电沟道的 MOS 管称为增强型 MOS 管，与之对应的还有一种施加一定电压才能关闭反型导电沟道的 MOS 管，称为耗尽型 MOS 管，本节将对其逐一进行介绍。

1．n 沟道增强型 MOS 管

增强是指半导体-氧化物交界处在零栅压时无反型导电沟道形成，需要对其施加正栅压才能形成反型导电沟道。n 沟道是指施加正栅压形成的反型导电沟道是 N 型的，即衬底是 P 型的。n 沟道的器件在沟道建立后，电子从源极 S（Source）流向漏极 D（Drain），电流从漏极流向源极。n 沟道增强型 MOS 管（增强型 NMOS 管）的器件结构和电路符号如图 3.74 所示。其电路符号右侧漏极和源极不相连表示不施加栅压时无导电沟道形成，箭头由 P 型衬底指向 n 沟道。

2．n 沟道耗尽型 MOS 管

耗尽是指半导体-氧化物交界处在零栅压时有反型导电沟道形成，需要对其施加负栅压才能关闭反型导电沟道。n 沟道是指不施加栅压时已经存在的反型导电沟道是 N 型的，即衬底是 P 型的。n 沟道耗尽型 MOS 管（耗尽型 NMOS 管）的器件结构和电路符号如图 3.75 所示。其电路符号右侧漏极和源极相连表示不施加栅压时也有导电沟道形成，箭头由 P 型衬底指向 n 沟道。

3．p 沟道增强型 MOS 管

增强是指半导体-氧化物交界处在零栅压时无反型导电沟道形成，需要对其施加负栅压

才能形成反型导电沟道。p 沟道是指施加负栅压形成的反型导电沟道是 P 型的，即衬底是 N 型的。p 沟道增强型 MOS 管（增强型 PMOS 管）的器件结构和电路符号如图 3.76 所示。p 沟道的器件在沟道建立后，空穴从源极流向漏极，电流从源极流向漏极。箭头由 p 沟道指向 N 型衬底。

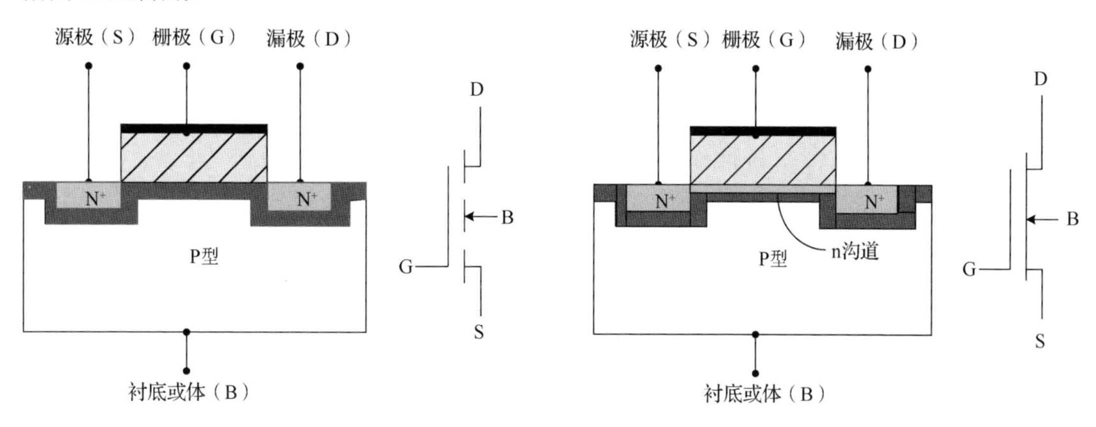

图 3.74　增强型 NMOS 管的器件结构和电路符号

图 3.75　耗尽型 NMOS 管的器件结构和电路符号

4．p 沟道耗尽型 MOS 管

耗尽是指半导体-氧化物交界处在零栅压时就已经有反型导电沟道形成，需要对其施加正栅压才能关闭反型导电沟道。p 沟道是指不施加栅压时反型导电沟道是 P 型的，即衬底是 N 型的。p 沟道耗尽型 MOS 管（耗尽型 PMOS 管）的器件结构和电路符号如图 3.77 所示。箭头由 p 沟道指向 N 型衬底。

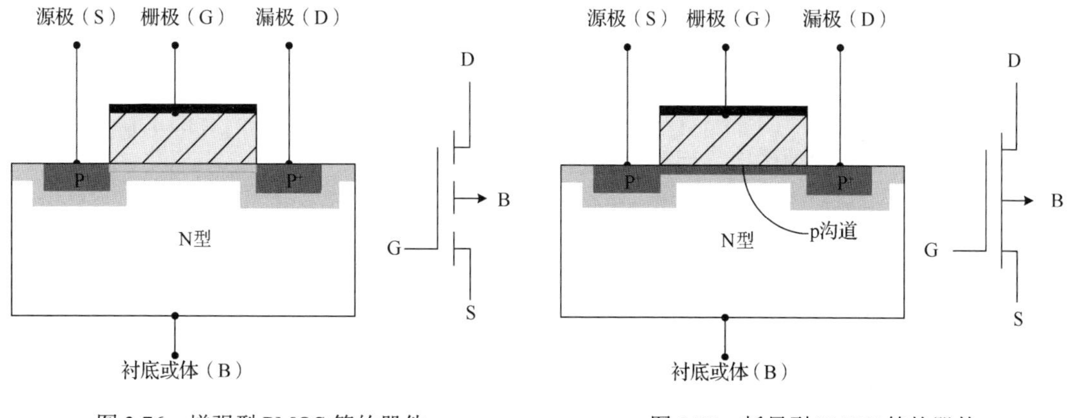

图 3.76　增强型 PMOS 管的器件结构和电路符号

图 3.77　耗尽型 PMOS 管的器件结构和电路符号

3.5.3　MOS 管的工作原理

1．MOS 管的导通机制

在了解了 MOS 管的结构和分类后，本节以增强型 NMOS 管为例重点介绍 MOS 管的工作原理。

导电沟道关闭和打开时的增强型 NMOS 管结构示意图如图 3.78 所示。将增强型 NMOS 管衬底和源极共同连接，在漏极和源极之间施加一个漏源电压 V_{DS} 用于驱动电子定向移动形成漏电流 I_D。在这种情况下，漏极和源极之间是否有导电沟道就成了问题的关键。

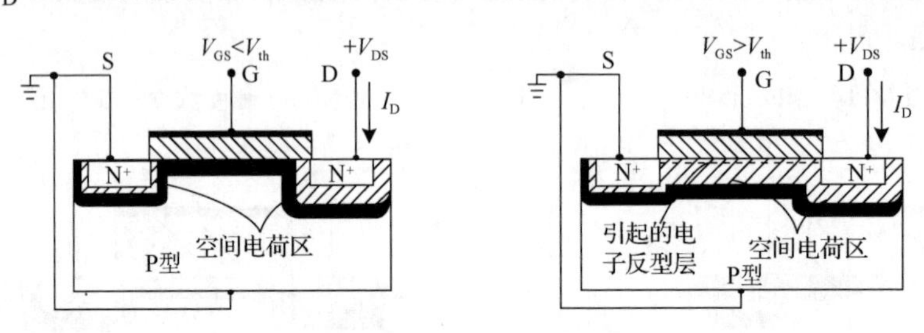

图 3.78　导电沟道关闭和打开时的增强型 NMOS 管结构示意图

已知，对于 P 型半导体衬底，在金属栅极和 P 型衬底之间的电压 V_{GS}（栅源电压）小于阈值电压的情况下是没有反型导电沟道的。因此，从漏极到源极横向观察发现：漏极和衬底之间的 PN 结是反偏的，阻止了漏极和源极之间的电流流动，漏电流为零。如果增大 V_{GS} 使得 $V_{GS}>V_{th}$，那么金属栅极和 P 型衬底之间会形成 N 型反型层，此时从漏极到源极横向观察发现：所有部分都是 N 型反型层，不存在反偏的 PN 结阻止极和源极之间的电流流动，即漏电流了。

在定性地介绍了 V_{GS} 对电流的“开关”控制作用后，以下介绍 V_{GS} 和 V_{DS} 对漏电流的控制原理。

由上文可知，当 $V_{GS}>V_{th}$ 时就会有漏电流存在，那么 V_{GS} 对漏电流的控制作用是否到此为止了？答案是否定的。对于较小的 V_{GS}，沟道区有电阻的特性，可以理解为较小的 V_{GS} 能够为漏电流打开的沟道比较窄，因此将其与沟道电导 g_d 联系起来，可得

$$I_D = g_d V_{DS} \tag{3.153}$$

$$g_d = \frac{W}{L}\mu_n |Q'_n| \tag{3.154}$$

式中，μ_n 为反型层电子迁移率；Q'_n 为单位面积反型层电荷数量。MOS 管的工作原理为栅压 V_G 对导电沟道的调制作用，而导电沟道决定漏电流。

2. 电流-电压关系

我们关心的重点在 I_D，而 I_D 由 V_{DS} 和 V_{GS} 共同决定，因此要了解 I_D–V_{GS} 关系和 I_D–V_{DS} 关系。

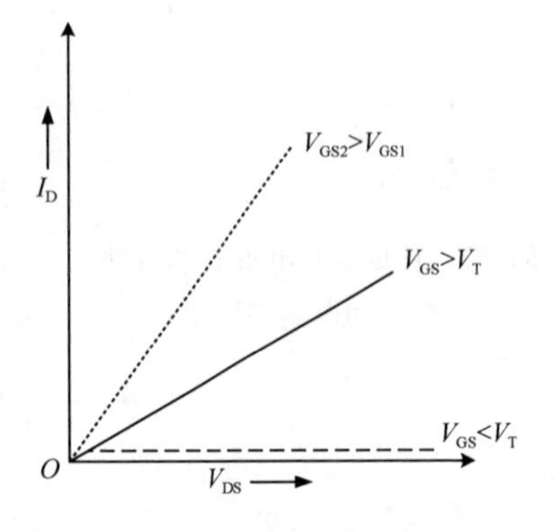

图 3.79　V_{DS} 较小时 MOS 管的 I_D–V_{DS} 关系

由上述 MOS 管的工作原理可以轻松地理解图 3.79 中 MOS 管的 I_D–V_{DS} 关系，当 $V_{GS}<V_T$ 时，导电沟道没有形成，不管 V_{DS} 如何变化 I_D 都是零；当 $V_{GS}>V_T$ 时，导电沟道形成，且 V_{GS} 越大导电沟道电阻越小，电流流动越顺畅，即 I_D–V_{DS} 关系曲线斜率越大，但这只限于 V_{DS} 在较小范围内变化时。如果 V_{DS} 进一步增大会怎样呢？

V_{DS} 增大时导电沟道的变化如图 3.80 所示。分析图 3.80 可知，当 $V_{GS}>V_T$ 时，锁定 V_{GS} 不变，V_{DS}

不断增大，即漏源电压不断增大，漏极附近的氧化层的压降会降低（真实的 MOS 管的漏极是镶嵌在衬底上的，低于氧化层），这会导致漏极的导电沟道被压缩，漏极附近的反型层电荷密度减小，导电能力降低，导电沟道电导减小，反映在 I_D–V_{DS} 关系图上就是 I_D–V_{DS} 关系曲线斜率减小，如图 3.81 所示。

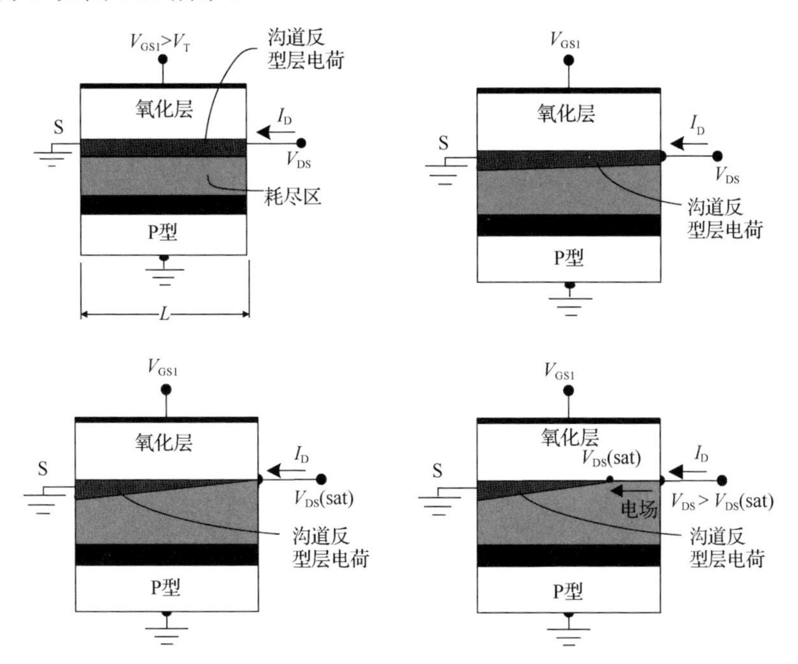

图 3.80　V_{DS} 增大时导电沟道的变化

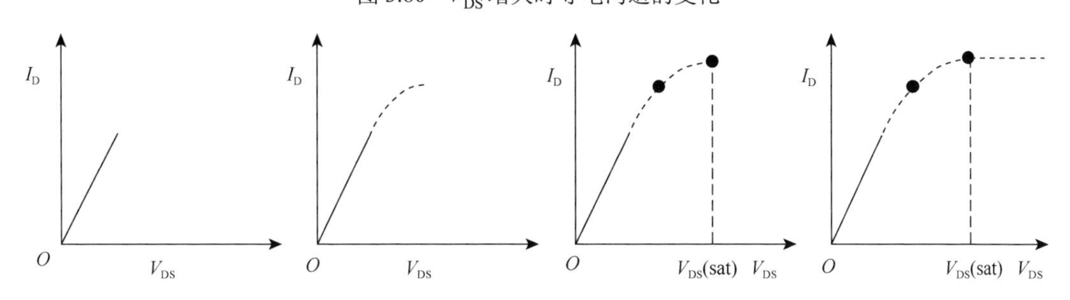

图 3.81　V_{DS} 增大时 I_D–V_{DS} 关系曲线的变化

当 V_{DS} 增大到使得漏极氧化层的压降等于 V_T 时，靠近漏极导电沟道的反型层电荷密度降为零，电导为零，I_D–V_{DS} 关系曲线斜率为零。定义 $V_{DS}(\text{sat})$为在漏极产生零反型层电荷密度时的漏源电压，即

$$V_{GS} - V_{DS}(\text{sat}) = V_T \tag{3.155}$$

$$V_{DS}(\text{sat}) = V_{GS} - V_T \tag{3.156}$$

当 V_{DS} 继续增大，$V_{DS}>V_{DS}(\text{sat})$时，电子先从源极进入导电沟道，然后被电场扫向漏极。此时 I_D–V_{DS} 关系曲线对应的是饱和区。

由此可得，当 V_{GS} 不变时，调整 V_{DS} 不断增大的 I_D–V_{DS} 关系，不同 V_{GS} 对应的 $V_{DS}(\text{sat})$也不一样，将其都整理在一张图上就得到了图 3.82 所示的增强型 NMOS 管的 I_D–V_{DS} 关系曲线。

同理可得耗尽型 NMOS 管的 I_D–V_{DS} 关系曲线，如图 3.83 所示。由图 3.83 可知，在 $V_{GS}=0$ 时就已经存在漏电流，只有当负的 V_{GS} 绝对值很大时，沟道关闭，才不存在漏电流，器件进入截止区。

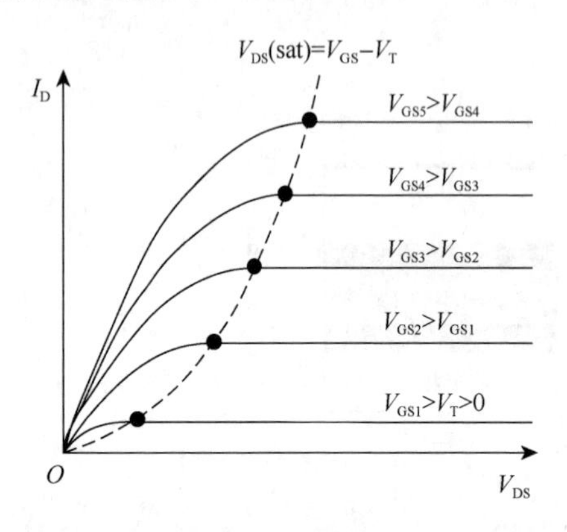

图 3.82　增强型 NMOS 管的 I_D–V_{DS} 关系曲线

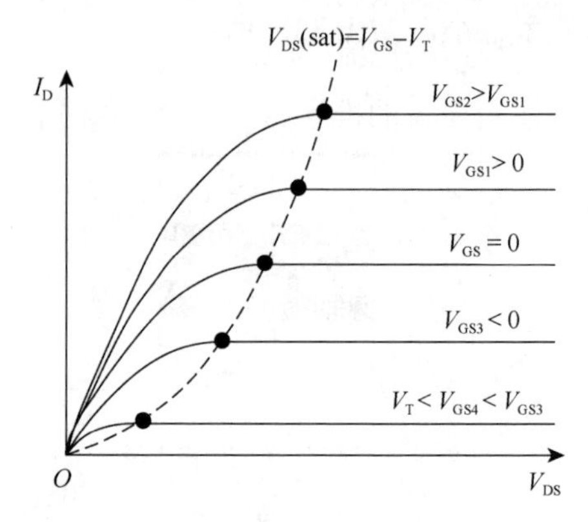

图 3.83　耗尽型 NMOS 管的 I_D–V_{DS} 关系曲线

增强型 NMOS 管的理想电流–电压关系如下。

非饱和区的漏电流为

$$I_D=\frac{W\mu_n C_{ox}}{2L}[2(V_{GS}-V_T)V_{DS}-V_{DS}^2] \tag{3.157}$$

饱和区的漏电流为

$$I_D=\frac{W\mu_n C_{ox}}{2L}(V_{GS}-V_T)^2 \tag{3.158}$$

3.5.4　MOS 管的非理想效应

1．亚阈值电导效应

我们认为当 $V_{GS}<V_T$ 时 NMOS 管是没有反型导电沟道的，漏电流为零，当 $V_{GS}>V_T$ 时，金属栅极和 P 型衬底之间会形成 N 型反型层，漏电流不为零。但在实际情况中，当 $V_{GS}\leqslant V_T$ 时，漏电流并不为零，这是怎么回事呢？$\varphi_s=2\varphi_{fP}$ 和 $\varphi_{fP}<\varphi_s<2\varphi_{fP}$ 时耗尽型 NMOS 管能带图如图 3.84 所示。

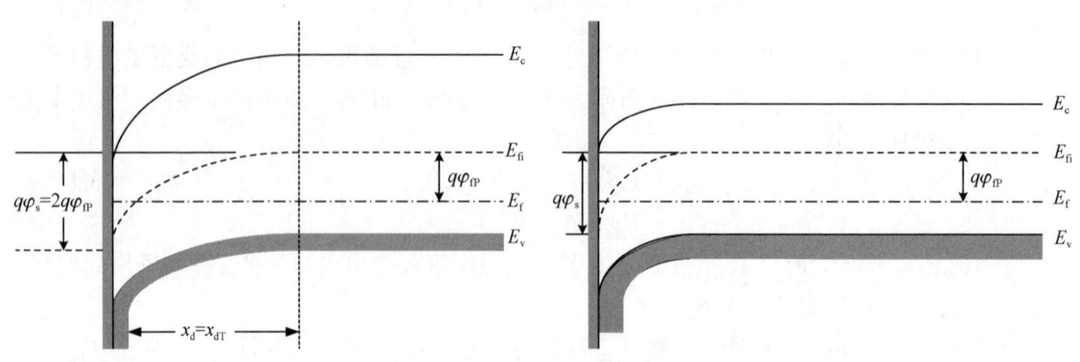

图 3.84　$\varphi_s=2\varphi_{fP}$ 和 $\varphi_{fP}<\varphi_s<2\varphi_{fP}$ 时耗尽型 NMOS 管能带图

观察图 3.84 可知，当 $\varphi_{fP}<\varphi_s<2\varphi_{fP}$ 时，半导体-氧化物交界处的费米能级还是更靠近导带 E_c，只不过靠近程度比不上 $\varphi_s=2\varphi_{fP}$ 的情况，此时半导体-氧化物交界处是具有 N 型半导体特性的，有很弱的导电沟道。我们称 $\varphi_{fP}<\varphi_s<2\varphi_{fP}$ 时的情况为弱反型，当 $V_{GS}\leqslant V_T$ 时，漏电流是亚阈值电流 $I_D(\text{sub})$。

亚阈值电流的推导已经超出了本书的讨论范围，此处直接给出其关系，即

$$I_D(\text{sub})\propto \exp\left(\frac{qV_{GS}}{kT}\right)\left[1-\exp\left(\frac{-qV_{DS}}{kT}\right)\right] \tag{3.159}$$

2. 沟道长度调制效应

由 MOS 管的工作原理可得，当 $V_{DS}>V_{DS}(\text{sat})$时，导电沟道中反型电荷为零的电子向源极运动，电子先从源极进入导电沟道，在沟道中运动到反型层电荷为零的电子会进入空间电荷区，被电场扫向漏极。此时，导电沟道长度 L 不再是常数，它会随 V_{DS} 的增大而减小。$V_{DS}>V_{DS}(\text{sat})$时 NMOS 管的结构图如图 3.85 所示。

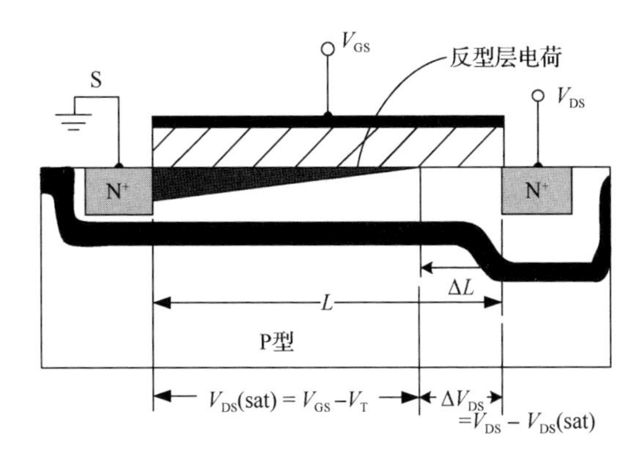

图 3.85 $V_{DS}>V_{DS}(\text{sat})$时 NMOS 管的结构图

ΔL 是总空间电荷区宽度与 $V_{DS}=V_{DS}(\text{sat})$时空间电荷区宽度的差，据此可得到

$$\Delta V_{DS}=V_{DS}-V_{DS}(\text{sat}) \tag{3.160}$$

$$\Delta L=\sqrt{\frac{2\varepsilon}{qN_A}}\left[\sqrt{\varphi_{fP}+V_{DS}(\text{sat})+\Delta V_{DS}}-\sqrt{\varphi_{fP}+V_{DS}(\text{sat})}\right] \tag{3.161}$$

这是 ΔL 的一种近似表达式。

$V_{DS}>V_{DS}(\text{sat})$时耗尽型 NMOS 管漏极附近的结构图如图 3.86 所示。如果从电场的角度出发可以得到 ΔL 的另一种近似表达式，即

$$\Delta L=\sqrt{\frac{2\varepsilon}{qN_A}}\left[\sqrt{\varphi_{sat}+(V_{DS}-V_{DS}(\text{sat}))}-\sqrt{\varphi_{sat}}\right] \tag{3.162}$$

$$\varphi_{sat}=\frac{2\varepsilon}{qN_A}\cdot\left(\frac{E_{sat}}{2}\right)^2 \tag{3.163}$$

式中，E_{sat} 为反型层电荷夹断点的横向电场强度。

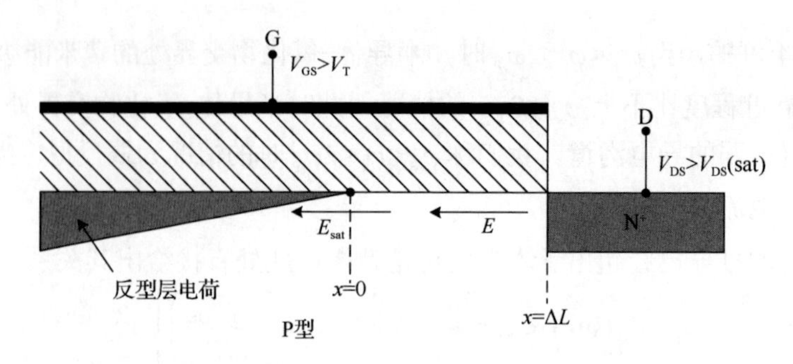

图 3.86 $V_{DS}>V_{DS}(sat)$时耗尽型 NMOS 管漏极附近的结构图

至此，我们得到了两种不同的 ΔL 近似表达式。因为漏电流反比于导电沟道长度，所以将这两种 ΔL 近似表达式代入下式计算 I'_D。

$$I'_D=\left(\frac{L}{L-\Delta L}\right)I_D \tag{3.164}$$

式中，I'_D 为实际漏电流；I_D 为理想漏电流。由式（3.164）可得，考虑沟道调制效应后实际漏电流要比理想漏电流大。

3. 短沟道效应

短沟道效应是当 MOS 管的导电沟道长度减小到十几纳米、甚至几纳米量级时，晶体管出现的一些效应。此处主要分析阈值电压随着沟道长度减小而减小的效应。

图 3.87 所示为长沟道 NMOS 管的结构图。由图 3.87 可知，漏极和源极与 P 型半导体衬底的交界处都形成了空间电荷区，在长沟道情况下，这两处空间电荷区宽度远不及沟道长度，因此可以认为栅极电压能够控制反型导电沟道中的所有电荷。

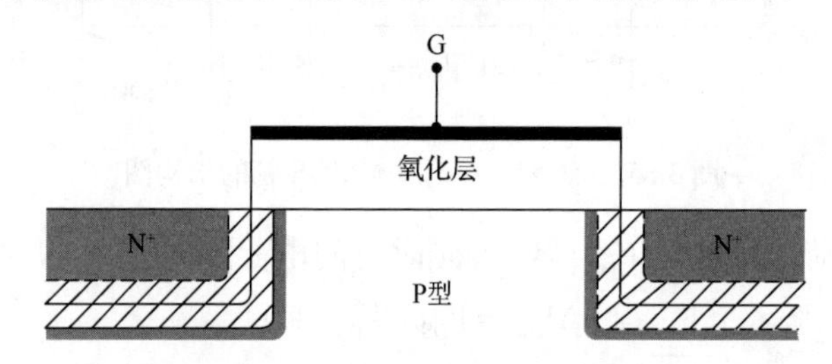

图 3.87 长沟道 NMOS 管的结构图

长沟道和短沟道 MOS 管反型时的结构图如图 3.88 所示。当沟道长度减小到一定程度时，就不能忽略漏极、源极附近的空间电荷区对沟道的影响了，反型时影响尤为严重。此时由栅极电压控制的反型导电沟道中的电荷数量会发生改变，从而影响阈值电压。

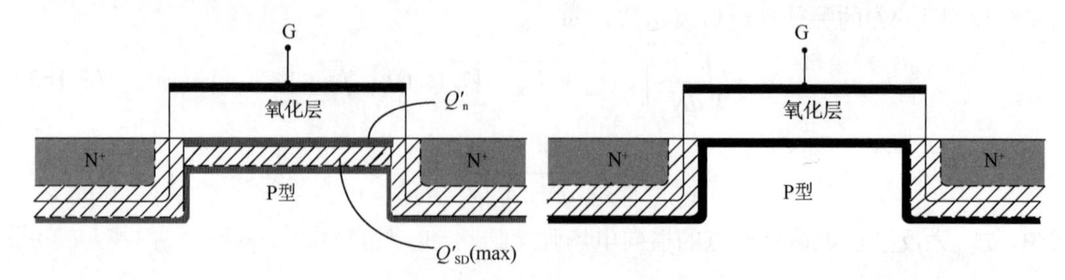

图 3.88 长沟道和短沟道 MOS 管反型时的结构图

由图 3.89 所示的短沟道 MOS 管反型时的电荷结构图可得短沟道效应影响下阈值电压的偏移量 ΔV_{T}，即

$$\Delta V_{\mathrm{T}}=-\frac{qN_{\mathrm{A}}x_{\mathrm{dT}}}{C_{\mathrm{ox}}}\left[\frac{r_{\mathrm{j}}}{L}\left(\sqrt{1+\frac{2x_{\mathrm{dT}}}{r_{\mathrm{j}}}}-1\right)\right] \tag{3.165}$$

$$\Delta V_{\mathrm{T}}=V_{\mathrm{T(短沟道)}}-V_{\mathrm{T(长沟道)}} \tag{3.166}$$

式中，r_{j} 为源极和漏极的扩散结深。

最大空间电荷宽度 x_{dT} 为

$$x_{\mathrm{dT}}=\left[\frac{4\varepsilon_{\mathrm{s}}\varphi_{\mathrm{fP}}}{qN_{\mathrm{A}}}\right]^{\frac{1}{2}} \tag{3.167}$$

电势 φ_{fP} 为

$$\varphi_{\mathrm{fP}}=V_{\mathrm{th}}\ln\frac{N_{\mathrm{A}}}{n_{\mathrm{i}}} \tag{3.168}$$

栅氧化层电容 C_{ox} 为

$$C_{\mathrm{ox}}=\frac{\varepsilon_{\mathrm{ox}}}{t_{\mathrm{ox}}} \tag{3.169}$$

不同掺杂情况下的短沟道阈值电压图如图 3.90 所示。通常情况下短沟道效应对阈值电压的影响在沟道长度小于 2μm 的情况下才比较显著。

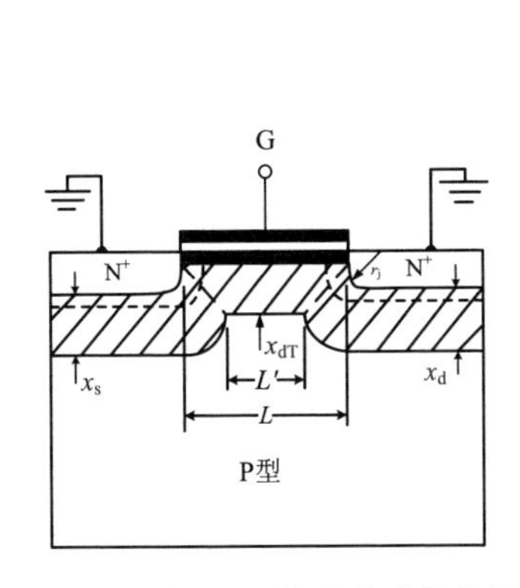

图 3.89　短沟道 MOS 管反型时的电荷结构图

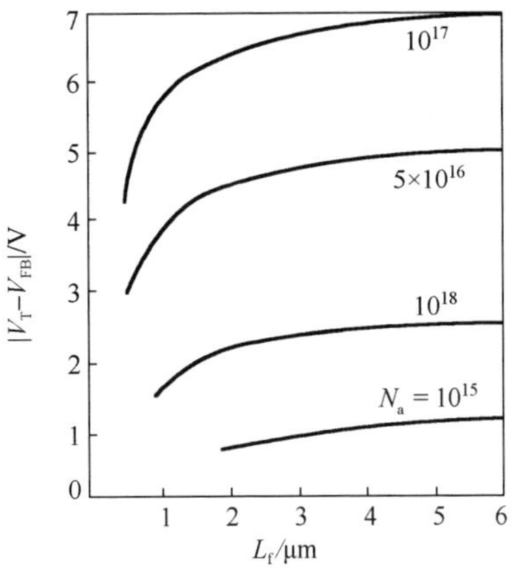

图 3.90　不同掺杂情况下的短沟道阈值电压图

4．速度饱和效应

上文中一直假设迁移率是常数。在理想情况下，如果电场强度增大，漂移速度增大，那么载流子速度也会增大，但实际情况下，载流子速度会饱和，这种情况在短沟道大水平电场的器件中需要注意。

已知在 MOS 管的电流-电压关系中，饱和条件为反型层电荷密度在漏极变为零时电流饱和。但是速度饱和效应会改变这个饱和条件：

$$I_{\mathrm{D}}(\mathrm{sat})=WC_{\mathrm{ox}}(V_{\mathrm{GS}}-V_{\mathrm{T}})v_{\mathrm{sat}} \tag{3.170}$$

式中，v_{sat} 为饱和速度；C_{ox} 为单位面积栅氧化层电容。速度饱和效应会使得 I_{D}(sat)和 V_{DS}(sat)比理想值小，此时的 I_{D}(sat)大约是 V_{GS} 的线性函数。迁移率为常数和速度饱和时 MOS 管的

电流-电压关系曲线如图 3.91 所示。

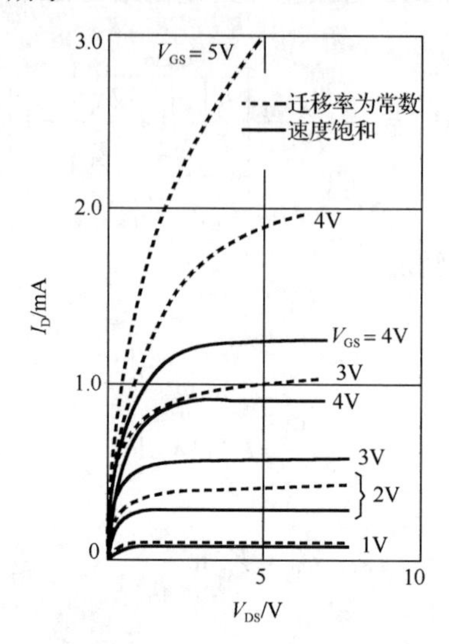

图 3.91　迁移率为常数和速度饱和时 MOS 管的电流-电压关系曲线

3.5.5　MOS 管等比例缩小规则

随着电子技术的发展，计算机要处理的信息量越来越大，人们对芯片计算速度的要求越来越高，这就迫使人们想方设法提升制程，以求使同样尺寸的芯片容纳更多晶体管，因此了解 MOS 管等比例缩小规则尤为重要。

恒定电场按比例缩小是指在器件电场不变的情况下，等比例缩小器件的尺寸和电压。

相较于原始 NMOS 管，按比例缩小的 NMOS 管的核心是缩小沟道长度（栅极长度）为 kL，以此为出发点可以分析出需要对其他部分进行的调整。通常 $k\approx 0.7$（长和宽缩小为原来的 70%左右，面积缩小为原来的 50%左右，可实现相同尺寸芯片的晶体管密度翻倍，对应摩尔定律）。

为保证水平电场不变，漏极电压调整为 kV_D；为保证栅极电压和漏极电压匹配，栅极电压调整为 kV_G；为保证垂直电场不变，栅氧化层厚度调整为 kT_{ox}；通过计算可得衬底掺杂浓度增大为原来的 $1/k$; 单位沟道长度漂移电流为常数，因此漏电流对应的沟道长度调整为 kI_D。

通过以上调整器件面积减小为原来的 k^2（器件密度扩大为原来的 $1/k^2$ 倍），功率减小为原来的 k^2，功率密度不变。MOS 管在恒定电场下参数等比例缩小情况如表 3.4 所示。

表 3.4　MOS 管在恒定电场下参数等比例缩小情况

名　称	比例、器件和电路参数	比例因子（k<1）
比例参数	器件尺寸（如沟道长度、沟道宽度、栅氧化层厚度）	k
	掺杂浓度	$1/k$
	电压	k
器件参数	电场	1
	载流子速度	1
	空间电荷区宽度	k

续表

名　　称	比例、器件和电路参数	比例因子（k<1）
器件参数	电容	k
	漂移电流	k
电路参数	器件密度	$1/k^2$
	功率密度	1
	器件功耗（$P=IV$）	k^2
	电路延时（CV/I）	k
	功率延时积	k^3

阈值电压相应地调整为

$$V_{\mathrm{T}}=V_{\mathrm{FB}}+2\varphi_{\mathrm{fP}}+\frac{\sqrt{2\varepsilon qN_{\mathrm{A}}(2\varphi_{\mathrm{fP}})}}{C_{\mathrm{ox}}} \tag{3.171}$$

上述参数按比例缩小的结果只是理想条件下的理论值。在实际中，MOS 管尺寸缩小，电场强度会增大，从而导致功率密度增大，器件温度升高，产生不良影响。

3.5.6　CMOS 工艺的简述

CMOS 工艺的全称是互补金属氧化物半导体（Complementary Metal Oxide Semiconductor）工艺，是集成电路制备中常用的工艺。CMOS 工艺是将 NMOS 管和 PMOS 管制备在同一硅衬底上，主要分为单阱工艺和双阱工艺。单阱工艺又分为 P 阱工艺和 N 阱工艺，P 阱工艺是将 NMOS 管制备在 P 阱中，将 PMOS 管制备在 N 型衬底上；N 阱工艺是将 PMOS 管制备在 N 阱中，将 NMOS 管制备在 P 型衬底上。双阱工艺是将 NMOS 管和 PMOS 管分别制备在 P 阱和 N 阱中，可以独立调节两种类型 MOS 管的参数。图 3.92 所示为 N 阱工艺、P 阱工艺、双阱工艺的结构示意图。

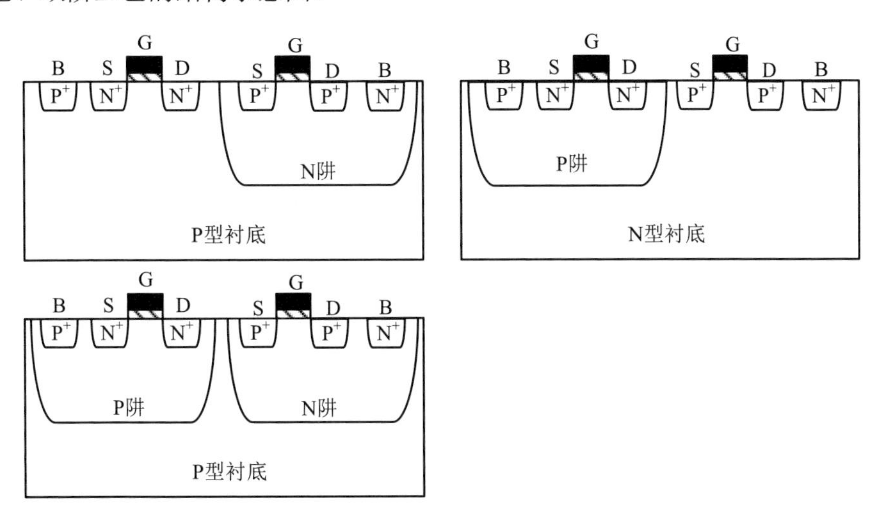

图 3.92　N 阱工艺、P 阱工艺、双阱工艺的结构示意图

CMOS 工艺具有以下优点：①静态功耗极低，特别适用于低功耗集成电路的制备；

②特征尺寸按比例缩小，可以选择较小的电源电压；③早期的 CMOS 工艺采用简单 PN 结隔离，集成度低、寄生电容大、运算速度慢、容易引起闩锁效应。20 世纪 90 年代，很多先进的工艺技术［如浅槽隔离（STI）、Salicide］出现，使得 CMOS 工艺集成电路的工作速度不断提高，它的性能已经可以与双极型工艺集成电路抗衡。

下文详细介绍双阱 CMOS 工艺流程，如图 3.93 所示。具体内容如下。

（1）衬底选择。选择中掺杂 P 型衬底，外延层为轻掺杂 P 型杂质。

（2）淀积 SiO_2/Si_3N_4 作为硬掩膜层，如图 3.93（a）所示。

（3）STI 隔离层淀积。首先通过光刻定义 STI 隔离区，其次刻蚀 SiO_2/Si_3N_4 硬掩膜层，再次刻蚀硅形成 STI 隔离区，并去除光刻胶，最后淀积 SiO_2，这样在 STI 隔离区将填充 SiO_2，如图 3.93（b）所示。

（4）化学-机械抛光（Chemical Mechanical Polishing，CMP）。应用 CMP 方法从器件表面开始去除 SiO_2，直到 Si_3N_4 层，并且热磷酸会腐蚀掉 Si_3N_4，如图 3.93（c）所示。

（5）N 阱和 P 阱注入。首先通过光刻形成 N 阱注入区域，然后在 N 阱区域通过离子注入工艺注入磷杂质，通过注入次数、时间、剂量等控制注入深度，用同样的方法注入硼杂质可以形成 P 阱注入区域。完成离子注入工序后进行高温退火，以修复离子注入工序造成的晶格损伤，如图 3.93（d）所示。

（6）多晶硅栅极制备。首先淀积一层 SiO_2 牺牲层，以捕获硅表面缺陷，然后去掉 SiO_2 牺牲层，最后淀积 SiO_2 栅氧化层，厚度为 2～10nm，精度控制在±1Å。在 SiO_2 栅氧化层表面淀积多晶硅，并通过光刻、刻蚀形成多晶硅栅极，如图 3.93（e）所示，最后对多晶硅栅极氧化，栅氧化层为 Si_3N_4 隔离层刻蚀的停止层，如图 3.93（f）所示。

（7）NMOS 源漏轻掺杂（NLDD）区制备。首先通过光刻、刻蚀形成 NLDD 区域，然后注入低能量、浅深度、低掺杂的磷杂质，NLDD 有助于削弱热载流子效应，如图 3.93（g）所示。

（8）PMOS 源漏轻掺杂（PLDD）区制备。用同样的方法注入硼杂质形成 PLDD 区域，如图 3.93（h）所示。

（9）Si_3N_4 隔离层制备。首先淀积 Si_3N_4 层，然后将水平表面的 Si_3N_4 刻蚀掉，留下侧墙部分的 Si_3N_4 层，侧墙隔离可以精确定位源漏离子注入的区域，如图 3.93（i）所示。

（10）NMOS 源漏（NSD）区制备。首先通过光刻、刻蚀形成 NSD 区域，然后注入高能量、重掺杂的磷杂质，侧墙隔离阻挡栅区底下沟道区磷杂质的注入，如图 3.93（j）所示。

（11）PMOS 源漏（PSD）区制备。用同样的方法在 PSD 区域注入硼杂质，如图 3.93（k）所示，并进行高温退火，以修复离子注入工序对晶格造成的损伤。

（12）Ti 与硅形成低阻层。首先用 HF 去除器件表面的氧化物，然后通过磁控溅射工艺在器件表面淀积一层 Ti，Ti 与硅的接触区域形成 $TiSi_2$，其他区域的 Ti 没有变化，如图 3.93（l）所示，最后用碱性溶液刻蚀掉未反应的 Ti，$TiSi_2$ 被保留下来，这样做有助于源漏区形成良好的欧姆接触，如图 3.93（m）所示。

（13）层间隔离介质淀积（ILD）。首先器件表面淀积硼磷硅玻璃（BPSG），并用化学机械对其进行抛光，然后通过光刻、刻蚀形成接触孔区域，最后淀积金属 Ti/W 并通过化学机械抛光除去其表面金属，金属 Ti 的主要作用是增强黏附性，如图 3.93（n）所示。

（14）Metal1 淀积。首先在器件表面淀积一层 Metal1，然后通过光刻、刻蚀形成 Metal1 刻蚀区域，最后刻蚀掉 Metal1，如图 3.93（o）所示。

（15）金属层间绝缘体淀积（IMD）。首先淀积 SiO_2 并用化学机械抛光，然后通过光刻、刻蚀形成通孔区域，如图 3.93（p）所示。

（16）通孔中淀积 Ti/W。淀积金属 Ti/W，并用化学机械抛光工艺去除其表面金属，在通孔中留下金属 Ti/W，如图 3.93（q）所示。

（17）Metal2 淀积。首先在器件表面淀积一层 Metal2，然后通过光刻、刻蚀形成 Metal2 刻蚀区域，最后刻蚀掉 Metal2，如图 3.93（r）所示。

（18）钝化保护层形成。在器件表面淀积氧化物，并对其光刻、刻蚀形成钝化保护层，如图 3.93（s）所示。

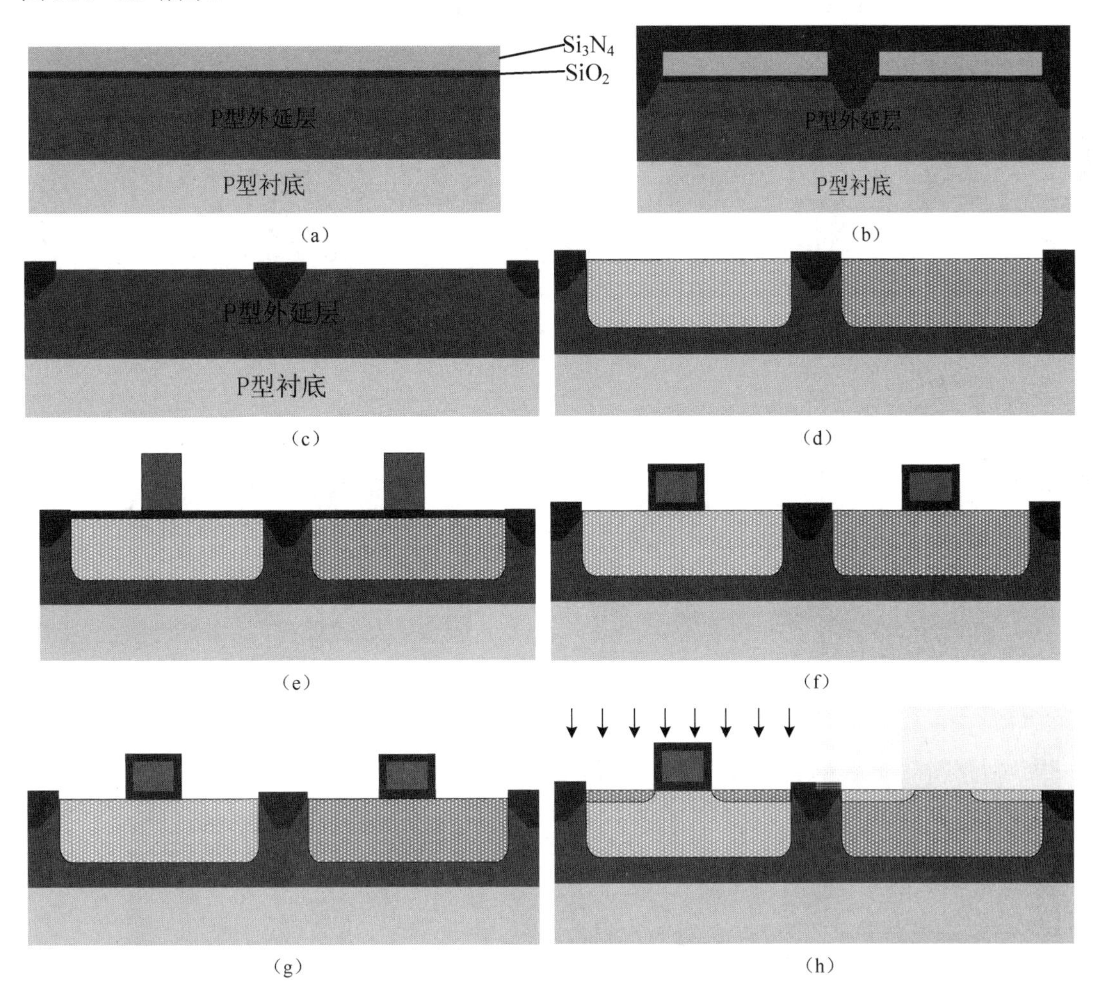

图 3.93 双阱 CMOS 工艺流程

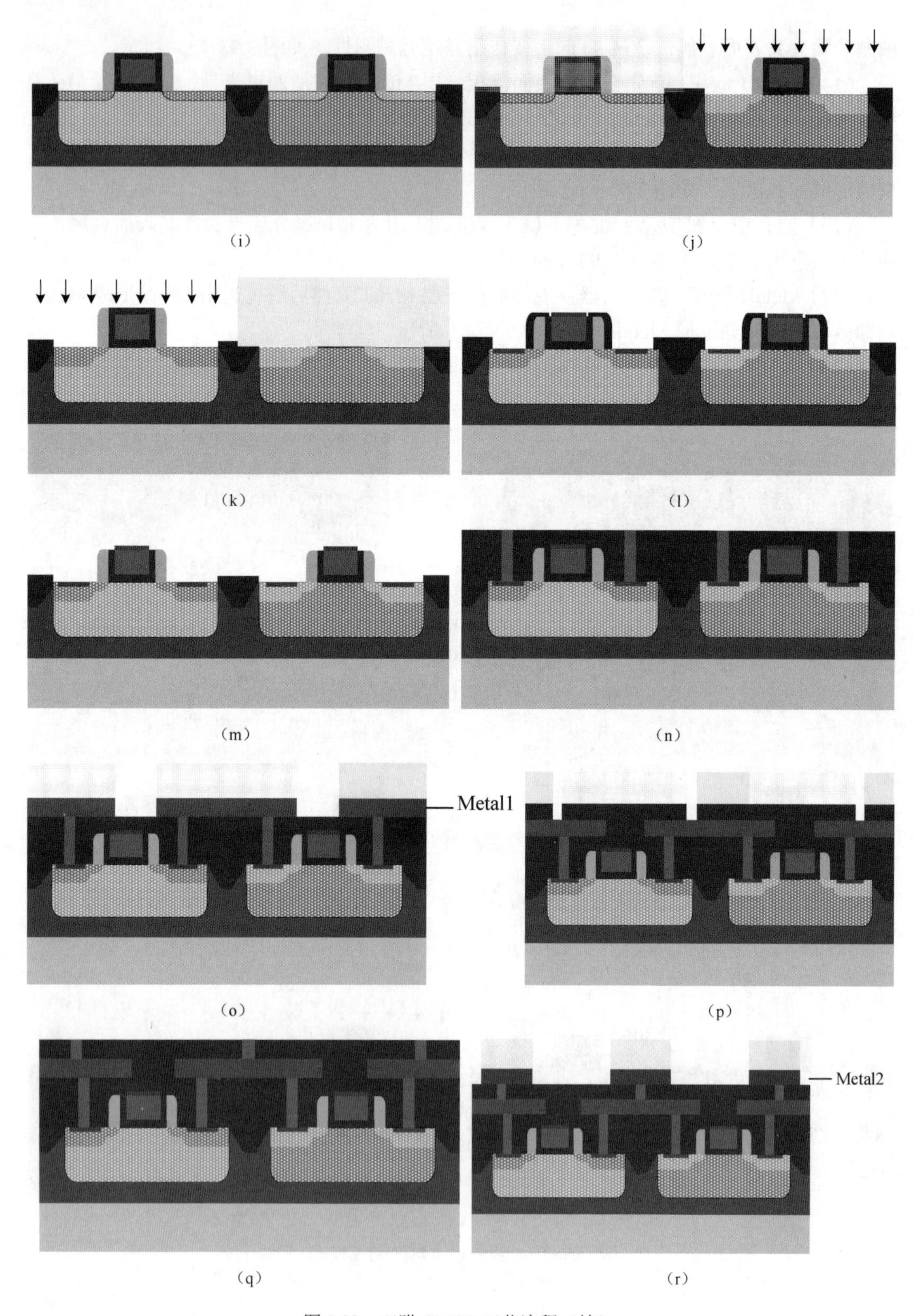

(i) (j) (k) (l) (m) (n) (o) (p) (q) (r)

图 3.93 双阱 CMOS 工艺流程（续）

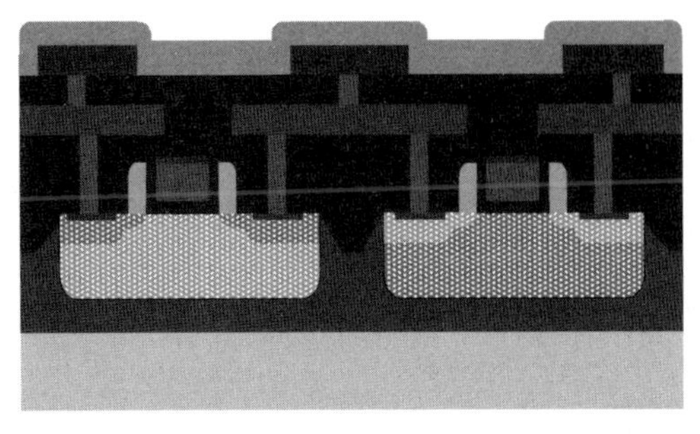

（s）

图 3.93　双阱 CMOS 工艺流程（续）

第4章 半导体工艺

4.1 硅平面工艺类型

常见的硅平面工艺主要有双极型集成电路工艺和 CMOS 工艺。

双极晶体管是最早发明的半导体器件，它在模拟、功率电路中占有很重要的地位。双极晶体管可以抽象为两个靠得很近的由 PN 结组成的器件，可以分为 NPN 晶体管和 PNP 晶体管。双极晶体管的应用十分广泛，但由于其功耗大、尺寸不能满足小型化要求，因此其无论是在产量上还是应用上都面临着较大的挑战。但在高速、模拟、功率电路领域，双极型器件仍具有相当大的优势。图 4.1 所示为一个标准的双极晶体管剖面图。

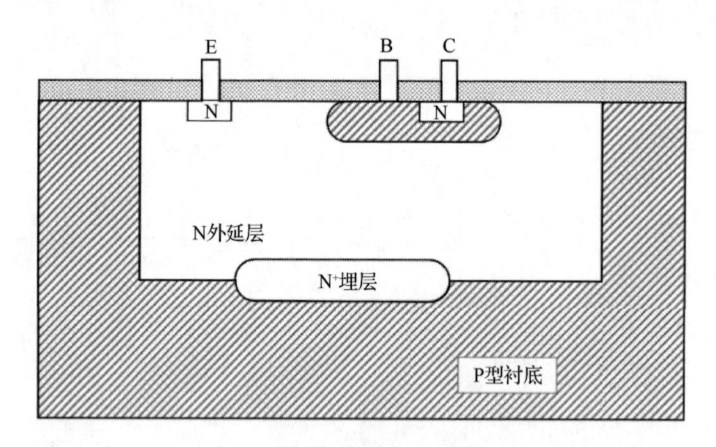

图 4.1　一个标准的双极晶体管剖面图

双极型集成电路工艺流程如图 4.2 所示。

1. 衬底制备

对于 PN 结隔离型双极晶体管来说，通常选择轻掺杂的 P 型衬底，如图 4.2（a）所示。

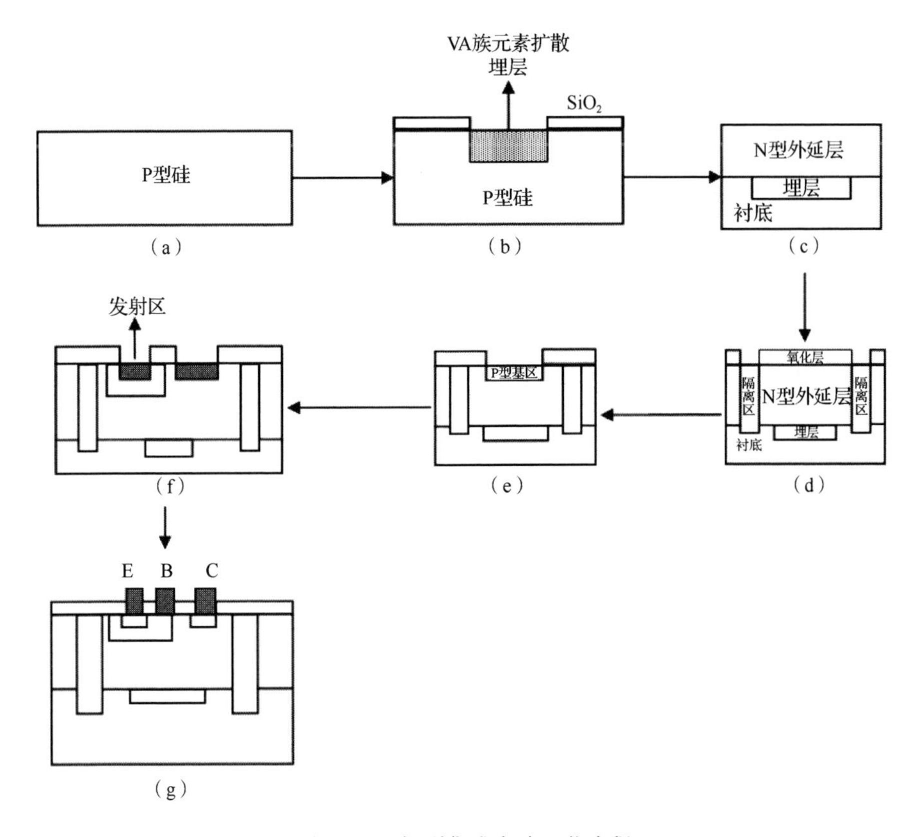

图 4.2　双极型集成电路工艺流程

2. 生长埋层

为了降低集电极串联电阻、减小寄生管的影响，需要在外延层与衬底之间制备埋层。埋层的制备分为三步：首先，用热氧化法使衬底生长一层氧化膜；其次，进行第一次光刻、刻蚀，制备出埋层生长区；最后，用扩散或离子注入法向埋层生长区掺入施主杂质（VA 族元素，通常为磷、砷、锑等），如图 4.2（b）所示。

3. 外延生长

生长埋层工序结束后，需要在衬底上外延生长一层 N 型硅作为集电区。外延生长分为三步：剥去氧化层—抛光衬底表面—外延层淀积。外延生长时，主要考虑外延层的厚度及电阻率。为了增大击穿电压、降低结电容，需要使用具有较高电阻率的外延层，但为了降低集电极串联电阻，人们又希望外延层的电阻率尽量低一些。外延层的厚度要能够容纳两个结深、三个区及承受后续工序对外延层的消损。对于 TTL 电路，外延层的厚度通常为 3～7μm；对于模拟电路，因其工作电压较大，所以外延层比较厚，电阻率也较高（0.5～5Ω · cm），所以外延层厚度为 7～17μm，如图 4.2（c）所示。

4. 生长隔离区

隔离的目的是在外延层上产生很多在电性上各自孤立的隔离岛，以实现元器件间的绝缘。制备生长隔离区的方法有 PN 结隔离、全介质隔离和 PN 结-介质混合隔离等多种。这几种方法的工艺不同。由于 PN 结隔离的工艺比较简单，因此它是制备生长隔离区最常用的方法，如图 4.2（d）所示。

5. 基区生长

由于基区的掺杂和分布会直接影响器件的电流增益、截止频率等特性，因此掺杂的剂量及温度等需要严格控制。基区的生长也要经过氧化、光刻和扩散 3 个步骤，如图 4.2（e）所示。

6. 发射区及集电极欧姆接触区生长

只有半导体的掺杂浓度达到一定程度时其才能和金属之间形成良好的欧姆接触，而集电区掺杂浓度较低，所以必须生长集电极欧姆接触区，如图 4.2（f）所示。

7. 形成金属互连

双极晶体管的各个区制备完成后，就要开始制备金属电极引线了，以实现电路内部的元器件互连及使双极晶体管与外部电极连接。金属互连需要经过引线氧化、引线孔光刻、金属淀积、引线反刻等工序，如图 4.2（g）所示。

经过以上工艺，一个标准埋层双极晶体管的前道工序就完成了，接下来只要通过测试、键合、封装等工序就可得到成品。

4.2 氧化工艺

4.2.1 二氧化硅薄膜的概述

二氧化硅薄膜是微电子工艺中采用最多的介质薄膜，它具有硅的良好亲和性，稳定的物理化学性质，良好的可加工性及对杂质的掩蔽能力。制备二氧化硅薄膜的常用方法有热氧化、化学气相淀积、物理法淀积、阳极氧化等。其中，热氧化是制备二氧化硅薄膜最常用的方法，需要消耗硅衬底，是一种本征氧化方法。

1. 二氧化硅的结构

二氧化硅是一种在地球上广泛存在的化合物。地壳中 90%的物质都由二氧化硅组成。同时，二氧化硅也是许多矿物质和建筑材料（如砖块、水泥和玻璃）的重要组成部分。近几十年从真空电子技术到固体电子技术的转变主要取决于硅平面技术的进步。这种进步主要是因为一种独特的硅-热二氧化硅技术的应用。超过 90%的半导体器件是在硅结构上制备出来的。热二氧化硅是硅器件中的关键绝缘体。过去众多学者通过努力使得二氧化硅在微电子学（硅器件）、光电子学（玻璃纤维、激光器）和声电子学（石英）中都得到了广泛的应用。

迄今为止，已经被发现的二氧化硅的同素异形体主要有九种。其中，八种同素异形体都具有四面体网状结构。二氧化硅结构示意图如图 4.3 所示。在二氧化硅的四面体结构中，硅原子发生 sp^3 杂化与四个氧原子成键，两个硅原子通过氧原子连接在一起。其中，氧原子又分为桥连氧原子和非桥连氧原子。桥连氧原子是指与两个四面体连接的氧原子，非桥连氧原子是指只与一个四面体连接的氧原子。

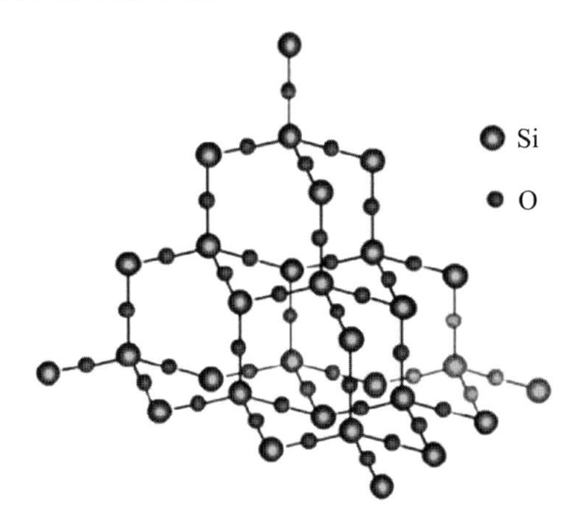

图 4.3　二氧化硅结构示意图

2. 二氧化硅的性质

二氧化硅是酸性氧化物、硅酸的酸酐，其化学性质很稳定，不溶于水也不与水反应，不与一般的酸起作用，能与氟化氢气体或氢氟酸反应生成四氟化硅气体。同时，二氧化硅有酸性氧化物的其他通性，即在高温下能与碱（强碱溶液或熔化的碱）反应生成盐和水。在常温下二氧化硅与强碱溶液缓慢作用生成相应的硅酸盐，同时在高温下二氧化硅与碱性氧化物或某些金属的碳酸盐共熔，生成硅酸盐。

在半导体器件中，由于二氧化硅具有很高的电阻率，是良好的绝缘体，因此在硅器件中其经常作为金属电极引线与电的绝缘层，也可作为大规模集成电路中多层布线间的绝缘层及集成电路中各元器件之间的电隔离层。同时，由于二氧化硅能将硅片表面及器件内部隔离开来，因此它也起到了保护器件的作用。

4.2.2　硅的热氧化

硅的热氧化是指将硅片放在高温炉内，以干氧、湿氧或水汽为氧化剂，使氧与硅反应，以形成一层氧化层（二氧化硅层）。图 4.4 和图 4.5 分别为干氧和水汽氧化装置的示意图。

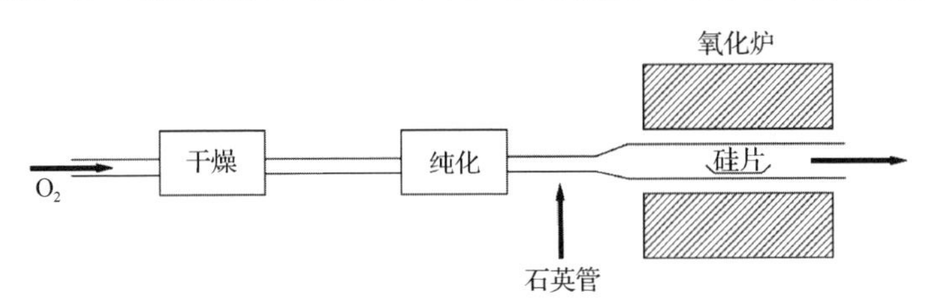

图 4.4　干氧氧化装置的示意图

当经过严格清洗的硅片表面处于高温氧化（以干氧、湿氧或水汽为氧化剂）环境中时，由于硅原子对氧原子具有很高的亲和力，因此硅片表面的硅与氧迅速反应形成氧化层。硅的常压干氧氧化和水汽氧化的化学反应式分别如式（4.1）和式（4.2）所示。

$$Si + O_2 \longrightarrow SiO_2 \tag{4.1}$$

$$Si + 2H_2O \longrightarrow SiO_2 + 2H_2\uparrow \tag{4.2}$$

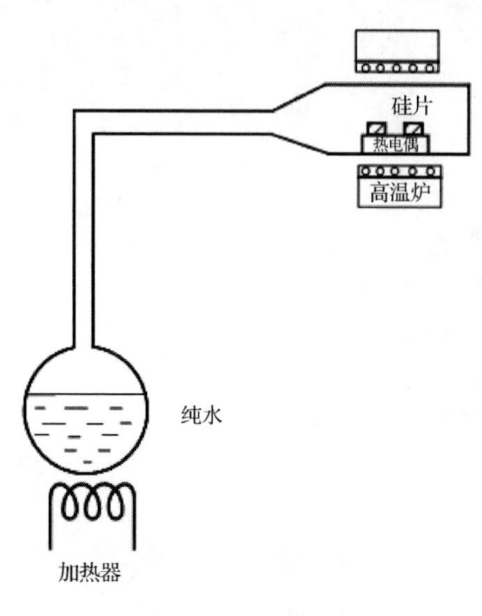

图 4.5　水汽氧化装置的示意图

硅片表面形成氧化层后，它阻挡了氧原子或氢氧根直接与硅片内部接触，此时氧原子和水分子必须穿过氧化层到达硅和二氧化硅的交界处才能与硅继续反应形成二氧化硅。显然，随着氧化层厚度的增大，氧原子和水分子穿过氧化层进一步反应就越困难，所以氧化层的增厚率将越来越小。迪尔-格罗夫模型（Deal-Grove model）描述了硅氧化的动力学过程。由实验可得，该模型适用的实验环境参数：氧化温度为700～1300℃，压强为0.2至1个标准大气压（或者更高），生长厚度为300Å至20000Å的干氧和湿氧氧化。

通过多种实验已经证明，在硅片的热氧化过程中，氧化剂穿透氧化层向硅和二氧化硅的交界处运动并与硅进行反应，而不是硅向外运动到氧化层的外表面与氧化剂进行反应。迪尔-格罗夫模型如图4.6所示。

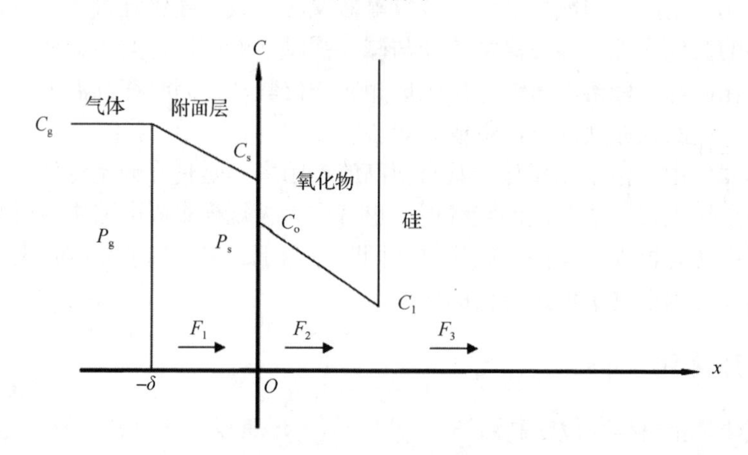

图 4.6　迪尔-格罗夫模型

4.3　掺杂工艺

掺杂是指将一定数量和一定种类的杂质掺入硅中，并获得精确的杂质分布形状。掺杂工艺在制备MOS管的栅极、源极、漏极，双极晶体管的基极、发射极、源极方面有广泛应用。掺杂可以改变半导体的电学性质，实现电路和器件的纵向结构的形成。常见的掺杂工艺有扩散工艺、离子注入工艺。

4.3.1　扩散工艺

扩散工艺是微电子工艺中最基本的平面工艺，它是指在大约1000℃的高温、P型或N

型杂质中，杂质向衬底硅片的确定区域内扩散，并达到一定浓度，实现半导体定域、定量掺杂的一种工艺，也叫热扩散。扩散是一种自然现象，是由物质自身的热运动引起的。微电子工艺中的扩散工艺是指杂质在晶体内的扩散，因此它是一种固相扩散。

晶体内的扩散主要是通过一系列随机跳跃实现的，这种跳跃是在整个三维方向上进行的。该扩散主要可以分为填隙式扩散、替位式扩散和填隙-替位式扩散。填隙式扩散是指杂质进入晶格后不占据格点位置，而是从间隙到间隙跳跃前进。替位式扩散是指杂质沿晶格空位跳跃前进，占据格点位置，不改变晶体结构。填隙-替位式扩散则是包含前两种扩散方式的扩散。

1．扩散原理

扩散是微观粒子做无规则热运动的统计结果，粒子总是从浓度高的地方向浓度低的地方运动，而使得粒子的分布逐渐趋于均匀。扩散的原始驱动力是体系能量最小化。扩散运动的规律可以用菲克定律来表示。

菲克第一定律又称为扩散方程，说明了扩散运动形成的杂质流 F_D 与浓度梯度成正比。菲克第一定律满足

$$F_{\mathrm{D}}=-D\frac{\partial C}{\partial x} \tag{4.3}$$

式中，C 为杂质浓度；D 为杂质的扩散系数。式（4.3）中的负号表示扩散是粒子从浓度高的地方向浓度低的地方运动的。

菲克第二定律说明了扩散运动时浓度、时间和空间的关系。菲克第二定律为

$$\frac{\partial C(x,t)}{\partial t}=D\frac{\partial^2 C(x,t)}{\partial x^2} \tag{4.4}$$

式中，$C(x,t)$为某处 t 时刻的杂质浓度。

扩散状态主要有稳态、恒定表面源扩散和有限源扩散三种。稳态是指杂质浓度不随时间的变化而变化，这种状态下的菲克第一定律表达式为

$$\frac{\partial C}{\partial t}=0 \tag{4.5}$$

恒定表面源扩散是指杂质由气态源传送到硅晶片，并扩散进入硅晶片，在扩散期间，气态源维持半导体表面杂质浓度恒为 C_s，在实际工艺中，这种扩散称为预淀积扩散，即气态源中有无限量的杂质存在，可以保证扩散表面的杂质浓度恒定。这种状态下的菲克第一定律表达式为

$$C(x,t)=C_{\mathrm{s}}\operatorname{erfc}\left(\frac{x}{2\sqrt{Dt}}\right) \tag{4.6}$$

式中，C_s 为表面杂质浓度，取决于某种杂质在硅中的最大固溶度；erfc()为余误差函数。

有限源扩散是指一定量的杂质淀积在半导体表面，并扩散进入硅晶片内。杂质总量恒为 Q_T。在整个扩散过程中，预淀积扩散的杂质扩散源不再有新源补充。有限源扩散的菲克第一定律表达式为

$$C(x,t)=\frac{Q_{\mathrm{T}}}{\sqrt{\pi Dt}}\exp\left(-\frac{x^2}{4Dt}\right) \tag{4.7}$$

2. 扩散掺杂工艺

扩散掺杂工艺主要包括气态源扩散、液态源扩散、固态源扩散和旋涂源扩散。

气态源扩散主要是利用载气（如 N_2）稀释杂质气体，杂质气体在高温下与硅片表面的硅发生反应，释放出杂质原子并向硅片内部扩散。

液态源扩散是指使载气（如 N_2）通过液态杂质源，并携带杂质气体进入高温扩散反应管，杂质气体在高温下分解，并与硅片表面的硅发生反应，释放出杂质原子并向硅片内部扩散，如图 4.7 所示。

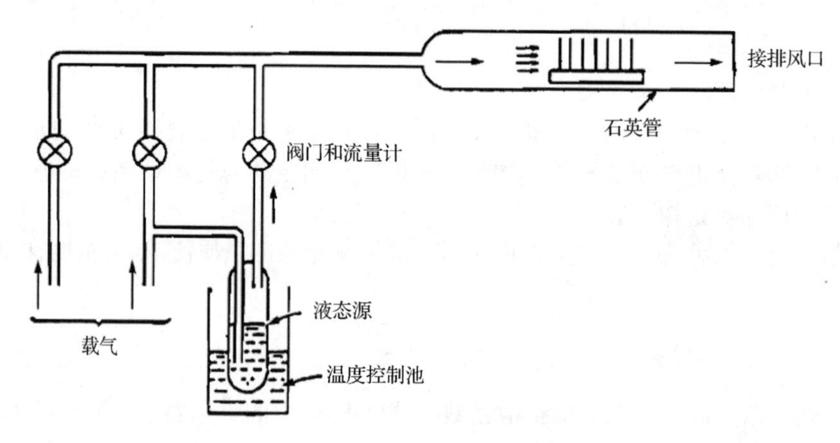

图 4.7　液态源扩散

固态源扩散是指将惰性气体作为载气把杂质气体输运到硅片表面，在温度扩散下，杂质化合物与硅反应生成杂质原子并向硅片内部扩散，如图 4.8 所示。

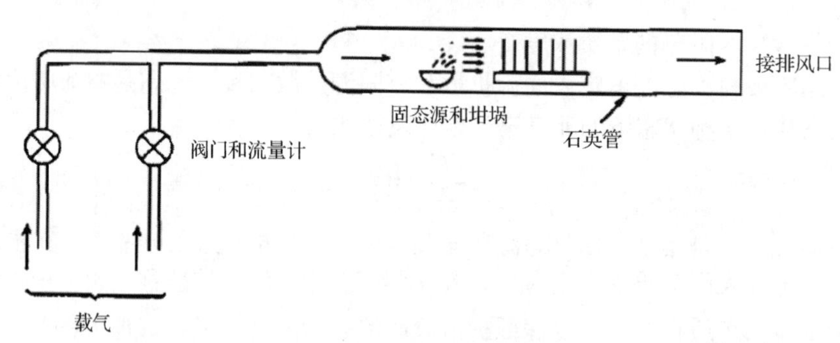

图 4.8　固态源扩散

旋涂源扩散是指用旋涂法使硅片表面形成掺杂氧化层，在高温下杂质原子向硅片内部扩散。

4.3.2　离子注入工艺

离子注入工艺是指利用离子注入机将被注入元素的原子电离成带正电荷的离子，使其经高压电场加速后高速轰击器件表面，使之注入器件表面一定深度的真空处理工艺。20 世纪 70 年代，半导体离子注入技术获得突破，离子注入、离子刻蚀和电子束曝光技术的结合形成了集成电路微细加工新技术，促成了电子、计算机和光通信工业的新发展。腔流氮离子注入机，特别是金属蒸气真空弧离子源（MEVVA）的问世，意味着非半导体离子注入技术在 20 世纪 80 年代末期得到迅速发展。目前，离子注入新工艺，如离子束辅助沉积（IBAD）、离子束增强沉积（IBED）、等离子鞘离子注入（PSII）及 PSII 离子束混合等为离子注入技术开拓了更广阔的前景。

离子注入机是离子注入的主要工具。离子注入机主要由离子源、等离子体、吸出组件、分析磁体、粒子束、加速管、扫描盘、工艺腔组成，如图 4.9 所示。其中，离子源是离子注入机的主要部件之一，它决定着离子注入机能注入的元素的种类，也决定着离子注入机的用途。离子注入机使用最多的离子源有双等离子体离子源、潘宁离子源、尼尔逊离子源，它们适用于半导体离子注入；金属蒸气真空弧离子源和考夫曼离子源，适用于材料改性；弗利曼型离子源束斑较大，既可用于半导体离子注入，又可用于材料改性。

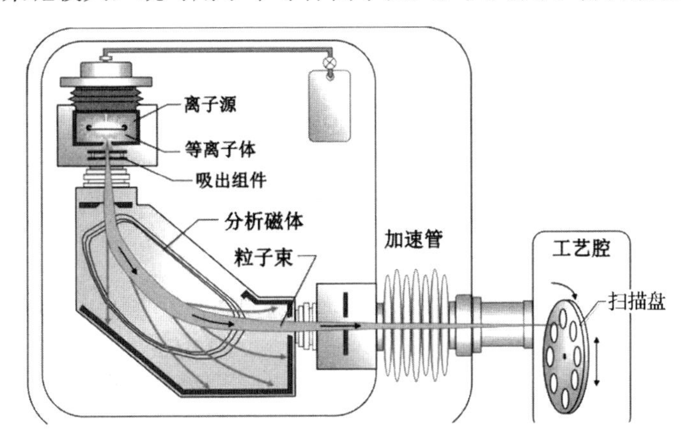

图 4.9　离子注入机

离子注入是一个比较复杂的过程，首先，需要选用适当气体作为产生离子的工作物质，用精密可调针阀控制进入离子源的气流量；其次，给离子源提供工作电源，在电场激发下，处于真空状态的离子源放电室的气体被电离为等离子体，等离子体中的正离子被离子源放电室出口处的带负电位的电极引出；最后，用磁铁对离子束按质量进行分离，并用合适的磁场强度选出某一质量的离子束。离子束分离完成后还需要进行离子加速、离子扫描和注入量测量等工作。

4.4　半导体薄膜制备工艺

4.4.1　薄膜沉积

为实现半导体工业中微型器件的功能，人们必须不断地将一层一层的薄膜堆积起来并通过刻蚀清除不需要的结构，也需要增加某些结构把不同的元器件隔离开。一个晶体管单元或存储单元正是经由这些流程逐步被制造出来的。这里的薄膜是指厚度不足 1μm，无法通过一般机械加工方法制备的膜。把含有所需元素的分子单位的薄层置于晶圆制造表面上称为沉积。假如薄膜通过原子层的沉积过程而产生，这个过程通常叫作薄膜沉积（蒸镀处理）。

薄膜沉积是由分子及原子之间的层次控制真空蒸镀粒子，使之产生薄层，从而获得在热平衡时无从获得的，带有特定结构和性能的薄层。为了产生多层次的半导体结构，必须先制备器件叠层，即在晶圆的表层交替堆积多层薄金属膜（导电）和介电层（绝缘），再重复采用刻蚀工序剥离剩余部分以产生三维结构。

4.4.2 薄膜沉积的方法

用于进行薄膜沉积的方法主要有化学气相沉积（Chemical Vapor Deposition，CVD）法、物理气相沉积（Physical Vapor Deposition，PVD）法和原子层沉积（Atomic Layer Deposition，ALD）法，基于其他分类方式还可分成干法沉积和湿法沉积两类。

1．化学气相沉积法

化学气相沉积是一种化工技术，它的原理是利用含有薄膜元素的一种或几种气相化合物或单质在衬底表面上进行化学反应生成薄膜。化学气相沉积法是近几十年发展起来的制备无机薄膜材料的新方法，其示意图如图 4.10 所示。化学气相沉积法已经广泛用于物质提纯、新晶体研制，以及各种单晶、多晶或玻璃态无机薄膜材料沉积中。

2．物理气相沉积法

物理气相沉积法是指在真空条件下，采用物理方法将材料（固体或液体）表面气化成气态原子、分子或部分电离成离子，并在低压气体（或等离子体）环境中，在半导体基底表面沉积具有某种特殊功能的薄膜的方法，其示意图如图 4.11 所示。物理气相沉积法不仅可以沉积金属膜、合金膜，而且可以沉积化合物、陶瓷、半导体、聚合物膜等。

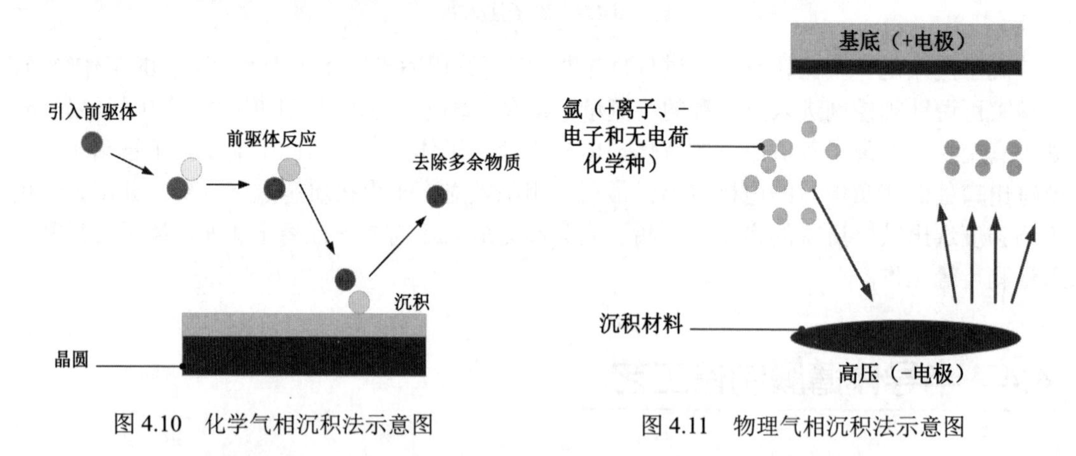

图 4.10 化学气相沉积法示意图　　图 4.11 物理气相沉积法示意图

3．原子层沉积法

原子层沉积法是指将物质以单原子膜形式一层一层地镀在基底表面的方法。原子层沉积法与普通的化学沉积法有相似之处。但在原子层沉积过程中，新一层原子膜的化学反应是直接与上一层相关联的，这种方法使每次反应只沉积一层原子膜。

4.4.3 半导体薄膜材料

半导体薄膜材料研发的核心内容，是研发新型材料与对传统材料的特性进行改善。前者主要是根据个人的意愿，构思出新的材料构造形态和设计出新的材料化学组成，并利用现代超薄层外延技术进行加工来实现；后者则是使用适当的加工方式改善材料的微观构造，使之产生常规材料不能产生的新原子组态。目前，有关半导体薄膜的物理理论和技术方面的科学研究，在真空、微电子和材料科学研究中十分活跃。

4.5　外延工艺

4.5.1　外延生长的简介

一个包含硅原子的气体以适当的方式通过衬底，反应物所释放出的原子在衬底上运动，直至它抵达合适的位置，并成为生长源的一部分，在合适的条件下其会获得单一的晶向，所获得的晶体外延层可以确切地作为单晶衬底的延续。

硅外延生长的意义是在具有一定晶向的硅单晶衬底上生长一层和衬底的晶向相同、电阻率与厚度不同的晶格结构完整的晶体。半导体分立器件和集成电路制造工艺需要外延生长技术，因为半导体中含有 N 型和 P 型杂质，所以人们通过不同类型的组合，使半导体分立器件和集成电路具有各种各样的功能，应用外延生长技术就能容易地达到以上目的。关于硅外延生长方法，目前国际上广泛采用化学气相沉积法以满足晶体的完整性和器件结构的多样化，采用此方法时的优点是装置可控简便、可批量生产、能保证纯度、能满足均匀性要求。

4.5.2　硅外延生长的基本原理

硅外延生长的基本原理是在较高温度（大于 1100℃）的衬底上输送含硅化合物（如 $SiHCl_3$、$SiCl_4$ 或 SiH_2Cl_2），并利用氢（H_2）在衬底上通过还原反应析出硅。

硅外延生长过程包括以下内容。

（1）反应剂（如 $SiCl_4$ 或 $SiHCl_3$+H_2）气体混合物转移到衬底表面。

（2）反应剂分子吸附在衬底表面（反应剂分子穿过附面层向衬底表面迁移）。

（3）在衬底表面上进行反应或一系列反应。

（4）释放出副产物分子。

（5）副产物分子由主气流扩散转移（排外）。

（6）原子加接到生长阶梯上。

因为氯硅烷还原法是一种吸热反应，所以这种反应必须在高温下才能进行。但这种反应也是可逆的，而且可逆的程度随着氯硅烷中氯原子浓度的增大而增大。另外，氯原子的浓度决定了硅外延生长的范围。硅外延生长的范围随着氯原子浓度的增大而增大。

硅片表面是硅单晶体的一个断面，该断面有一层或多层原子的键被打开形成不饱和键并处于不稳定状态，其极易吸附周围环境中的杂质粒子，此现象称为吸附。吸附在硅片表面的杂质粒子在其平衡位置附近不停地做热运动，有的杂质粒子因为获得了较大的动能从而脱离硅片表面，重新回到原来的环境中，此现象称为解吸，同时硅片周围环境中的另一些杂质粒子又被重新吸附，因此硅片表面吸附的杂质粒子处于动态平衡状态。

4.5.3　外延生长中的自掺杂

一般在外延净化的条件下，人为引入的自掺杂很少，固相自掺杂在生长速率为 1μm/ min、重掺杂衬底外延温度为1200℃、外延时间为5min时，固相扩散仅为0.08μm；重掺砷，在衬底外延温度为1050℃、外延时间为5min时，固相扩散为0.04μm，占外延层的0.8%。

在通常的硅外延工艺过程中，为了保证外延层晶格的完整，通常使它在层流状态质量转移控制范围内生长。在这种情况下，一般滞留层厚度为几微米。在外延生长前需要预热，并且要进行气相抛光。大量的衬底杂质存在于相对静止的滞留层中，在外延生长时，重新进入外延层，这是造成自掺杂的主要原因。

4.5.4 外延工艺的设备

硅外延生长使用的设备称为外延生长反应炉。硅外延生长一般由气体控制系统、真空控制系统、炉体、电源四部分组成。硅外延生长的方框图如图4.12所示。

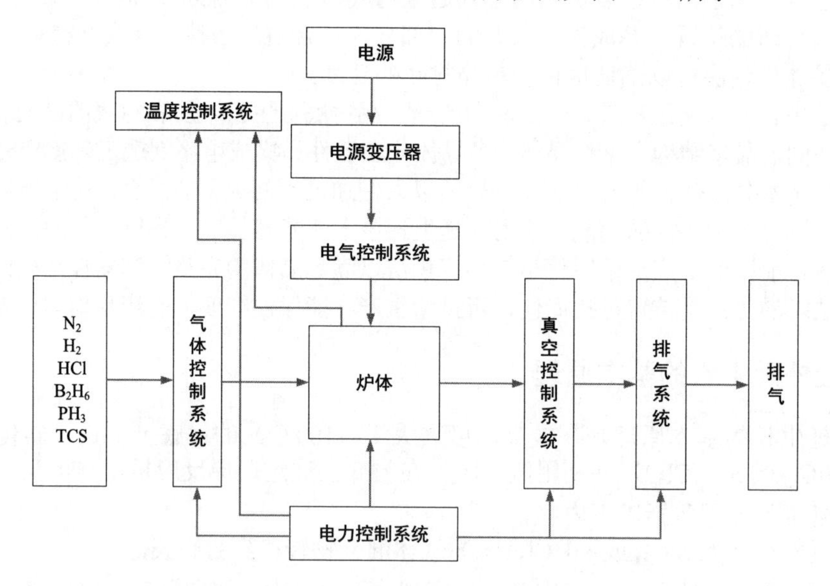

图4.12 硅外延生长的方框图

（1）气体控制系统包括高精度的质量流量计，传动器气动阀控制，无泄露、耐腐蚀的EP管，氢检漏、报警系统。

（2）真空控制系统的优点是微机程序控制、联锁方法、安全可靠。

碳化硅外延设备如图4.13所示。

图4.13 碳化硅外延设备

（3）炉体是在高纯石英钟罩中悬挂着的一个经过特殊处理的多边锥状桶式高纯石墨基座。基座上放置硅片，利用红外灯对其快速均匀加热。炉体为九段温控，中心轴可以旋转，具有严格双密封的耐热防爆结构。

（4）电源部分：独立电源线、三相四线、50Hz、350A。

4.6　光刻工艺与刻蚀工艺

4.6.1　光刻工艺与刻蚀工艺的简介

光刻工艺是指通过一系列加工步骤，将晶圆表面薄膜的某些部分去除。光刻机实物图如图 4.14 所示。光刻的目的是根据电路设计的要求，生成尺寸精确的特定图案，并使晶圆表面位置及其与其他部件的关联都正确。

图 4.14　光刻机实物图

光刻工艺是微电子集成电路制造工艺中最重要的工艺。在整个微电子集成电路制造工艺中，几乎每个工艺都离不开光刻工艺。光刻工艺也是微电子集成电路制造工艺中最关键的工艺，该工艺需要的成本占集成电路制造成本的 35%以上。在如今的科技与社会发展中，光刻工艺的发展直接关系到大型计算机的运作等。

刻蚀工艺是半导体制造工艺、微电子集成电路制造工艺及微纳制造工艺中一种十分重要的工艺，它是与光刻相联系的形成图案的一种主要工艺。刻蚀实际上就是光刻腐蚀，先通过光刻工艺对涂有光刻胶的芯片进行曝光，然后通过其他化学方式腐蚀掉不需要的部分。

4.6.2　光刻工艺的原理

光刻就是把芯片制作所需要的电路与功能区做出来。光刻机发出的光通过具有图形的掩膜版对涂有光刻胶的芯片进行曝光，光刻胶见光后性质会发生改变，从而使掩膜版上的图形复印到芯片上，使芯片具有电路功能。光刻工艺示意图如图 4.15 所示。

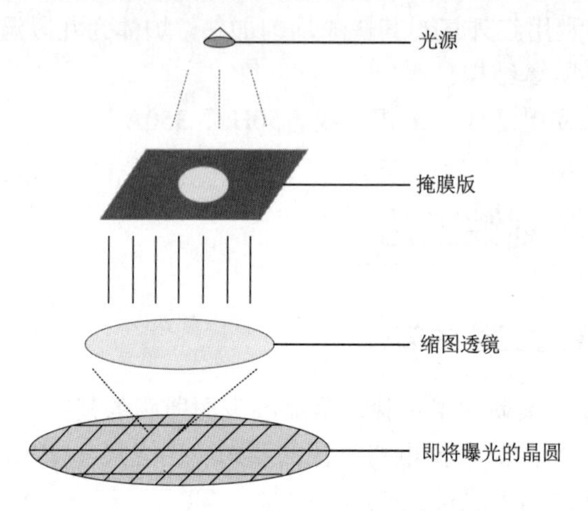

图 4.15 光刻工艺示意图

在广义上，光刻工艺包括光复印工艺和刻蚀工艺。

（1）光复印工艺是指经曝光系统将预制在掩膜版上的图形按所要求的位置，精确预涂在晶片表面或介质层上的光致抗蚀剂薄层上。

（2）刻蚀工艺是指利用化学或物理方法将光致抗蚀剂薄层未掩蔽的晶片表面或介质层除去，从而在晶片表面或介质层上获得与光致抗蚀剂薄层图形完全一致的图形。由于集成电路各功能层是立体重叠的，因而光刻工艺总是可以重复进行。

4.6.3 光刻工艺的发展

光刻的原理类似于印刷技术中的照相制版，即在一个平面上加工形成微图形。光刻工艺按光源不同主要分为光学光刻和粒子束光刻（常见的粒子束光刻有 X 射线光刻、电子束光刻和离子束光刻等）。其中，光学光刻是目前最主要的光刻工艺，在今后几年内其主流地位仍然不可动摇。

光刻工艺的发展使得集成电路的特征尺寸不断减小、集成度和性能不断提高。根据摩尔定律，光学光刻经历了接触/接近、等倍投影、缩小步进投影、步进扫描投影等方式的变革。曝光光源的波长由 436nm（G 线）、365nm（Ⅰ线）发展到 248nm（KrF），再到 193nm（ArF）。技术节点从 1978 年的 1.5μm、1μm、0.5μm、90nm、45nm 到目前的 22nm。集成电路始终随着光学光刻的不断变革而发展。

光刻机是光刻工艺中最重要的设备，其构成主要包括光源、照明系统、投影物镜系统、机械及控制系统（包括工件台、掩膜台、硅片传输系统等）。其中，光源是光刻机的核心部分。随着集成电路的特征尺寸的不断减小、集成度和运算速度的不断提高，人们对光刻工艺的曝光分辨率也提出了更高的要求。

4.6.4 刻蚀工艺

最简单、最常用的刻蚀工艺为湿法刻蚀和干法刻蚀。显而易见，它们的区别在于是否使用溶剂或溶液来进行刻蚀。

湿法刻蚀是一个纯粹的化学反应过程，它是指利用溶液与被刻蚀材料之间的化学反应来去除未被掩膜材料掩蔽的部分。湿法刻蚀在半导体工艺中有着广泛应用，包括磨片、抛光、清洗、腐蚀，其优点是选择性好、重复性好、生产效率高、设备简单、成本低；缺点是钻刻严重、对图形的控制性较差、不能用于小的特征尺寸、会产生大量的化学废液。

干法刻蚀种类有很多，包括光挥发、气相腐蚀、等离子体腐蚀等。按照被刻蚀材料的类型划分，干法刻蚀主要分成三种：金属刻蚀、介质刻蚀和硅刻蚀。干法刻蚀的优点是各向异性好、选择比高、可控性好、灵活性好、重复性好、细线条操作安全、易实现自动化、无化学废液、处理过程未引入污染、洁净度高；缺点是成本高、设备复杂。

4.7　集成电路的测试技术与封装技术

4.7.1　集成电路的测试技术

随着集成电路制造技术的进步，人们已经能制造出电路结构相当复杂、集成度很高、功能各异的集成电路。但是这些集成度很高、功能各异的集成电路仅通过数目有限的引脚完成和外部电路的连接，这就给评判集成电路性能的好坏带来不少困难，同时，工艺流程复杂烦琐，生产过程中不可避免地留下潜在的隐患，使集成电路的可靠性水平不能达到标准要求。因此，为了清查电路中存在的故障，测试在集成电路设计和制造过程中是必不可少的，这也是评判集成电路性能好坏的基本方法。

此外，任何集成电路不论在设计过程中经过了怎样的仿真和检查，在制造完成后都必须通过测试来验证设计和制造的正确性。

1．基本概念

（1）缺陷。

集成电路中的缺陷主要指它实现的硬件与预期期望的差距。集成电路的缺陷主要包括设计上的缺陷、材料上的缺陷、封装上的缺陷、工艺制造上的缺陷。

（2）故障。

故障和缺陷之间的差别需要人们进行细微的区分。故障和缺陷代表的是功能和硬件上的缺点。集成电路在制造、装备和使用的各个环节都有可能发生故障。例如，在存储环节，集成电路因为湿度、温度或电路老化等而发生的故障称为物理故障。物理故障会间接影响电路的逻辑功能，逻辑功能改变就会出现逻辑故障。一个物理故障会引起多个逻辑故障。

故障可以分为间歇故障、瞬时故障及永久故障。在很多情况下间歇故障是由参数变化、容限变化和老化等引起的。间歇故障和永久故障也可以分别称为软故障和硬故障。

（3）失效。

电路因为存在故障而异常工作，这种现象叫作失效。集成电路的失效可以分为间歇性失效和永久性失效。间歇性失效主要表现为电路时而正常工作、时而异常工作，或者在某种特定的条件下异常工作，而永久性失效是指电路在任何时候都表现出异常工作的状态。

（4）测试输入矢量（数字电路）。

以并行方式施加于被测电路初始输入端的逻辑 0 和 1 信号组合。

（5）测试波形（数字电路）。

测试输入矢量和集成电路对测试输入矢量的无故障输出响应合称为集成电路的测试波形。

（6）测试码（数字电路）。

测试码是指能够检测出电路中某个故障的输入激励（测试矢量），也称为故障测试码。

（7）测试集（数字电路）。

测试集是指测试码的集合或测试图形的集合。

2. 测试的基本原理

测试的基本原理是，向被测电路输入端施加若干激励信号，观察由此产生的输出响应，并将其与预期的输出结果进行比较，若不一致则表示电路有故障。测试电路的质量依赖于测试矢量的精度。测试的基本原理图如图 4.16 所示。

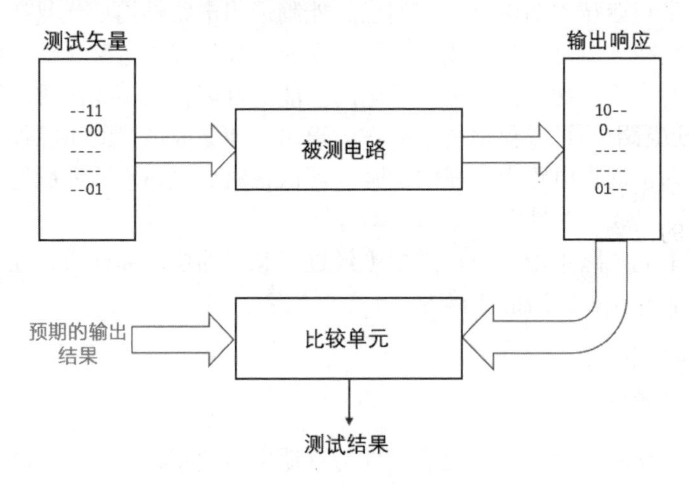

图 4.16　测试的基本原理图

3. 集成电路测试的分类

按测试目的的不同，集成电路测试可分为验证测试、生产测试、可靠性测试和接受测试。

（1）验证测试。

当一款新的芯片被设计并生产出来时，首先要接受验证测试，相关人员根据测试结果修正设计错误，这一阶段会进行功能测试及全面的 AC、DC 参数测试。验证测试主要包括扫描电子显微镜测试、缺陷灯光检查、电子束测试等。

（2）生产测试。

当芯片通过了验证测试，进入量产测试阶段时，需要对其进行生产测试。生产测试的目的是检测参数故障和随机缺陷，以确定制造的芯片是否满足规范要求。生产测试必须测试芯片上的每个器件，具有较高故障覆盖率。

（3）可靠性测试。

通过生产测试的每一个芯片并不完全相同，如同一型号芯片的使用寿命不同。可靠性测试就是要保证芯片的可靠性，通过调高供电电压、延长测试时间、提高温度等方式，将不合格的芯片（如会很快失效的芯片）淘汰。

（4）接受测试。

将芯片送到用户手中后，用户会再一次对其进行测试。例如，系统集成商在组装系统之前，会对买回的各个器件进行接受测试。

集成电路测试除上述分类方法外，还有以下分类方法（考虑到篇幅问题，在此不详细展开）。

（1）按测试方法的不同，集成电路测试可分为穷举测试矢量、功能测试矢量和结构测试矢量。

（2）按测试技术的不同，集成电路测试可分为直流测试、交流测试和功能测试。

（3）按测试内容的不同，集成电路测试可分为参数测试（DC 测试、AC 测试、I_{DDQ} 测试、三态测试）、功能测试（芯片内部数字或模拟电路的行为测试）和结构测试。

（4）按测试器件类型的不同，集成电路测试可分为数字电路测试、模拟电路测试、混合信号电路测试、存储器测试和 SoC 测试。

4．判断集成电路是否正常

需要检查集成电路中的故障时，一般需要区分两种情况：集成电路本身的故障；集成电路外围元器件的故障。只要确认是集成电路本身的故障，就能排除集成电路外围元器件的故障。但实际上，如果检查人员手中没有可以代换的集成电路，那么其很难对集成电路中的故障做出准确的判断。因此，要确认是集成电路本身还是外围元器件的故障，需要从各个方面来观察集成电路工作状态是否正常，以便正确、有效地判断故障所在。

判断集成电路是否正常的常用方法有不在线测量与在线测量。在线测量是指将集成电路焊在印制电路板（Printed-Circuit Board，PCB）上，接在电路中的测量与检查；不在线测量则相反。

（1）不在线直流电阻测量。

测量集成电路的各引脚对地的正、反向电阻，并与正常值相比较，以判断集成电路的故障部位。当然采用这种方法必须事先知道集成电路正常时各引脚的对地电阻。一般情况下是有针对性地测量被测集成电路某个引脚对地的正、反向电阻。通过在引脚的位置交换万用表的红、黑表笔就可以测量该引脚对地的正、反向电阻。此外，由于集成电路的生产批次不同，因此电阻误差也较大，误差一般为 10%左右。如果误差超出 10%，那么该集成电路的性能就有问题。

（2）在线直流电阻测量。

这种方法可以在不通电的情况下进行，测量方法与不在线直流电阻测量类似。

（3）在线直流电压测量。

这种方法是判断集成电路是否正常的常用方法。它是用万用表的直流电压挡测出各引脚对地的直流电压，将其与标注的参考电压进行比较，然后结合它将内部和外围电路进行比较，据此来判断集成电路是否正常。

采用这种方法必须事先了解集成电路正常时各引脚对地的直流电压（在强信号和弱信号两种状态下的直流电压）。在实际检查时，最好能事先了解集成电路的内部电路图，了解各引脚的电压是由外部供给还是内部送出，这样比较容易判断出故障是由集成电路本身还是其外围元器件引起的。

4.7.2 集成电路的封装技术

在第十八届中国半导体封装测试技术与市场年会上，华天科技（昆山）电子有限公司总经理肖智轶表示，封装产业遵循三个定律，即封装体积会无限趋近于芯片体积；在不改变现有的芯片光刻工艺和人类发现比“电”更好的工具之前，未来半导体性能的提升需要靠封装技术的进步来带动；封装的摩尔定律——单位体积的I/O数量（封装密度）的增长遵循一定的增长规律。

半导体封装是对制成晶圆进行切割、划片、装片、焊线、键合、封装、电镀、成型等，将芯片封装在基板引线框架上并增加防护层。封装也可以说是安装半导体集成电路芯片用的外壳，它不仅起着安放、固定、密封、保护芯片和增强导热性能的作用，还是沟通芯片内部与外围电路的桥梁——芯片上的键合点通过导线与封装外壳的引脚连接，这些引脚又通过PCB上的导线与其他器件建立连接。

1. 微电子封装的作用

微电子封装的作用通常有电源分配、信号分配、散热通道、机械支撑和环境保护。微电子封装在国际上已成为独立的封装产业，并与器件测试、器件设计和器件制造共同构成微电子产业的四大支柱。

2. 常用封装分类

微电子封装的类型多且涉及的技术领域广。按使用的包装材料的不同，微电子封装可分为金属封装、陶瓷封装和塑料封装。金属封装属于较早期的封装技术；而陶瓷封装与金属封装相比具有更好的可靠性，其主要特点是可为种类繁多的集成电路封装提供气密性与密封性保护，且从其自身的角度来看，这种封装材料具有极强的稳定性，可以对其特性进行改造和对其化学成分进行调整，使其具有更广的适用范围。目前，陶瓷封装不仅可用于封盖，也可作为承载基板。

按成型工艺的不同，微电子封装可分为预成型封装和后成型封装。

按第一级到第二级连接方式的不同，微电子封装可分为通孔封装和表面安装技术（Surface Mounting Technology，SMT），即通常所称的插孔式和表贴式。

按封装的结构形式的不同，微电子封装可分为双列直插式封装（Dual In-line Package，DIP）、表面安装封装（Surface Mounted Package，SMP）、球阵列封装（Ball Grid Array，BGA）、芯片尺寸封装（Chip Scale Package，CSP）、晶圆级尺寸封装、单层薄型封装、多层薄型封装和裸芯片封装。

这里主要介绍按封装的结构形式的不同进行分类的微电子封装。此外，衡量一个芯片封装技术先进与否的重要指标是芯片面积与封装面积的比值，这个比值越接近1越好。

（1）DIP。

DIP主要包括陶瓷DIP与塑料包封结构式DIP，其引脚数为6～64个，引脚节距为2.54mm。

这种封装方式的尺寸远比芯片大，说明封装效率很低，占去了很多有效的安装面积。Intel 公司的 Intel 8086、Intel 80286 等 CPU 都采用 DIP 封装。

（2）SMP。

SMP 包括小外型晶体管封装（SOT）、翼型（L 形）引线小外型封装（SOP）、丁型引线小外型封装（SOJ）、塑料丁型四边引线片式载体（PLCC）、塑料方形扁平式封装（PQFP），其引线数为 3～300 个，引脚节距为 1.27～0.4mm。

较于 DIP，SMP 封装类型中的 PQFP 的封装尺寸大大减小，因此其寄生参数小，适合高频应用，且可靠性高。例如，Intel 80386 采用的就是 PQFP。

（3）BGA。

BGA 的引脚为焊料球，引脚节距为 1.5～1.0mm。

BGA 比 QFP 先进，但它的芯片面积/封装面积（比值）仍很低。改进型的 BGA 称为 μBGA，按 0.5mm 焊区中心距，芯片面积/封装面积（比值）为 1∶4，比 BGA 前进了一大步。Intel 公司对集成度很高（单芯内达 300 万个以上晶体管）、功耗很大的 CPU 芯片（如 Pentium、Pentium Pro、Pentium I）采用陶瓷针栅阵列封装和陶瓷球栅阵列封装（图 4.17），并在外壳上安装微型排风扇散热，从而使电路稳定、可靠地工作。

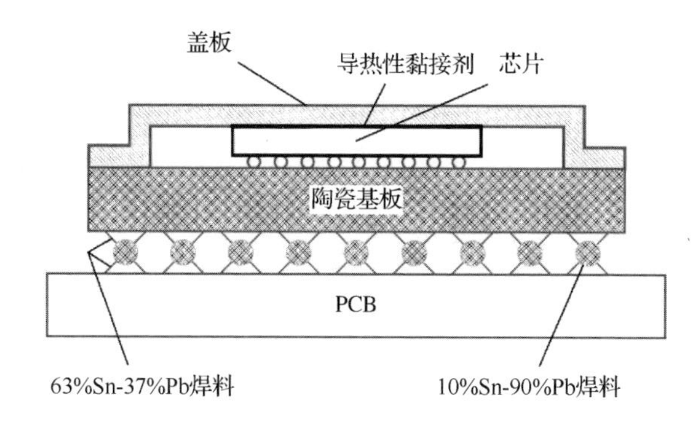

图 4.17　陶瓷球栅阵列封装

BGA 的特点如下。

① I/O 引脚数虽然增多，但是引脚节距远大于 QFP，提高了组装成品率。

② 虽然它的功耗增加，但 BGA 能用可控塌陷芯片焊接，从而可以改善它的电热性能。

③ 厚度比 QFP 减少 1/2 以上，重量减轻 3/4 以上。

④ 寄生参数减小，信号传输延迟小，使用频率大幅提高。

⑤ 组装可用共面焊接，可靠性高。

⑥ BGA 仍与 QFP 一样，占用基板面积过大。

（4）CSP。

1994 年 9 月，日本三菱电气公司研究出一种芯片面积/封装面积＝1∶1.1 的封装结构，其封装尺寸只比裸芯片大一点，从而诞生了一种新的封装形式——CSP。

CSP 具有以下特点。

① 满足了大规模集成电路引脚不断增加的需要。

② 解决了裸芯片不能进行交流参数测试和老化筛选的问题。

③ 封装面积缩小到 BGA 的 1/10～1/4，延迟时间大幅缩短。

（5）晶圆级尺寸封装。

晶圆级尺寸封装技术先对整片晶圆进行封装测试，再对其进行切割从而获得成品芯片。封装获得的芯片尺寸和裸芯片相同。晶圆级尺寸封装具有两大优势：使芯片 I/O 分布在芯片的整个表面，使得芯片尺寸达到微型化极限；直接在晶圆上对众多芯片进行封装和测试，从而减少常规工艺流程，提高封装效率。

传统晶圆级尺寸封装一般利用扇入型晶圆级尺寸封装技术，适用于 I/O 数量较少的类型。扇入型晶圆级尺寸封装技术利用重布线层和凸点等核心制程，主要用于模拟和混合信号芯片，无线互联、CMOS 图像传感器也采用扇入型晶圆级尺寸封装技术。而扇出型晶圆级尺寸封装技术是采用晶圆重构工艺，将芯片重新埋置在晶圆内，并依据和标准晶圆级尺寸封装工艺相似的技术实现封装，获得的实际封装面积可大于芯片面积，在面积扩展的同时能通过其他有源器件和无源器件构成系统级封装。扇出型晶圆级尺寸封装技术能够扇出封装面积，对焊球数量和间距不作特殊约束，应用较广泛。

（6）单层薄型封装与多层薄型封装。

单层薄型封装的厚度为 30～50μm，多用于集成电路卡；而多层薄型封装用于大生产时为 3～5 层，用于实验室时基本为 10～14 层。

（7）裸芯片封装。

裸芯片封装的芯片主体和 I/O 端子在晶体的上方，在焊接时用导电、导热性黏合剂将此裸芯片黏接在 PCB 上，凝固后在超声、热压的作用下，用键合机将金属丝（Al/Au）分别连接在芯片的 I/O 端子焊区和 PCB 相应的焊盘上，测试合格后，再封上树脂胶。

与其他类型的封装相比，裸芯片封装较为突出的优点是价格低廉、节约空间、工艺成熟；缺点是需要另配焊接机和封装机、封装速度慢、PCB 贴片对环境的要求更为严格、无法维修。

3．新型封装技术——TSV 封装

硅通孔（Through Silicon Via，TSV）封装可实现芯片之间垂直叠层互连，不需要引线键合，是实现多功能、高性能、高可靠性且更轻、更薄、更小的系统级封装最有效的技术途径之一，且 TSV 封装正在逐渐取代目前工艺比较成熟的引线键合技术，被认为是第四代封装技术。

在现有的三维封装技术中，TSV 封装是能够实现最短及最直接的垂直连接的技术。三维 TSV 封装是在 Z 轴将芯片进行多层堆叠，需要将不同材料、种类和尺寸的裸芯片在垂直方向上进行叠层键合，实现机械和电气互连。三维 TSV 封装主要用于 CMOS、存储器、移动电话 RF 模组、微电子机械系统（Micro-Electro Mechanical System，MEMS）、GPU/CPU 和功率半导体器件等。

4．集成电路工作失效率模型

集成电路工作失效率与其封装材料和封装形式有着直接的关系。《电子设备可靠性预计模型及数据手册》（GB/T 37963—2019）中就考虑了其封装材料和封装形式对单片集成电路的工作失效率的影响。

一般而言，单片集成电路工作失效率模型为

$$\lambda_p = \pi_Q \pi_L [C_1 \pi_T \pi_V + (C_2 + C_3) \pi_E]$$

式中，λ_p 为工作失效率；π_E 为环境系数；π_Q 为质量系数；π_L 为成熟系数；π_T 为温度应力系数；π_V 为电压应力系数；C_1 及 C_2 分别为电路复杂度失效率；C_3 为封装复杂度失效率。

温度应力系数 π_T 取决于电路的工艺和电路的结温 T_j，结温 T_j 的相关公式如下：

$$T_j = T_c + R_{th(j-c)} P$$

温度应力系数 π_T 中结到管壳的热阻 $R_{th(j-c)}$ 和封装复杂度失效率 C_3 都是影响集成电路工作失效率 λ_p 的两个重要参数。要提高集成电路的可靠性水平，在其他条件相同时，可以从减小热阻和降低封装复杂度两个方面进行考虑。其中，热阻是与封装材料密切相关的参数，封装复杂度是封装形式的具体体现。

显然，集成电路的封装材料和封装形式直接影响集成电路的可靠性水平。

第 5 章 集成电路设计基础

集成电路设计是芯片能够成功研制出来的基础，前文的半导体物理、半导体器件和半导体工艺是集成电路设计的基础。设计者根据芯片要求和要实现的功能，在特定的工艺平台上选择合适的半导体器件，将一定数量的半导体器件进行连接从而设计成具有特定功能的集成电路。根据电路中使用的半导体器件数量的不同，设计者可以设计小规模、中规模、大规模、超大规模、特大规模、巨大规模的集成电路。小规模集成电路中通常包含 10～100 个元器件，中规模集成电路中通常包含 100～1000 个元器件，大规模集成电路中通常包含上万个元器件，第一代超大规模集成电路 64KB 随机存取存储器大约包含 15 万个元器件，1993 年集成了 1000 万个元器件的 16MB FLASH 和 256MB DRAM 研制成功，集成电路进入了特大规模时代，1994 年集成 1 亿个元器件的 1GB DRAM 研制成功，集成电路进入巨大规模时代。由此可见，集成电路设计是一项相当复杂的工程，针对早期的小规模集成电路，设计者通过手工计算就能完成，但是针对大规模集成电路，设计者必须应用 EDA 工具才能高效完成，这样也能降低集成电路设计周期和成本，从而加快新产品的更新速度。

本章主要从集成电路设计基础方面进行集成电路的设计流程、设计方法、EDA 工具及专用集成电路的讲述。读者可通过对本章的学习对集成电路设计有一个初步认识。

5.1 集成电路的设计流程

5.1.1 集成电路的设计特点

集成电路设计是根据电路要实现的功能，正确选择电路结构、工艺平台、设计规则，保证采用的电路规模最小、芯片面积较小、设计周期最短、设计成本最低，从而设计出满足要求的集成电路。由于集成电路设计是一项相当复杂的工程，一般情况下芯片面积、设计成本、电路性能无法全部达到最优状态，因此设计者需要根据实际情况进行折中考虑，在某一方面达到最优状态的情况下对其他方面的优化进行适当舍弃。

集成电路设计是芯片制造的基础，一款芯片从设计到成功问世，集成电路设计占用了大部分时间。一般设计者在接到相应的设计任务时，首先要和工艺厂商进行沟通，明确这款芯片采用的工艺平台和设计规则，因为即使是相同的工艺平台，不同的工艺厂商也有不同的设计规则。如果设计者和工艺厂商前期不进行沟通对接，那么就容易使设计出来的集成电路无法生产制造出来，即使制造出来也无法实现相应功能。因此，选好工艺平台和设计规则是集成电路设计的前提条件。一旦工艺平台和设计规则确定了，后期所有的设计都要严格按照这一设计规则进行。设计者在进行集成电路设计时一般要经过功能设计、电路结构确定、电路描述、电路仿真、版图设计、版图仿真等环节，一般将电路仿真称为前仿真，版图仿真称为后仿真。由于电路仿真是指 EDA 工具采用理想化的器件模型通过数值计算模拟电路功能，因此这种仿真并没有考虑工艺因素。所以，前仿真一般只能检查电路设计的功能是否达到要求，对性能指标也只能进行初步评估，但是设计者可以通过前仿真确定电路是否完全满足设计要求。版图设计是根据工艺厂商提供的设计规则和器件制备的掩膜版文件进行集成电路制造的掩膜版设计，设计者先根据集成电路结构、设计规则和集成电路版图设计方法进行版图设计，然后对设计的版图进行后仿真，并将后仿真和前仿真结果进行对比，当后仿真结果与前仿真结果差距较大时，设计者需要重新设计集成电路或版图，直至后仿真结果达到设计要求，整个集成电路设计才算完成。在集成电路设计完成后，设计者需要向工艺厂商提供相应的设计文件。工艺厂商根据设计文件进行集成电路制造，工艺厂商在晶圆上制备的集成电路一般是裸芯片状态。对裸芯片进行封装后，这款芯片从设计到制造才算完成。设计者拿到封装完成的芯片后要对其进行测试，测试结果满足要求后这款芯片的设计才算成功。设计成功的芯片可以大规模生产并应用于产品中。

集成电路按照功能结构的不同可分为模拟集成电路、数字集成电路和数/模混合集成电路。模拟集成电路主要用来产生、放大和处理模拟信号，一般由电容器、电阻、晶体管等元器件组成，典型的模拟集成电路有放大器、滤波器、比较器、反馈电路、基准源电路等，其输入信号和输出信号具有一定的关系，其也称为线性电路。数字集成电路主要用来产生、放大和处理各种数字信号，是基于数字逻辑（布尔代数）设计和运行的，主要由组合逻辑电路、时序逻辑电路、寄存器等模块组成。数/模混合集成电路既包含模拟集成电路单元又包含数字集成电路单元，如模拟/数字转换器（ADC）电路和数字/模拟转换器（DAC）电路。

5.1.2　模拟集成电路的设计流程

模拟集成电路的设计一般要经过电路图输入、电路仿真、版图设计、版图验证、寄生参数提取、版图仿真和流片等环节，其设计流程如图 5.1 所示。

在设计模拟集成电路之前，用户会根据需求定义电路功能和性能指标，设计者根据电路功能和性能指标需求对电路进行定义，包括模块的划分和选取。实现同一功能也可以有不同的电路结构。例如，设计者要想设计一个运算放大器（简称运放），首先需要确定运放结构，包括差分放大器、共源共栅放大器、单级运放、双级运放和三级运放等，不同的结构在性能上具有不同的特点，设计者需要根据设计要求去选择。

设计者确定了电路结构后需要通过 EDA 工具进行电路图输入。目前，集成电路仿真主流的 EDA 软件有 Cadence 公司的 PSpice、Synopsys 公司的 HSPICE、北京华大九天科技股份有限公司的 Empyrean ALPS-GT 等。

设计者完成电路图输入后进行电路仿真，根据电路仿真结果分析电路性能。EDA 工具主要通过器件模型将规模庞大的电路图转化为等效的数值方程组，并通过求解数值方程组来获得电路性能。设计者要想使电路性能满足用户需求，必须不断调整电路结构和晶体管尺寸，重复进行电路图输入和电路仿真步骤，直至得到的电路仿真结果满足设计要求。

集成电路版图是真实集成电路物理情况的平面几何形状描述。集成电路的制造也是依赖版图完成的。芯片每一步加工的图形由光刻版控制，而每层光刻版的图形就是版图。版图也是设计者将最终的输出交付给工艺厂商的制造图纸。工艺厂商加工时利用光刻工艺把版图图形转移到硅片上，通过扩散、注入、氧化、淀积、抛光等工艺逐层加工出器件并将其互连。设计者完成电路仿真后，根据电路结构按照工艺厂商提供的设计规则完成版图绘制并将版图输出文件提供给工艺厂商。

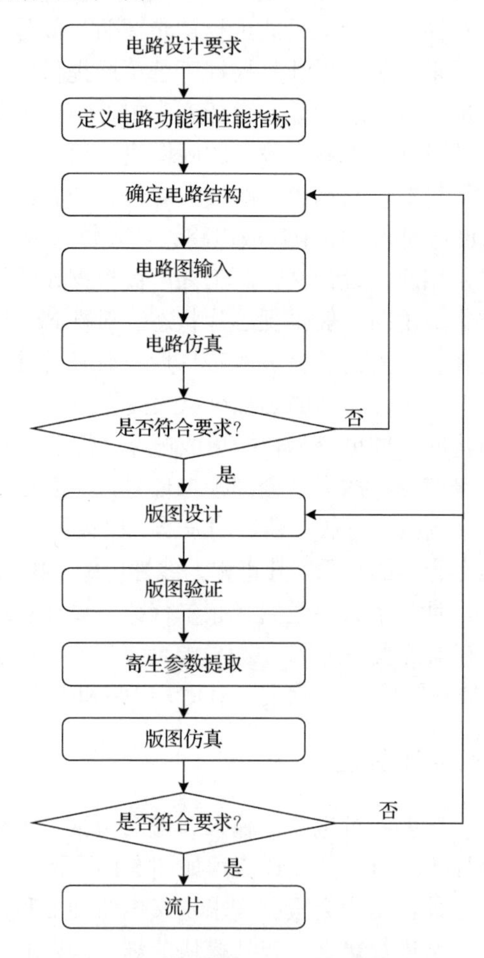

图 5.1　模拟集成电路的设计流程

版图验证和寄生参数提取是在版图设计过程中同时进行的，主要验证设计者设计的版图是否正确。版图设计中遵守的规则通常称为设计规则，版图验证主要就是检查版图设计是否符合设计规则，版图验证要在版图设计过程中随时进行。另外，版图设计完成之后还要检查版图中的电气连接是否与电路图中的设计一致。只有这两项验证通过，才说明版图设计符合设计规则，电气连接也正确。寄生参数提取的主要任务是在版图设计完成后，提取版图互连线之间的寄生电容器、电感器及电阻，以便形成一个尽可能接近真实情形的电路系统，并对其性能进行验证。

在版图验证成功并且完成寄生参数提取后，设计者需要通过版图进行电路性能仿真，也称为后仿真。后仿真主要通过版图和提取的寄生参数进行仿真，由于寄生参数的限制，而且版图更接近实际的工艺环境，因此后仿真结果相比于前仿真结果更接近真实结果，最终的目的是使后仿真结果符合设计要求。如果后仿真结果和前仿真结果相差太大，设计者需要重新修改版图设计，并重复进行版图验证、寄生参数提取和后仿真步骤，直至后仿真结果达到设计要求。

在版图设计完成后，设计者将设计文件交给工艺厂商进行芯片制造，这一过程称为流片。一般情况下先生产出几片设计好的芯片并对其进行测试，如果所有测试结果都满足要求，那么说明流片成功。流片成功后可以大规模生产芯片。

图 5.2 所示为运放的开环增益前仿真和后仿真结果。由图 5.2 可以看出，前仿真和后仿真结果一致。

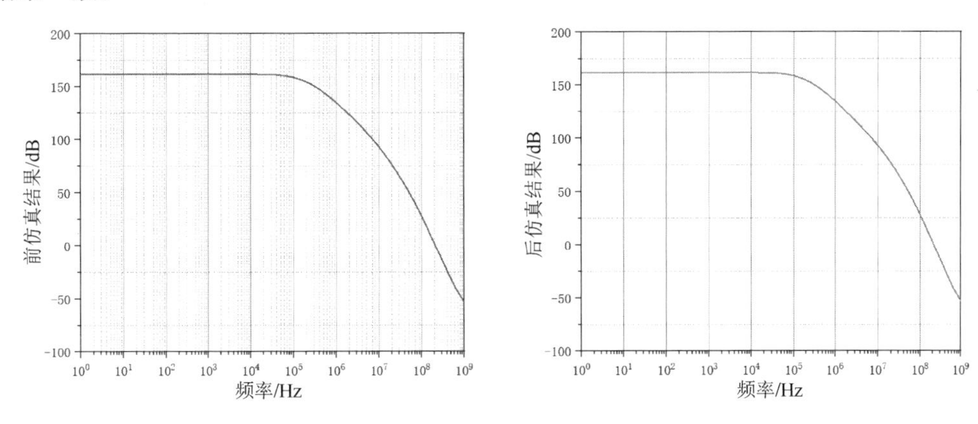

图 5.2 运放的开环增益前仿真结果和后仿真结果

5.1.3 数字集成电路的设计流程

数字集成电路的设计流程和模拟集成电路基本上相同，也需要经过电路图输入、版图设计、流片等环节。设计者习惯上将数字集成电路设计流程分为前端设计和后端设计。

1）前端设计

（1）HDL 编程。由于数字集成电路规模庞大，通常采用现成的 IP 单元进行电路描述，不像模拟集成电路采用晶体管之间互连的方式进行电路描述，因此数字集成电路使用 HDL 编程使功能成为代码的形式后进行电路描述。

（2）仿真验证。仿真验证主要包括检验编码设计是否符合规则、电路仿真结果是否满足设计要求。目前主流的数字集成电路仿真验证工具有 Mentor 公司的 ModelSim、Synopsys 公司的 VCS 和 Cadence 公司的 NC-Verilog。

（3）逻辑综合。电路仿真结果符合设计要求后需要进行逻辑综合。逻辑综合的目标是将 HDL 代码映射到具体的工艺上加以实现，并生成能够符合设定目标参数的门电路。逻辑综合的仿真称为门级仿真。逻辑综合工具可以把 HDL 描述转化为门级网表。门级网表使用门电路及门电路之间的连接来描述电路，它是产生版图的自动布局布线工具的输入。逻辑综合需要设定面积、时序等目标参数，它是基于特定的综合库进行的。由于不同的综合库中门电路的时序、面积不同，因此选择不同的综合库生成的门电路也不同。

（4）静态时序分析。静态时序分析主要验证电路的建立时间和保持时间是否违例。数字集成电路中一旦出现建立时间和保持时间违例，其就无法正常工作。此外，静态时序分析完成后会生成时序报告。设计者可以从时序报告中获取时序路径，看到设计的关键路径，从而执行增量式的修改以满足时序需求。

（5）形式验证。形式验证是前端设计的最后一个环节，该环节主要对逻辑综合后的门级网表进行功能验证。将功能验证后的 HDL 设计和逻辑综合后的门级网表进行比对，检查门级网表在逻辑综合过程中是否改变了 HDL 描述的电路功能。目前主流的形式验证工具有 Synopsys 公司的 Formality。

2）后端设计

数字集成电路的后端设计是把逻辑综合后的门级网表转换为版图文件的过程。后端设计一般可以细分为可测性设计（Design For Test，DFT）、布局规划、时钟树综合、布线、寄生参数提取、版图物理验证、流片。

（1）DFT。DFT 是在电路设计阶段考虑测试问题，通过插入扫描链访问和控制芯片内部的触发器。常见的 EDA 工具是 Synopsys 公司的 DFT Compiler。

（2）布局规划。数字集成电路的布局规划主要是完成各个模块的摆放。由于电源模块、存储模块、时钟模块等不同模块对电路功能的贡献不同，因此人们需要仔细考虑布局规划，因为布局规划的好坏直接影响电路的面积、功耗、延迟等。设计者需要根据前端设计所给的数据流向，了解设计中各个模块之间的交互、各个时钟之间的关系等信息，规划模块的位置和模块接口的位置。主流的布局规划工具是 Synopsys 公司的 Astro 软件。

（3）时钟树综合。时钟树综合就是时钟树的布线，保证时钟的一致性。在数字集成电路中，时钟通路比其他通路更重要，因为数据传输是由时钟控制的，而且时钟频率也决定了数据的处理和传输速度，从而决定了电路性能。时钟信号是数字集成电路中最长、最复杂的信号，从一个时钟源到达各个时序元器件的终端节点形成了一个树状结构。主流的时钟树综合工具是 Synopsys 公司的 Physical Compiler。

（4）布线。布线是指使各个单元互连。数字集成电路中的布线通常是 EDA 工具自动完成的，但需要创建布线指南指导布线器的运作。布线过程包括全局布线、总线布线、详细布线、手动优化、添加防护、金属填充、天线效应修复、光刻修复等。主流的布线工具是 Synopsys 公司的 Astro 软件。

（5）寄生参数提取。数字集成电路的寄生参数提取方法和模拟集成电路一样，提取寄生参数后并对其进行验证，排除寄生参数对芯片功能的影响。主流的寄生参数提取工具是 Synopsys 公司的 Star-RCXT。

（6）版图物理验证。版图物理验证主要检查版图是否符合设计规则、是否符合工艺要求；版图中的电气连接是否和门级电路一致；电气规则是否符合要求，如短路和开路等电气规则违例检查。主流的版图物理验证工具是 Synopsys 公司的 Hercules。

（7）流片。将设计好的版图交给工艺厂商进行制备，制备后测试验证流片是否成功，流片成功后可以大规模生产芯片。

5.2 集成电路版图的设计方法及设计规则

5.2.1 版图的设计方法

由集成电路的设计流程可知，集成电路的加工制造主要依靠版图。版图是集成电路设计和制造之间的桥梁。版图设计既要考虑电路设计也要考虑工艺制造，就是将电路图或

HDL 综合生成的门级电路映射成与工艺制造对应的图形，以便工艺厂商将图形通过特定工艺映射到晶圆上从而完成芯片制造，这些图形由位于不同层上的图形构成。版图中包含集成电路的器件类型、器件尺寸、器件之间的相对位置及各个器件之间的连接关系等相关物理信息。工艺厂商根据版图中不同层上的图形制备掩膜版，通过掩膜版利用氧化、光刻、刻蚀等工艺将不同层上的图形映射到晶圆上，并通过扩散、离子注入、淀积等工艺完成器件及电路制备。

随着集成电路 EDA 软件功能的不断完善，版图设计可以分为全自动版图设计、半自动版图设计和人工设计。全自动版图设计一般用于规模庞大的数字集成电路中，利用 EDA 软件及电路的门级网表自动生成版图。可以进行全自动版图设计的 EDA 工具有 Cadence 公司的 SE、Synopsys 公司的 Apollo 等。半自动版图设计是指在计算机上利用符号进行版图输入，不同符号代表不同层的版图信息，并通过自动转换程序将符号转换为版图。人工设计主要应用在模拟集成电路设计、版图单元库文件的建立和全定制数字集成电路设计中。由于模拟集成电路复杂而无规则的电路形式，因此其只能采用全定制的人工设计。人工设计版图时，设计者利用版图绘制工具编辑基本图形，将基本图形连起来形成晶体管的掩膜图形，并使所有晶体管按照一定的设计要求互连从而形成电路版图。由于人工设计版图时 EDA 软件只能提供版图编辑功能，因此软件也只能帮助设计者检查版图绘制是否符合设计规则，但是不能帮助设计者验证版图与电路图是否对应、版图设计是否存在电气规则违例现象。因此，人工设计版图时，设计者需要进行反复的比较、权衡、调整和修改，得到最佳尺寸的元器件、最合理的版图布局和最短路径的互连等。由于人工设计版图时设计者对版图进行了最佳优化，因此制造出的芯片面积最小、成本最低，但是人工设计版图的周期较长。

在版图绘制过程中，层的概念非常重要，因为版图中的不同层对应芯片制造过程中每一道工序需要的掩膜版，不同层相当于器件或电路中的不同材料和区域。以 N 阱 CMOS 工艺为例，版图绘制的层主要有 N 阱层、有源区层、多晶硅栅层、P 选择层、N 选择层、接触孔层、通孔层、金属层、文字标注层和焊盘层等。下文以 N 阱 CMOS 工艺为例，讲述 N 阱 CMOS 工艺中对应的工艺流程和版图设计。

（1）N 阱光刻。通过 N 阱掩膜版在 Si/SiO_2 衬底上采用光刻、刻蚀工艺形成 N 阱窗口，在 SiO_2 层的隔离下，通过离子注入 N 型杂质形成器件的 N 阱区域，如图 5.3 所示。

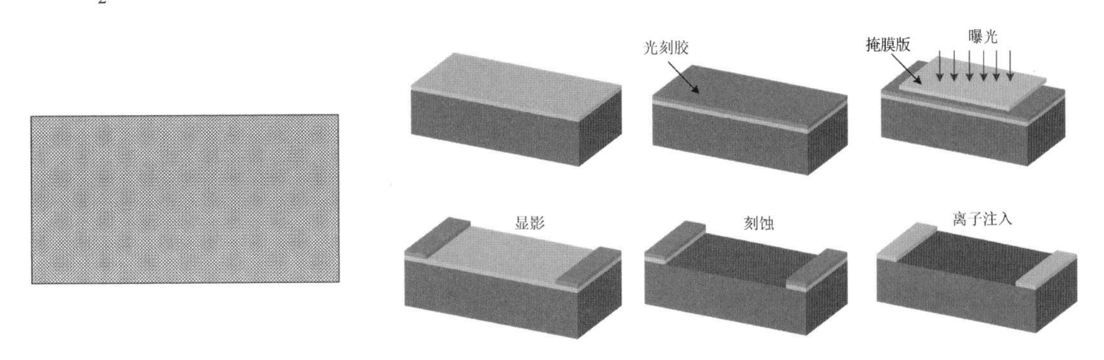

图 5.3　N 阱版图、光刻形成的 N 阱区域和通过离子注入 N 型杂质形成器件的 N 阱区域的示意图

（2）有源区层制备。通常将 MOS 管的源区、漏区、沟道合称为有源区，有源区之外的

区域为场氧区。有源区掩膜版主要用于制造硅局部氧化（LOCOS）和薄氧。掩膜版的封闭图形内形成薄氧，封闭图形外形成 LOCOS。首先，在衬底表面淀积 Si_3N_4 作为应力释放层；然后，通过有源区掩膜版采用光刻、刻蚀工艺形成有源区窗口，在有源区窗口生长 SiO_2 作为场氧层；最后，去除 Si_3N_4 和有源区的 SiO_2，并生长一层较薄的 SiO_2 作为栅氧化层。整个工艺只需要使用一次有源区掩膜版。图 5.4 所示为有源区版图及工艺流程。

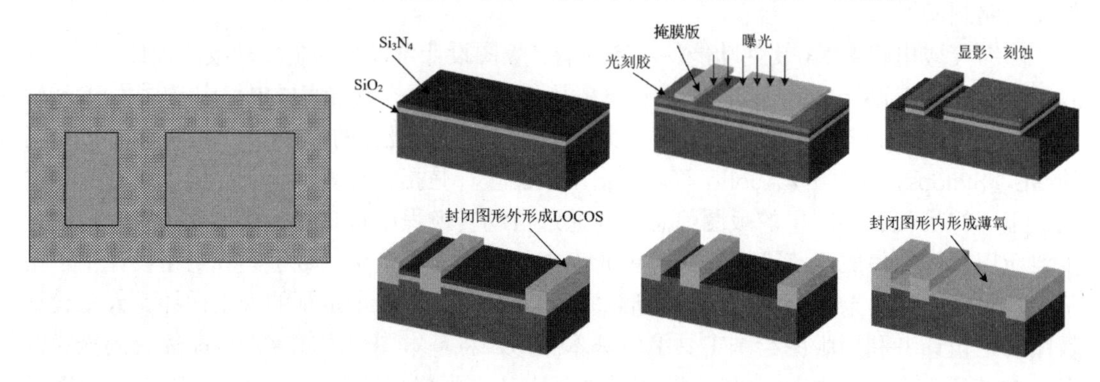

图 5.4　有源区版图及工艺流程

（3）多晶硅栅层制备。多晶硅主要作为 MOS 管的栅极。首先淀积多晶硅栅，然后利用掩膜版通过光刻形成多晶硅栅区域，最后刻蚀多余的多晶硅形成器件的栅极。多晶硅栅层版图及工艺流程如图 5.5 所示。

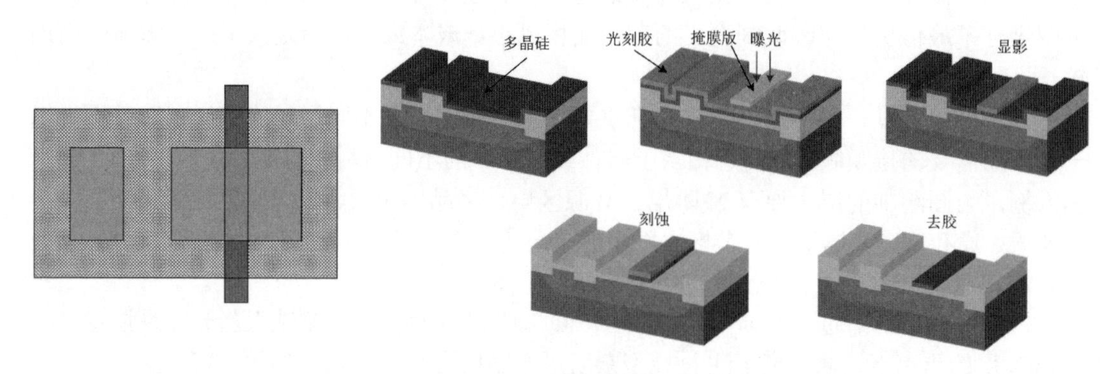

图 5.5　多晶硅栅层版图及工艺流程

（4）P 选择层制备。P 选择层制备主要通过离子注入实现器件的源漏区域。首先涂光刻胶，利用 P 选择掩膜版通过光刻、刻蚀工艺形成离子注入区域，然后在该区域离子注入 P^+ 型杂质，由于多晶硅栅层的阻挡，P^+ 型杂质仅仅在 N 阱区域中多晶硅栅层的两侧注入，从而形成器件的源漏区域。P 选择层版图及工艺流程如图 5.6 所示。

（5）N 选择层制备。N 选择层制备主要是在 N 阱区域中重掺杂 N^+ 杂质，从而在 N 阱区域形成良好的欧姆接触，其制备过程与 P 选择层相同。N 选择层版图及工艺流程如图 5.7 所示。

（6）接触孔层制备。接触孔主要使所有有源区和多晶硅栅区形成金属接触。首先淀积一层 SiO_2，然后利用接触孔掩膜版采用光刻、刻蚀工艺形成接触孔区域。接触孔层版图及工艺流程如图 5.8 所示。

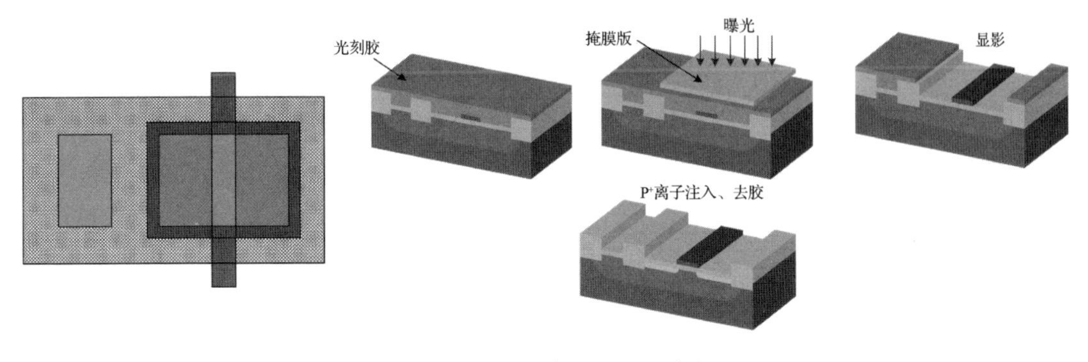

图 5.6　P 选择层版图及工艺流程

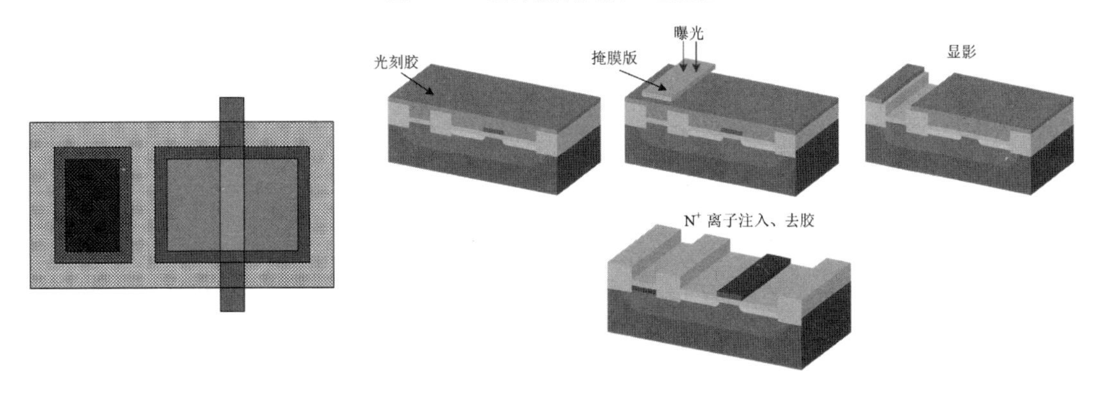

图 5.7　N 选择层版图及工艺流程

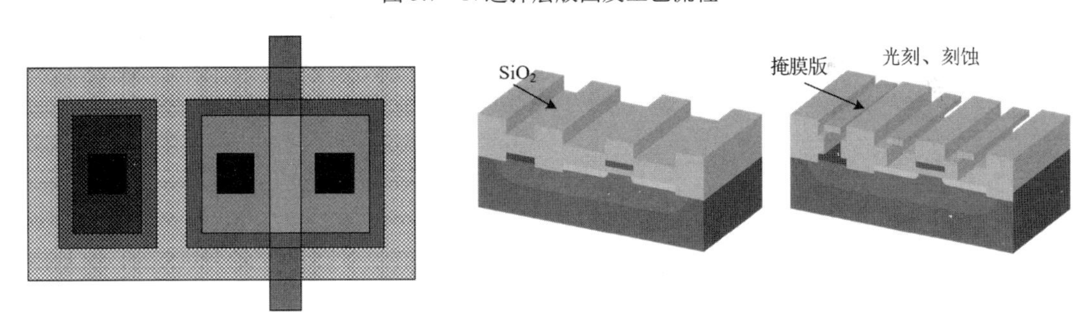

图 5.8　接触孔层版图及工艺流程

（7）金属层制备。在接触孔处淀积金属形成器件的电极。首先淀积一层金属，然后利用金属层掩膜版采用光刻、刻蚀等工艺去掉不需要的金属从而形成器件电极。金属层版图及工艺流程如图 5.9 所示。

上文主要讲述了以人工设计方法绘制 N 阱 CMOS 工艺下的 PMOS 管版图及对应的工艺过程。采用相同的方法，可以绘制出 N 阱 CMOS 反相器的版图。图 5.10 给出了 N 阱 CMOS 工艺下的反相器的版图及工艺流程。

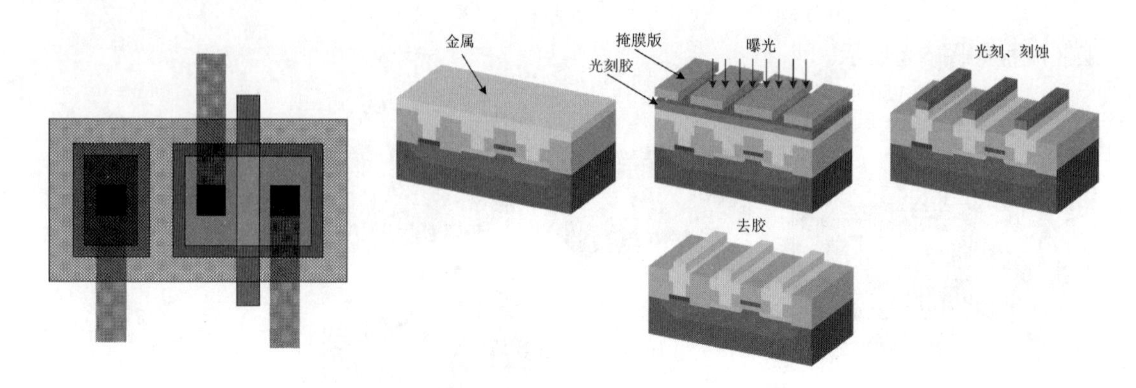

图 5.9 金属层版图及工艺流程

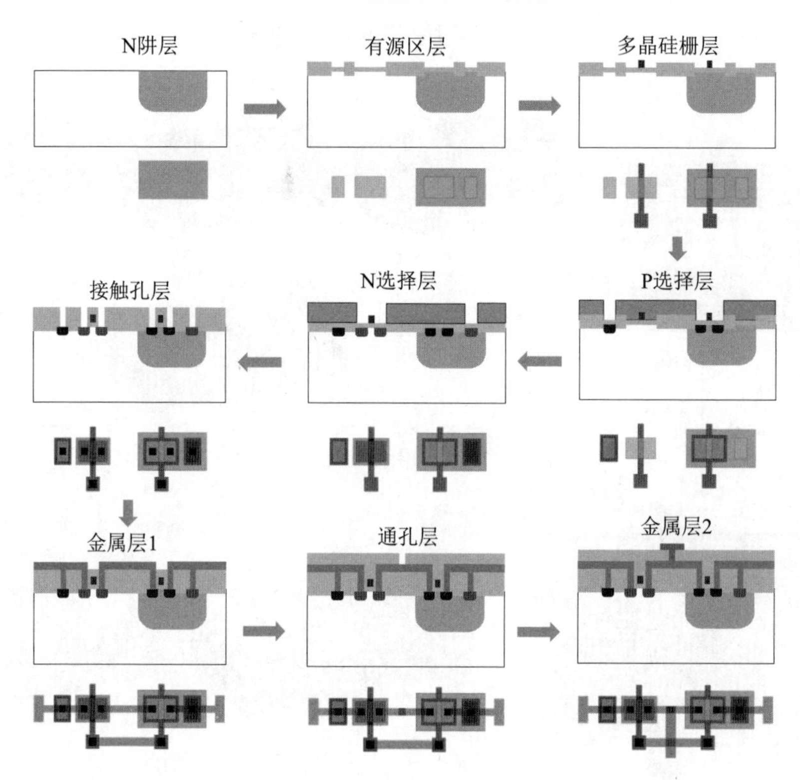

图 5.10 N 阱 CMOS 工艺下的反相器的版图及工艺流程

5.2.2 版图的设计规则

版图的设计规则是设计者在绘制版图时需要遵循的规则。有了版图的设计规则，设计者不需要完全了解工艺条件就可以完成准确的版图绘制，而工艺工程师也不需要完全了解电路设计原理就可以成功制备出电路，即有了版图的设计规则，负责版图绘制的设计者可以不是电路设计师。设计者将电路图交给专门的版图设计师完成版图绘制，有助于缩短芯片的制备周期。此外，遵循版图设计规则的目的是使芯片尺寸在尽可能小的前提下，避免出现线条宽度偏差和不同层掩膜版套准偏差可能带来的问题，尽可能提高芯片成品率。

版图的设计规则是根据实际的工艺条件（包括光刻精度、刻蚀水平、套准精度、成品率等）做出的几何图形的尺寸的限制条件，如线宽、间距、覆盖度、露头、凹口、面积等的最小值，以防止在工艺流程中出现掩膜图形断裂、金属连线短路、金属连线断裂等不良物理效应。设计者完成版图绘制后，通过 EDA 软件可以快速检查版图设计是否符合版图的设计规则，这也缩短了版图绘制周期。

版图的设计规则主要有两种，分别是λ设计规则和微米设计规则。λ设计规则是以工艺水平的特征尺寸为基础，主要限制线宽偏离理想特征尺寸的上限及掩膜版之间的最大套准偏差。λ设计规则主要用于早期的大尺寸工艺中，随着工艺水平的提升，半导体器件的特征尺寸减小，以微米为单位的版图设计规则已经被越来越多的研究者采用。下面对λ设计规则和微米设计规则进行详细介绍。

（1）λ设计规则。

λ设计规则最早是由 C. Mead 和 L. Conway 提出的一种版图设计规则。在这种规则中，他们把λ定义为特征尺寸的 1/2，并且将版图绘制时的所有限制尺寸均设定为λ的整数倍。由于工艺水平改变时特征尺寸也会改变，因此λ设计规则的主要优点是不需要重新制定版图设计规则，只要改变λ的值即可，这种版图设计规则简单通用，同一版图设计规则可以适用于不同的工艺条件。但是λ设计规则的主要缺点是会造成芯片面积的浪费，这与λ定义为特征尺寸的 1/2 有关。当特征尺寸比较大时，λ设计规则比较适用，但是当特征尺寸减小到微米时，λ取特征尺寸的 1/2 会使得约束条件过于宽松，对于大规模的集成电路会造成芯片面积的浪费。

（2）微米设计规则。

由于版图中的接触孔、通孔、压焊点等工艺并不会随着特征尺寸的减小而等比例减小，因此当工艺尺寸小于 0.1μm 时，根据λ设计规则无法确定版图设计规则，这时微米设计规则成为版图设计规则的主流。微米设计规则是根据实际工艺水平对版图中的所有几何尺寸进行精确的规定，各几何尺寸之间没有必然联系，其相互之间是独立的。微米设计规则可以充分发挥实际工艺水平的潜力。微米设计规则中的限定值均是在最小特征尺寸的基础上制定的。因此，微米设计规则可以充分减小版图面积，从而降低工艺成本。但是由于微米设计规则中的限制条件与特征尺寸没有必然联系，因此一旦工艺条件改变，则需要重新制定微米设计规则，版图也需要重新绘制。

0.8μmCMOS 工艺的微米设计规则如下。

① N 阱相关设计规则如表 5.1 所示。

表 5.1　N 阱相关设计规则

描　述	尺寸/μm	目的与作用
N 阱最小宽度	3.0	保证光刻精度和器件尺寸
N 阱最小外间距	6.0	防止不同电位的阱之间相互干扰
N 阱内 N 阱覆盖 P^+	2.5	保证 N 阱四周的场注入 N 区环的尺寸
N 阱外 N 阱到 N^+的距离	3.5	减少闩锁效应

② P^+、N^+有源区相关设计规则如表 5.2 所示。

表 5.2　P^+、N^+有源区相关设计规则

描　述	尺寸/μm	目的与作用
P^+、N^+有源区宽度	1.5	保证器件尺寸，减小窄沟道效应
P^+、N^+有源区宽度间距	2	减少寄生效应

③ 多晶硅栅相关设计规则如表 5.3 所示。

表 5.3　多晶硅栅相关设计规则

描　述	尺寸/μm	目的与作用
多晶硅栅最小宽度	0.8	保证多晶硅栅的电导
多晶硅栅最小间距	1.0	防止多晶硅栅短路
与有源区最小外间距	0.5	保证沟道区尺寸
多晶硅栅伸出有源区	0.8	保证栅长及源、漏区的截断
与有源区最小外间距	0.8	保证电流在整个栅宽范围内流动

④ 接触孔相关设计规则如表 5.4 所示。

表 5.4　接触孔相关设计规则

描　述	尺寸/μm	目的与作用
接触孔大小	0.8×0.8	保证与金属的良好接触
接触孔间距	1.2	保证与金属的良好接触
多晶硅覆盖孔	0.6	防止漏电和短路
有源区覆盖孔	0.6	防止 PN 结漏电和短路
有源区孔到栅的距离	0.6	防止源、漏与栅极短路
多晶硅孔到有源区的距离	1.8	防止源、漏与栅极短路
金属覆盖孔	0.6	保证金属接触，防止金属电极断裂

⑤ 金属层相关设计规则如表 5.5 所示。

表 5.5　金属层相关设计规则

描　述	尺寸/μm	目的与作用
金属层宽度	1.2	保证金属具有良好的导电性
金属层间距	1.1	防止金属短接

5.2.3　版图设计中的失配问题

对于大规模集成电路来说，版图中不同模块之间串扰和版图设计的非理想效应会影响系统的性能。特别是随着特征尺寸的持续减小，工艺参数的波动也会造成器件之间的参数失配。版图设计中一旦出现参数失配就会导致工艺制备器件的成品率严重下降，从而影响流片的成功率，因此人们必须重视版图设计中的失配问题。

1. 失配及产生失配的原因

在集成电路设计过程中，有些模块需要其中的几个器件完全一致，即对称性良好，符合这样的要求就是匹配。失配就是不能保证工艺制备出来的器件具有良好的对称性，因此在版图绘制过程中，人们需要采取一定的措施提高器件的匹配精度。

产生失配的原因主要有系统失配和随机失配。随机失配是由在版图绘制中没有严格核实器件尺寸和参数值导致的，随机失配在工艺中是无法规避的，也是无法修复的。系统失配与版图设计技术有关，一般在版图设计中通过合理布局元器件、互连线，或者采用一定的技巧就能够规避。导致系统失配的主要原因如下。

（1）工艺偏差。实际工艺中的扩散、刻蚀、淀积等工序会引入几何扩张或收缩，导致实际工艺制备的图形与掩膜版图形有偏差。

（2）梯度效应。集成电路制备是在晶圆上完成的，由于晶圆不同部位的质量不同，再加上温度、压力、梯度效应等因素，即使在同一生产条件下，晶圆上不同点分布的差异也很明显。

（3）接触孔电阻率的变化。工艺中实际接触孔大小与掩膜版接触孔大小有偏差，导致接触孔电阻率发生变化。

（4）刻蚀率的变化。工艺中刻蚀率的变化会导致刻蚀精度偏差，从而影响刻蚀窗口。

（5）扩散区影响。工艺中离子注入、扩散等工序会导致扩散区的杂质横向扩散，对同类型扩散区，影响程度会加大；对异类相邻扩散区，影响会持续减弱。

2. 版图的匹配方法

版图的匹配方法有很多，而且针对不同的电路有不同的匹配方法。版图的匹配一般没有固定的要求，设计者会根据实际情况和工作经验采用自己比较信赖的匹配方法进行版图的匹配。但是在匹配中有三个基本原则需要考虑：需求匹配的器件彼此靠近、注意周围器件、保持匹配的器件的方向一致。下文简单介绍版图绘制中常用的匹配方法。

（1）根器件法。根器件法通常在电阻版图绘制中使用，应用这种方法需要选择一个根器件。假如选择电阻为 250Ω 的电阻作为根器件，如果需要一个 2kΩ 的电阻，那么就需要八个根器件串联，这样会导致八个根器件之间的接触电阻增大。因此，一般选择中间值的电阻作为根器件，如果选择电阻为 1kΩ 的电阻作为根器件，则 2kΩ 电阻需要两个根器件串联，250Ω 电阻需要四个根器件并联。如果所有电阻尺寸一样，形状相同，方向一致，那么就可以得到较好的匹配，如图 5.11 所示。

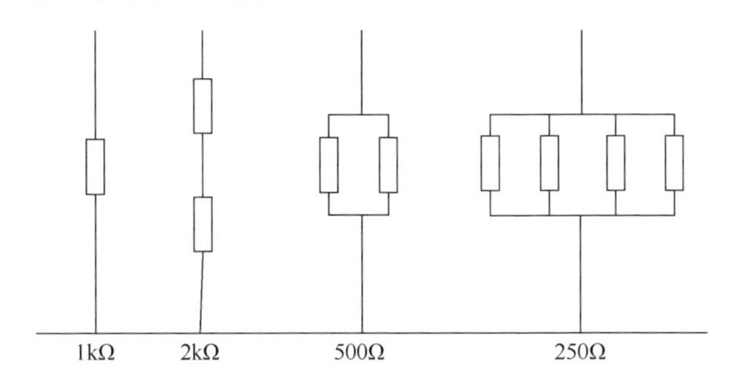

图 5.11　电阻为 1kΩ 的电阻作为根器件设计的匹配方法

（2）交叉法。交叉法主要用在结构完全相同的几个器件之间，它可以使需要匹配的器件对称排列。因为器件结构完全相同，而且对称排列，所以即使有工艺误差，工艺误差也会对称分布，从而减弱误差带来的影响。图 5.12 所示的两条线路上的电阻要想完全匹配，就可以采用交叉法进行排列。另外，交叉法也适用于 *W*/*L* 值较大的器件的对称性分布，将一个器件拆分成若干器件并将其串联就可以实现其对称分布。图 5.13 所示的器件 A 和器件 B 都具有较大的 *W*/*L* 值，而且器件 A 和器件 B 的结构完全相同，在版图中就可以采用交叉法进行排列。

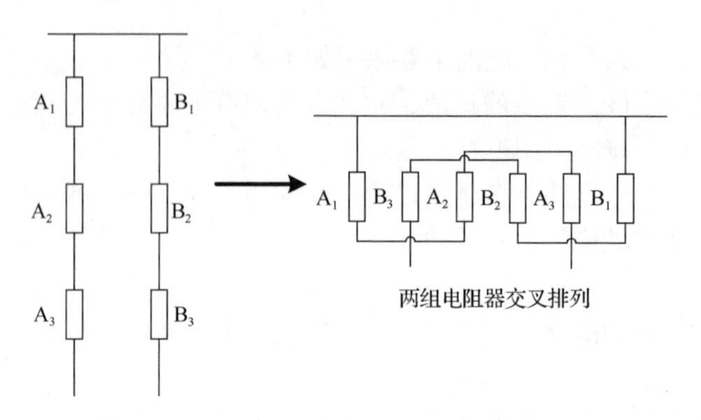

图 5.12　采用交叉法设计的电阻对称分布

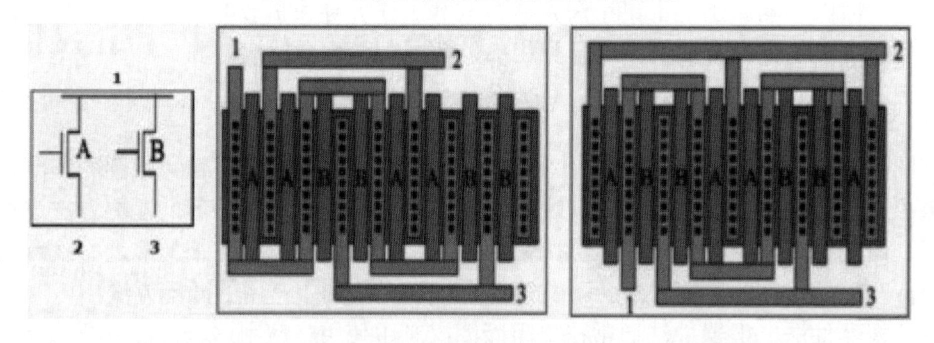

图 5.13　采用交叉法设计的器件 A 和器件 B 的版图布局

（3）虚设器件法。虚设器件法可以保护核心结构，使其不会受到工艺的影响。例如，在刻蚀工艺中，腐蚀对位于两侧的器件的影响会比位于中间的器件大，此时可在位于两侧的器件旁边添加虚拟器件，因为这个虚拟器件不与核心结构进行电连接，所以它不会对核心结构产生影响。图 5.14 所示的串联电阻 10 的两侧添加 Dummy 电阻 9，就可以减弱过度刻蚀对电阻 10 两侧带来的影响。在晶体管中，通常添加源漏短接的 Dummy 晶体管作为虚设器件。

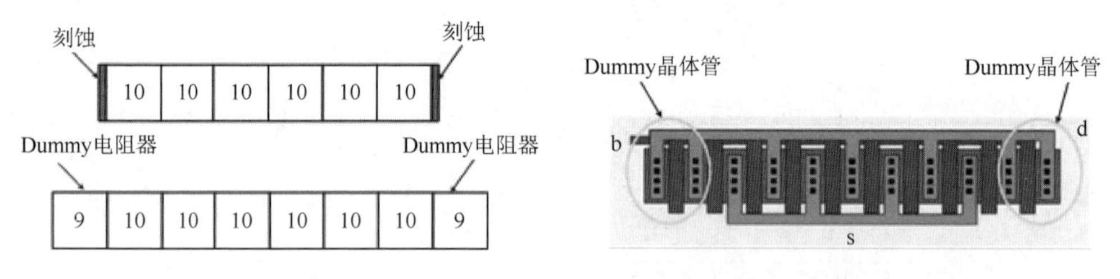

图 5.14　采用虚设器件法添加 Dummy 电阻和 Dummy 晶体管实现版图匹配

（4）共心-四方交叉法。这种方法是共心法中的一种，它是指使需要匹配的器件围绕公共的中心点放置。共心法可以降低热梯度或工艺中存在的线性梯度。热梯度是由芯片上的一个发热点产生的，会使周围器件的电特性发生变化。采用共心法后，离发热点远的器件受到的影响较小，而且热梯度的影响在器件之间的分布也比较均衡。图 5.15 所示为采用共心-四方交叉法的器件排列示意图。

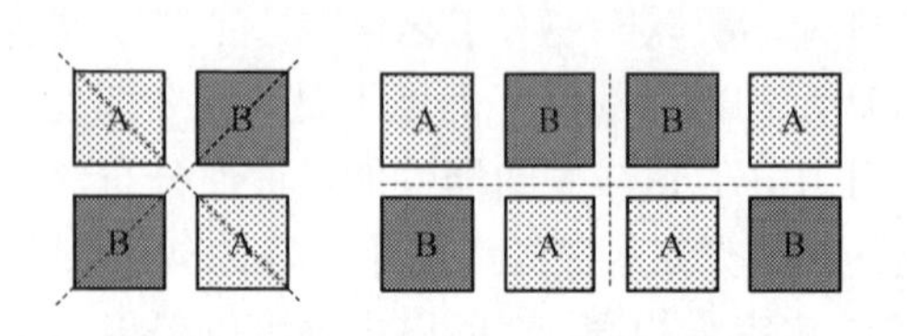

图 5.15　采用共心-四方交叉法的器件排列示意图

5.3 EDA 工具

EDA 工具是指利用 CAD 软件完成超大规模集成电路设计的工具。与设计集成电路相关的 CAD 软件主要包括电子计算机辅助设计（Electronic Computer Aided Design，ECAD）工具及半导体工艺和器件仿真软件 TCAD。

5.3.1 EDA 技术的发展

20 世纪六七十年代，由于集成电路中的晶体管数量特别少，因此设计者完全采用人工计算的方式完成电路性能的计算，计算量比较小，也不容易出现错误。在完成电路后，设计者采用绘图的方式将电路图转化为版图。但是当电路中的晶体管数量增加到几十个、上百个后，计算任务艰巨，显然不能采用人工计算方式进行计算，而且人工计算的效率低、错误率也高，因此采用计算机辅助计算是很有必要的。这样，EDA 技术就应用于集成电路设计领域，而且随着半导体技术的发展，EDA 技术也得到了飞速发展，其在集成电路设计领域的应用越来越广泛，功能也越来越完善。EDA 技术的发展是现代电子设计技术的重要历史进程，主要包括以下几个阶段。

（1）早期阶段，即 CAD 阶段。20 世纪 70 年代，集成电路已经进入了中小规模时代，研究者采用 CAD 软件进行电路图的编辑、基本功能的仿真，以及物理版图的绘制、功能验证。早期阶段的 EDA 技术最大的用处就是使设计者摆脱了传统的重复性较强的工作，在一定程度上缩短了设计周期。

（2）发展阶段，即计算机辅助工程（Computer Aided Engineering，CAE）阶段。20 世纪 80 年代，集成电路 EDA 技术进入 CAE 阶段。在该阶段 EDA 工具的自动布局布线是一个重大突破。这个阶段的 EDA 工具除了能帮助设计者仿真电路性能外，还能帮助其进行时序分析、故障分析。研究者把不同 CAD 工具集成在一种系统上，完善了软件的电路功能设计和结构设计能力，能够在产品制备之前对其性能进行初步预测，提高了设计的成功率。

（3）成熟阶段，即 EDA 阶段。20 世纪 90 年代后，集成电路飞速发展，其可以集成上百万个甚至上亿个晶体管，此阶段以高级语言描述、系统级仿真和综合技术为特点的 EDA 工具就出现了，这使得 EDA 技术再次获得了极大的突破。有了完善的 EDA 技术，设计者就可以采用“自顶向下”的设计理念，对复杂的电路系统使用可读性较强的高级语言进行描述。EDA 技术可以直接在顶层通过高级语言仿真电路性能，并能通过综合手段将高级语言转化为门级网表。在版图设计阶段，自动布局布线功能也使设计者的工作效率得到了极大的提升。

（4）自动化阶段。现阶段 EDA 技术面临着超大规模、高度复杂、低功耗系统设计的挑战。下一代 EDA 技术为电子系统设计自动化（Electronic System Design Automation，ESDA），其特点是可以容纳更复杂的系统，支持更加抽象的设计方法，如更高抽象层次的行为级设计、更高级的语言描述。自动化阶段的 EDA 技术还不是很成熟，目前仍处于 EDA 阶段。

5.3.2 集成电路设计的 EDA 工具

主流的集成电路设计的 EDA 工具主要有 Cadence 公司和 Synopsys 公司开发的 EDA 软件。Synopsys 公司是为全球集成电路设计提供 EDA 工具的主导企业，为全球电子市场提供先进的集成电路设计与验证平台，致力于复杂 SoC 的开发。同时，Synopsys 公司还提供知识产权和设计服务，为客户简化设计过程，提高产品上市速度。Synopsys 公司主流的 EDA 工具如下。

（1）Astro。它是 Synopsys 公司为超深亚微米集成电路进行设计优化、布局布线开发的工具，可以实现在 0.1μm 及以下工艺线仿真 5000 万门、时钟频率千兆赫兹的集成电路。

（2）DFT。它包含功能强大的扫描式可测性设计分析、综合和验证技术，可以使设计者在设计前期迅速且方便地实现高质量的测试分析，确保同时满足时序要求和测试覆盖率要求。

（3）TetraMAX。它是自动测试向量生成工具，针对不同的设计，其可以在最短的时间内生成具有最高故障覆盖率的最小测试向量集。

（4）Vera。它主要负责对集成电路进行高效、智能、高层次的功能验证。

（5）VCS。它是编译型 Verilog 模拟器，是一款流行的仿真工具，被广泛用于数字系统设计、验证和仿真。它的核心特点是性能高、精度高和可靠性高。

（6）Power Compiler。它可提供简便的功耗优化服务，能够自动将设计的功耗最小化，提供综合前的功耗预估服务，让设计者可以更好地规划功耗分布，在短时间内完成低功耗设计。

Cadence 公司的 EDA 工具可以完成电子设计的中的各种任务，包括 ASIC 设计、FPGA 设计和 PCB 设计。板级电路设计系统有 Concept HDL 原理图设计输入工具、Check Plus HDL 原理图设计规则检查工具、SPECTRA Quest Engineer PCB 版图布局规划工具等；系统级无线设计系统有 HDS 硬件系统设计工具、Wireless 无线电技术标准系统级验证工具、VCC 虚拟设计工具包等；逻辑设计与验证系统有 Verilog-Xl 仿真器、Leapfrog VHDL 仿真器、Affirma NC Verilog 仿真器、Verifault-XL 故障仿真器等；时序驱动的深亚微米设计系统有 SE 布局布线器、CT-GEN 时钟树生成工具、Vampire 验证工具等；全定制集成电路设计系统有 Virtuso Schematic Composer 混合输入原理图输入工具、Virtuso Layout Editor 版图编辑工具、Affirma Spectra 高级电路仿真器、Dracula 验证和参数提取工具等。

5.3.3 器件设计 TCAD 软件

除了集成电路设计具有专门的 EDA 工具以外，半导体器件设计也有对应的 EDA 工具。通过计算机模拟初步评估器件性能是目前常用的半导体器件和工艺研究的方法，由于成本低、耗时短、准确度高，TCAD 软件模拟是研究者开发新型半导体器件前期必不可少的工作。目前业界有多种 TCAD 软件。Synopsys 公司开发的 Sentaurus TCAD 软件可以仿真各种类型的半导体器件，包括存储器、光电器件、功率器件等。因此，业界一般采用该软件模拟半导体器件的性能。Sentaurus TCAD 软件仿真半导体器件通常有两种方法：一种是工艺级仿真，一种是器件结构级仿真。采用工艺级仿真方法时，人们需要详细了解器件的工艺流程，模拟器件在每一道工序中的参数变化。相比于工艺级仿真方法，采用器件结构级仿真方法时，人们不需要完全了解器件的工艺流程，一些新器件结构仿真更受欢迎。以上两种方法均是基于有限元法进行求解。Sentaurus TCAD 软件生成用户指定的工艺流程和器件结构后，会初步生成网格，但是该网格一般不能满足需求，用户还需要自己定义网格，网格一般在器件界面和掺杂浓度突变处细化，器件结构和网格优化没有任何物理意义，仅相当于完成了器件的设计。在完成器件结构定义后，用户需要编写器件特性（如电学、光学等有关的仿真程序），这是器件结构仿真的核心部分。在进行器件特性仿真时需要调入器件结构的网格信息，Sentaurus TCAD 软件根据这些网格信息求解电学、光学等输出参数。进行器件特性仿真还需要用户指定边界条件、物理模型、模型参数、求解算法、输出参数等。

Sentaurus 仿真半导体器件流程如图 5.16 所示。其中的 SDevice 器件特性仿真是整个仿真流程中最关键的部分，这部分直接关系到仿真能否完成和仿真结果的准确性。SDevice 程序通常包括输入输出文件、边界条件、物理模型、输出特性、求解算法和仿真类型。输入输出文件中需要指定器件结构的网格文件、器件输出特性文件及模型校准参数文件。边界条件需要指定器件各电极的初始电压和电流。物理模型中需要激活器件比较敏感的模型，不同的器件被激活的模型不同。一般情况下，被激活的模型越全面，仿真结果越准确，但是这会降低数值求解的速度和收敛性，从而无法完成器件仿真。因此在实际仿真过程中通常根据所仿真的器件特性合理舍弃对所关心性能影响较小的物理模型以提高速度和收敛性。例如，仿真功率 MOS 的输出特性曲线时，可以舍弃雪崩模型。输出特性需要设定用户关心的器件特性，这些设定的输出特性在仿真结束后可以通过可视化模块直接观察到，如电流密度、能带图、电场分布等。求解算法主要设定数值求解算法、迭代次数、精确度和误差判别等，这部分主要影响器件仿真的收敛性。设定仿真类型时需要先联立求解泊松方程和连续性方程，对器件进行平衡态仿真，然后设定直流仿真、交流仿真等参数进行相应的交直流仿真。

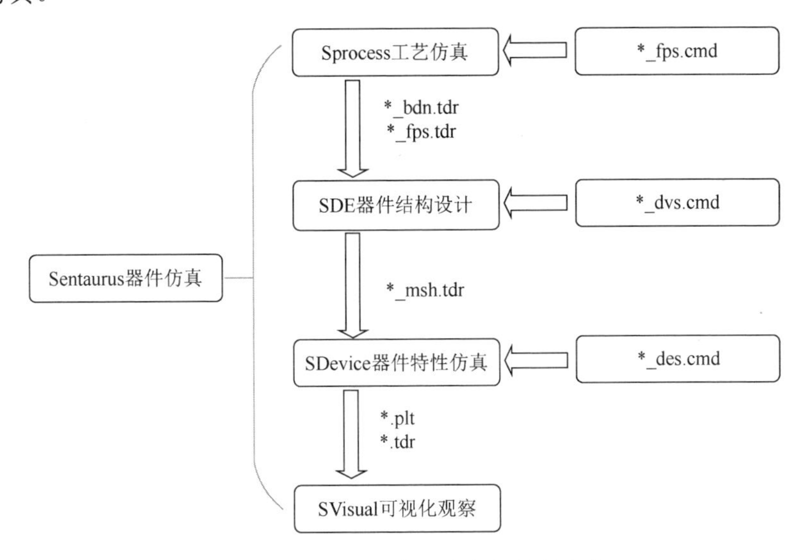

图 5.16　Sentaurus 仿真半导体流程器件

Sentaurus Process 工具整合了 Avanti 公司的 TSUPREM 系列工艺仿真工具和 Integrated Systems Engineering 公司的 ISE TCAD 工艺级仿真工具 Dios（二维工艺仿真）、FLOOPS-ISE（三维工艺仿真）和 Ligament（工艺流程编辑）系列工具，将一维、二维和三维仿真集成于同一平台。Sentaurus 也可以联合版图编辑工具 ICWBEV 完成工艺仿真，将版图中的掩膜版文件作为 Process 仿真的 mask 文件。Sentaurus Process 工具在保留传统工艺仿真工具命令运行模式的基础上增加了可视化模块，用户可以很直观地看到工艺仿真结果是否符合预期要求。此外，该工具还收入了诸多近代小尺寸模型，主要有高精度刻蚀模型、高精度淀积模型、蒙特卡罗离子注入模型、离子注入校准模型、注入解析模型和注入损伤模型等，增强了仿真工具对新材料、新结构及小尺寸效应的仿真能力，以适应未来半导体工艺技术的发展需求。

图 5.17 所示为 Sentaurus 器件工艺仿真流程。首先进行器件初始化、建立坐标系，然后按照工艺仿真流程逐步进行工艺仿真，由于工艺仿真中每一步工艺采用的参数数据库、物理模型、求解器、网格等均不同，因此参数数据库选择、物理模型、求解器、网格在每一道工序中都要重新设置，特别是网格，在每一道工序仿真前要先进行设置，因为光刻、离子注入等工艺对网格比较敏感，不同的网格设置得到的工艺结果会有差别。由于工艺仿真会引入一些误差，如刻蚀、光刻、离子注入、扩散等工艺带来的非理想效应，因此仿真后的结果与用户预想的结果是有一定差别的，这也会影响后续工艺流程。所以，完成每一道工序之后要进行网格设置及再次仿真，通过不断进行网格设置和仿真将工艺仿真引入的误差提前显现出来，以便在前期对工艺仿真逐步进行优化，这样也进一步缩小了仿真与实际结果的差距。在工艺仿真过程中或结束后都可以进行结果处理与保存，并能够在可视化模块中观测仿真结果。

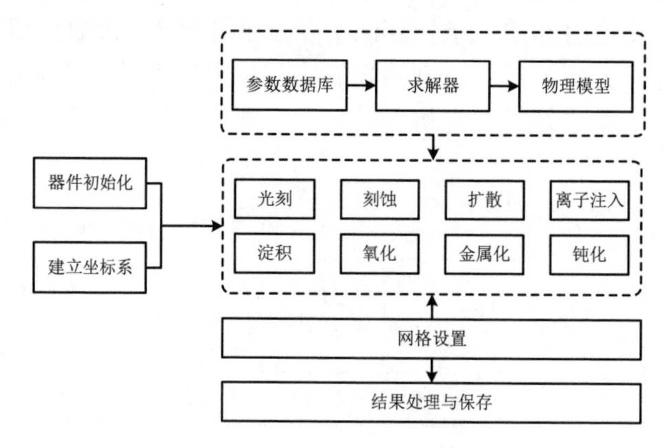

图 5.17 Sentaurus 器件工艺仿真流程

5.4 专用集成电路设计及 SoC 设计

随着半导体工艺技术的发展，集成电路逐渐进入大规模、超大规模时代，集成的晶体管数量达到上亿个，从原来的基本单元电路设计转化为系统级设计，而且用户对集成电路也有了特殊需求，这时专用集成电路设计（Application Specific Integrated Circuit，ASIC）和 SoC 设计成为现代集成电路设计的主要发展趋势。

5.4.1 专用集成电路设计

专用集成电路是指根据特定用户的特定需求而专门设计、制造的集成电路。在专用集成电路出现之前，人们主要使用通用集成电路，但是通用集成电路功能单一、产品种类较少，无法满足广大用户的特定需求，也越来越不能满足飞速发展的微电子系统的需求。因此，用户与集成电路设计公司和工艺厂商协商专门定制满足自己需求的集成电路，此集成电路就是所谓的专用集成电路。专用集成电路的特点是面向用户的特定需求，其在批量生产时与通用集成电路相比具有体积小、功耗低、可靠性高、性能更高、保密性增强、成本低等优点。常用的专用集成电路设计方法有全定制法、半定制法和可编程逻辑法。

1．全定制法

全定制法是指基于晶体管级、所有器件和互连版图都用人工生成的设计方法，这种方法比较适合大批量生产集成度高、速度快、面积小、功耗低的通用集成电路或专用集成电路。全定制法适合规模较小的集成电路，由于从功能设计、电路设计到版图设计等各方面都是按照用户需求定制的，因此集成电路的各方面均能达到理想水平，拥有集成电路面积小、功耗低、定制周期短、工作速度快、性能更高等特性。

全定制法适用于模拟集成电路、数字集成电路及数/模混合集成电路等的定制，其设计流程和 5.1 节介绍的集成电路的设计流程相同，这里不再详细讲述。虽然使用全定制法设计的集成电路主要通过人工设计完成，但是 EDA 工具也发挥着重大作用，电路性能的仿真、版图编辑、版图验证、寄生参数提取及后仿真等均由 EDA 工具完成。

2．半定制法

半定制法分为基于标准单元的专用集成电路设计方法和基于门阵列的专用集成电路设计方法。所谓标准单元就是芯片会大量采用单元电路，这种电路结构单一、功能简单、用途广泛，如反相器，与门、与非门等门电路，组合逻辑电路，寄存器，触发器等。设计者在预先设计单元电路时就已经在功耗、面积、速度等方面了做了最优化设计。基于标准单元的专用集成电路设计方法就是根据特定的规则对设计库中已有的单元电路进行排列，并使其与预先设计好的其他单元电路进行互连从而组合成专用集成电路。由于设计者不需要花费时间专门设计种类繁多的单元电路，因此可以将大量时间和精力用于电路的整体设计和验证中，从而缩短了电路的设计周期。基于门阵列的专用集成电路设计方法是在预先定制的具有晶体管阵列的基片上，通过掩膜版互连的方式完成集成电路设计。由于这种方法提前在基片上制备好了晶体管，因此从预制的半成品出发只需要通过简单的金属互连就可以完成电路设计，特别是在工艺制备阶段大大节省了时间、降低了成本，修改设计也更方便，适于大批量生产。这种方法的主要缺点是基片上的晶体管无法全部被利用，造成芯片面积的浪费，性能也不如使用全定制法设计的集成电路。

基于标准单元的专用集成电路设计方法最重要的是选择合适的单元库或用户建立单元库。单元库包括逻辑符号库、功能参数库和版图库，其中最重要的就是版图库。单元库中的每个标准单元均具有相同的高度，而宽度则视标准单元的复杂程度而有所不同，这样才能在综合布局布线时将各个标准单元连成一个整体。每个标准单元的版图都要经过设计规则检查和仿真验证后方可使用。在所有的标准单元建立后，设计者可以通过电路图输入或高级语言进行标准单元的调用，从而完成集成电路设计。调用标准单元时，设计者只能看到标准单元的外部接口和连线，不过其也并不需要知道标准单元内部的构造。另外，用户建立的单元库也可以供其他用户使用。完成集成电路设计后，集成电路经过自动布局布线可以生成版图，该版图还需要接受设计规则检查和电气规则违例检查。

门阵列分为有信道和无信道两种。有信道门阵列是将各类单元在一个基片上排成阵列，排列成行的各单元之间留有一定的布线通道，由于布线复杂程度未知，因此留出来的布线通道具有一定的宽度，这样能够保证复杂的专用集成电路各单元之间具有 100%的布通率。

由于电路中并不会用到所有的布线通道，因此会造成部分布线通道的浪费，增加了芯片面积。为了避免过多的布线通道造成芯片面积浪费，研究者提出了一种无布线通道的基于门阵列的专用集成电路设计方法，这种方法也称为门海法。当使用门海法时，各单元之间的布线是在无效器件区进行的，这种方法提高了电路的集成密度，在一个晶片上可以集成超过 10 万个门电路。20 世纪末，设计者已经能够在一个晶片上设计出 50 万～70 万个门延迟为 0.4ns 的门电路。

3. 可编程逻辑法

可编程逻辑法是设计者采用生产商提供的通用器件进行自行编程和再构，从而得到所需功能的专用集成电路设计方法。这里说的编程是指设计者对已经制备好的通用器件采用熔断器、电写入等方法实现编程。可编程逻辑法不需要设计者从底层进行电路设计，也不需要进行版图布局布线，这大大提升了设计速度，这种方法通常适用于对底层电路和器件不太了解的设计者，设计者只需要采用相应的开发工具就可以完成设计。由于该方法不仅可以对通用器件进行编程，还可以擦除程序代码，因此其能够重复利用，降低了设计成本。可编程逻辑法主要包括可编程逻辑器件（Programmable Logic Device，PLD）方法和 FPGA 方法。

PLD 以可编程只读存储器（Programmable ROM，PROM）为基础，包括可擦可编程只读存储器（Erasable Programmable Read-Only Memory，EPROM）、电擦除可编程只读存储器（Electrically-Erasable Programmable Read-Only Memory，EEPROM）、可编程逻辑阵列（Programmable Logic Array，PLA）、可编程阵列逻辑（Programmable Array Logic，PAL）、通用阵列逻辑（Generic Array Logic，GAL）等。FPGA 方法是近年来迅速发展起来的一种专用集成电路设计方法，它采用现场编程的方式实现专用集成电路设计。与 PLD 方法相比，FPGA 方法集成度更高，集成规模最高可达几百万门，而且使用灵活，引脚数多（可多达 1000 多个），可以实现更为复杂的逻辑功能。

5.4.2 SoC 设计

随着集成电路特征尺寸的减小，集成电路单位面积上可集成的晶体管、门电路增多，这使得在一个集成电路上完成系统级的设计成为可能。在一个集成电路上实现所有电路模块的集成，包括集成一个或多个微处理器、数字信号处理单元、存储单元，并嵌入软件设计的全部内容，通常将这种设计称为 SoC 设计。完整的 SoC 设计包括系统结构设计（架构设计）、软件结构设计和专用集成电路设计（硬件设计）。与专用集成电路设计最大的区别是 SoC 设计需要明确系统结构，并且通过软硬件协同使系统工作在最佳状态。软硬件协同设计方法是 SoC 设计主要采用的方法。

在传统的系统级设计中，硬件平台的设计和软件开发是分开的，硬件设计师很难正确评估系统结构，而由于硬件系统设计速度的限制，软件开发也很难在硬件平台上及时进行，只有等硬件平台建立好之后才能进行软件开发，这时一旦发现系统设计结构有问题将无法进行硬件平台的修改，这种传统的设计方法使得产品设计周期很长，而且失败的风险很大。

软硬件协同设计是指软件开发和硬件平台设计同步进行。SoC 设计流程如图 5.18 所示。在初始阶段进行系统定义时两者就同步进行，首先，要根据用户需求确定系统定义，即确定系统功能、系统输入、系统输出及基本算法的需求，确定系统定义后，进行高级算法建模与仿真，评估系统定义是否满足设计需求，软硬件划分主要决定系统的哪些功能由硬件平台负责，哪些功能由软件平台负责；然后，进行软硬件接口定义，以便在设计完成后软件平台能够顺利在硬件平台上运行。从系统定义到软硬件接口定义主要由软件设计者来完成，软硬件接口定义完成后，才开始进行硬件平台设计，硬件平台设计和传统的集成电路设计流程相似，主要包括功能设计、行为级描述、行为级验证、逻辑综合、布局布线、后仿真等。而在进行硬件平台设计的同时也要进行软件开发与优化、驱动设计及软硬件集成，最后在硬件平台上进行系统级测试。

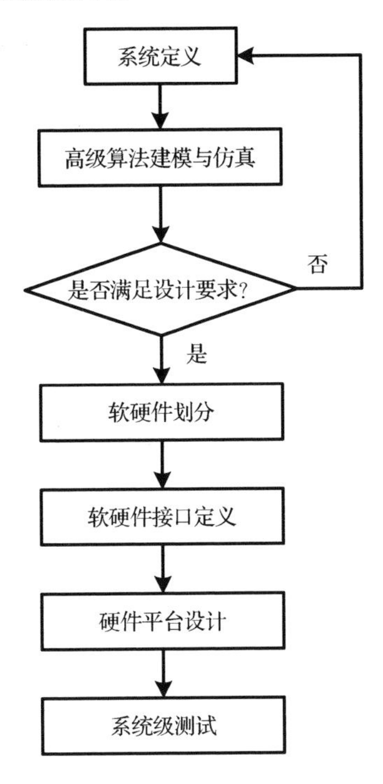

图 5.18　SoC 设计流程

第 6 章 数字集成电路

6.1 组合逻辑电路

6.1.1 逻辑门和布尔代数

布尔方程定义了数字电路的功能。布尔代数假设了两个信号状态：逻辑高，称为逻辑 1；逻辑低，称为逻辑 0。当布尔方程右边的变量为真时，输出函数就是逻辑 1。如果

$$F = AB + CD$$

当 A 和 B 都是逻辑 1，或者 C 是逻辑 1 且 D 是逻辑 1 时，F 就是逻辑 1。F 是一个组合逻辑函数，因为它的值取决于电路的输入（A、B、C、D）。

人们可用逻辑门符号表示布尔方程中的逻辑语句。更重要的是，人们可以建立标准的电子电路来执行逻辑门符号所规定的操作。图 6.1 所示为常见的逻辑门符号。传输门的第三个状态称为高 Z（High-Z）状态，代表高阻态。因为高 Z 状态的电路节点没有到地或到电源的直流（DC）路径，所以高 Z 状态的电路节点是浮动的。传输门的高 Z 状态输出基本上是关闭的，对其他逻辑信号没有影响。有时并联电路被连接在一个共同的电路节点上，必须相互隔离，此时可以使用高 Z 状态。

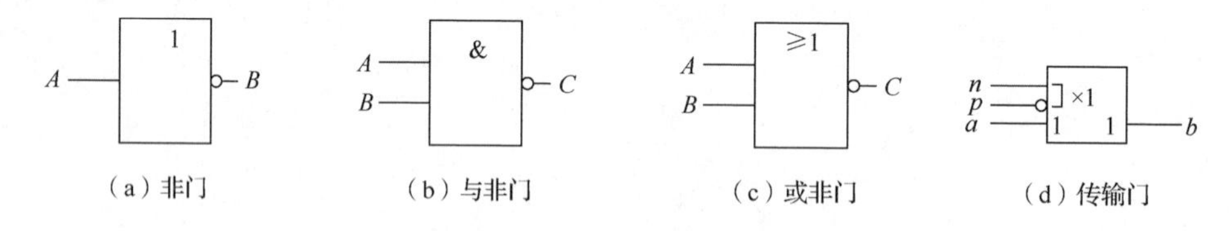

图 6.1 常见的逻辑门符号

逻辑门可通过其输出电压启动一个动作，如交通信号灯响应数字脉冲、汽车制动器和发动机的自动优化性能、厨房烤箱根据指令烘烤、计算机及其显示器进行布尔代数运算。电子设计通常先从布尔语句开始，然后是门的电路实现。布尔方程到逻辑门的转换意义重大，因为人们为每个逻辑门构建了标准电子电路并将这些设计存储在计算机中。

当使用反相信号时，德摩根定律显示了或非门和与非门的等效逻辑，这些等效逻辑很有用，因为与非门和或非门电路分别具有与门和或门不同的时序特性及晶体管布局。德摩

根定理还可以减少执行给定逻辑功能的逻辑门的数量。

$$\overline{X+Y}=\overline{X}\overline{Y} \tag{6.1}$$

$$\overline{XY}=\overline{X}+\overline{Y} \tag{6.2}$$

真值表提供了一种简单的方法来验证德摩根定理的等价性。真值表验证一如表 6.1 所示。真值表验证二如表 6.2 所示。

表 6.1　真值表验证一

X	Y	$X+Y$	$\overline{X+Y}$	$\overline{X}$	$\overline{Y}$	$\overline{X}\overline{Y}$
0	0	0	1	1	1	1
0	1	1	0	1	0	0
1	0	1	0	0	1	0
1	1	1	0	0	0	0

表 6.2　真值表验证二

X	Y	XY	$\overline{X}\overline{Y}$	$\overline{X}$	$\overline{Y}$	$\overline{X}+\overline{Y}$
0	0	0	1	1	1	1
0	1	0	0	1	0	1
1	0	0	0	0	1	1
1	1	1	0	0	0	0

德摩根定理适用于两个以上的逻辑门变量。以下是对任意数量的逻辑变量转换为德摩根等效函数的方法。

（1）原始函数中的乘积（与）项转换为德摩根等效函数中的和（或）项。

（2）原始函数中的和（或）项转换为德摩根等效函数中的乘积（与）项。

（3）在进行德摩根等效函数转换时，所有变量都取反。

（4）原始函数上的上划线转换为德摩根等效函数中的无上划线，反之亦然。

6.1.2　布尔代数和逻辑门的化简

设计者通常追求使用最少数量的逻辑门。因为每个非必要的逻辑门虽然只占用很小的面积，但是当该面积乘以数百万个芯片时，使用最少数量的逻辑门是经济上的必要条件。芯片面积越大，成本就越高，运行速度也可能越慢。本节将给出布尔逻辑恒等式，并提供相应示例。表 6.3 列出了基本的布尔逻辑恒等式，其中与和或操作分别为 XY 和 $X+Y$。

表 6.3　基本的布尔逻辑恒等式

$X+Y=Y+X$	$XY=YX$	$X\overline{X}=0$	$X+\overline{X}=1$
$X+0=X$	$X+1=1$	$(X+Y)+Z=X+(Y+Z)$	$(XY)Z=X(YZ)$
$X\cdot 0=0$	$X\cdot 1=X$	$X(Y+Z)=XY+XZ$	$X+(YZ)=(X+Y)(X+Z)$
$X+X=X$	$XX=X$	$\overline{X+Y}=\overline{X}\cdot\overline{Y}$	$\overline{XY}=\overline{X}+\overline{Y}$

示例如下。

将逻辑电路减少到最小门数，对应的逻辑电路为

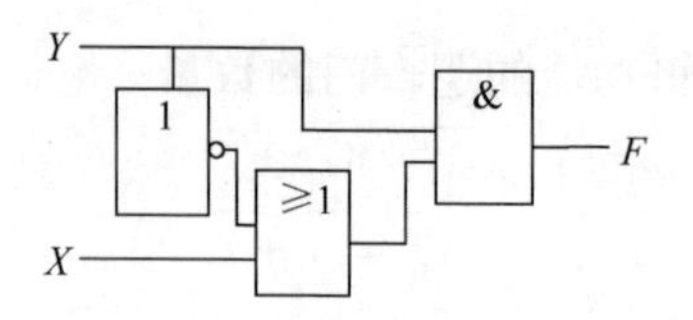

原始函数为

$$F = Y(X + \overline{Y})$$

化简后的函数为

$$F = Y(X + \overline{Y}) = YX + Y\overline{Y} = XY$$

对应的逻辑电路为

X & F
Y

6.1.3 布尔代数到晶体管原理图的转换

使用反相器、与非门、或非门和传输门等基本逻辑门可以构建更复杂的模块。将这些简单的设计扩展到复杂的组合逻辑电路，可以实现任意的布尔代数。这种互补设计具有良好的噪声容限和低静态功耗。CMOS 逻辑模块由两组晶体管（NMOS 管和 PMOS 管）组成，其拓扑结构如图 6.2 所示。

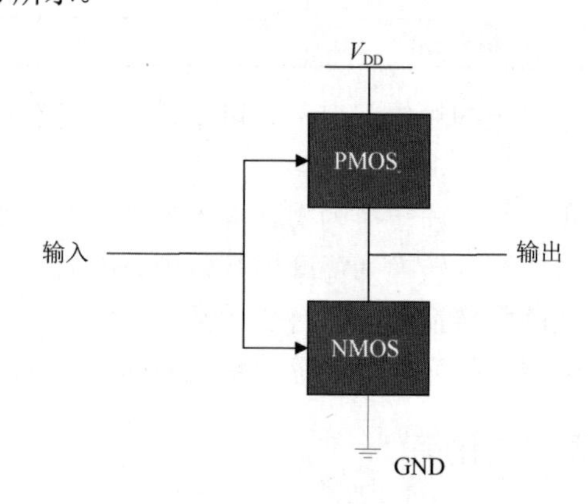

图 6.2 CMOS 逻辑模块的拓扑结构

一组 NMOS 管与一组 PMOS 管配对，PMOS 管连接在电源和逻辑门输出端之间，而 NMOS 管则连接在逻辑门输出端和地之间。

NMOS 管的网络被称为下拉网络，PMOS 管的网络被称为上拉网络。当 PMOS 管被激活时，上拉网络将输出节点向上拉到 V_{DD}；当 NMOS 管被激活时，下拉网络将输出节点向下拉到地。

布尔代数转换为晶体管原理图的设计过程简单明了，具体过程如下。

（1）用以下规则推导出 NMOS 管的拓扑结构。

① 布尔代数中的乘积项用串联的 NMOS 管实现。

② 和项被映射到并联的 NMOS 管上。

（2）相对于下拉网络，上拉网络具有双重或互补的拓扑结构，这意味着下拉网络中的串联的晶体管在上拉网络中并联，NMOS 管中的并联连接转换为 PMOS 管中的串联连接。

（3）如果需要非负值（正值）功能，那么在逻辑门输出端添加一个反相器，在与非函数或或非函数中加入反相器可以产生与函数或或函数。

6.2　时序逻辑电路

布尔运算定义了计算机必须做什么操作，这些操作发生在组合逻辑电路中，但需要更多的东西来组织大量的布尔网络。简单地说，人们可以拥有一个巨大的组合逻辑电路，但大量的电路路径会导致延迟变得十分长，使设计缓慢甚至不可行。比较好的解决上述问题的方法是将整个布尔运算分解为多个部分，其中部分运算临时存储在较小的布尔网络之间。这种方法称为流水线，这时人们需要一种特殊类型的存储电路来协调组合逻辑数据与时钟的传输。用时钟协调组合逻辑数据处理的电路是时序逻辑电路的一种形式。时序逻辑电路任一时刻的输出信号不仅取决于当时的输入信号，还取决于电路原来的状态。时序逻辑电路分为同步时序逻辑电路和异步时序逻辑电路。最常见的时序设计为同步设计，其中主时钟频率控制所有操作。

同步设计中的时序逻辑电路有两个或多个输入及一个或两个输出（图 6.3）。输出逻辑状态取决于在前一个时钟周期加载的输入逻辑状态，输出逻辑状态是 Q 和 $\bar{Q}$。输入逻辑状态可以是多种类型，如数据输入、时钟、设置和复位。通常，最少包括数据输入信号（D）、数据输出信号（Q）和时钟（Clk，即 C）。

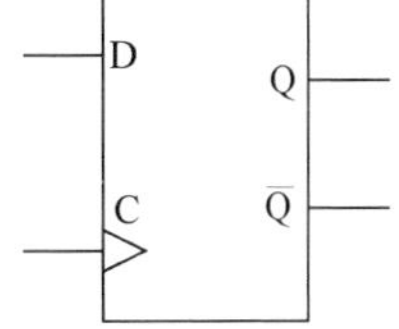

图 6.3　时序逻辑电路示例

6.2.1　CMOS 锁存器

图 6.4 显示了一种包含两个反相器的简单电路，它被称为 CMOS 锁存器，在操作中，电路的一边是逻辑 1，另一边是逻辑 0。如果将强逻辑 1 施加到 Q 节点，晶体管 N_2 打开，P_2 关闭，将 $\bar{Q}$ 降到地或逻辑 0。$\bar{Q}$ 上的零电压被反馈到 N_1-P_1 反相器输入，打开 P_1，关闭 N_1。这个正反馈回路保持着逻辑状态，直到一个不同的逻辑值将 CMOS 锁存器过渡到另一个逻辑状态。当一个电路回路连接的输出信号与输入信号同相时，这个电路就被称为正反馈电路。正反馈是稳定存储电路的关键。

图 6.5 所示为输入 D 输出 Q 的双逆变锁存电路。锁存器是一种存储电路，它被广泛使用或作为更复杂的存储电路的基本单元。只要通电，锁存器就能保持其逻辑状态，或者直至锁存器的逻辑状态被不同的外部逻辑状态所覆盖。当对一个输入 D 施加一个强的驱动时，锁存器输出 Q 将获得并保持逻辑状态 $Q=\bar{D}$。锁存器的输出直接反映输入，这在有噪声的情况下会产生问题。这就是锁存器的透明特性，透明特性通常是不可取的。

1．时钟锁存器

时钟锁存器的门级设计如图 6.6 所示。图 6.6（a）显示了使用二输入或非门的时钟锁存器的门级设计。当 $C=y=1$ 时，第一组二输入或非门的输出是逻辑 0。这是两个输出二输入或非门的非控制性逻辑状态输入。因此，反馈到两个输出二输入或非门输入的 Q 和 $\bar{Q}$ 设定了一个稳定的逻辑状态。如果 $Q=1$，那么底部输出二输入或非门被驱动到 $\bar{Q}=0$。$\bar{Q}$ 反馈给上部二输入或非门一个逻辑 0，设置并保持 $Q=1$（$\bar{Q}=0$）。锁存器一直保持其逻辑状态，直到输入信号发生变化或失去电源。

当 $C=0$ 时（对输入二输入或非门的非控制逻辑状态），D 和 $\bar{D}$ 有一个清晰的路径来设置输出或非门锁存器，当 $C=1$ 时，新的数据就会被储存起来，直至下一个时钟变化；当 $C=0$ 时，锁存器是透明的。

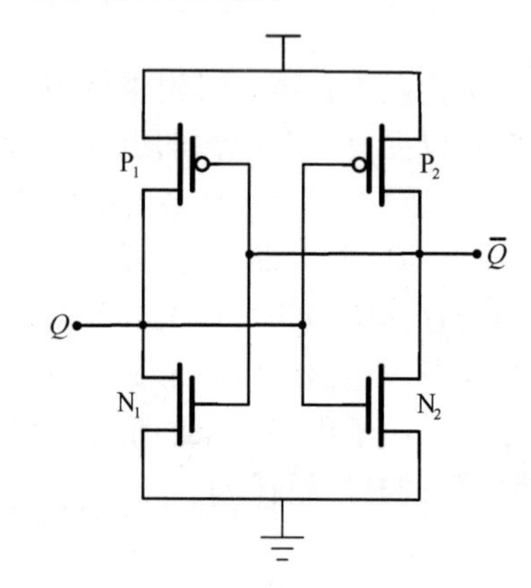

图 6.4　CMOS 锁存器

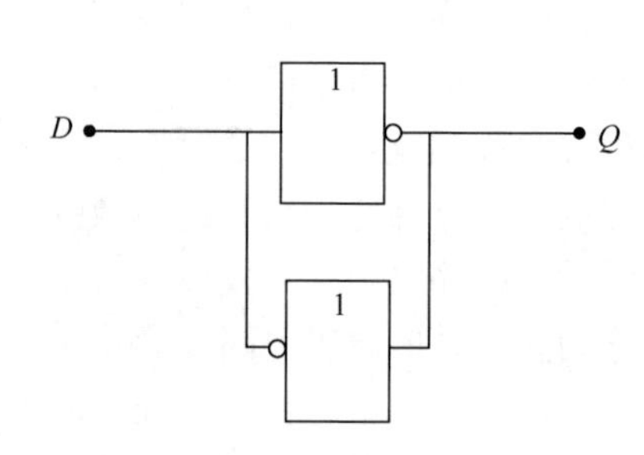

图 6.5　输入 D 输出 Q 的双逆变锁存电路

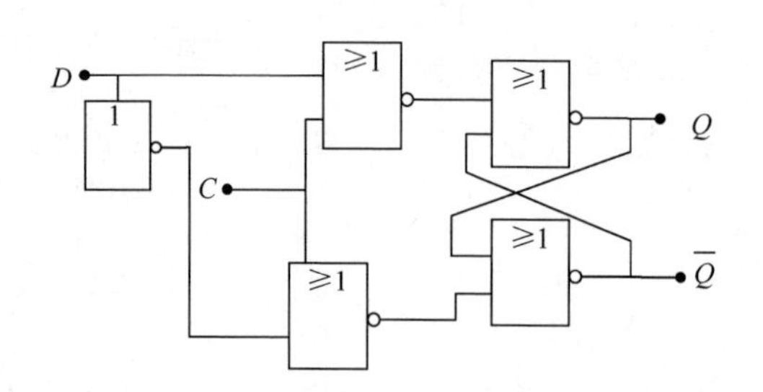

（a）时钟锁存器的门级设计，设置 $C=0$

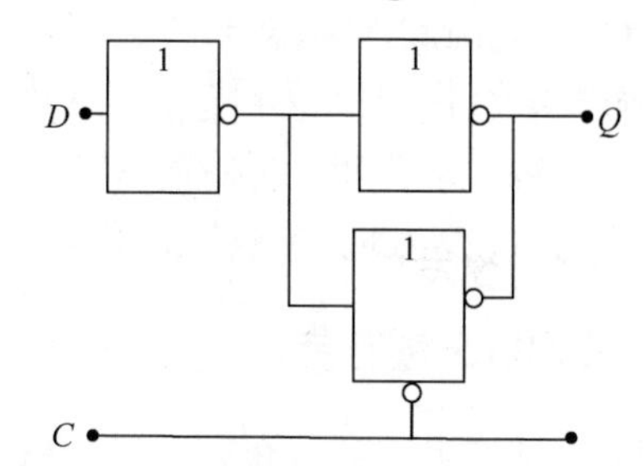

（b）门级设计三态逆变级示意图，设置 $C=1$

图 6.6　时钟锁存器的门级设计

减少晶体管数量通常是电路的设计目标，图 6.6（b）显示了具有两个三态反相器和一个普通反相器的紧凑型 CMOS 锁存器的三态反相器设计。因为一个时钟控制着两个反相器的三态输入，所以当一个反相器处于三态（高 Z 状态）时，另一个反相器不处于三态。当 $C=1$（第一个三态反相器的输出是有效的）时，反馈反相器处于高 Z 状态，锁存器的输出对 D 透明。当 $C=1$ 时，数据进入锁存器。当 C 为低电平时，第一个反相器的输出处于高 Z 状态，反馈三态反相器将 Q 锁定到 D。

2. 门控锁存器

传输门是控制锁存器中数据的重要单元。图 6.7 所示为带有两个传输门的门控锁存器。当 T_1 打开时，D 被驱动到反相器 I_1 中，使输出的逻辑状态 $Q=\bar{D}$，T_2 关闭。当数据在锁存器中稳定后，C 的状态改变为 $C=0$ 后，T_1 关闭，T_2 打开。现在将 Q 与 D 隔离，并且锁存器将保持其状态，因为两个反相器通过 T_2 连接。一个新的驱动信号 D 必须足够强，以覆盖反相器并存储一个新的数据，这就是锁存器通常被设计成具有小宽长比的弱电晶体的原因之一。只要 T_1 上的控制信号处于激活状态，*D* 和 *Q* 之间就是透明的。

图 6.7 中，T_2 必须保持关闭，直到 I_2 输出的信号稳定下来，这确保了 T_2 上的电荷平等，这样 T_1 可以关闭，T_2 可以打开，而不会降低信号。*Q* 与 *D* 隔离，*Q* 通过 T_2 的正反馈回路保持在一个永久的记忆状态。这是第一次接触控制数据所需要的精确的时序。

图 6.8 所示为门控锁存器的 *D*、*C* 和 *Q* 的时序波形。在我们的例子中，设计顺序是在门控锁存器的时钟信号 *C* 之前输入 *D*，当 $C=0$ 时，T_1 是关闭的（而 T_2 是打开的）；当 *C* 为 0～1 时，T_1 打开，让新数据进入锁存器。数据进入锁存器后，T_2 关闭，从而防止 I_2 中的晶体管与通过 T_1 驱动 *D* 的输入电路中的晶体管之间发生信号竞争。在信号瞬态稳定后，I_2 的输出等于 I_1 的输入，此时 T_1 可以关闭，T_2 打开。因为 T_2 上的节点电压是相等的，所以当它打开时，T_2 上没有瞬时电荷转移。这很重要，因为 T_2 上的瞬时电荷转移会影响从 *D* 到 *Q* 的整体时间延迟。

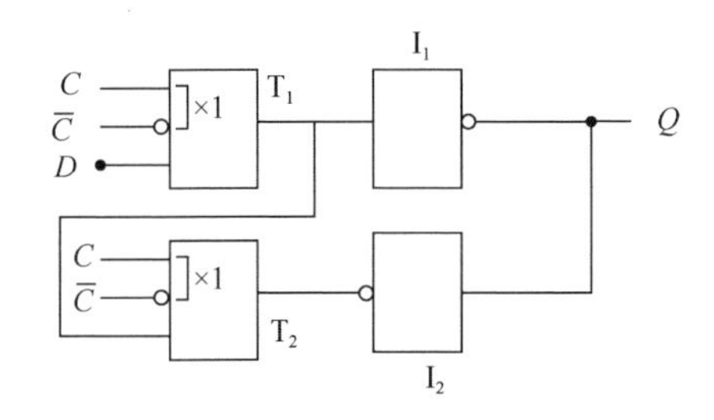

图 6.7　带有两个传输门的门控锁存器

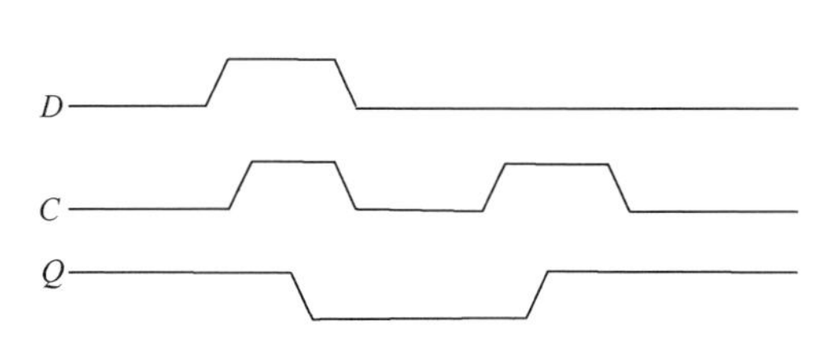

图 6.8　门控锁存器的 *D*、*C* 和 *Q* 的时序波形

6.2.2　边沿触发的存储元件

大多数数字设计通过边沿触发的触发器（Flip-Flop，FF）为布尔运算从一个阶段到另一个阶段的序列提供时钟。时钟决定了新数据何时被 FF 接收，以及这些数据何时被释放给下游的组合逻辑电路。D-FF（Delay-FF）是一种常见的边沿触发设计，它将存储上一个时钟周期的数据，并在下一个时钟周期将该数据驱动到输出节点，这样在两个时钟周期的数据传输消除了透明度。*C* 转换时间或边缘是数据接收和存储的时间参考点。

图 6.9 所示为 D-FF 的边沿触发响应。图 6.9 中的两个时钟波形表示上升沿和下降沿的触发。数据将在时钟的有效转换时间里从前一个时钟脉冲转移到 FF 输出。这些边沿也成为建立时序规则的参考点。设计时可以使用上升沿触发的 FF，也可以使用下降沿触发的 FF，但设计者常选择上升沿触发的 FF。

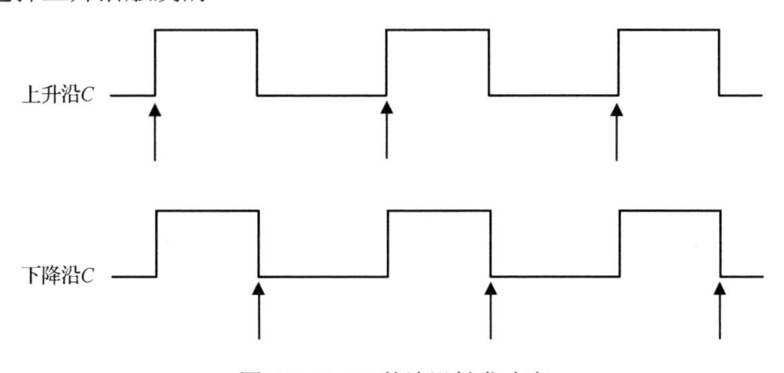

图 6.9　D-FF 的边沿触发响应

1. D-FF

FF 有几种设计，如 D-FF、T-FF、JK-FF 和 SR-FF。本节介绍边沿触发的 D-FF，因为它通常是数字集成电路中最常见的 FF。图 6.10 所示为由两个串联的门控锁存器组成的边沿触发的 D-FF。连接两个门控锁存器的表面简单性是有欺骗性的。

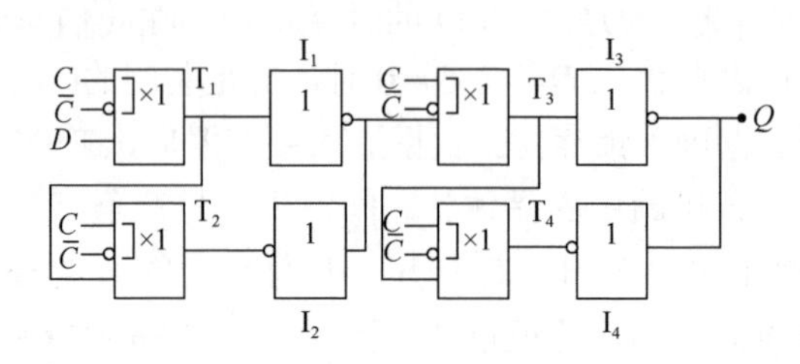

图 6.10　由两个串联的门控锁存器组成的边沿触发的 D-FF

在图 6.10 中，第一个门控锁存器（从左到右）称为主锁存器，第二个门控锁存器称为从锁存器。I_1、I_2 与 T_2 组成主锁存器。T_3 将两个门控锁存器分开，控制数据适时从主锁存器传输到从锁存器。I_3、I_4 与 T_4 组成从锁存器。每个传输门都有一个独特的功能，取决于时钟是逻辑高电平还是低电平。主锁存器在时钟信号反向时接收 D，并在下一个时钟脉冲的正边将该数据传输到从锁存器的 Q。这样在时钟的连续逻辑状态下将 D 与 Q 隔离，消除了 D 到 Q 的透明度。注意，Q 可以从 I_4 的输出端获得。

当 $C=0$ 时，先打开 T_1，D 通过 T_1 进入 I_1 和 I_2，此时 T_2 是关闭的。第一阶段的操作必须等待，直到信号稳定，然后 C 可以从逻辑 0 变为逻辑 1，即关闭 T_1，打开 T_2 和 T_3。如果 T_2 在其 I/O 节点沉淀之前打开，则会发生瞬时电荷移动，影响计时精度。

C 的上升沿打开 T_3，关闭 T_4，来自主锁存器的数据通过 T_3 进入 I_3 和 I_4，在 I_4 的输出端沉淀。当 I_4 的输出等于 I_3 的输入时，C 可以再次改变极性，隔离主锁存器和从锁存器，此时 T_3 关闭。C 的脉冲宽度必须足够宽，以满足这一延迟。T_1 和 T_3 从未同时开启，T_2 和 T_4 也是如此。每个传输门在时钟信号的控制下，通过存储元件起到引导数据的作用。

C 电平是很重要的，但数据释放到 Q 是在 T_3 的 C 边沿开始的。从 T_3 的时钟边沿开始，到 Q 进入新的逻辑状态，会有一个短暂的延迟，这就是所谓的 C-Q 延迟。C 边沿是本节即将讨论的电路时序参数的时序参考标志。

T_3 上 C 的极性定义了主锁存器的数据释放是对时钟的正沿还是负沿敏感。如果 T_3 的 NMOS 管被 $\overline{C}$ 驱动，而 PMOS 管被 C 驱动，那么数据将在下降沿通过。上升沿或下降沿触发时机由设计者来选择，两种极性都如此。通常上升沿更常见，而下降沿有时可能提供局部的时间优势，在下一个下降沿转换时激活电路而不是等待下一个上升沿。

边沿触发的 D-FF 的基本工作原理对理解数字集成电路必须遵循的时序规则很重要。主从边沿触发电路可以精确控制所有触发器改变状态的时刻。因此，本节将介绍上升沿触发的寄存器时钟的过程。

2. 时钟逻辑状态

1）$C=0$

在图 6.10 中，当 $C=0$ 时，T_1 传递数据。同时，T_2 和 T_3 是关闭的，因为 T_3 是关闭的，

所以两个门控锁存器中的数据是被隔离的。数据可以被加载到主锁存器中，与从锁存器中作为 Q 的数据无关。这种隔离为寄存器存储单元提供了所需的非透明度。

通过在数据加载期间保持 T_2 关闭，可以防止在 I_1 的输入端发生信号竞争。数据可以在没有反馈回路干扰的情况下更快地被加载到主锁存器单元。同时，从锁存器被隔离，传输门的 C 在 Q 处保持状态不变。Q 驱动下游的组合逻辑子电路节点。当 $C=0$ 时，它必须保持足够长的时间，使通过 T_1 的信号在 T_2 的输入端沉淀。

2）$C=1$

T_1 关闭，主锁存器与新传入的数据隔离。T_2 打开，在驱动从锁存器时保持主锁存器的逻辑状态。T_3 开启，数据从主锁存器传到从锁存器。当 $C=1$ 时，T_4 关闭，与主锁存器操作类似，这允许数据进入 I_3 和 I_4，而不会在 I_3 的输入端发生信号竞争。$C=1$ 的脉宽时间必须允许信号在 I_4 的输出端稳定下来。T_3 可以被关闭，T_4 被打开，新的数据被存储为 Q，C 返回低状态，接收新的数据进入主锁存器。

3）时钟有效边沿

T_3 上的 C 边沿是 D-FF 中数据传输动作开始的时间标志，T_3 将在 C 的上升沿传递数据，T_3 中 C 的极性控制着 D-FF 是上升沿还是下降沿触发的存储器元件。

如果把图 6.10 中的传输门上的所有 C 极性颠倒过来，那么信号将在 C 的下降沿通过。当 T_1 和 T_3 响应时，它们在一个小的、有限的时刻是同时打开的。例如，如果 C 瞬间处于 $V_{DD}/2$，那么所有的传输门都会微弱地打开，由于上升和下降时间很短，因此假设 T_1 和 T_3 的同时打开可以忽略不计。

6.2.3 边沿触发器的时序规则

数据通过图 6.10 中两个门控锁存器的顺序及数据和时钟信号的相对到达时间需要精确的时序规则，此规则取决于特定的内部路径延迟。人们为了分析电路定义了七个时序参数，这些参数是从早期计算机电路的经验中总结而来的，大多数时序参数都以 C 边沿为参考，由于工艺制造上的不完善，每个时序参数都会有很大的统计变化。

时序参数所定义的延迟限制了芯片的最大时钟频率，违反时序规则会导致芯片无法工作。图 6.11 所示为 FF 的 D、C 和 Q 波形。

计时测量的有关内容如下。

1）建立时间

t_{su} 是 D 必须先于 C 的最小时间，是数据进入第一个门控锁存器的电路稳定时间，它是 T_1、I_1 和 I_2 延迟的一个函数。t_{su} 必须大于数据从 D 输入 T_1、I_1 和 I_2 的传播延迟。

2）最小建立时间

$t_{su,cd}$ 是 D 必须先于 C 的统计最小时间，这是一个制造过程中统计变化的函数（cd 表示污染延迟或最小延迟），它是基于工艺变化过程中估计的 T_1、I_1 和 I_2 的最短预期延迟。

3）保持时间

t_{hold} 是 D 在时钟边缘后必须保持其状态的时间，它是 C 上升沿和关闭输入 T_1 之间的延迟。当 T_1 打开时，输入的 D 可以改变。t_{hold} 是从时钟边沿到其到达 T_1 和 T_3 的任何元器件延迟的函数。

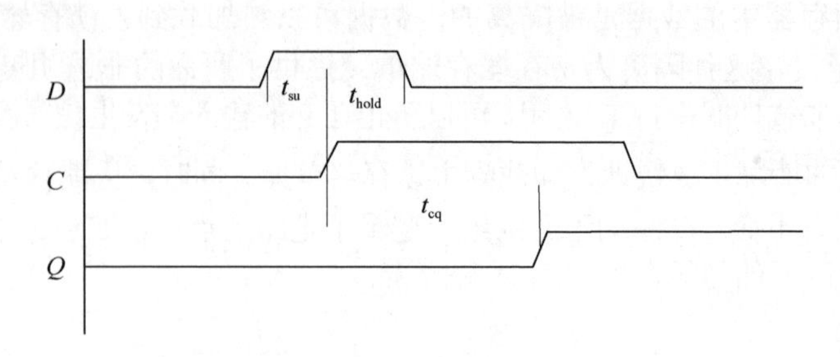

图 6.11　FF 的 D、C 和 Q 波形

4）时钟到 Q 的时间

t_{cq} 是 C 边沿和信号到达输出节点 Q 之间的最大时间，它是 T_3 和 I_3 中传播延迟的函数。

5）最小 t_{cq}

$t_{cq,cd}$ 是 C 边沿和信号到达输出节点 Q 之间的统计最小时间，在工程分析中，$t_{cq,cd}$ 通常是基于随机的或系统的影响信号路径延迟的变量。

6）时钟脉冲宽度

t_{cw0} 是 $C=0$ 时的最小时钟脉冲宽度，是主锁存器的信号节点稳定时间，它是让 I_2 输出等于 I_1 输入的时间。

t_{cw1} 是 $C=1$ 时的最小时钟脉冲宽度，是从锁存器的信号节点沉淀时间，它是让 I_4 输出等于 I_3 输入的时间。

数据在时钟边沿之前至少有一个建立时间，在 C 边沿之后，数据必须保持稳定的时间为 t_{hold}。保持时间是必要的，以确保考虑时钟转换时间和关闭输入 T_1 之间的任何延迟，如果 T_1 在新数据到达时没有关闭，则会破坏数据，在确定时钟有时间关闭输入 T_1 之前，不允许改变 D。t_{su} 和 t_{hold} 的和规定了 D 必须保持稳定的最小时间。

6.2.4　D-FF 在集成电路中的应用

D-FF 被大量用于建立存储寄存器（图 6.12）。平行输入平行输出的数据寄存器是由 D-FF 构成的。图 6.12 显示了两个正向触发的两位寄存器，有一个 C 和输入每个 FF 的 D，寄存器之间还有一个组合逻辑块。

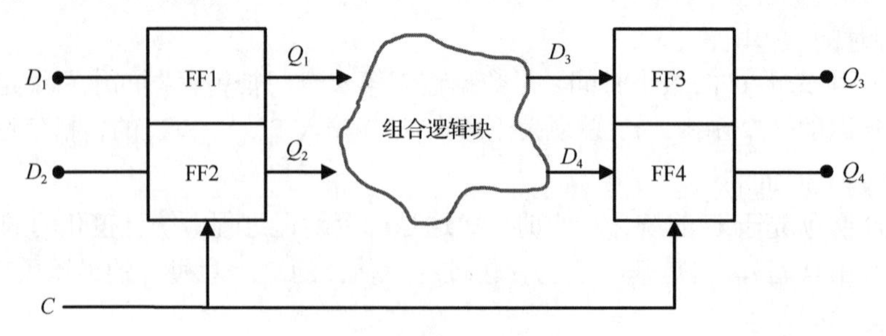

图 6.12　建立存储寄存器

当 $C=0$ 时，D_1、D_2、D_3 和 D_4 被其 FF 主锁存器接受，D_3 和 D_4 是上一个 C 脉冲的数据。在 C 的下一个上升沿，每个 FF 将数据送到从锁存器，它们的输出 Q_1、Q_2、Q_3 和 Q_4

将该数据输送到下一个组合逻辑块进行处理。每个寄存器上的 C 边沿控制着发生这种情况的确切时间，D、C 脉冲边沿和内部传播延迟的时间有一个精确的程序。

6.2.5　时钟产生电路

时序逻辑电路通常包含时钟模块，用来实现时钟生成和分配。主时钟振荡器通常从安装在 PCB 上的晶体振荡器产生一个片外时钟脉冲。PCB 是许多集成电路和分立器件在薄的玻璃纤维层压板上的装配，执行专用功能。PCB 在较大的板子上有很大的负载电容和电感（互连线），该板对高频信号（>200MHz）来说不是一个好的环境。一种解决方案是使用低频（50～166MHz）的 PCB 晶体振荡器电路，并将该低频时钟通过板上的导线传输到每个芯片上。每个芯片都有一个特殊的电路，称为锁相环（Phase Locked Loop，PLL），它可以将主时钟的频率转换为适合芯片规格的更高（或更低）的同步时钟频率。几乎所有的微处理器类型的芯片都有一个 PLL。

图 6.13 所示为 PLL 和时钟分布。当 PCB 上的主时钟 f_{osc} 进入 PLL 时，使其频率乘以一个常数 N，将其相位与从电路深处的定时节点获取的时钟信号进行比较。

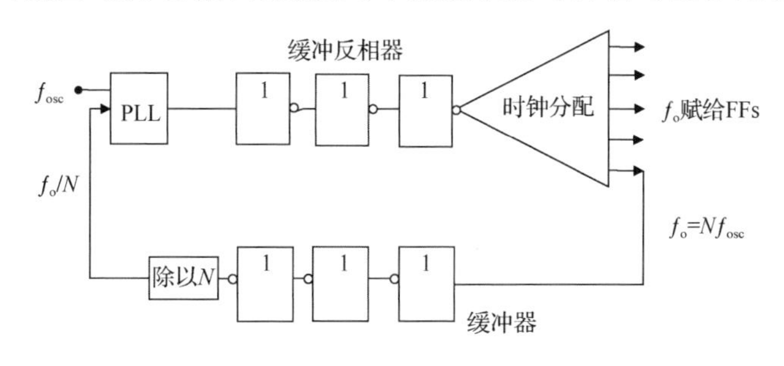

图 6.13　PLL 和时钟分布

除以 N 数字块将一个较低频率的时钟 f_o/N 送入 PLL，但 PLL 有一个不寻常的特性，即通过将定时节点的频率除以 N，PLL 的输出将 PCB 参考频率 f_{osc} 乘以 N，较低的 f_o/N 输入频率与 f_{osc} 相位同步，PLL 输出的频率 f_o 为 f_{osc} 的倍数，该频率被分配到整个集成电路的许多 FF。互连线中的缓冲反相器是必要的，以尽量减少路径延迟。整个电路是锁定频率为 f_o 的负反馈电路。

PLL 和时钟分配电路：将较低频率的电路板时钟转换为较高频率的芯片时钟；将芯片时钟信号分配给数千个或数百万个边沿触发的存储器元件；确保这些分配的时钟信号完全同步，以便能够发生稳定的高频操作。由于违反建立时间和保持时间可能会导致芯片故障，因此管理时钟到达时间是具有挑战性的。

图 6.14 所示为 PLL 的主要组成部分。当 f_{osc} 和 f_o/N 不一致时，相位检测器会检测相位差。错位的信号会驱动电荷泵，电荷泵根据错位情况，要么开启一个上拉电流源，要么开启一个下拉电流源。低通滤波器平稳了电荷泵的快速转换，并将电荷泵输出转换为一个缓慢的准直流信号，用来作为 VCO 的控制信号。

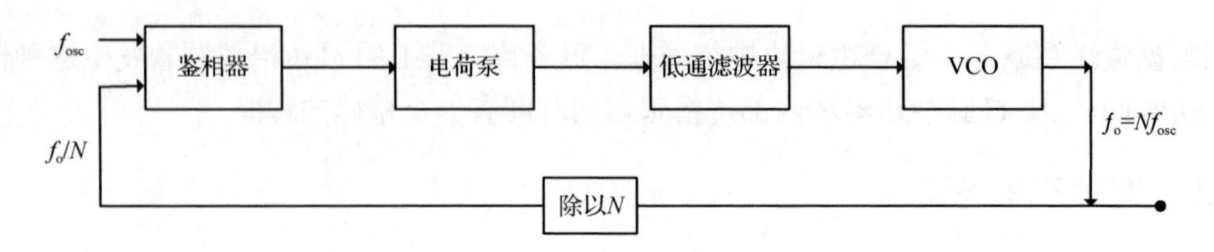

图 6.14　PLL 的主要组成部分

图 6.15（a）所示为相位检测电路。相位检测器由两个正边沿 FF、一个与门组成。与门输出连接每个 FF 的复位端，当与门输出逻辑 0 时，复位信号立即驱动 FF 输出逻辑 0，而且这种驱动与输入时钟无关。主时钟 f_{osc} 驱动 FF-A 的时钟输入，而芯片反馈频率 f_o/N 驱动 FF-B 的时钟节点，V_{DD} 连接两个 FF 的 D 输入端。

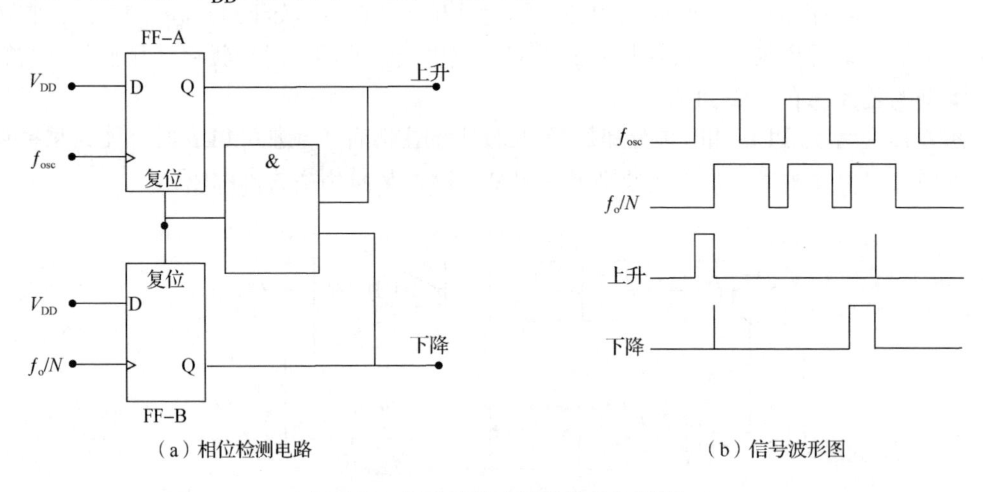

（a）相位检测电路　　（b）信号波形图

图 6.15　相位检测电路及信号波形图

图 6.15（a）中的上升信号取自 FF-A，下降信号取自 FF-B。当两个 FF 都是逻辑 1 时，与门响应并通过复位节点驱动两个 FF 到逻辑 0，FF 对上升的时钟边沿做出反应。所以，如果两个时钟输入信号都是逻辑 1，那么上升和下降信号保持在逻辑 0，没有纠错信号被驱动到充电泵。纠错开始于信号相位不同的时间和它们不同的时间长度。

图 6.15（b）所示为信号波形图，波形中的两个突变对应复位端被激活前电路中的延迟时间。重点关注两个时钟的上升沿，以帮助解释上升/下降的波形。

电荷泵可以被认为是添加了特殊偏置和信号引导晶体管的改良型 CMOS 逆变器。当 PMOS 管和 NMOS 管处于饱和偏置模式时，它们可作为恒流源上拉和下拉器件，上拉和下拉信号可控制电荷泵的输出节点电压。

图 6.14 中的低通滤波器消除了电荷泵输出中的高频成分。滤波后的信号包含必要的相位和频率信息来驱动 VCO 的 V_{DD}，VCO 输出的频率在所需的芯片频率上，V_{DD} 的变化会影响 VCO 的输出频率和相位。

VCO 的常见设计为使用环形振荡器（Ring Oscillator，RO）将奇数个反相器串联起来，最后一个反相器的输出与第一个反相器的输入相连，如图 6.16 所示。当电源应用于 RO 时，系统中的噪声在其中一个反相器（如第一个反相器）的输入端启动一个逻辑信号，该信号在通过该链时被连续反转并放大为一个逻辑电平，在总路径延迟的情况下，最后一个反相器的输出到达第一个反相器的输入端，但其逻辑电平与原始信号相反。第一个反相器改变了当前的状态，这个过程重复进行。信号在链中“荡漾”，在同一时刻只有三个反相器处于开启状态。典型的RO反相器数量为5个到100多个。反相器的数量越少，RO的频率越高。

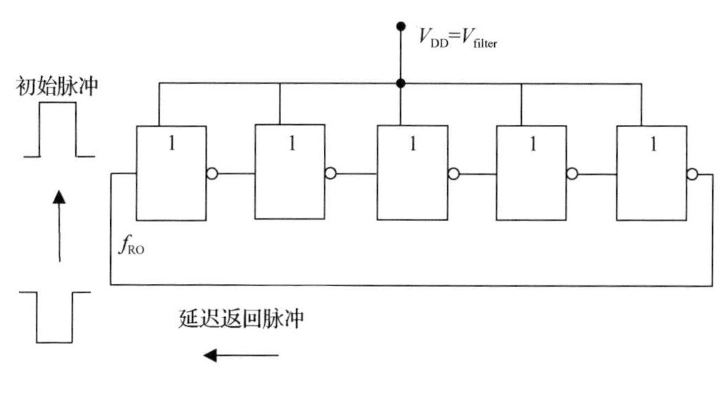

图6.16 RO

环路周围的信号延迟设定了VCO的周期。由于晶体管的电流驱动强度取决于V_{DD}，每个反相器对负载电容器进行充电和放电的能力是V_{DD}的函数。当V_{DD}增大时，RO的频率升高；当V_{DD}减小时，RO的频率降低。V_{DD}或V_{SS}的任何噪声都会被敏感地传递到RO的频率上。当VCO的输出通过线路缓冲器驱动本地或区域时钟节点时，PLL的整体功能就完成了。

6.3 存储器电路

计算机以多种方式存储信息，FF具有临时存储功能，将数据移动同步到每个时钟周期。存储器电路用于处理大量数据的长期存储。数据以单个位信息的形式存储，位的集合可以并行分组为一个数字。当有更多内存可用时，计算机性能会得到提高，尤其是这些数据存储在芯片中时。

存储器有许多类型，如静态随机存取存储器（Static Random Access Memory，SRAM）、DRAM。“随机”这个词描述了一些内存类型，并不是字面上的意义，而是任何内存位置都可以独立于任何其他位置进行寻址。这与记忆形成鲜明对比，记忆的信息检索依赖于记录数据的顺序，如先进先出（First In First Out，FIFO）存储器或后进先出（Last In First Out，LIFO）存储器。随机访问是一个松散、不准确的短语，适用于大多数内存类型。

ROM是一种只读存储器，用于存储永久信息，一旦写入数据就无法对其进行更改，它会在电源关闭时保存数据。EPROM是非易失性的可编程只读存储器。EPROM可以在产品生命周期内进行电编程和电擦除。FLASH是一种高密度非易失性存储器，可以电读写新数据，它有许多大容量应用，包括手机、数码相机和小型便携式闪存驱动器。

虽然这些不同类型的存储器都很重要，但此处只强调两种存储器。第一种是SRAM，现代微处理器芯片可能会将其总晶体管数量的65%以上用于嵌入式SRAM电路中。如果内存访问是在芯片上而不是在PCB的单独内存芯片上，那么系统可以运行得更快。SRAM是在计算芯片上嵌入存储器的首选设计。只要电路通电，SRAM 就会保留其信息。然而，SRAM 的存取速度相对较快且易于与 CMOS 制造技术兼容。第二种是 DRAM。DRAM 集成电路通常是专用于存储数据的独立芯片，这些数据通过电路板上的走线连接到主机处理器集成电路中。DRAM 具有需要不断刷新时钟的小型动态单元，但它们具有千兆位的存储容量。DRAM 的存取速度相对较慢且易失，但以低成本获得大存储量。DRAM 存储单元很小，提供非常密集的存储芯片。具有最小金属和晶体管尺寸的集成电路模块的典型代表为DRAM。

这里介绍 SRAM，是因为 SRAM 被用于现代集成电路的嵌入式存储器中，而 DRAM 则用来说明一种完全不同的大容量设计。存储单元存在三种状态，即待机、读取和写入状态。通常情况下，存储单元大部分时间都处于待机状态，其存储的数据不受周围数字信号的干扰。

6.3.1 存储器电路的结构

图 6.17 所示为存储器电路系统图。它可以是一个完整的集成电路，也可以作为子电路被嵌入一个集成电路中，如微处理器、游戏、DSP 或控制器芯片。矩阵中的每个存储单元都将一位数据存储为逻辑 0 或逻辑 1。图 6.17 中显示了一个小型 16 位存储器电路。有序行和垂直列线控制对单个位单元的读取或写入，或者可以将一些核心单元分组为数字。

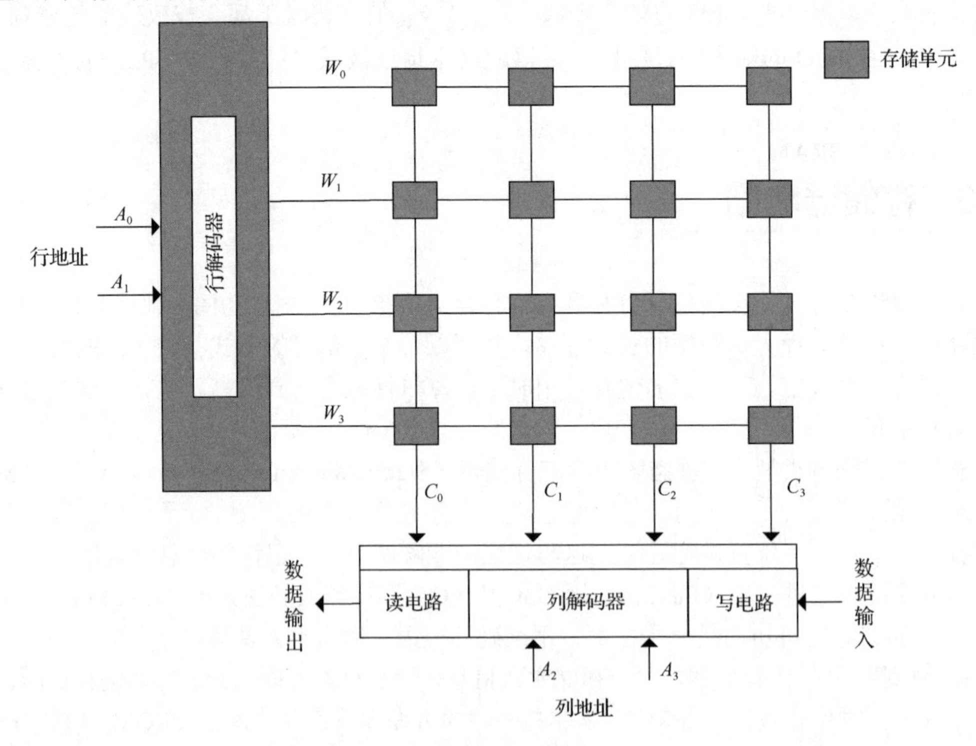

图 6.17 存储器电路系统图

大多数存储器使用一个地址字来选择特定的位。一个 n 位地址字分为两部分，一部分包含 m 位，另一部分包含 k 位，如图 6.18 所示。有 2^m 行和 2^k 列，内存中的单元总数为 $2^{m+k}=2^n$，4 位地址字有 16 个值，每个值对应 16 个存储单元之一。图 6.17 中的 16 位存储器通常对于实际使用来说太小了。兆位和千兆位的内存大小很常见。字线通过长的掺杂多晶硅互连线连接到许多单元晶体管上，它具有皮法或数百飞法数量级的大电容和相对较高的电阻。列线具有较低的金属电阻并且承载大电容，列线和字线都需要缓冲驱动器。

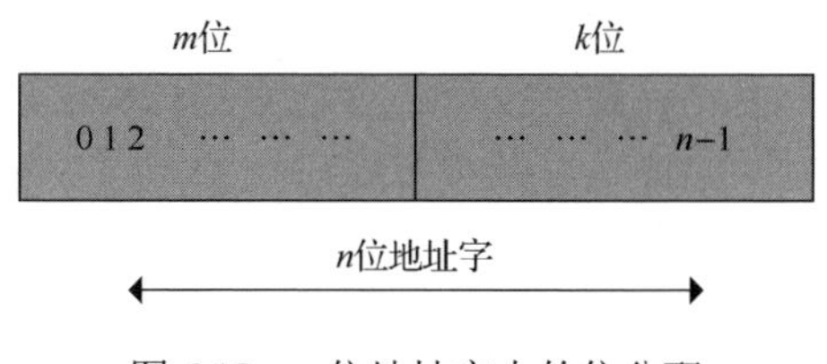

图 6.18　n 位地址字中的位分配

为了将尽可能多的存储器电路封装到芯片中，人们需要设计芯片面积小的解码电路。行地址位被解码为激活单独的字线 W_0、W_1、W_2、W_3。列地址位被解码为单独的列线 C_0、C_1、C_2、C_3，也称为位线。特定激活的列线和行线的交点以存储单元为目标进行读或写操作。

列线可以被连接到写电路和读电路中。写电路和读电路是不同的。新输入数据被路由到一个由地址解码器激活的特定单元，并通过选定的列线写入指定的单元中。读取命令与地址解码器协调以选择一个单元的行和列地址，并通过位线将单元逻辑值驱动到数据输出节点的读出放大器。虽然该放大器显示的是单个比特单元的选择，但列解码器可以并行激活多个列，以选择 2 位、4 位或 8 位字。

6.3.2　存储单元

图 6.19 为 SRAM 单元，两个反相器形成一个锁存器，其数据输入和输出由两个称为存储器存取晶体管（M_5、M_6）的 NMOS 通电晶体管控制。每一列有两条位线 BL 和 $\overline{BL}$，当字线被激活（WL = 1）时，存储器存取晶体管就会打开并连接到内存中，将锁存器节点 Q 和 $\overline{Q}$ 分别连接到位线 BL 和 $\overline{BL}$，并且位线将数据带入和带出支持写与读操作的单元。

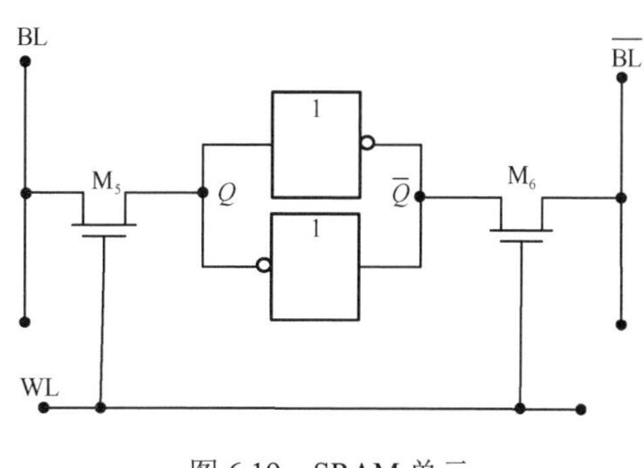

图 6.19　SRAM 单元

图 6.20 所示为 SRAM 单元的六晶体管原理图，这种单元被广泛用于嵌入式存储器中，其操作与图 6.19 中描述的相同。从一个反相器输出漏极节点到另一个反相器输入门节点的正反馈连接保证了逻辑状态是不变的。假设图 6.20 中的存储器电源为 2V，$Q = 0V$，$Q = 2V$。简单地说，如果一个新的写操作将位线驱动器设置为 BL = 2V，$\overline{BL} = 0V$ 和 WL = 2V 时，M_5 和 M_6 被打开，锁存器对新的 BL 和 $\overline{BL}$ 数据做出反应，设置 $Q = 2V$ 和 $\overline{Q} = 0V$。存储器存取晶体管的设计是为了使位线驱动器能够压倒 SRAM 单元中的弱晶体管。当字线转到 WL = 0V 时，M_5 和 M_6 关闭，锁存器保持新的逻辑状态，直至电源被关闭或新的逻辑状态被写入。读操作也会激活存储器存取晶体管，但位线将被连接到一个可以检测锁存器逻辑状态的感应电路上，读操作并不改变存储单元的逻辑状态。

在进行读或写操作之前，两个位线都被预充电到一个高电压，通常是 V_{DD} 或接近 V_{DD} 的电压（图 6.21）。在预充电脉冲（PC）关闭和位线稳定后，M_5 和 M_6 打开，电荷在位线和处于逻辑 0 状态的锁存器节点之间流动。带电的位线之间产生了一个差值电压，使读（感应）放大器能够对位线电压的差异做出反应。这种方法利用感应放大器的降噪特性实现了更好的稳定性和灵敏度。写操作也是对两个位线进行预充电，然后用所写的数据驱动这些位线。其中，一个位线驱动器处于逻辑 0 状态，它拉低了其连接的单元节点电压，从而改变了逻辑状态；另一个位线驱动器使用一个 NMOS 管，比 PMOS 管上拉更有效。

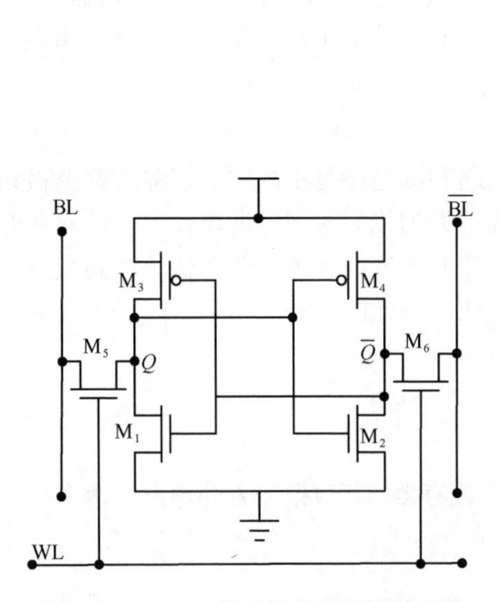

图 6.20　SRAM 单元的六晶体管原理图

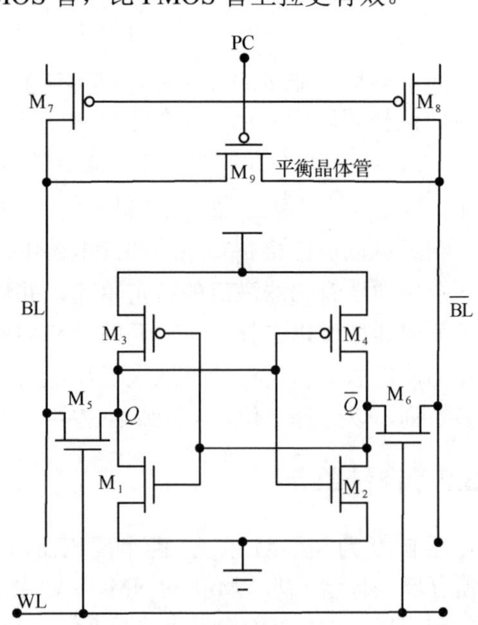

图 6.21　预充电的电路

在图 6.21 中假设 $V_{DD}=2V$，$Q=0V$。预充电脉冲（PC = 0）在读或写操作之前接通晶体管 M_7、M_8 和 M_9。M_9 是一个平衡晶体管，确保预充电期间 BL = $\overline{BL}$，M_9 到低位线的路径在预充电期间有两个上拉路径。如果 BL = 0V，那么两个上拉路径是通过 M_7 和通过 M_8、M_9。当 PC = 2V 时，位线在高电压下浮动在高 Z 状态。当 M_7、M_8 打开时，电荷将从位线移动到逻辑 0 单元节点，干扰该位线电压。读取电路感应到这个位线电压的扰动，并做出逻辑 1 或逻辑 0 的评估。根据设计，锁存器不会受到足够的干扰而改变逻辑状态。写操作的设计：位线驱动器超过锁存器并将其内容重置为新值。

6.3.3　内存解码器

1．行解码器

图 6.22 所示为使用与非门逻辑的 2 位行解码器。图 6.22 的目标是获取一个地址字，并对其进行解码，以及选择一个单独的存储行和列。地址字是 4 位，2 位用于行解码，另 2 位用于列解码。解码器需要地址位及其补充，每一行使用一个 2 输入与非门和一个逆变器。逆变器向整行提供一个逻辑–1，并作为高电容字线的缓冲驱动器。每个 2 输入与非门选择

4 种可能的逻辑信号 A_1、$\overline{A_1}$、A_0、$\overline{A_0}$ 中的 2 种来解码该行。第 1 行解码器 W_0 使用 $\overline{A_1}\,\overline{A_0}=00$，第 2 行解码器 W_1 使用 $\overline{A_1}A_0=01$，依次类推。

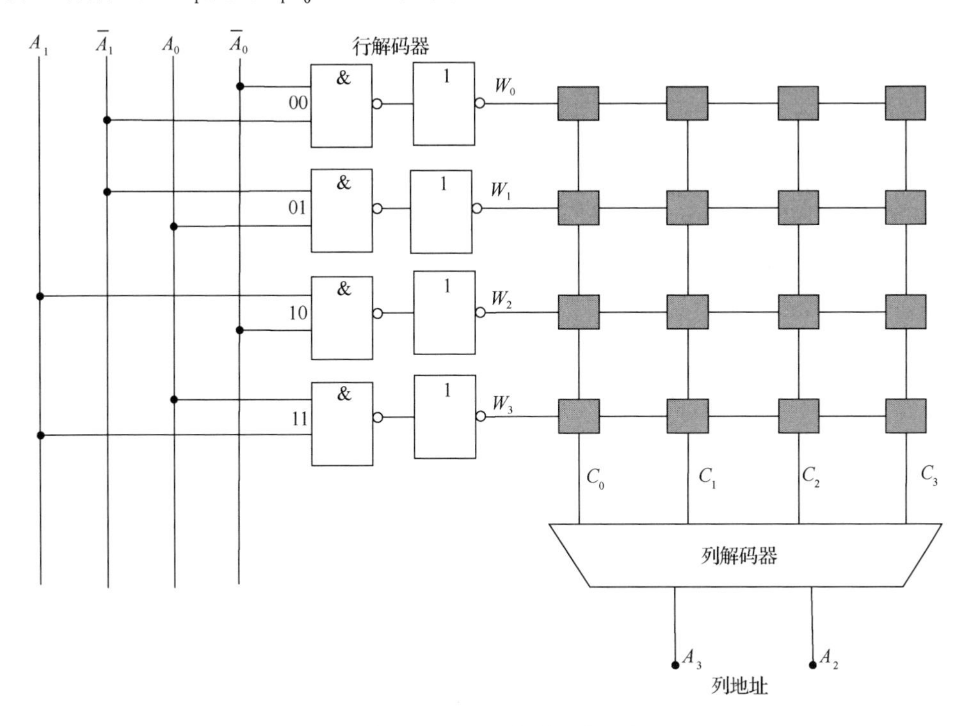

图 6.22　使用与非门逻辑的 2 位行解码器

这个小型的 2 位行和 2 位列的例子使用了 2 输入与非门解码器的 16 位存储器，典型的嵌入式存储器要大得多，数量级从 0.256 兆比特到几兆比特不等。一个 8 位（256 行）解码器的设计不能使用 256 个 8 输入与非门，8 个串联的 NMOS 管的下拉强度太小，而且解码器的物理尺寸必须位于行线的布局间距内。因此，行解码器和列解码器需要使用大量的预编码来分解大存储器的逻辑门尺寸，这需要更小的逻辑门，但更多的逻辑门要在物理上适合相应的行间距。图 6.22 所示为 4 位行解码器设计，有 4 位用于地址，4 位用于地址位补。

如果 4 输入与非门运行速度太慢或行距尺寸太大，那么可以将其分解为 2 输入与非门。图 6.23 中的 4 位行解码器将支持 16 条字线，每个电路被复制了 16 次，每行一次。

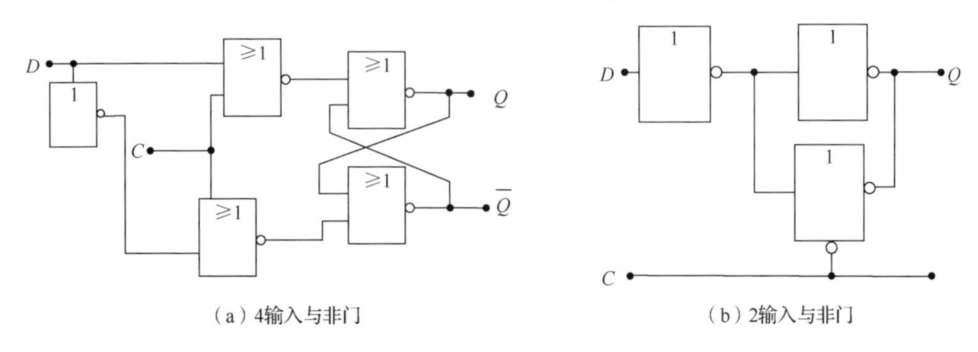

图 6.23　4 位行解码器设计

行解码器使用一个线路缓冲器来驱动一个长的高电容多晶硅字线，该字线连接到NMOS接入晶体管门。多晶硅字线直接连接到晶体管聚能门，消除了接触的需要。

2．列解码器

列解码器与行解码器类似，但它有不同的负载电路。列解码器驱动阻抗相对低的CMOS传输门，将位线连接到写或读电路，但位线有数百个电容为飞法到皮法的电容器，供位线驱动器克服较高的阻抗，位线使用一个触点连接到接入晶体管的漏极。

图6.24所示为驱动CMOS传输门和位线的列解码器。传输门（$T_0 \sim T_3$）将位线与写电路连接起来，以驱动新的数据进入存储单元，或者与读取（感应）电路连接起来，以解释特定存储单元的逻辑状态。事实上，每一列有两个传输门，因为每一列有两条位线。为了清晰起见，只显示一条位线，一列有一条位线（BL）和它的补充（BL）。每个传输门由一列解码输出和它的补码驱动（补码连接没有显示在PMOS管上），到读电路和写电路的转向电路没有显示。

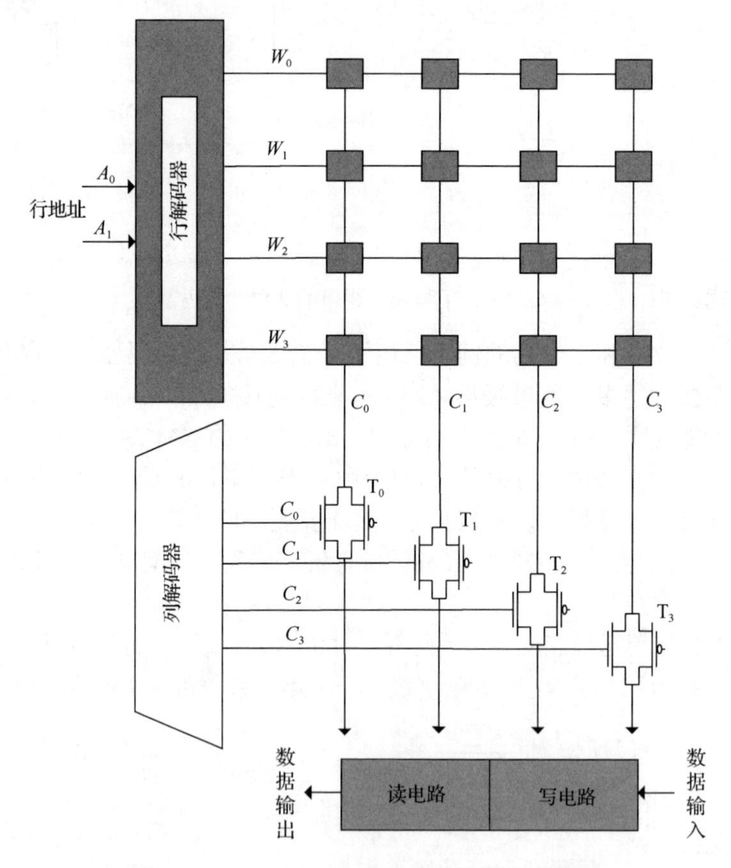

图6.24 驱动CMOS传输门和位线的列解码器

列解码器中的单通晶体管也可以代替CMOS传输门，但它有一个弱点。一个NMOS传递晶体管可以传递强逻辑0或弱逻辑1，一个PMOS传递晶体管可以传递强逻辑1或弱逻辑0。弱的逻辑电压会延长存储器的响应时间。在六个晶体管的SRAM单元中，一个单通晶体管执行存取功能，但单元尺寸的增加不允许使用CMOS传输门，而且存取晶体管不需要通过全逻辑电压来操作存储单元。该单元将在远低于全逻辑电压的情况下翻转。

6.3.4　读操作

读操作使用的元素包括存储单元、字线和位线解码器、字线和位线、位线预充电晶体管和感应放大器。读操作从位线预充电开始，然后是控制线 $WL = V_{DD}$ 脉冲，打开存取晶体管。接着，存储单元中的数据被暴露在预充电到 V_{DD} 的浮动 BL 和 BL 线路上。逻辑为 0 的存储单元节点将拉低与之相连的位线，而逻辑为 1 的存储单元节点对与其相连的位线没有影响。这导致浮动 BL 和 BL 上的电压不同。这种位线电压的差值被输送到感应放大器中。

感应放大器是一个模拟电路，一般称为差分放大器，它可以解释一个存储单元是存储逻辑 0 还是逻辑 1。感应放大器放大了两个位线电压的差值，并抑制了每个位线共有的平均（直流）电压。小位线电压的差值 $\Delta V_{in} = V_{BL} - \overline{V_{BL}}$ 被放大，从而得到一个强的逻辑 0 或逻辑 1。

人们针对感应放大器提出了一个问题：为什么不通过一个简单的反相器读取一个位线的存储单元的数据？然而，感应放大器对小位线电压的差值的变化更敏感，允许更快的读数，而且对噪声不敏感。由于位线轨道没有穿越 V_{DD} 电压，因此还可以节省电力。

图 6.20 中存储单元原理图的一部分显示在图 6.25 中。只要 WL = 0V，存取晶体管就处于关闭状态，存储单元不受干扰。由上文可知，读操作开始于一个预充电脉冲，它将两个位线驱动到 V_{DD} = 2V。然后，字线发出 WL = 2V 的信号，打开接入晶体管，使 Q 暴露在 BL 下，$\overline{Q}$ 暴露在 $\overline{\text{BL}}$ 下。假设最初 V_Q = 0V，代表一个单元逻辑 0。由于位线电压是浮动的，因此电荷将通过 M_5 和 M_1 流向地，V_Q 上升。如果 Q 在预充电期间和之后都为逻辑 1，那么当 WL = 2V 时，存储单元的右侧晶体管上不会发生电荷转移。

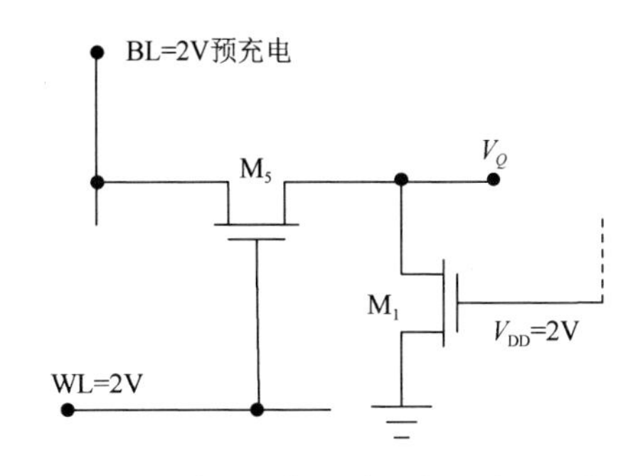

图 6.25　读取操作相关的存储单元元素

位线预充电后，M_5 和 M_1 在其栅极电压为 2V 时处于打开状态。M_5 处于饱和状态，因为 V_{G5} = 2V，$V_{D5} \approx$ 2V，$V_{S5} = V_Q \approx$ 0V。M_1 处于欧姆状态，因为最初 $V_{D1} = V_Q$ = 0V，V_{G1} = 2V。电荷通过晶体管对 V_Q 处的节点电容充电。V_Q 上升，V_{BL} 在大电容的缓冲下略有下降。然而，如果 V_Q 没有被控制而是继续上升，那么它将接通电池另一侧的 M_2，导致 V_Q 下降。如果 V_Q 的上升没有受到限制，那么锁存器可能会错误地翻转其逻辑状态。

6.3.5　写操作

当一个相反的逻辑状态被写入一个存储单元时，一个有意义的数据写操作就发生了。接入晶体管将锁存器暴露在比特线的逻辑状态下，而比特线的逻辑状态必须超载并翻转存储单元的逻辑状态，即位线首先被预充电，然后其以新的逻辑状态被暴露在写入驱动器

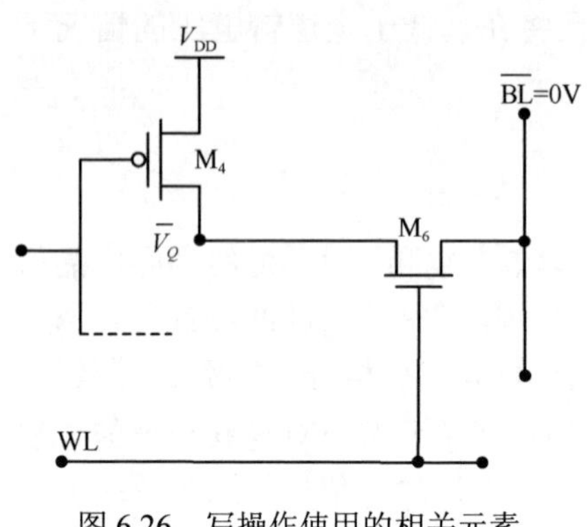

图 6.26 写操作使用的相关元素

中。在写操作开始前，预充电将两条位线设置为已知状态，打开接入晶体管，位线驱动器导致存储单元的逻辑状态翻转。被驱动到逻辑 0 的位线启动了转换动作。

假设一个写操作，一个新的数据位逻辑 0 放在 $\overline{BL}$ 上。这将使存储在 $\overline{Q}$ 上的逻辑 1 翻转为逻辑 0。图 6.26 所示为写操作使用的相关元素。最初 $\overline{Q}=\overline{V}_Q=1V$，$\overline{BL}$ 被位线驱动器驱动为低电平。当字线被激活时，电荷从 M_4 流向 $\overline{Q}$，并流向 $\overline{BL}$。当 $\overline{V}_Q$ 下降到足以启动反馈动作时，存储单元的逻辑状态翻转。

6.3.6 DRAM

IBM 公司在 1966 年设计了 DRAM。一个带有单个小型晶体管和电容器的存储单元对当时的存储单元设计来说有吸引力，而当时 MOS 管刚刚开始吸引设计者的目光。第一个商业 DRAM 产品是 Intel 1103，具有 1024bit 的内存。1103 DRAM 是在 1968 年通过使用 PMOS 管推出的。IBM 公司的发明和 Intel 1103 对未来的计算效率和规模具有重要意义。它们使个人计算机和笔记本计算机得到了强有力的发展。

表 6.4 所示为 DRAM 和 SRAM 特性比较。每种存储器类型在市场上都有独特而重要的地位。DRAM 的密度更高，在制造大型独立存储器时其更受欢迎。DRAM 需要一个时钟驱动的数据刷新操作来不断保证存储单元数据的真实性。SRAM 使用六晶体管存储单元，它比单晶体管或三晶体管单元会占用更多的芯片面积，DRAM 外围电路的复杂性使其工作速度较慢。DRAM 通常使用超过正常 V_{DD} 的预充电电压，该电压通常由片上充电泵提供，DRAM 与 CMOS 技术是兼容的。

表 6.4 DRAM 和 SRAM 特性比较

SRAM	DRAM
工作速度较快	工作速度较慢
较大的单元面积（六晶体管单元）	较小的单元面积（单晶体管或三晶体管单元）
更小的尺寸	每个集成电路更多的内存（GB）
更简单的外围（I/O）电路	复杂的外围电路和时序
不需要时钟刷新	需要时钟刷新
无 V_{DD} 特殊需求	需要预充电 V_{DD}（充电泵）
需要配比的晶体管	不需要配比的晶体管

1. 三晶体管 DRAM 单元

图 6.27 所示为三晶体管 DRAM 单元，位线符号被改为 D_{read} 和 D_{write}，以区别于 SRAM 的位线。电容器 C_s 是单元存储的核心，它是 M_3 漏极和 M_2 栅极的寄生电容器。当写入新的位数据时，首先对写位线进行预充电，然后将写位线驱动到新的位数据。M_3 被打开，C_s 根据新的数据被充电到逻辑 1 或逻辑 0。位线的大电容阻止了 C_s 的电荷共享，使其不足以干

扰位线的预充电电压。

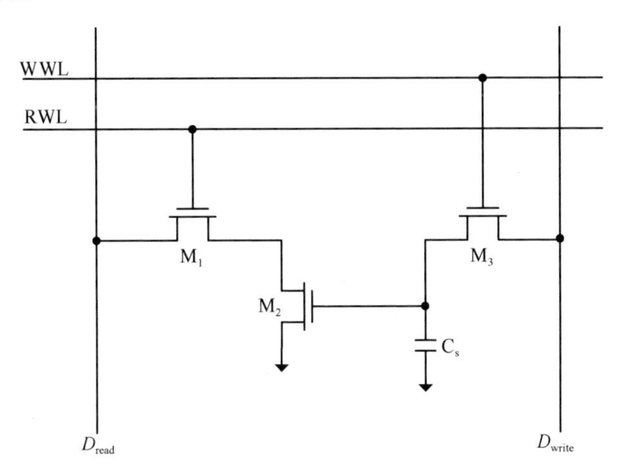

图 6.27　三晶体管 DRAM 单元

读操作是对读位线进行预充电，并激活 M_1。如果在 C_s 上存储了逻辑 0，那么读位线就会保持在逻辑 1 的预充电状态，因为 M_2 是关闭的。如果逻辑 1 被存储在 C_s 上，那么 M_2 就会被打开，通过 M_1 和 M_2 为读位线提供一个下拉路径。由于 DRAM 不像 SRAM 那样在固定的晶体管比率下工作，因此其可以使用最小尺寸的晶体管。

当 C_s 被充电和 M_3 接入晶体管关闭时，C_s 上的电荷通过 M_3 漏极和 M_2 栅极氧化物泄漏，在室温下，漏电时间常数通常为几毫秒。如果不加以纠正，这种泄漏会破坏 C_s 中的数据。解决办法是以超过漏电时间常数的速度刷新数据，该速度通常在 150kHz 以上。动态意味着集成电路时钟必须一直处于活动状态，这与静态设计不同。刷新操作使用的电路一旦被读取，存储单元中的原始值就会恢复，并在存储单元中重新加载该数据。纯静态 CMOS 设计更容易测试和调试，也可能实现更低的功耗。

图 6.27 中 M_3 的体效应将 C_s 上的逻辑 1 电压降低到 $V_{DD}-V_{th}$。这可以通过提高位线预充电电压至 $V_{DD}+V_{th}$ 来补偿，电荷泵是达到这一目的的方法之一。简单的 DRAM 原理图需要比 SRAM 更多的外围电路。然而，DRAM 对于尺寸非常大的存储器来说是经济的，可以达到几十吉字节，DRAM 可以大批量生产。

2．单晶体管 DRAM 单元

单晶体管 DRAM 单元设计简单，但需要更复杂的外围电路。注意，DRAM 单元有一条位线和一个连接到晶体管一端的单元存储电容器。M_1 可作为一个开关，通过 C_s 连接位线上的数据，数据通过位线被写入单元存储电容器中，并通过同一条位线读回，电容器保存着逻辑值。

每次读操作都会从 C_s 中放出大量的电荷，因此每次操作后都必须对存储单元进行充电或刷新。此外，C_s 会通过相邻的反向偏置 PN 结、氧化层隧道和相邻存储单元间的结构被动地泄漏电荷。因此，数据的自动刷新必须是设计的一部分。通常情况下，一个假存储单元存储了指定存储单元的数据，并进行读、写或刷新操作后，这些数据会被写回动态单元。这使 DRAM 的设计变得复杂，但这种设计是可行的，而且是经济的。刷新操作增加了功耗并减慢了 DRAM 电路的运行速度。与相对简单的 SRAM 设计相比，DRAM 可能需要 20 个或更多的内部时钟来控制读、写和刷新操作。

6.4 HDL 与 FPGA

6.4.1 HDL

HDL 是电子系统硬件行为描述、结构描述、数据流描述的语言。利用这种语言，在数字电路系统的设计中，可以从顶层到底层（从抽象到具体）逐层描述用户的设计思想，用一系列分层次的模块来表示极其复杂的数字电路系统，并利用 EDA 工具逐层进行仿真验证，将其中需要变为实际电路的模块组合通过自动综合工具转换为门级网表。用专用集成电路或 FPGA 自动布局布线工具把门级网表转换为要实现的具体电路布线结构。主流 HDL 分为两种，一种是 VHDL，另一种是 Verilog HDL（简称 Verilog）。

VHDL 是一种用于电路设计的高级语言。它出现在 20 世纪 80 年代后期，最初是由美国国防部开发出来的供美军用来提高设计可靠性和缩短开发周期的一种使用范围较小的设计语言。VHDL 主要用于描述数字电路系统的结构、行为、功能和接口。除含有许多具有硬件特征的语句外，VHDL 的语言形式、描述风格及语法十分类似于一般计算机高级语言。

Verilog 用于数字电路系统的设计，可对算法级、门级、开关级等多种抽象设计层次进行建模。Verilog 继承了 C 语言的多种操作符和结构，与 VHDL 相比，其语法不是很严格，代码更加简洁，更容易上手。

Verilog 不仅定义了语法，还对语法结构定义了清晰的仿真语义。因此，能够使用 Verilog 仿真器对 Verilog 编写的数字模型进行验证。

HDL 使集成电路（特别是现代的数字集成电路）的设计效率得到大大的提高。大多数设计者从设计行为目标或高级架构图出发开始设计。电路系统的控制决断结构以流程图、状态图为原型。编写 HDL 代码的过程与目标电路的特性及设计者的编程风格有关。HDL 可以是高抽象级别的算法描述。设计者经常使用脚本语言（如 Perl、Python）在 HDL 中生成重复性的电路结构。HDL 的编程工作可以在一些代码编辑器中完成，这些编辑器通常提供自动缩进、保留字高亮显示等辅助功能。

HDL 代码会经过审核阶段。在进行逻辑综合之前，人们会使用 EDA 工具对 HDL 代码进行一系列自动检查，如扫描 HDL 代码中存在的语法错误等。自动检查程序会将违背规则的 HDL 代码呈现在报告中，并指出它们潜在的危害。HDL 代码中的硬件逻辑错误也会在此阶段被检查出来。审核阶段可以尽可能减少 HDL 代码在进行逻辑综合后出现的错误。

在工业界，HDL 设计一般止于逻辑综合的完成。一旦逻辑综合工具将 HDL 代码映射到逻辑门级网表，该门级网表就会被送到后端工艺流程中。因为所使用的器件（如 FPGA、专用集成电路、门阵列、专用集成电路标准元器件）不同，实际电路的硬件制造过程也可能不同，但是 HDL 一般并不过多关注后端流程。普遍地说，随着设计流程逐渐转向物理实现方式，设计数据库的重心将转向与器件制造工艺相关的信息，这些信息通常由硬件厂商提供，设计者编写的 HDL 代码并不需要包含这方面的信息。最终集成电路在物理上得以实现。

6.4.2　PLC

PLC于20世纪80年代中期问世，它基于可重新配置的互联技术来建立集成电路功能。PLC从最初的晶圆厂掩膜编程门阵列发展到更先进的结构，其中包含由用户编程的逻辑和互联资源。PLC技术是实现数字集成电路的强大替代方案，它具有灵活性和高集成度的特点。一般来说，用户可以根据需要对PLC进行多次重新编程。它在性能和功能上的快速发展带来了快速的市场接受度，这是因为PLC允许在非常短的开发时间内构建复杂的数字集成电路。此外，PLC是原型设计和现场应用的有效解决方案，从而在提供高性能的同时大幅缩短开发周期，降低成本和减小功率。灵活的和集成的CAD工具的发展大大促进了数字集成电路市场的快速增长。

1. 一种简单的可编程逻辑电路——PLA

PLA为基于阵列的简单结构，是PLC的一种。

用户可编程结构的重点是实现基本的逻辑功能，并按照两级乘积之和的功能结构构建。对电路重新编程可以改变不同门整列的逻辑功能，即基本的与/或门，其输入可以通过编程选择性地连接和断开。该电路是通过将一个分布式与阵列和一个分布式或阵列相连接而构建的。在某些情况下，其中一个矩阵是固定的，另一个矩阵是可编程的，而在其他电路中，两个矩阵都是可编程的。

1）可编程逻辑门

PLA基于一个简单的概念，即任何布尔代数都可以实现乘积之和。一个逻辑函数F_1可以通过两个步骤得到：首先进行乘积运算，然后将这些乘积项相加。一旦该函数在电路中得到物理实现，将其原来的行为改变为另一个函数F_2就意味着修改了被求和的乘积项。这可以通过改变该乘积的逻辑门，或者改变驱动门的输入来实现。PLA通过改变驱动门的输入使用可编程逻辑门。可编程逻辑门是具有多个输入的特殊逻辑门，可以通过可编程的互连线进行电气连接或断开。这些门是实现基本功能的初级PLA的基本要素。

$$F_1 = xyz + \bar{x}z$$

$$F_2 = xyz + x\bar{y}$$

可编程逻辑与门如图6.28所示。

在可编程逻辑门中，有n个输入信号x_1、x_2、…、x_n被连接到n个可编程晶体管上，其漏极被缩短到一个上拉线（输出节点），源极接地，如图6.28（a）所示。在这个结构中，如果所有的可编程晶体管都是经过编程的（它们从未打开过），那么输出节点总是逻辑1，与输入信号值无关（可编程晶体管永远不会将线路拉到地）。如果可编程晶体管都是未编程的，那么当任何一个输入为低电平时，输出将变为低电平。只有所有的输入都是高电平时，输出才会保持高电平。注意，这个结构就像一个与门，它的输入可以被“连接”和“断开”，这取决于每个输入驱动的可编程晶体管的编程状态。要将一个给定的输入“连接”到与门，其相应的可编程晶体管必须是未编程的（导通），而要“断开”这样一个输入，相应的可编程晶体管必须是编程的。图6.28（b）显示了图6.28（a）结构的原理图。

与可编程逻辑与门类似，构建一个可编程逻辑或门的晶体管结构，如图6.29（a）所示。在这种情况下，如果任何一个可编程晶体管未被编程（导通）的门的输入为高电平，那么该门的输出为高电平，这是一个或门功能。图 6.29（b）所示为该门的原理图。

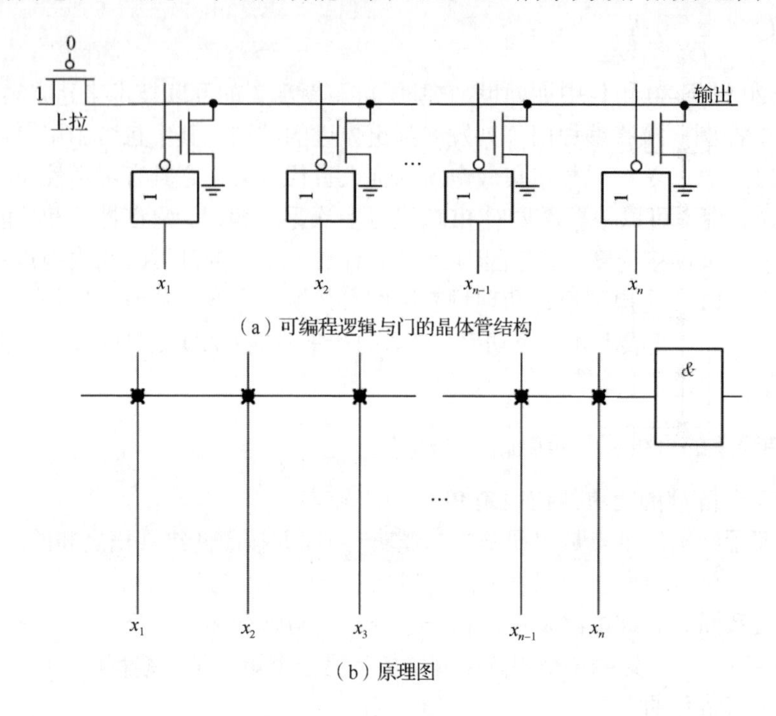

（a）可编程逻辑与门的晶体管结构

（b）原理图

图 6.28　可编程逻辑与门

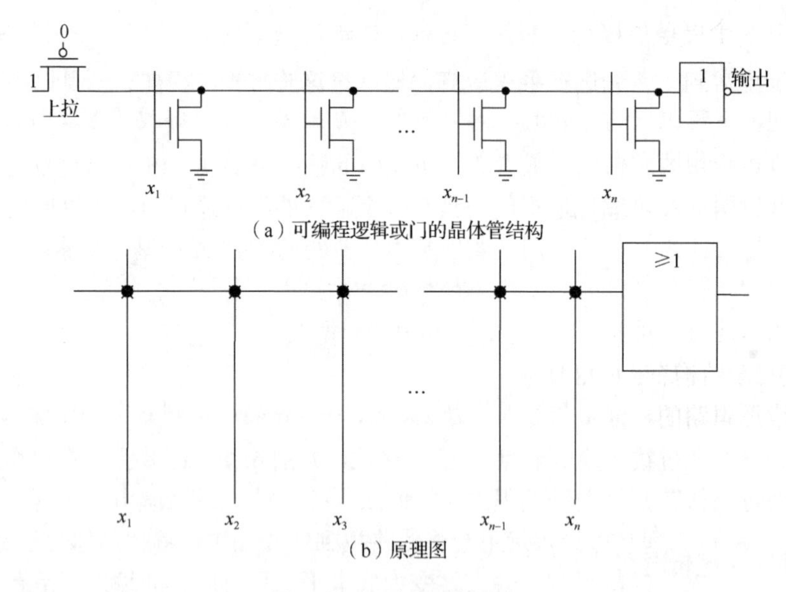

（a）可编程逻辑或门的晶体管结构

（b）原理图

图 6.29　可编程逻辑或门

2）与/或矩阵门

基本 PLA 的典型与/或矩阵结构如图 6.30 所示。一个基本的可编程电路是将一组可编程逻辑与门（实现乘积项）与一组可编程逻辑或门（对乘积项进行求和）结合在一起，形成一个双阵列结构。

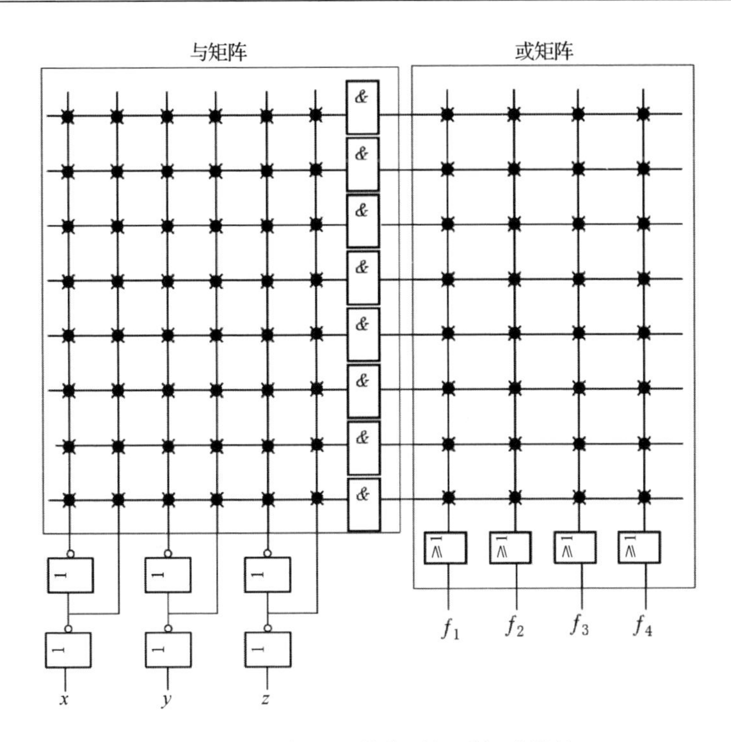

图 6.30　基本 PLA 的典型与/或矩阵结构

图 6.30 中的 PLA 有三个外部输入（x、y 和 z），它们以直接和取反的形式进入与矩阵中。与矩阵由 8 个可编程逻辑与门组成，每个门通过可编程开关与外部输入相连。这种结构允许所有的八种输入项用外部输入变量来构建。与门的输出是由 4 个可编程逻辑或门构成的或矩阵输入。每个分布式与门的输出通过一个可编程开关与每个分布式或门的输入相连，从而将所需的输出相加，实现 256 个可能的三输入逻辑功能中的 4 个。这是通过连接和断开相应的可编程开关来实现的。

图 6.30 所示的电路结构是与/或矩阵结构的特殊结构，其中两个平面都有可编程的互连。这种结构可以有一些变化，其中与矩阵是固定的（所有的小项都是默认生成的），或矩阵是可编程的；还有一种相反的结构，即与矩阵是可编程的，或矩阵是固定的。

基本的 PLA 结构有许多限制。输入和输出的数量是固定的，而且只能实现乘积之和的功能。为了增加电路的功能，人们对其进行了各种改进，如可以将双向终端编程为电路的输入或输出，以及通过扩大与矩阵来提高与矩阵输出的反馈使用中间变量的能力。这些电路被称为扩展 PLA。

2. 实现时序逻辑电路——CPLD

PLC 的灵活性和完成周期的快速性促使其在计算能力和设备密度方面的能力得到提高。PLC 能力的提升是从纳入基本的存储器块来实现时序电路开始的。

图 6.31 所示为包含一个时序元素的基本模块。基本模块（根据器件的不同，其数量为 8～50 个）的整合为可编程电路提供了足够的功能来实现中等复杂度的时序逻辑电路。在图 6.31 中，基本模块的左侧结构是开关矩阵，其他模块的主要输入和输出可以连接到用于实现乘积之和编程功能的多个与门以及单个或门结构。存储元件是一个单一的 D 型锁存器，

其输入可由编程功能驱动（通过一个异或门进行反转控制）。

该基本模块有一个双向的引脚，这样通过对相应的双向控制电路进行适当编程，可以将基本模块的功能引导到输出引脚上，双向电路有一个三态缓冲器，可以在低阻抗（引脚被用作电路输出）或高阻抗（引脚被用作电路输入）的情况下进行编程。图 6.31 中的基本模块既可以作为一个组合模块，也可以作为一个时序模块。

使用基本模块实现组合逻辑和时序逻辑如图 6.32 所示。图 6.32 所示的电路是通过对电路块中所示的最上面的复用器（MUX）进行编程来实现的。当存储元件的输出没有被驱动到电路输出时，该模块被用作一个组合模块，如图 6.32（a）所示。如果该模块最上面的 MUX 驱动 FF 输出到电路输出，那么整个模块会被用作一个时序模块，如图 6.32（b）所示。也可以完全不使用该模块，通过对图中的输出使能设置适当的值，将输出缓冲器置于三态，并将其相关的引脚编程为输入。

第一批复杂可编程逻辑器件（Complex Programmable Logic Device，CPLD）是面向同步电路应用的，有一个特定的引脚可以被选择为数据输入或时钟。Xilinx 公司的 CPLD 有 10 个类似于图 6.31 所示的基本模块。电路的中央全局互连部分在左侧。注意，主输入（位于左侧）和可编程输入/输出（位于右侧）被合并到全局互连部分，并且可以被 10 个模块中的任何一个模块作为输入使用。

CPLD 的主要特点是设计简单，开发成本较低，而且电路的延迟相对较小，在对应用进行编程之前就可以预测到。

CPLD 从简单结构发展到复杂结构，其基础是纳入更多类似于图 6.31 所示的基本模块，但是会具有更复杂的互连拓扑结构，其目的是增加电路的功能，同时将延迟控制在一定范围内。

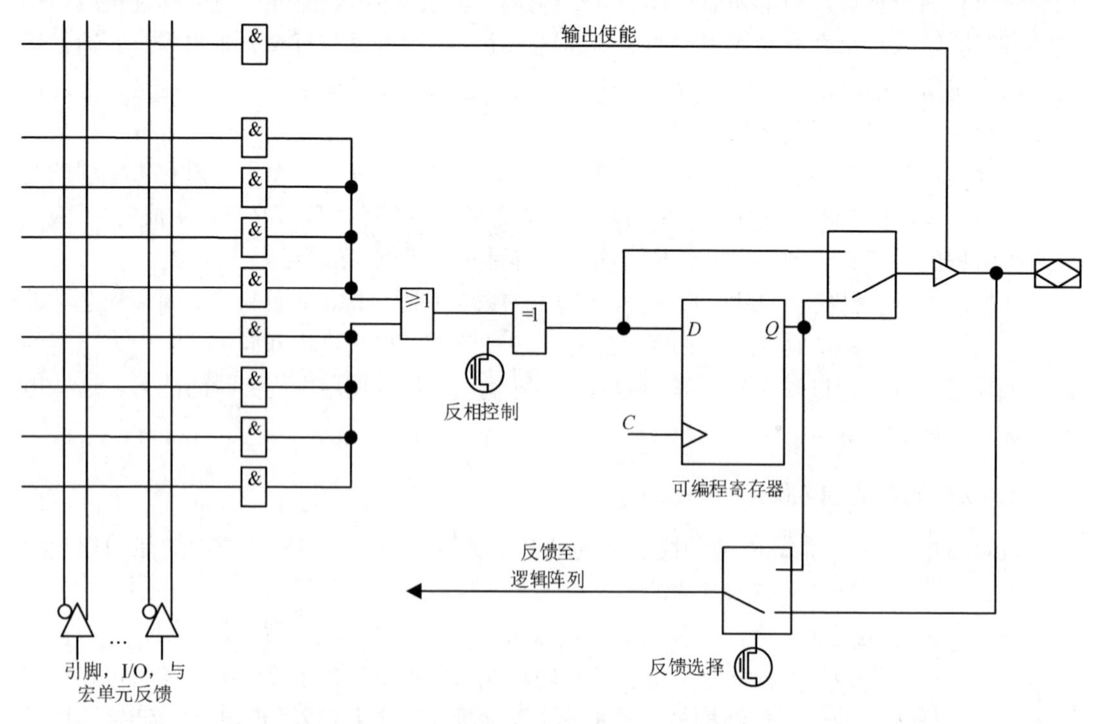

图 6.31　包括一个时序元素的基本模块

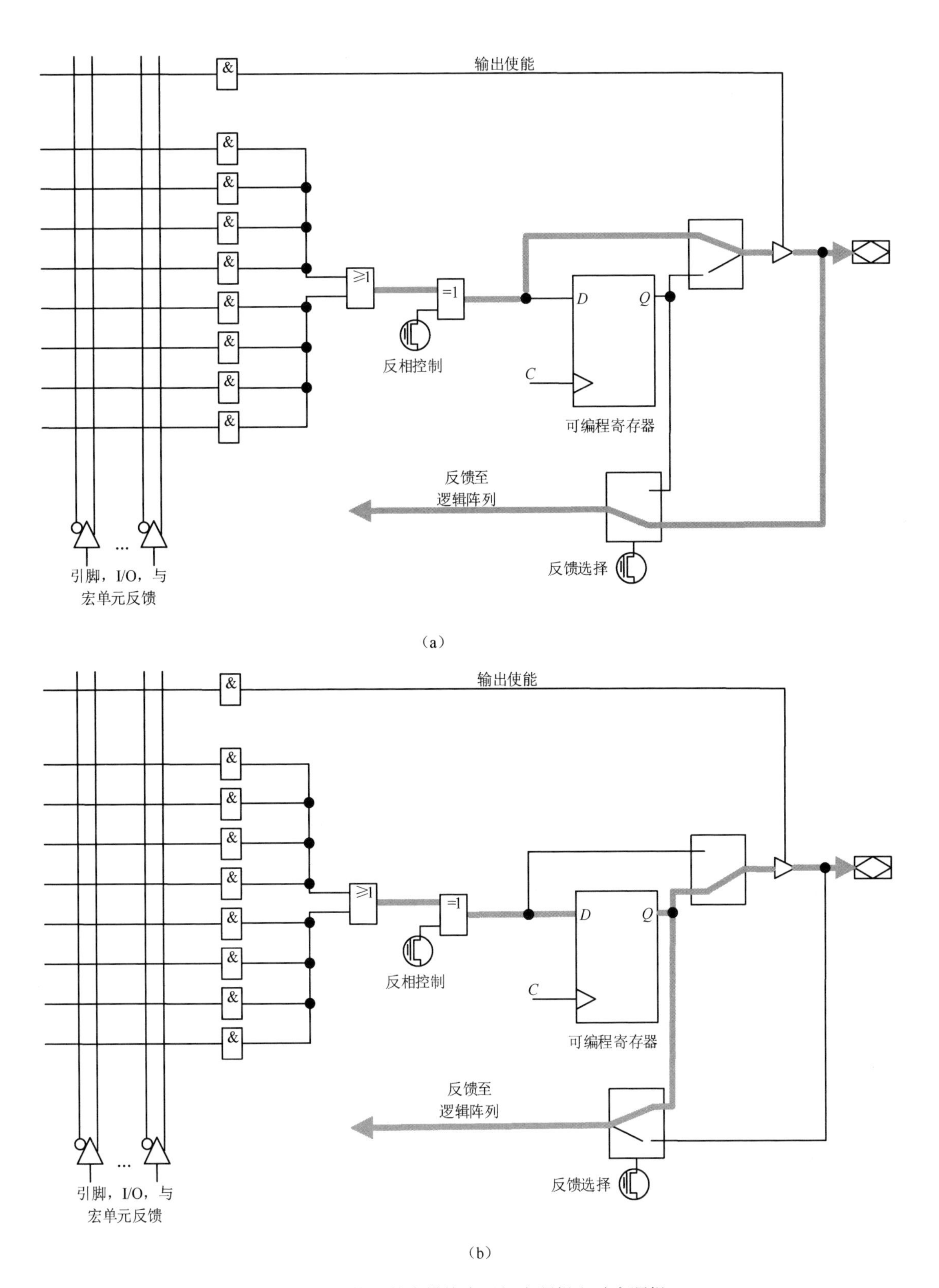

图 6.32　使用基本模块实现组合逻辑和时序逻辑

6.4.3 高级可编程逻辑电路——FPGA

FPGA 可以看作可编程技术向最复杂和最强大的可编程电路的演变。FPGA 比 CPLD 的应用范围大得多，CPLD 是“粗粒度”器件，包含相对较少的带有 FF 的大型逻辑块，用于简单的胶合逻辑应用，其价格便宜而且不易丢失数据。FPGA 是“细粒度”器件，包含大量带有 FF 的微小逻辑块，可以实现非常复杂的系统，其在芯片的基础上比 CPLD 更贵，但在每个门的基础上更便宜，而且一般来说是不稳定的。通常情况下，FPGA 需要一些支持逻辑，并且必须在每次上电时进行配置；如果 CPLD 已经被编程，那么其在上电时是活跃的。由于 CPLD 的“粗粒度”结构和相对的简单性，其比 FPGA 具有更快和更可预测的输入-输出时间。

与上一代使用 I/O、可编程逻辑和互连的 PLC 不同，目前 FPGA 使用可配置的嵌入式 SRAM、高速收发器、高速 I/O、逻辑块和路由的各种组合。具体来说，FPGA 包含可编程的逻辑组件和可重新配置互连的层次结构，允许逻辑组件进行物理连接。它们可以被重新配置以执行复杂的组合功能，也可以被配置为简单的逻辑门，如与门和或非门。在大多数 FPGA 中，逻辑块还包括存储器元件，如简单的触发器或更完整的存储器块。

FPGA 与完全定制专用集成电路相比，有以下优势。

（1）快速的原型设计。

（2）更短的上市时间。

（3）具有在现场重新编程进行调试的能力。

（4）产品生命周期长，能够降低被淘汰的风险。

尽管有多种 FPGA，但它们都有一些共同的要素，都有一个规则的块单元阵列，配置这些块单元，使其执行特定的功能，并且基于将门和存储器与丰富的互连结构集成在一起的原则，可以对以下 4 个主要内部结构进行区分。

（1）可配置逻辑块或可配置逻辑元件。

（2）可编程互连或可编程开关矩阵。

（3）I/O 缓冲器。

（4）其他元件（如存储器、算术单元、时钟树、定时器、处理器）。

图 6.33 说明 FPGA 是由逻辑块、互连子系统和 I/O 块等组成的电路，它还包含执行特定功能的特定块，如乘法器。

逻辑块通常被称为逻辑元件，它是为 CPLD 开发的时序块的演变。这些元素具有这种构造是为了在提供可接受的速度的同时，在可以实现的功能方面具有高度的灵活性。

通常情况下，逻辑块和互连子系统都是可编程的，从而实现特定功能。每个特定的 FPGA 的具体结构和能力在很大程度上取决于制造商。

有多种能够实现可编程逻辑电路的方法，这些不同的方法本质是 CPLD 应用中的逻辑块的演变，每个供应商都提供了一个涵盖各种 I/O 引脚和内部元素的设备系列。

在 FPGA 中要想实现设计就要遵循设计流程，该流程使用一套程序使设计者能够以系统的方式弥补规格和最终设计之间的差距。FPGA 是通过 CAD 工具进行编程的，最终连接电路并配置内部连接以获得特定的应用。FPGA 的设计与完全定制专用集成电路的设计共享许多流程，尽管通常 FPGA 供应商会提供特定的工具来设计应用和对器件进行编程。在某些情况下，有可能将某个 FPGA 供应商的特定工具与通用工具联合起来使用。

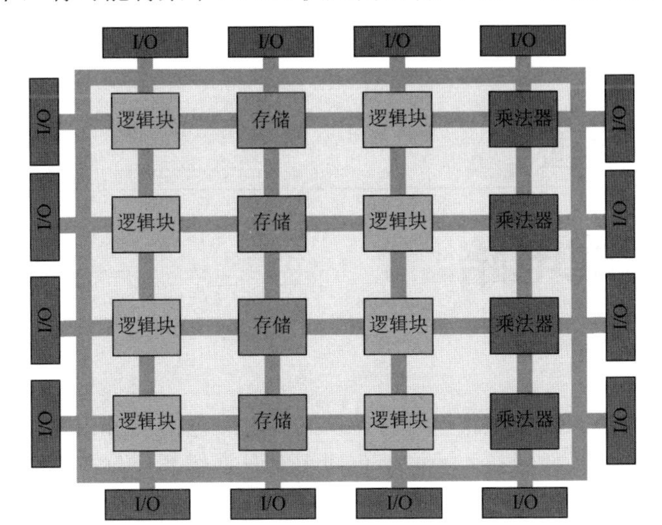

图 6.33　FPGA 的通用结构

CAD 工具允许通过 HDL 来设计电路，HDL 提供了行为（通过编写代码来描述电路的预期行为）或结构（描述电路的“物理”结构）规范，也可能通过原理图描述来设计电路。

一旦设计者验证了仿真，CAD 工具就会合成电路，并通过连接包含 FPGA 的电路板对 FPGA 进行编程。这样的电路板包含一个特定的总线来连接 FPGA 并对 FPGA 进行编程。一旦 FPGA 被编程，电路就可以被应用。如果需要进一步修改 FPGA 的功能，那么设计者可以重复这样的设计过程，从而实现系统内编程的灵活性。

第 7 章 模拟集成电路

本章将对基本的模拟集成电路进行介绍。这些电路包括 COMS 电流镜、带有有源负载的单级放大器和差分对。理解基本的模拟集成电路是理解其他复杂电路的基础。

7.1 基本电流镜和放大电路

CMOS 电流镜和增益级是本节要重点介绍的内容，因为当前的电路设计大多数使用的是 CMOS 技术，大多数小信号分析都可用于一些变动较小的双极电路。增益级除可以采用交叉耦合的阻性负载外，还可以采用电流镜式的有源负载，因为这样的负载经常用于集成电路中。

7.1.1 简单 CMOS 电流镜

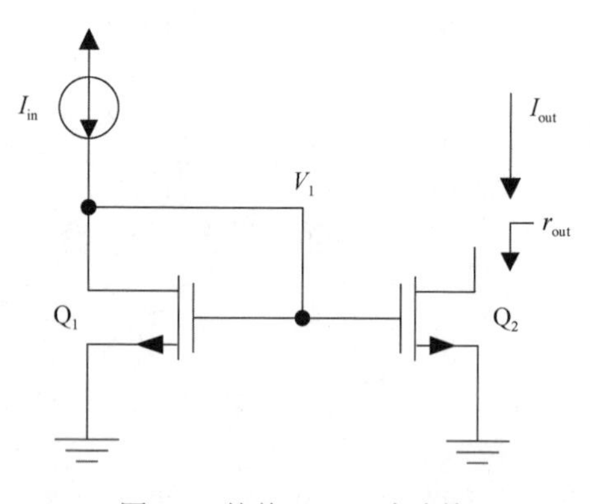

图 7.1 简单 CMOS 电流镜

简单 COMS 电流镜如图 7.1 所示。假设所有晶体管都处于有源区（饱和区）。

假设晶体管的有限输出阻抗被忽略，并且所有晶体管都具有同样的尺寸，那么 Q_1 和 Q_2 中将有相同的电流，因为它们有相同的栅源电压 V_{GS}。然而，在考虑晶体管的有限输出阻抗时，有更大漏源电压 V_{DS} 的晶体管中就会有更大的电流。除此之外，晶体管的有限输出阻抗会造成 CMOS 电流镜的小信号输出阻抗——从 Q_2 漏极看过去的小信号阻抗远低于无穷。为了求 CMOS 电流镜的输出阻抗 r_{out}，将一个信号源 V_x 放置于输出节点，并分析这个小信号电路。根据定义，$r_{out} = V_x / i_x$，i_x 是 Q_2 中从源极到漏极的电流大小。

在求解 r_{out} 前，先了解单个 Q_1 的小信号模型，如图 7.2（a）所示。

注意，Q_1 是二极管连接型的（漏极和栅极被连接在一起），而且 I_{in} 在小信号模型中不存在；I_{in} 被一个开路替代，因为它是一个独立的电流源，同时 Q_1 的小信号电路是一个低频小信号模型（模型里所有的电容都被忽略了）。在构建戴维南等效电路时这个小信号模型还能更加精简。戴维南等效电路的输出电压为 0V，这是因为该电路是稳定的且不包含输入信号。该电路的戴维南等效输出阻抗，可通过在输入端加测试电压并测量其电流得到，即将 V_y 接在 V_1 线路上并测量信号电流 i_y， i_y 的计算公式为

$$i_y = \frac{V_y}{r_{DS1}} + g_{m1}V_{GS1} = \frac{V_y}{r_{DS1}} + g_{m1}V_y \tag{7.1}$$

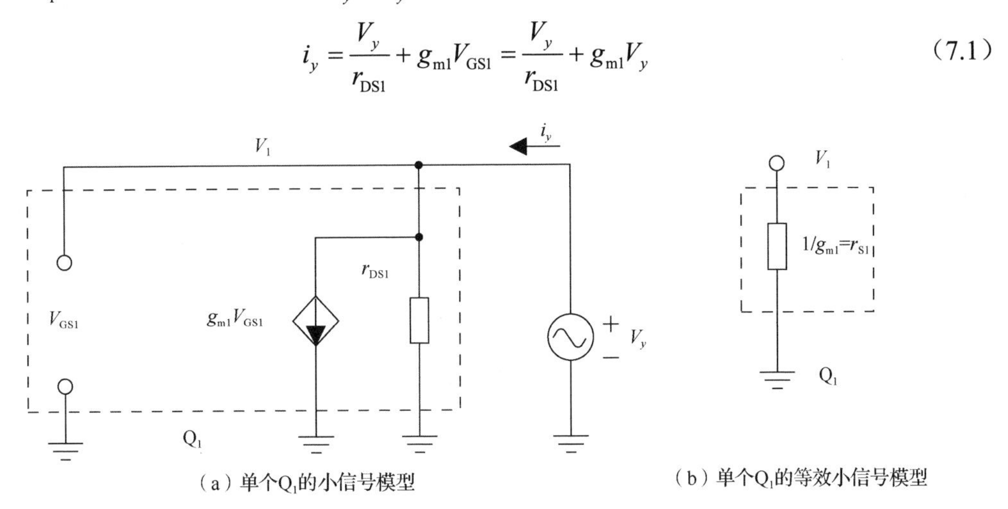

（a）单个Q_1的小信号模型 （b）单个Q_1的等效小信号模型

图 7.2 单个 Q_1 的小信号模型

因为输出阻抗为V_y / i_y，它也等于$(1/g_{m1})//r_{DS1}$，且一般情况下r_{DS1}远大于$1/g_{m1}$，所以输出阻抗可近似等于$1/g_{m1}$（也被叫作r_{S1}），这使得单个Q_1的等效小信号模型如图 7.2（b）所示。在 CMOS 集成电路中，Q_1的小信号模型可等效为一个二极管的小信号模型，因此其也被称为二极管接法晶体管。

使用这种模型可以简化整个电流镜的小信号模型，如图 7.3（a）所示，V_{GS2}通过一个电阻值为$1/g_{m1}$的电阻接地。由于这个电阻没有电流流过，因此V_{GS2}等于 0。

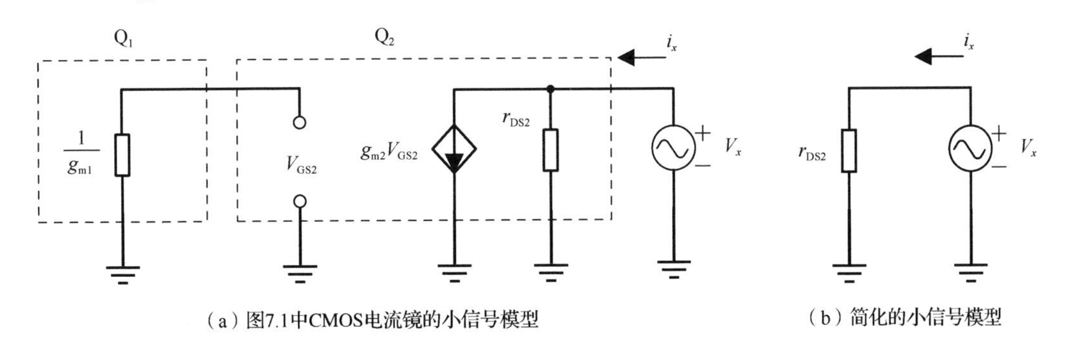

（a）图7.1中CMOS电流镜的小信号模型 （b）简化的小信号模型

图 7.3 小信号模型

通常 MOS 管只在低频下工作，因此$g_{m2}V_{GS2}=0$，这个电路就被简化为图 7.3（b）所示的简化的小信号模型，该模型的输出阻抗等于r_{DS2}。

例 7.1 已知图 7.1 所示的 COMS 电流镜的I_{in}为 100μA，每个晶体管的宽长比 W/L（W 和 L 的单位都是 μm）都是 100/1.6。$\mu_n C_{ox}=92\mu A/V^2$，$V_{th}=0.8V$，$r_{DS}=[8000L\text{（μm）}]/[I_D\text{（mA）}]$（$r_{DS}$的计算公式），求$r_{out}$与$g_{m1}$的值，以及输出电压变化 0.5V 时的$I_{out}$的变化值。

7.1.2 共源放大器

简单 CMOS 电流镜的常见功能是在共源放大器中充当有源负载，如图 7.4 所示。共源放大器是十分流行、十分常见的增益级，尤其在对输入阻抗的需求较高时。

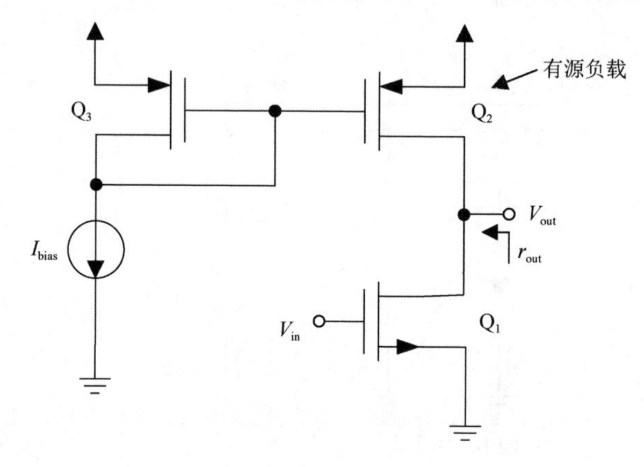

图 7.4　共源放大器

在将 p 沟道电流镜作为有源负载的 n 沟道共源放大器中，p 沟道电流镜的作用是为驱动晶体管提供偏置电流。有源负载可以看作一个高阻抗的输出负载，而它的高阻抗既没有用到特大电阻，又没有用到大供电电压。所以，对于一个给定的供电电压，将电流镜作为有源负载要比将电阻作为有源负载更有可能实现高电压增益。如果一个 100μA 的偏置电流配一个 1MΩ 的阻性负载，那么这个阻性负载将需要 100V 的供电电压。有源负载使用非线性、信号大的晶体管，以创造一个同时具有大的偏置电流和高的小信号阻抗的工作条件。

共源放大器的小信号模型如图 7.5 所示，V_{in} 和 R_{in} 是输入源的戴维南等效。假设偏压使两个晶体管都处于饱和区，输出电阻 R_2 是 Q_1 的漏源电阻（r_{DS1}）和 Q_2 的漏源电阻（r_{DS2}）的并联。注意，这里没有考虑模拟体效应的并联压控电流源，因为源极接在小信号地上，所以该电流为 0。

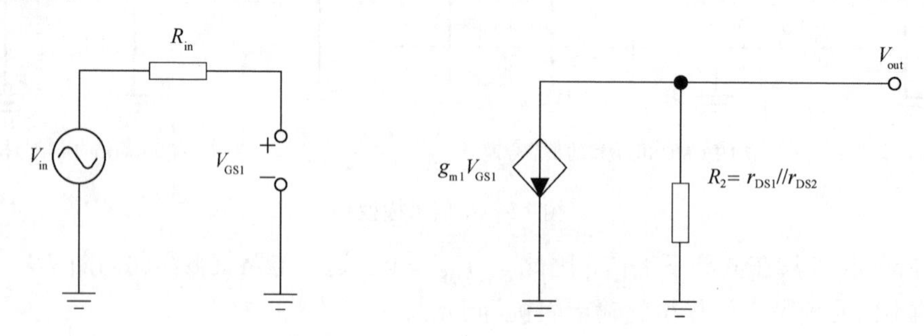

图 7.5　共源放大器的小信号模型

使用小信号分析，发现 $V_{GS1}=V_{in}$，所以

$$A_v=\frac{V_{out}}{V_{in}}=-g_{m1}R_2=-g_{m1}(r_{DS1}//r_{DS2}) \tag{7.2}$$

基于器件尺寸、电流和工艺，这类电路的增益一般为–100～–10。要使阻性负载实现这样的增益，就必须用比 5V 大得多的供电电压，但这会极大地增加电源损耗。然而，在高频低增益级用阻性负载更好，因为这类负载通常有更小的寄生电容和比有源负载更小的噪声。

例 7.2　假设图 7.4 中的所有晶体管的宽长比都是$100\mu\text{m}/1.6\mu\text{m}$，且$\mu_{S1}C_{ox}=90\mu\text{A/V}^2$，$\mu_p C_{ox}=30\mu\text{A/V}^2$，$I_{bias}=100\mu\text{A}$，$r_{DS-n}(\Omega)=[8000L(\mu\text{m})]/[I_D(\text{mA})]$，$r_{DS-p}(\Omega)=[12000L(\mu\text{m})]/[I_D(\text{mA})]$，求电路的增益。

7.1.3　源极跟随器

电流镜可以在源极跟随器中提供偏置电流，如图 7.6 所示。在图 7.6 中，Q_1 是源极跟随器，Q_2 是为 Q_1 提供偏置电流的有源负载。

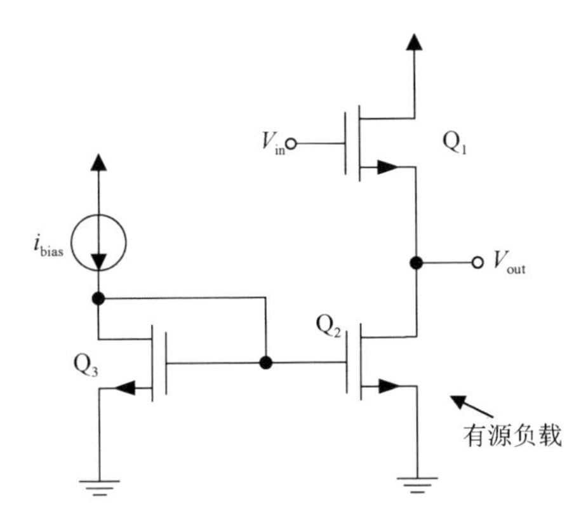

图 7.6　源极跟随器

人们通常将电压缓冲器中的跟随器称为源极跟随器或共漏放大器，因为这类跟随器的输入和输出节点分别接在栅极和源极上，而漏极接在小信号地上。尽管输出电压的直流电平不同于输入电压的直流电平，但在理想状态下，小信号的电压增益十分接近单位增益。在现实中，增益低于 1。尽管此电路并不具有放大功能，但它确实能放大电流。

源极跟随器的低频模型如图 7.7 所示。

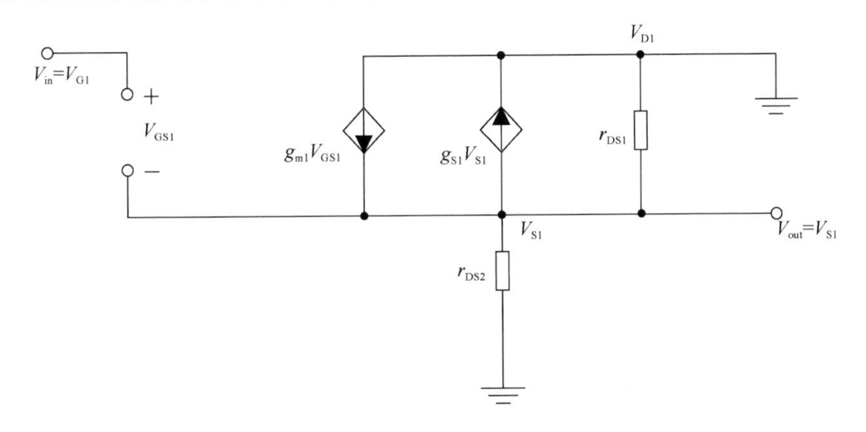

图 7.7　源极跟随器的低频模型

注意，要考虑模拟体效应的压控电流源，这是因为源极并不是接在小信号地上的，而且体效应是小信号增益的主要限制因素。在图 7.7 中，r_{DS1} 和 r_{DS2} 并联，模拟体效应的压控电流源提供了一个和它的电压成比例的电流。这可以使该压控电流源等效为一个阻抗为 $1/g_{S1}$ 的电阻，其同样和 r_{DS1}、r_{DS2} 并联。因此，图 7.7 中的源极跟随器的低频模型和图 7.8 中的源极跟随器的小信号模型等效。

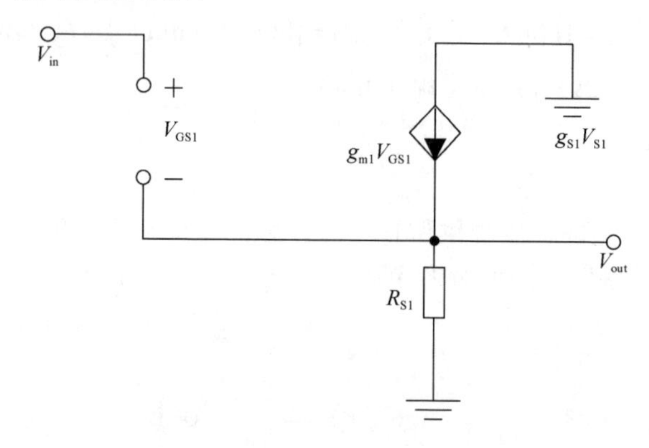

图 7.8　源极跟随器的小信号模型

在图 7.8 中，$R_{S1}=r_{DS1}//r_{DS2}//1/g_{S1}$。对 V_{out} 列写节点方程，并注意 $V_{GS1}=V_{in}-V_{out}$，可得

$$V_{out}G_{S1}-g_{m1}(V_{in}-V_{out})=0 \tag{7.3}$$

式中，$G_{S1}=1/R_{S1}$。

为了减小误差，尽可能求出节点方程的准确解，式（7.3）左边第一项为流入电流求和节点的电流，其值为该节点的电压 V_{out} 乘以该节点的导纳总和 G_{S1}；第二项为相邻节点电压 V_{in}–V_{out} 乘以该节点的导纳 g_{m1}。

求解 V_{out}/V_{in}，即

$$\begin{aligned} A_v &= \frac{V_{out}}{V_{in}}=\frac{g_{m1}}{g_{m1}+G_{S1}} \\ &= \frac{g_{m1}}{g_{m1}+g_{S1}+g_{DS1}+g_{DS2}} \end{aligned} \tag{7.4}$$

通常，g_{S1} 是 g_{m1} 的 1/15～1/10，而且晶体管的输出导纳 g_{DS1} 和 g_{DS2} 可能是 g_{S1} 的 1/10。因此，g_{S1} 是造成增益低于 1 的主要因素。在低频下，这个电路是完全单向的，换句话说，没有信号从输出端传到输入端。

例 7.3　假设在图 7.6 所示的源极跟随器中，所有晶体管的宽长比都是 $100\mu m/1.6\mu m$，且 $\mu_n C_{ox}=90\mu A/V^2$，$\mu_p C_{ox}=30\mu A/V^2$，$I_{bias}=100\mu A$，$\gamma_n=0.5V^{\frac{1}{2}}$，$r_{DS-n}(\Omega)=[8000L（\mu m）]/[I_D（mA）]$，那么这个电路的增益为多少？

7.1.4　共栅放大器

带有源负载的共栅放大器电路如图 7.9 所示。这个电路通常用于要求具有较低输入阻抗的增益级中。例如，人们一般将 50Ω的输入阻抗作为 50Ω传输线的终端；在放大电流的放大器中使共栅放大器充当第一级。

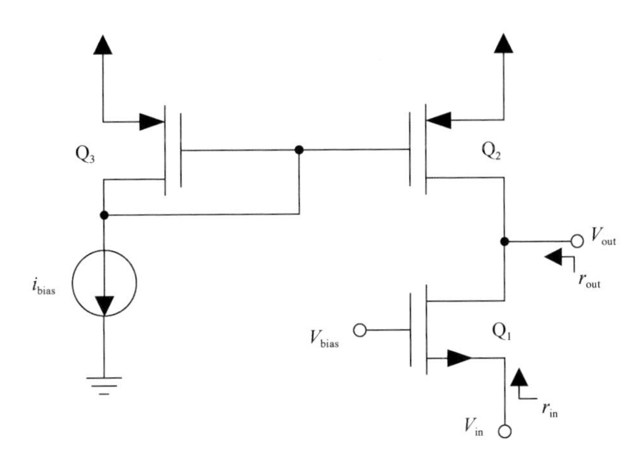

图 7.9　带有源负载的共栅放大器电路

如果直接用小信号对其进行分析，那么从 V_{out} 一端看过去时（在这种情况下，电流镜的输出阻抗由 Q_2 形成），阻抗远低于 r_{DS1}，输入阻抗 r_{in} 在低频下为 $1/g_{m1}$。然而，在集成电路实例中，从 V_{out} 一端看过去的阻抗一般和 r_{DS1} 相当，甚至远高于它，低频下的输出阻抗会比 $1/g_{m1}$ 大得多。共栅放大器在低频下的小信号模型如图 7.10 所示。该模型包含模拟体效应的压控电流源。

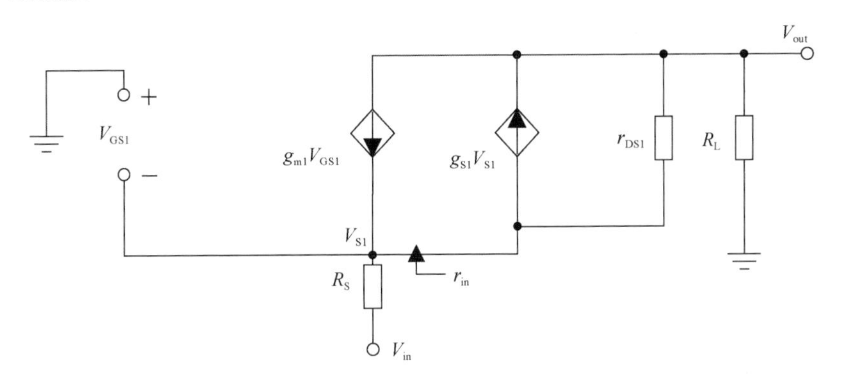

图 7.10　共栅放大器在低频下的小信号模型

由于 $V_{GS1}=-V_{S1}$，因此这两个电流源可以合并成一个，如图 7.11 所示。

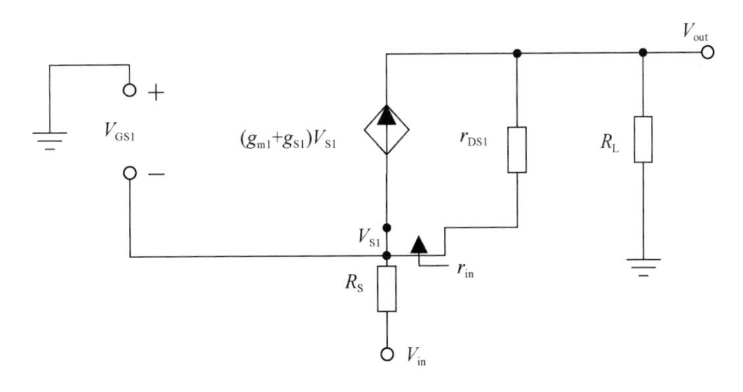

图 7.11　简化后的共栅放大器在低频下的小信号模型

在小信号模型中，如果一个晶体管的栅极接地，那么这种简化一般是可行的，并且能把体效应也包含进去。特别地，可以简单地忽略栅极接地的晶体管的体效应，对共栅放大器在低频下的小信号模型进行分析后，直接把参数 g_{m1} 换成 $g_{m1}+g_{S1}$。在分析过程中始终包含体效应参数。

在 V_{out} 节点处可得

$$V_{out}(G_L+g_{DS1})-V_{S1}g_{DS1}-(g_{m1}+g_{S1})V_{S1}=0 \tag{7.5}$$

重新排列上式，可得

$$\frac{V_{out}}{V_{S1}}=\frac{g_{m1}+g_{S1}+g_{DS1}}{G_L+g_{DS1}} \tag{7.6}$$

即增益近似等于 $g_{m1}/(G_L+g_{DS1})$。

进入 Q_1 源极的电流为

$$i_S=V_{S1}(g_{m1}+g_{S1}+g_{DS1})-V_{out}g_{DS1} \tag{7.7}$$

结合式（7.6）和式（7.7）可得输入导纳 $y_{in}=1/r_{in}$，即

$$y_{in}\equiv\frac{i_S}{V_{S1}}\equiv\frac{g_{m1}+g_{S1}+g_{DS1}}{1+\dfrac{g_{DS1}}{G_L}}\cong\frac{g_{m1}}{1+\dfrac{g_{DS1}}{G_L}} \tag{7.8}$$

变换式（7.8），可得

$$r_{in}=\frac{1}{y_{in}}\cong\frac{1}{g_{m1}}\left(1+\frac{R_L}{r_{DS1}}\right) \tag{7.9}$$

因为 $R_L=r_{DS2}$，所以在这种情况下，R_L 和 r_{DS1} 近似相等，输入阻抗 r_{in} 在低频下约等于 $2/g_{m1}$（$1/g_{m1}$ 预期值的两倍）。

在实际应用中，必须考虑增加的输入阻抗，如输电线路终端。在一些例子中，电流镜里对标 Q_2 的输出阻抗比 r_{DS1} 高得多，因此这些共栅放大器的输入阻抗也比 $1/g_{m1}$ 高得多。

对于共栅放大器来说，如果 R_S 很大，那么从输入端到晶体管源极的衰减会非常明显。衰减的定义为

$$\frac{V_{S1}}{V_{in}}=\frac{G_S}{G_S+y_{in}} \tag{7.10}$$

根据导纳分离定理（增益是两个节点之间的导纳除以该导纳和第二个节点与地之间的导纳之和的比率）并用式（7.8）取代 y_{in}，可得

$$\frac{V_{S1}}{V_{in}}=\frac{G_S}{G_S+\dfrac{g_{m1}+g_{S1}+g_{DS1}}{1+g_{DS1}/G_L}} \tag{7.11}$$

利用式（7.6）和式（7.11）可得总体直流增益为

$$A_v=\frac{V_{out}}{V_{in}}=\left[\frac{G_S}{\left(G_S+\dfrac{g_{m1}+g_{S1}+g_{DS1}}{1+g_{DS1}/G_L}\right)}\right]\frac{g_{m1}+g_{S1}+g_{DS1}}{G_L+g_{DS1}}\cong\left[\frac{G_S}{\left(G_S+\dfrac{g_{m1}}{1+g_{DS1}/G_L}\right)}\right]\frac{g_{m1}}{G_L+g_{DS1}} \tag{7.12}$$

7.1.5 源极负反馈的电流镜

由 7.1.1 节可知，可以将一个电流镜理解为两个晶体管，它们形成的电流源的输出阻抗

为 r_{DS2}。为了增加输出阻抗，可以使用源极负反馈的电流镜，如图 7.12 所示。源极负反馈电流源的小信号模型如图 7.13 所示。因为没有电流从栅极输入，所以栅极电压为 0。

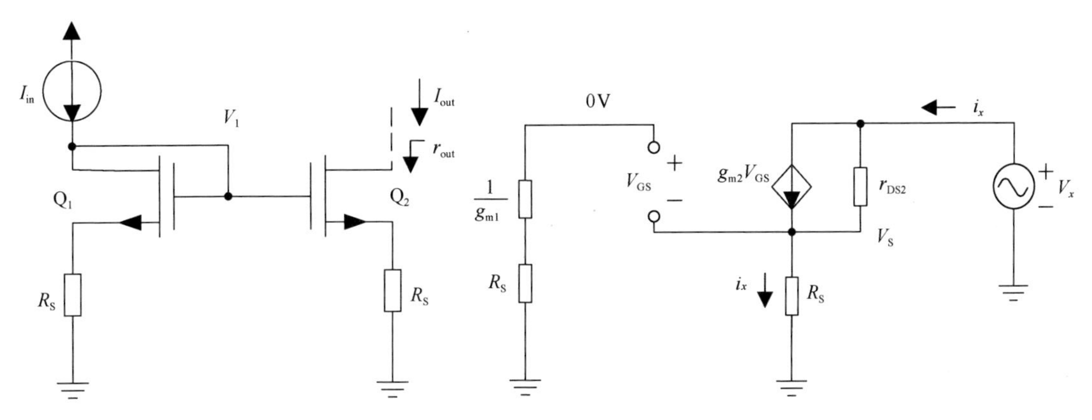

图 7.12　源极负反馈的电流镜　　　　图 7.13　源极负反馈电流源的小信号模型

由于电流 i_x 等于通过负反馈电阻 R_S 的电流，因此有

$$V_S = i_x R_S \tag{7.13}$$

同样

$$V_{GS} = -V_S \tag{7.14}$$

设 i_x 等于流经 $g_{m2}V_{GS}$ 和 r_{DS2} 的电流的总和，即

$$i_x = g_{m2}V_{GS} + \frac{V_x - V_S}{r_{DS2}} \tag{7.15}$$

结合式（7.13）～式（7.15），可得

$$i_x = -i_x g_{m2} R_S + \frac{V_x - i_x R_S}{r_{DS2}} \tag{7.16}$$

即输出阻抗为

$$r_{out} = \frac{V_x}{i_x} = r_{DS2}[1 + R_S(g_{m2} + g_{DS2})] \cong r_{DS2}(1 + R_S g_{m2}) \tag{7.17}$$

式中，$g_{DS2} = 1/r_{DS2}$，它比 g_{m2}（$g_{m2} = 1/r_S$）小得多。由于 $1 + R_S g_{m2}$ 的存在，输出阻抗增加了。

式（7.17）可以应用于一般的复杂电路中，用于快速估计从一个节点看过去的阻抗。由于栅极连接在小信号地上，因此可以简单地把式（7.17）中的 g_{m2} 替换成 g_{m2}+g_{S2} 来体现体效应。这使得

$$r_{out} = \frac{V_x}{i_x} = r_{DS2}[1 + R_S(g_{m2} + g_{S2} + g_{DS2})] \cong r_{DS2}[1 + R_S(g_{m2} + g_{S2})] \tag{7.18}$$

式中，g_{S2} 为体效应常数。这个结果与式（7.17）只有微小的差异，g_S 大约是 g_m 的 $\frac{1}{5}$。

例 7.4　假设在图 7.12 所示的源极负反馈的电流镜中，$I_{in} = 100\mu A$，每个晶体管的宽长比都是 100μm/1.6μm，$R_S = 5k\Omega$，$\mu_n C_{ox} = 92\mu A/V^2$，$V_{th} = 0.8V$，$r_{DS} = [8000L（\mu m）]/[I_D（mA）]$。求 r_{out}，假设体效应常数 $g_S = 0.2g_m$。

7.1.6 高输出阻抗的电流镜

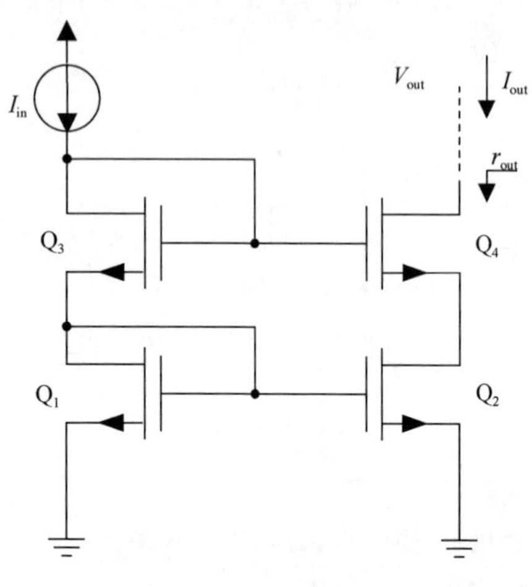

图 7.14 共源共栅电流镜

本节将介绍两个高输出阻抗的电流镜——共源共栅电流镜和威尔逊电流镜。在单个晶体管最高增益 $g_m r_{DS}$ 的因素下，这些电流镜具有远高于一般电流镜的输出阻抗。

1. 共源共栅电流镜

共源共栅电流镜如图 7.14 所示。

从 Q_2 的漏极看过去的输出阻抗就是 r_{DS2}，这与简单电流镜分析十分相似。因此，把 Q_4 看作带有源极负反馈且负反馈电阻为 r_{DS2} 的电流源，就能迅速得到输出阻抗。因为 Q_4 是共源共栅晶体管而 Q_2 不是，所以由式（7.18）可得

$$r_{out} = r_{DS4}[1 + R_S(g_{m4} + g_{S4} + g_{DS4})] \quad (7.19)$$

式中，$R_S = r_{DS2}$。因此，输出阻抗为

$$\begin{aligned} r_{out} &= r_{DS4}[1 + r_{DS2}(g_{m4} + g_{S4} + g_{DS4})] \\ &\cong r_{DS4}[1 + r_{DS2}(g_{m4} + g_{S4})] \\ &\cong r_{DS4}(r_{DS2} g_{m4}) \end{aligned} \quad (7.20)$$

$g_{m4} r_{DS2}$ 的存在使得输出阻抗增加了，$g_{m4} r_{DS2}$ 是一个单管 MOS 增益级的增益上限，其值取决于晶体管的尺寸、电流和工艺，一般为 10～100。这种明显的输出阻抗增加有助于理解低频高增益的单级放大器。

共源共栅放大器有一个缺点：它使晶体管进入线性区之前输出信号的最大摆幅减小了。为了了解原因，回想一下，一个处于有源区（也叫作饱和区或夹断区）的 n 沟道晶体管，它的漏-源电压一定比 V_{eff}（过驱动电压）大得多。V_{eff} 可定义为

$$V_{eff} \equiv V_{GS} - V_{th} \quad (7.21)$$

也可定义为

$$V_{eff} = \sqrt{\frac{2I_D}{\mu_n C_{ox}(W/L)}} \quad (7.22)$$

如果假设所有晶体管都有同样的尺寸和电流，那么它们具有相同的 V_{eff} 和栅-源电压 $V_{GSi} = V_{eff} + V_{th}$。由图 7.14 可得

$$V_{G3} = V_{GS1} + V_{GS3} = 2V_{eff} + 2V_{th} \quad (7.23)$$

$$V_{DS2} = V_{G3} - V_{GS4} = V_{G3} - (V_{eff} + V_{th}) = V_{eff} + V_{th} \quad (7.24)$$

因此，Q_2 的漏源电压比把 Q_2 置于有源区边界的最小值大。特别地，Q_2 的漏源电压为 V_{th}（0.8V），远大于所需的电压。由于在 Q_4 进入线性区前，最小的输出电压 V_{D4} 等于 $V_{DS2} + V_{eff}$，因此 V_{out} 的最小允许值满足

$$V_{out} > V_{DS2} + V_{eff} = 2V_{eff} + V_{th} \quad (7.25)$$

同样，最小值就是 V_{th}，它远大于 $2V_{eff}$ 的最小值。目前，很多电路最大的供电电压可能只有 3V，那么信号摆幅的损失就是很严重的问题。后面将介绍共源共栅电流镜是如何被设

计成既有高输出阻抗，又允许在输出端有最小电压的。

例 7.5　假设在图 7.14 所示的电流镜中，$I_{in}=100\mu A$，每个晶体管的宽长比都是 $100\mu m/1.6\mu m$，$\mu_n C_{ox}=92\mu A/V^2$，$V_{th}=0.8V$，$r_{DS}=[8000L\,(\mu m)]/[I_D\,(mA)]$。求电流镜的 r_{out}（假设体效应常数为 $0.2\,g_m$），并求使所有晶体管保持饱和状态的 V_{out} 的最小值。

2. 威尔逊电流镜

威尔逊电流镜如图 7.15 所示。

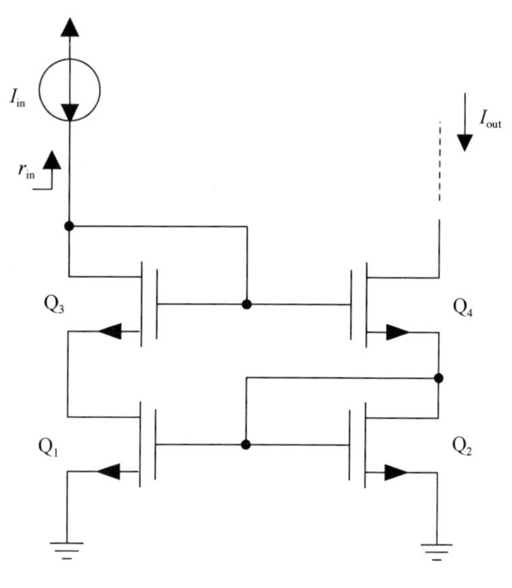

图 7.15　威尔逊电流镜

威尔逊电流镜是使用串联-并联反馈增加输出阻抗的。基本上，Q_2 检测输出电流并将它复制为 I_{D1}。注意，I_{D1} 必须精准等于 I_{in}，不然 Q_3、Q_4 间的栅极电压会增大或减小，负反馈使得它们强制相等。这个负反馈装置使输出阻抗增加了"1+环路增益"倍。假设所有的装置都匹配了，没有 Q_1、Q_3 的负反馈，那么输出阻抗将是 $2r_{DS4}$。因为 Q_4 等于一个 $1/g_{m2}$ 的源极负反馈（Q_2 二极管连接型连接的小信号阻抗），所以环路增益为

$$A_L \cong \frac{g_{m1}(r_{DS1}//r_{in})}{2} \tag{7.26}$$

式中，r_{in} 为偏置电流源 I_{in} 的输入电阻。1/2 的出现是因为 Q_4 的栅极和源极之间的电压出现了衰减，这是由二极管连接型 Q_2 形成的源极负反馈造成的。假设 r_{in} 近似等于 r_{DS1}，那么环路增益为

$$A_L \cong \frac{g_{m1}r_{DS1}}{4} \tag{7.27}$$

并且输出阻抗为

$$r_{out} \cong 2r_{DS4}\frac{g_{m1}(r_{DS1}//r_{in})}{2} \cong r_{DS4}\left(\frac{g_{m1}r_{DS1}}{2}\right) \tag{7.28}$$

它约等于共源共栅电流镜的输出阻抗的 1/2。所以，相较于威尔逊电流镜，共源共栅电流镜使用得更多。从输出电压范围来看，在 Q_4 进入线性区前，威尔逊电流镜的最小允许电压是 $2V_{eff}+V_{th}$，这和共源共栅电流镜相同。

威尔逊电流镜对 Q_3 没有要求。Q_3 用于对 Q_1、Q_2 施加相同的漏源电压，这将大信号下的晶体管输出阻抗造成的误差最小化了，如果没有 Q_3，则输出电流会比输入电流稍小一点，因为 $V_{DS1}>V_{DS2}$。然而，小信号下的晶体管输出阻抗是不变的。

7.1.7　共源共栅增益级

在集成电路设计中，常见的用于单级放大器的结构便是共源共栅结构，这种结构为对一个共源连接晶体管馈入一个共栅连接晶体管。两种共源共栅放大器如图 7.16 所示。

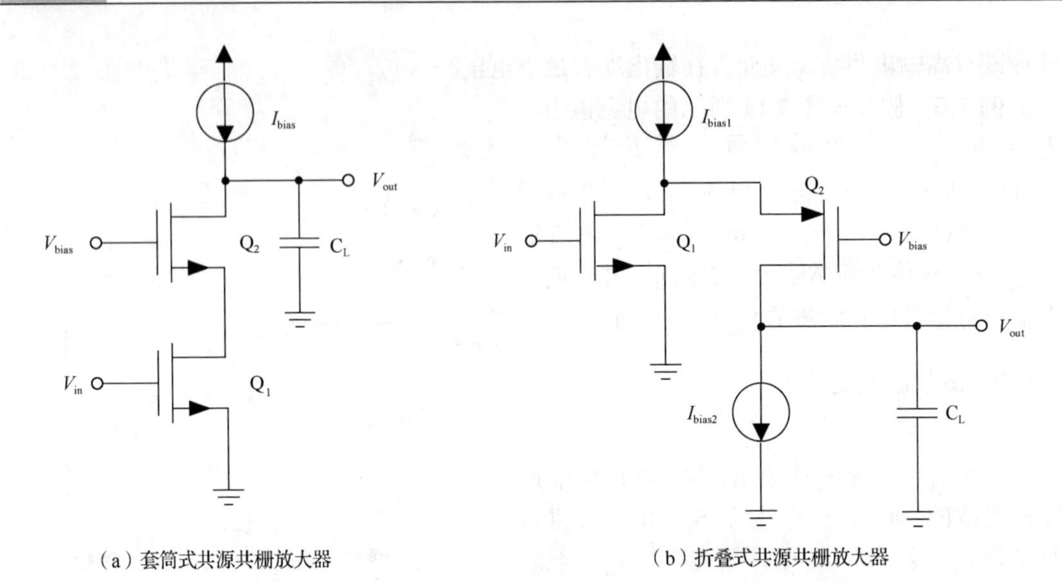

（a）套筒式共源共栅放大器　　（b）折叠式共源共栅放大器

图 7.16　两种共源共栅放大器

图 7.16（a）所示的结构中有一个共源晶体管 Q_1 和一个共栅晶体管 Q_2，它们都是 n 沟道结构。这种结构有时被称为套筒式共源共栅放大器。图 7.16（b）所示的结构有一个 n 沟道输入晶体管，而共源共栅（或共栅）晶体管用的是 p 沟道结构，因此图 7.16（b）所示的结构通常被称为折叠式共源共栅放大器。它允许输出信号的直流电平和输入信号的直流电平相同。但是，它通常比一般的套筒式共源共栅放大器速度慢，因为 p 沟道晶体管的存在，折叠式共源共栅放大器的阻抗大约增加了 3 倍，尽管两者的共源共栅晶体管在源极的寄生电容相同。

共源共栅放大器被广泛使用有两个原因：一是作为一个单级增益，它有十分高的增益，放大器的高增益通常可以通过高输出阻抗实现，共源共栅放大器输出端的共源共栅电流镜就具有很高的输出阻抗，通常这种高增益不会降低电路速度，有时还能提升电路速度；二是共源共栅放大器限制了通过输入驱动晶体管的电压，减弱了任何短沟道效应，这在使用超短沟道的晶体管的现代技术中显得十分重要。

对共源共栅增益级的分析是基于图 7.16（a）所示的套筒式共源共栅放大器进行的。同样的分析方法，对其进行轻微修改，也可用于图 7.16（b）所示的折叠式共源共栅放大器。

由电流镜的介绍可知，从 Q_2 的漏极看过去的输出阻抗为

$$r_{D2} \cong g_{m2} r_{DS1} r_{DS2} \tag{7.29}$$

输出节点的总阻抗为 $r_{D2}//R_L$，其中 R_L 为偏置电流源 I_{bias} 的输出阻抗。假设 I_{bias} 是一个高质量的电流源，且它的输出阻抗为

$$R_L \cong g_{m-p} r_{DS-p}^2 \tag{7.30}$$

则输出节点的总阻抗为

$$R_{out} \cong \frac{g_m r_{DS}^2}{2} \tag{7.31}$$

在晶体管匹配的假设下，人们已经降低了指标，用来进行简化分析，以得到一个大概的结果。

为了得到大致的低频增益，可以利用在共栅增益级中已经做过的分析，即由式（7.8）可得从 Q_2 的源极看过去的低频导纳为

$$y_{in2}=\frac{g_{m2}+g_{S2}+g_{DS2}}{1+\dfrac{g_{DS2}}{G_L}}\cong\frac{g_{m2}}{1+\dfrac{g_{DS2}}{G_L}} \tag{7.32}$$

变化的指标表明 Q_2 是共栅晶体管而 Q_1 不是。结合式（7.30）和式（7.32），假设所有参数都已被匹配，指标可以下降，则可得

$$y_{in2}\cong\frac{g_m}{1+\dfrac{g_{DS}}{g_{DS}^2/g_m}}\cong g_{DS} \tag{7.33}$$

从输入端到 Q_2 源极的增益为

$$\frac{V_{S2}}{V_{in}}=-\frac{g_{m1}}{g_{DS1}+Y_{in2}}\cong-\frac{g_m}{2g_{DS}} \tag{7.34}$$

整体的增益由式（7.6）和式（7.34）给出，即

$$A_v=\frac{V_{S2}}{V_{in}}\cdot\frac{V_{out}}{V_{S2}}\cong-\frac{g_m}{2g_{DS}}\cdot\frac{g_{m2}}{G_L+g_{DS2}}\cong-\frac{g_m}{2g_{DS}}\cdot\frac{g_{m2}}{g_{DS2}}\cong-\frac{1}{2}\left(\frac{g_m}{g_{DS}}\right)^2 \tag{7.35}$$

式（7.35）只是对整体增益的估计，这主要是因为不同晶体管的 g_{DS} 的检测难度不同。预估 g_{DS} 时存在的问题是它依赖电压。因此，设计者应当避免构造一个需要知道精准增益才能工作的电路，要构造一个只需知道一些最小值的电路（指标有冗余的电路）。

例 7.6 假设 g_m=0.5mA/V，r_{DS}=100kΩ，求共源共栅放大器的增益。

7.2 比较器

在电路中，使用率仅次于放大器的就是比较器了。比较器用于检测信号是大于 0 还是小于 0，或者比较两个信号的大小。A/D 转换器就使用了大量比较器。比较器具有十分广泛的应用，如数据转换、电源切换器等。本节主要介绍比较器的设计及其使用限制。下面先给出一个最简单的比较器——运放比较器，尽管此电路的响应速度相对于实际应用太慢了，但它可以帮助人们确定一些设计上的规则，如减小输入失调电压和减少电荷注入错误等。

7.2.1 运放比较器

一种了解比较器的简单方法就是了解一个开环运放，如图 7.17 所示。该开环运放的主要缺点就是响应时间长，因为运放的输出需要转换巨大的输出电压且其稳定下来所需的时间很长。本节将忽略响应时间，首先分析输入失调电压引起的另一个问题。

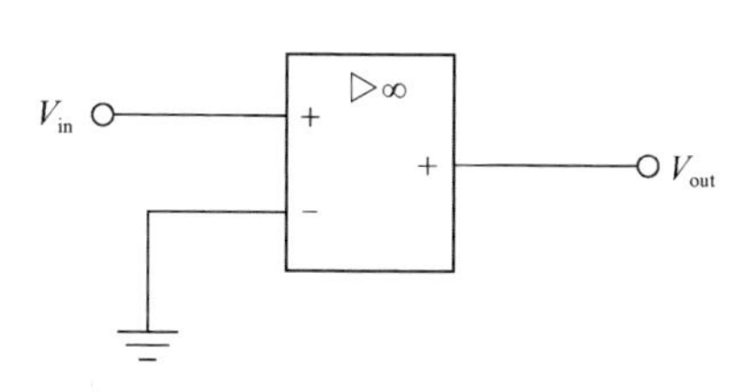

图 7.17 用一个开环运放组成的最简单的比较器

图 7.17 中的比较器的分辨率被运放的输

入失调电压限制了。输入失调电压在传统的MOS工艺下可能为2～5mV，该电压使该比较器不适用于大多数应用。对于消除比较器中的运放，可以用比输入偏移电压低得多的精度来解析信号，如图7.18所示。尽管图7.17中的比较器在早期的A/D转换器中经常使用，但目前它在大多应用中已经不适用了，然而，它可作为对重要电路设计规则进行示范的例子。图7.18中的消除比较器运行如下：在接通ϕ_1时，即复位阶段，电容器C的底板（电容器C的左侧）接地，并且顶板和运放的正向输入端相连，当闭合开关S_r时，运放的输出端也和正向输入端相连。假设运放是理想运放，则这种连接会使电容器充电至0。在求值阶段，断开开关S_r，并且电容器底板连接输入电压，运放工作在开环状态。如果输入信号大于0，那么输出就会转为大的负电压；如果输入信号小于0，那么输出就会转为大的正电压。这两种情况可以互相转换，并且可以用一个数字锁存器保存结果。

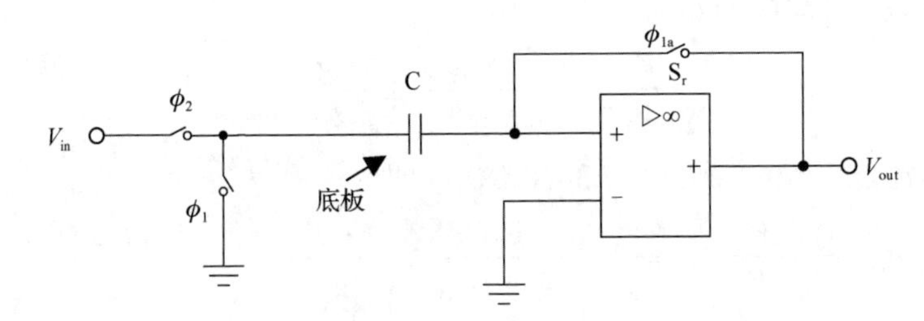

图7.18　消除比较器

如果运放不是理想运放，那么这个电路的限制是明显的，因为它的增益是有限的，而且在复位阶段需要通过补偿来达到稳定状态。

例7.7　假设0.5mV的信号必须通过图7.18所示的消除比较器来转换，且输出为5V。假设运放的单位增益频率为10MHz，且复位阶段和比较阶段一样长，允许建立时间为复位阶段时间的6倍，求消除比较器的最大时钟频率。

提高比较速度的可行方法是在求值阶段断开补偿电容器。在求值阶段将补偿电容器断开的运放如图7.19所示。在这个运放中，晶体管Q_1用于在复位阶段实现超前补偿。在求值阶段，将Q_1关闭、补偿电容器C_c断开，这极大地提升了该阶段运放的速度。使用这种方法，就有可能将比较器的时钟频率提升10～15倍。如果电路符合要求，那么这种方法就是合理的，但通常电路是达不到要求的，因此需要用其他方法。

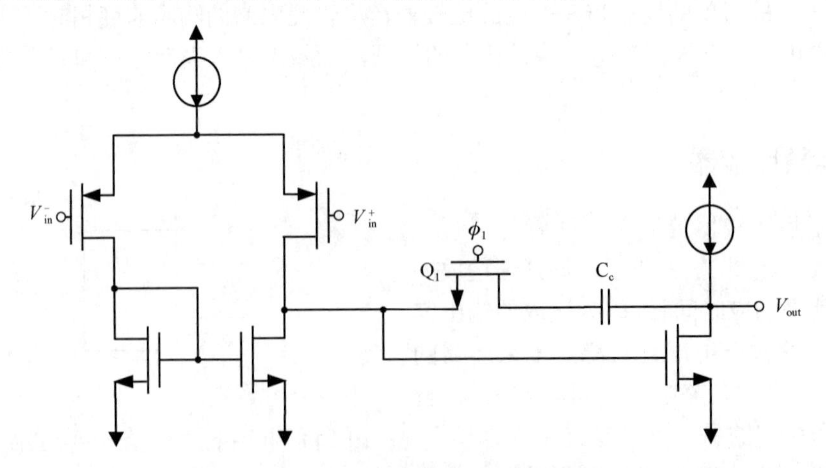

图7.19　在求值阶段将补偿电容断开的运放

以上方法的优点在于补偿电容器在工作阶段不会充电或放电。特别地，在复位阶段，一般将该电容器的电压置为 0。在求值阶段，将该电容器的顶板和运放的反相输入端连接，此时 C_c 断路（假设忽略寄生电容），且 C_c 的电压保持在 0（顶板的电压跟随 V_{in}）。这种方法极大地减小了在 V_{in} 变化时，输入信号所需的电荷量。假如连接到底板的开关相位互换了，那么求值阶段会保持相同的相位，但是现在 C_c 必须在复位阶段充电或放电，因为底板电位跟随 V_{in}，而顶板保持虚地。一般地，人们会用合理的大输入电容来减小电荷注入效应。它的充放电需求使得电路对输入信号源有着严格的限制，因此，人们应采用图 7.17 所示的时钟相位。除此之外，系统还可以容忍反相比较，因为可以使用数字反相器将其变成同相比较。

输入失调电压误差的来源包括运放的输入失调电压。它可能是由器件不匹配引起的，可能会潜藏于比较器的设计中。在图 7.18 所示的消除比较器中，输入失调电压误差在复位阶段会被存储在电容器中，并在求值阶段被消除。此处给出输入失调电压误差被消除的原因：假设运放存在输入失调电压误差，则其等效模型为在运放输入端连接一个电压源。

在复位阶段，如图 7.20（a）所示，假设运放的增益较高，反相输入端的电位为 V_{off}，表明 C 在这个阶段被充电到 V_{off}。在求值阶段，如图 7.20（b）所示，C 的左端和输入电压相连，右端电位为 $V_{off}+V_{in}$，若 $V_{in}>0$，则输入为负；若 $V_{in}<0$，则输入为正。这个工艺不仅消除了输入失调电压误差，还减小了低频下 $1/f$ 噪声（CMOS 微电路中很大的噪声）造成的误差。

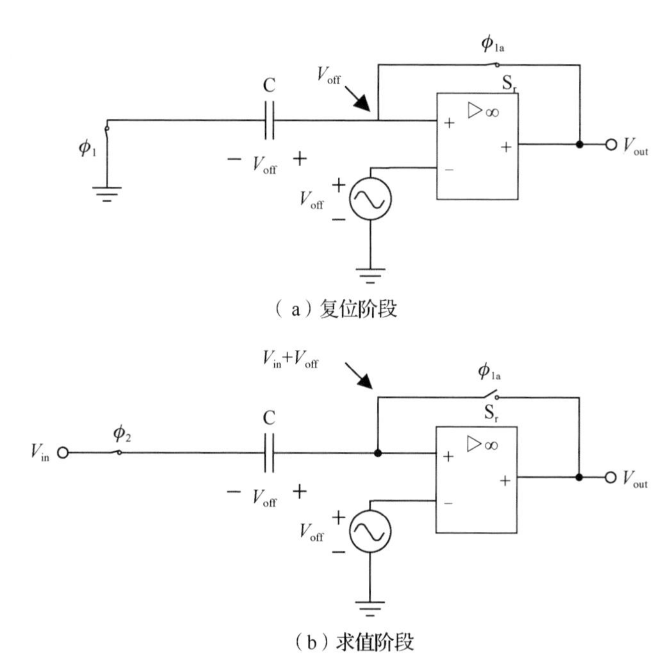

图 7.20　复位阶段和求值阶段的电路图

7.2.2　电荷注入效应

限制比较器分辨率的主要因素是电荷注入效应，也称时钟馈通效应。

在晶体管断开时，被意外注入电路的电荷会引起电荷注入效应。在图 7.17 所示的比较器中，开关被看作一个 n 沟道晶体管或 CMOS 传输门（n 沟道晶体管与 p 沟道晶体管并联，它们都要断开）。开关打开时，它工作在线性区，并且源极和漏极之间的电压为 0。开关断开时，造成电荷误差的原因有两个。一是沟道电荷必须从晶体管的沟道区域流到漏极或源极。V_{DS} 为 0 的晶体管的沟道电荷量为

$$Q_{ch} = WLC_{ox}V_{eff} = WLC_{ox}(V_{GS} - V_{th}) \tag{7.36}$$

这些电荷通常占了很高比例。二是由栅与源、漏之间的重叠电容引起的电荷（一般更小）。

图 7.21 所示为简单比较器的电路，其中开关被看作 n 沟道晶体管。图 7.21 还展示了由栅漏、栅源之间的重叠电容引起的寄生电容。注意，在开关从打开到断开时，要考虑每个晶体管的沟道电荷分布。在图 7.21 中，所有晶体管都是 n 沟道晶体管，这意味着沟道电荷带负电。

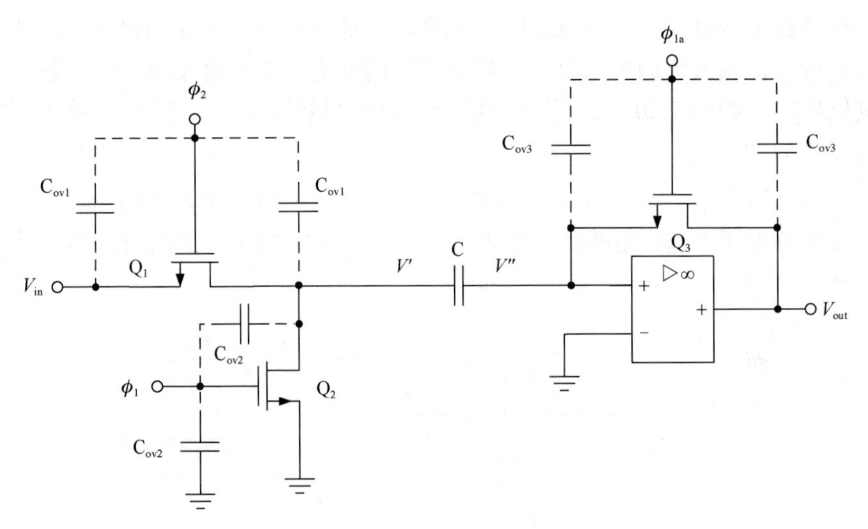

图 7.21　简单比较器的电路

Q_3 断开时，如果时钟速度非常快，那么 Q_3 引起的沟道电荷会同等地从每个结流出，注入运放输出节点的电荷量近似为 $Q_{ch}/2$，对运放的影响非常小。然而，注入运放反相输入端的电荷量为 $Q_{ch}/2$，其会使通过 C 的电压发生变化，产生错误。由于电荷带负电，对于一个 n 沟道晶体管来说，节点电压 V'' 会变负。由沟道电荷引起的电压变化为

$$\Delta V'' = \frac{(Q_{ch}/2)}{C} = -\frac{V_{eff3}C_{ox}W_3L_3}{2C} = -\frac{(V_{DD} - V_{th})C_{ox}W_3L_3}{2C} \tag{7.37}$$

Q_3 的栅源有效电压为 $V_{eff3} = V_{GS3} - V_{th} = V_{DD} - V_{th}$。$V''$ 的电压产生变化基于 Q_2 的断开只比 Q_3 晚一点。

为了计算重叠电容生成的电荷，下面先介绍电容分离公式。这个公式用于计算在某个终端电压变化时，两个串联电容器的内部节点的电压变化。电容分压器如图 7.22 所示。假设 V_{in} 是变化的，并且要测出 V_{out}（V_{C_2}）的变化值。串联的 C_1、C_2 等效为一个电容器（电容的大小为 C_{eq}）。C_{eq} 的计算公式为

$$C_{\mathrm{eq}}=\frac{C_1C_2}{C_1+C_2} \tag{7.38}$$

V_{in}变化时，流入等效电容器的电荷为

$$\Delta Q_{\mathrm{eq}}=\Delta V_{\mathrm{in}}C_{\mathrm{eq}}=\Delta V_{\mathrm{in}}\frac{C_1C_2}{C_1+C_2} \tag{7.39}$$

所有流入等效电容器的电荷等效于流入 C_1 的电荷，也等效于流入 C_2 的电荷，故有

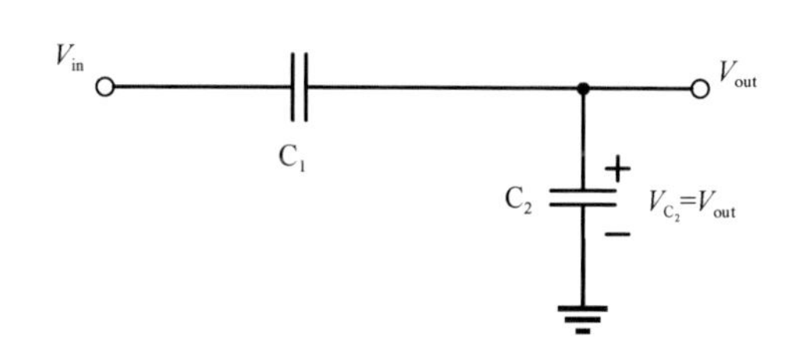

图 7.22　电容分压器

$$\Delta V_{\mathrm{out}}=\Delta V_{C_2}=\frac{\Delta Q_{C_2}}{C_2}=\frac{\Delta V_{\mathrm{in}}C_1}{C_1+C_2} \tag{7.40}$$

式（7.40）可用于计算集成电路的电荷流入量。它可应用于计算图 7.6 中的电路在关闭时，Q_3 的重叠电容引起的 V'' 的变化。在图 7.22 中，有 $C_1=C_{\mathrm{ov}}$，$C_2=C$，$\Delta V_{\mathrm{in}}=-(V_{\mathrm{DD}}-V_{\mathrm{SS}})$。假设时钟信号从 V_{DD} 变化到 V_{SS}，则重叠电容引起的 V'' 的变化为

$$\Delta V''=\frac{-(V_{\mathrm{DD}}-V_{\mathrm{SS}})C_{\mathrm{ov}}}{C_{\mathrm{ov}}+C} \tag{7.41}$$

此变化一般小于沟道电荷引起的电压变化，因为 C_{ov} 较小。

1. 使电荷注入信号独立

Q_1、Q_2 引起的电荷注入效应可能会造成暂时的错误，但是假设 Q_3 断开后，Q_2 过一会儿断开，那么 Q_1、Q_2 引起的效应会远弱于 Q_3 引起的效应。这种时间差就是导致 Q_2 的时钟电压用 ϕ_1 表示，而 Q_3 的时钟电压用 ϕ_{1a}（先于 ϕ_1）表示的因素。这种安排带来的竞争有点复杂：Q_2 断开时，它的电荷注入使得 V'' 有一个负的错误，但是这不会对存储在 C 中的电荷产生任何影响，因为 C 的右端连接了一个有效的开路，假设 Q_3 已经断开，当 Q_1 打开时，不管先前 Q_2 注入了多少电荷，V'' 都会变为 V_{in}。因此，V'' 不会受到 Q_2 的电荷注入效应的影响。这不是 Q_2 与 Q_3 同时断开或 Q_2 先于 Q_3 断开的情况。Q_1 的电荷注入效应没有影响 V'' 仅仅是因为 Q_1 断开时，比较已经结束了。除此之外，Q_1 打开时其电荷注入效应也没有影响 V''是因为 C 的右端连接了一个开路。总的来说，假设时钟不会重叠，如果 Q_3 先断开，则电路只会受 Q_3 的电荷注入效应的影响。

图 7.23 所示为时钟生成器，其能够运行期望的时钟波形。时钟电压 ϕ_1 和 ϕ_{1a} 不会与 ϕ_2 和 ϕ_{2a} 重叠，而且 ϕ_{1a} 会稍先于 ϕ_1（两个反相器延迟）。

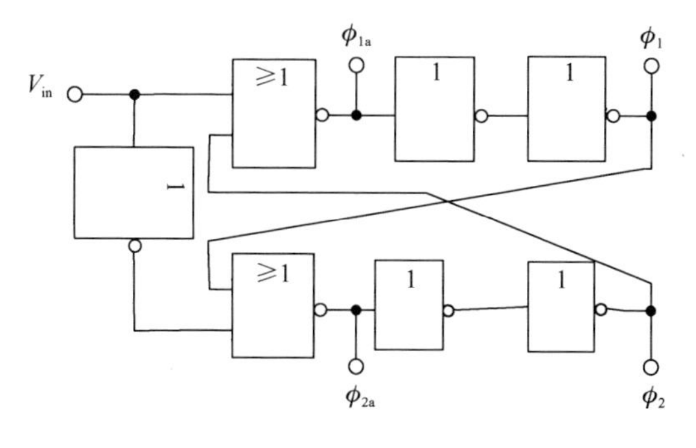

图 7.23　时钟生成器

2. 减小由电荷注入效应引起的误差

减小由电荷注入效应引起的误差的最简单的方法就是使用更大的电容。由前面的内容可知，大约 100pF 的电容就可以保证由电荷注入效应引起的误差小于 0.5mV。但是，这么大的电容需要一大块硅区域，而且集成电容在底板和衬底之间还有大约 20%的寄生电容。因此，会有一个大约 20pF 的底板电容被输入电路驱动。

使用全差分结构设计比较器也可以减小由电荷注入效应引起的误差。全差分、单级、开关电容的比较器如图 7.24 所示。

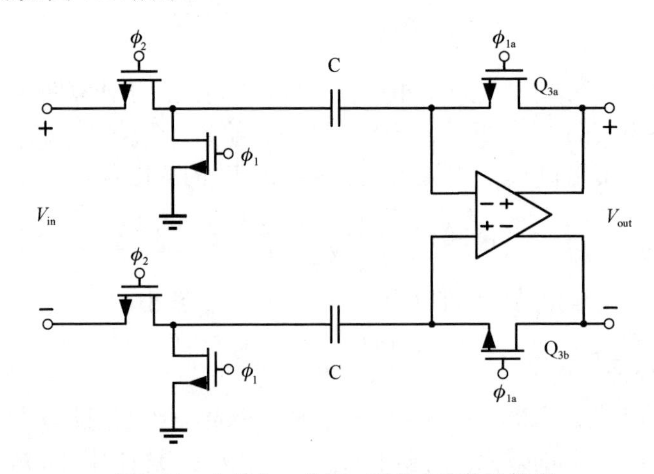

图 7.24 全差分、单级、开关电容的比较器

当比较器退出复位模式时，复位开关 Q_{3a} 的时钟馈通和 Q_{3b} 的时钟馈通相互抵消。在这个例子中，共模电压会受到轻微影响，但是差模电压不受影响。唯一的不足就是两个开关的时钟馈通不匹配，造成的误差一般至少为单端下误差的 1/10。因此，现代的集成比较器大多使用全差分结构设计。

人们还可以通过引入多级比较器的方法（该方法和全差分结构设计一起使用）减小由电荷注入效应引起的误差，其中第一级的时钟馈通被第一级和第二级之间的耦合电容器存储；第二级的时钟馈通被第二级和第三级之间的耦合电容器存储，依次类推。尽管将这种方法和全差分结构设计一起使用，但是人们会根据单端电路图来讲解该技术。三级比较器及理想时钟波形如图 7.25 所示。

当 ϕ_1'' 下降时，Q_1 分别通过寄生电容器 C_{p1} 和 C_{p2} 将电荷注入反相输入端和第一级输出端。被注入第一级输出端的电荷只造成了一个暂时的错误。被注入反相输入端的电荷使得这个节点电压变为负值。用前面提到的分析方法可以计算节点电压的数值。在每个实例中，该数值一般在几十毫伏范围内，假设耦合电容约为 1pF。在节点电压变为负值后，第一级的输出变为正值，且数值等于反相输入的负跳变乘以第一级的增益。这时 ϕ_1'' 仍然很高。因此，第二级会被复位，而且 C_2 被充电至由第一级的时钟馈通造成的输出误差，因此消除了它的影响。用一种简单的方式，ϕ_1'' 断开且第二级从闭环复位模式转到开环比较模式时，第三级仍然处于复位模式且第二级的时钟馈通被存储到耦合电容器 C_3 中。第三级断开时，其电荷注入效应并没有消除。然而，它造成的误差等于第三级反相输入的电压变化量除以前两级增益的负数（这是消除第三级在退出复位模式时的时钟馈通所需的输入电压）。三级比较器的第一级如图 7.26 所示。

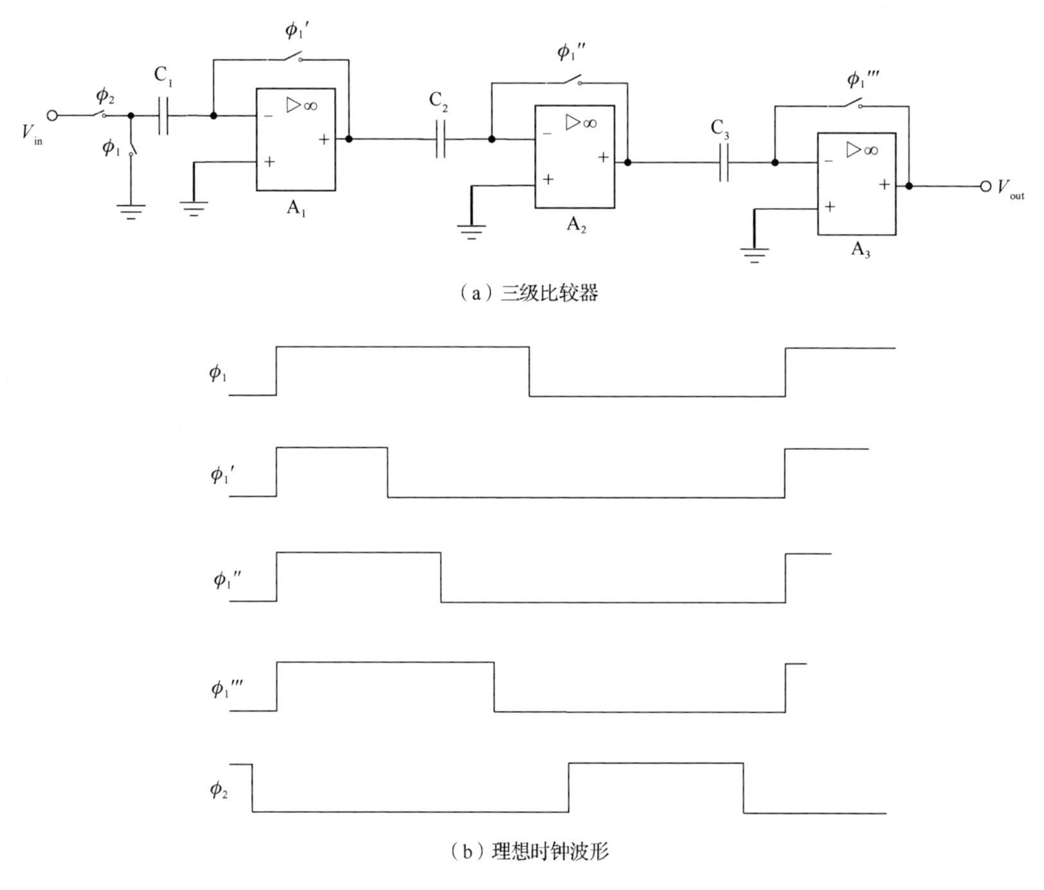

图 7.25　三级比较器及理想时钟波形

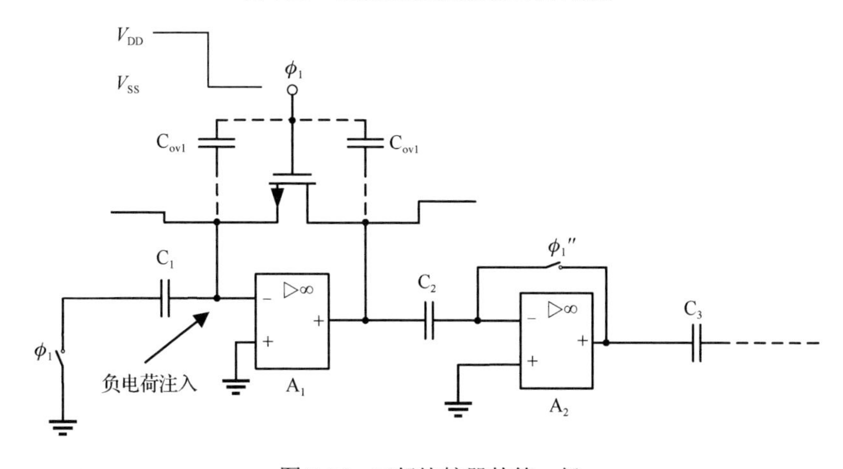

图 7.26　三级比较器的第一级

3. 多级比较器的速度

此部分介绍的多级方法可用于理解超高分辨率比较器，尤其在将它和全差分结构设计结合在一起时。然而，这种方法存在限制——它需要多相位时钟波形，这会使得电路速度降低。

由于信号有传播到所有级的需求，因此多级方法被电路速度限制了，但是它的运算速度仍然是比较快的，因为每个单级可以运行得足够快。一般来说，每一级都包含一个只有 90° 相位偏移的单级放大器，因此不需要补偿电容（每一级都有非补偿电容提供的 90° 相位富余）。下面通过介绍简单的、级联的、一阶的、无补偿的反相器来说明应用多级方法设计的电路速度快的原因。使用一阶共源共栅增益级来理解比较器，如图 7.27 所示。在它未复位时，这个电路就是多级比较器的一个粗略近似。第 i 级输出端的寄生负载电容近似为

$$C_{pi} \cong C_{0\text{-}i} + C_{GS\text{-}i+1} \tag{7.42}$$

式中，$C_{0\text{-}i}$ 为第 i 级的输出电容，一般为结电容；$C_{GS\text{-}i+1}$ 为下一级输入晶体管的栅源电容。式（7.42）对最后一级来说不一定准确，但是最后一级连接的负载会在同一个数量级。如果假设级之间匹配，那么一般来说 $C_{0\text{-}i} < C_{GS\text{-}i+1}$，因为结电容一般小于栅源电容，可以假设

$$C_{pi} < 2C_{GS\text{-}i} \tag{7.43}$$

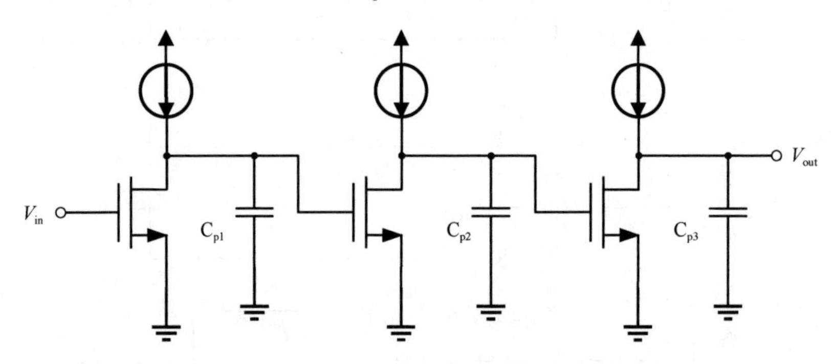

图 7.27　使用一阶共源共栅增益级来理解比较器

单级增益级的单位增益频率为

$$\omega_{t\text{-}i} \sim \frac{g_{mi}}{2C_{GS\text{-}i}} \tag{7.44}$$

或更大，其中，g_{mi} 为第 i 级输入电容的跨导。因此，单级增益级的单位增益频率为单晶体管的单位增益频率的一半。如果假设第 i 级的直流增益为 $A_{0\text{-}i}$，且第 i 级可以用一阶传递函数描述，那么单级电路的传递函数为

$$A_i(s) = \frac{A_{0\text{-}i}}{1 + s / \omega_{p\text{-}i}} \tag{7.45}$$

式中

$$\omega_{p\text{-}i} \cong \frac{\omega_{t\text{-}i}}{A_{0\text{-}i}} \sim \frac{g_{mi}}{2A_{0\text{-}i}C_{GS\text{-}i}} \tag{7.46}$$

因此，单级电路的–3dB 频率为晶体管单位增益频率的一半除以这一级的增益。如果有 n 级级联，那么整体的传递函数为

$$A_{total}(s) = \prod A_i(s) \tag{7.47}$$

这个结果近似为一阶传递函数，其中所有高阶项都被忽略，即

$$A_{\text{total}}(s) \cong \frac{\prod A_{0\text{-}i}}{1 + s\sum 1/\omega_{\text{p-}i}} \cong \frac{A_0^n}{1 + ns/\omega_{\text{p-}i}} \tag{7.48}$$

因此，n 级级联时间常数近似为

$$\tau_{\text{total}} \cong \frac{2nA_0C_{\text{GS}}}{g_{\text{m}}} \cong 2nA_0\tau_{\text{T}} \tag{7.49}$$

式中，$\tau_{\text{T}} = C_{\text{GS}} / g_{\text{m}}$，为单个晶体管的近似传输时间。一级级联的时间常数约等于单级时间常数的 n 倍，也是单个晶体管传输时间的 $2A_0$ 倍。这个结果应当用一个单级运放来比较，其在拥有同样的整体增益下，时间常数会远大于单个晶体管传输时间的 $2A_0{}^n$ 倍。对时间的估计对简单的单级来说是有效的，一般的原则也可应用到更复杂的全差分级中，只要每级都为一阶且不需要补偿。

式（7.49）可以进一步简化，即

$$C_{\text{GS}} = \frac{2}{3}C_{\text{ox}}WL \tag{7.50}$$

对一个有源区的晶体管来说，有

$$g_{\text{m}} = \sqrt{2\mu_{\text{n}}C_{\text{ox}}(W/L)I_{\text{D}}} \tag{7.51}$$

把式（7.50）和式（7.51）代入式（7.49）中，可得

$$\tau_{\text{total}} \cong \frac{2nA_0C_{\text{GS}}}{g_{\text{m}}} \cong \frac{4}{3}\frac{nA_0L^2}{\mu_{\text{n}}V_{\text{eff}}} \tag{7.52}$$

式中

$$V_{\text{eff}} = \sqrt{\frac{2I_{\text{D}}}{\mu_{\text{n}}C_{\text{ox}}(W/L)}} \tag{7.53}$$

对于一种给定的结构，要想快速评估采用该结构设计的比较器的速度和分辨能力，式（7.52）十分有用。它也能使人们对设计比较器有一定的了解。每级的输入驱动有效电压应该尽量大；相对来说，晶体管的宽度不是很重要，假设它们都足够大以至 C_{GS} 占据互连和外部负载引起的寄生电容的主要部分。

7.2.3　锁存比较器

高速比较器一般有一或两级的前置放大器、一个跟随锁存级，其结构如图 7.28 所示。高速比较器的基本原理：前置放大器用于获得更高的分辨率且减少反冲，尽管前置放大器的输出大于比较器的输入，但仍然远小于驱动这个数字集成电路所需的电平；跟随锁存级在跟随阶段进一步放大信号，并在正反馈启用时，在锁存阶段放大信号。正反馈把模拟信号恢复为全摆幅的数字信号。跟随锁存级减小了要求的整体增益的数值，甚至在要求高分辨率时也是如此，所以该电路会比之前介绍的应用多级方法设计的比较器的速度更快。

一般前置放大器的增益为 4～10，尽管有时它只是一个简单的单位增益缓冲器，但只在超高速且中等分辨率下才这样设计。一般前置放大器的增益不会大于 10，不然它的时间常数会过大，速度会受限。取消前置放大器不太好，因为进入驱动电路的反冲会导致精度不高。反冲是指在跟随锁存级从跟随模式转为锁存模式时，电荷要么转移到输入，要么从输入转移出。出现电荷转移是因为打开正反馈电路中的晶体管需要电荷，断开时也需要带

走其中的电荷。如果没有前置放大器或缓冲器，那么反冲会进入驱动电路并会产生非常大的错误，尤其在从两个输入端看过去的阻抗不完美匹配的情况下。

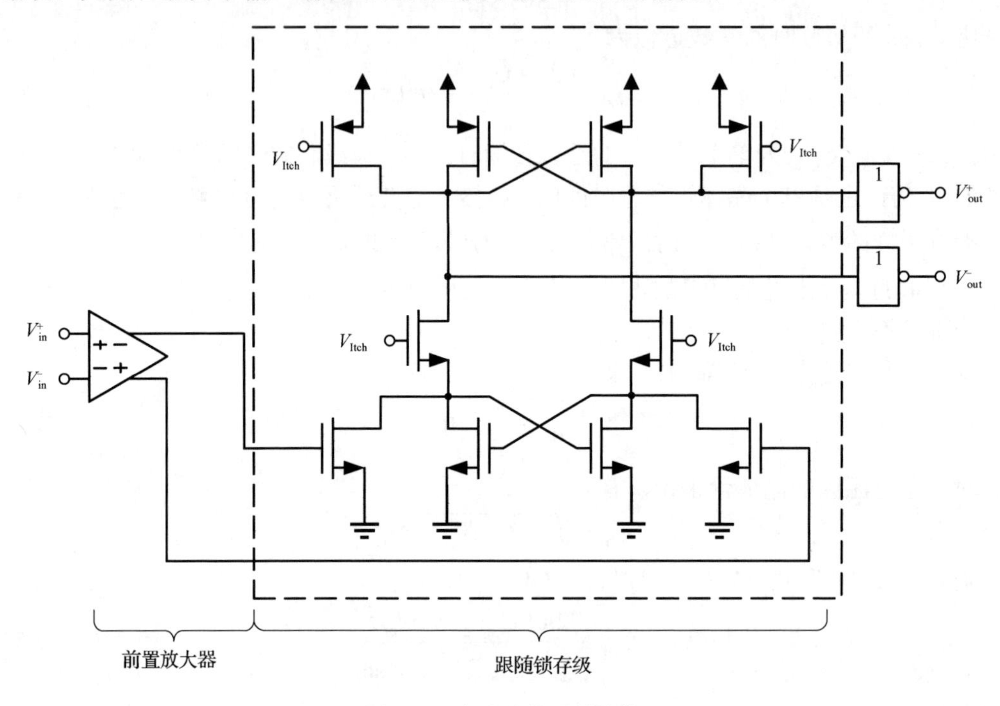

图 7.28　高速比较器的结构

在高分辨率应用中，容性耦合和复位开关一般同样被包含进去，用来消除一切输入失调电压和电荷注入效应造成的误差。

有关比较器的一个十分重要的注意事项是，要保证没有记忆数据从一个决定循环中传输到下一个循环中。例如，当一个比较器被切换到一个方向时，它有保持这个方向的趋势，这个趋势称为迟滞。为了消除迟滞，在不同级进入跟随模式前，可以将其复位。这能通过两种方法实现：将内部节点连接到一个电源上；或者在不同级进入跟随模式前，用一个开关把不同节点连接到一起。例如，在图 7.28 中，当 $V_{\rm Itch}$ 信号低时，将比较器锁存复位的内部节点连接到 $V_{\rm DD}$ 和地。

这不只消除了记忆效应，还将比较器设在了跳变点，比较器在有比较小的输入信号下能加速运行。

比较器的增益不能过大，否则，时间常数就会过大，这会限制速度，这种情况在跟随模式下尤其明显。

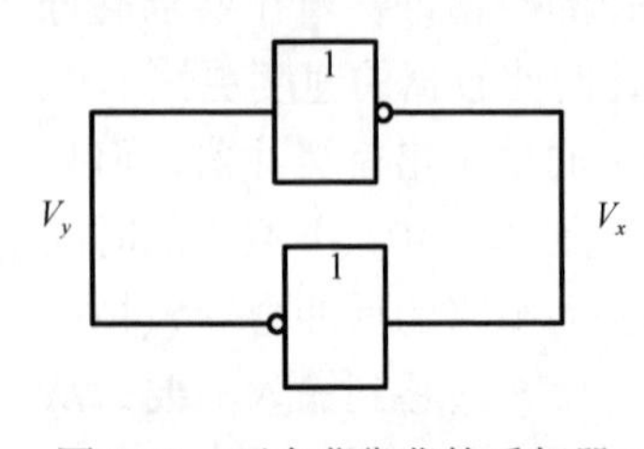

图 7.29　两个背靠背的反相器

对于锁存模式的时间常数，在跟随锁存级处于锁存阶段时，可以通过分析一个简化的含有两个背靠背的反相器（见图 7.29）的电路求得。

假设每个反相器的输出电压在锁存阶段初期都十分接近，且反相器在线性区，那么可以将这些反相器看作驱动 RC 负载的压控电流源，如图 7.30 所示，设 $A_{\rm v}$ 是每个反相器的低频增益，且跨导 $g_{\rm m}=A_{\rm v}/R_{\rm L}$。

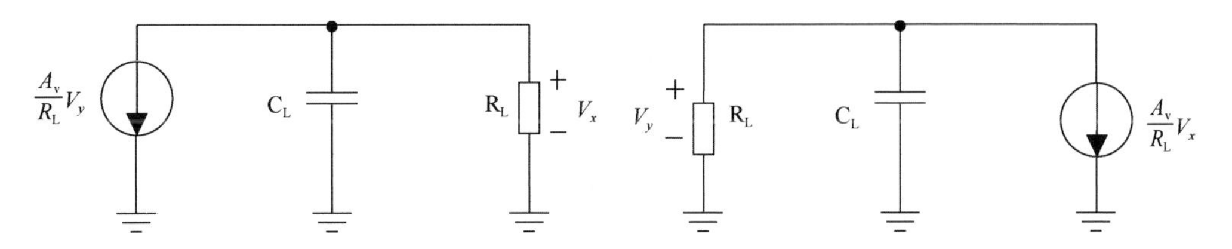

图 7.30　跟随锁存级在锁存阶段的线性模型

由上述线性模型可得

$$\frac{A_v}{R_L}V_y=-C_L\left(\frac{dV_x}{dt}\right)-\left(\frac{V_x}{R_L}\right) \tag{7.54}$$

$$\frac{A_v}{R_L}V_x=-C_L\left(\frac{dV_y}{dt}\right)-\left(\frac{V_y}{R_L}\right) \tag{7.55}$$

重新组合式（7.54）和式（7.55）可得

$$\tau\left(\frac{dV_x}{dt}\right)+V_x=-A_vV_y \tag{7.56}$$

$$\tau\left(\frac{dV_y}{dt}\right)+V_y=-A_vV_x \tag{7.57}$$

式中，$\tau=R_LC_L$ 为每个输出节点的时间常数。将式（7.57）代入式（7.56）中，重新组合可得

$$\left(\frac{\tau}{A_v-1}\right)\left(\frac{d\Delta V}{dt}\right)=\Delta V \tag{7.58}$$

式中，$\Delta V=V_x-V_y$ 为反相器输出电压间的电压差。式（7.58）是一个没有强迫函数的一阶微分等式。它的解为

$$\Delta V=\Delta V_0\exp^{\left[\frac{(A_v-1)t}{\tau}\right]} \tag{7.59}$$

式中，ΔV_0 为锁存阶段的初始电压差。电压差会随着时间的推移以一个给定的时间常数呈指数规律增长。

$$\tau_{\rm ltch}=\frac{\tau}{A_v-1}\cong\frac{R_LC_L}{A_v}=\frac{C_L}{G_m} \tag{7.60}$$

式中，$G_m=A_v/R_L$ 为每个反相器的跨导。注意，$\tau_{\rm ltch}$ 大约等于每个反相器的单位增益频率的倒数。

在 MOS 管的实例中，输出负载与单个晶体管的栅源电容成比例，即

$$C_L=K_1WLC_{ox} \tag{7.61}$$

式中，K_1 为比例常数，在 1～2 范围内。同样，反相器的跨导和单个晶体管的跨导也成比例，即

$$G_m=K_2g_m=K_2\mu_nC_{ox}\frac{W}{L}V_{\rm eff} \tag{7.62}$$

式中，K_2 可能在 0.5～1 范围内。将式（7.61）和式（7.62）代入式（7.60）中可得

$$\tau_{\rm ltch}=\frac{K_1}{K_2}\frac{L^2}{\mu_nV_{\rm eff}}=K_3\frac{L^2}{\mu_nV_{\rm eff}} \tag{7.63}$$

式中，K_3 在 2～4 范围内。式（7.63）预示着 τ_{ltch} 主要依赖工艺而不是设计（假设使用了合理的设计来最大化 V_{eff} 和最小化 C_{L}）。式（7.63）和式（7.52）之间的相似性为它们都是关于级联增益级的时间常数的等式。对于一个给定的工艺，在粗略预估跟随锁存比较器的最大时钟频率时，式（7.63）十分有效。

为了使逻辑电路能够正确识别输出值，获得压差ΔV_{logic} 十分重要，由式（7.59）可得

$$\begin{aligned} T_{\text{ltch}} &= \frac{C_{\text{L}}}{G_{\text{m}}}\ln\left(\frac{\Delta V_{\text{logic}}}{\Delta V_0}\right) \\ &= K_3\frac{L^2}{\mu_{\text{n}}V_{\text{eff}}}\ln\left(\frac{\Delta V_{\text{logic}}}{\Delta V_0}\right) \end{aligned} \tag{7.64}$$

如果ΔV_0 十分小，那么锁存时间会很长，可能比锁存阶段的允许时间还长。换句话说，因为初始电压特别小，所以锁存的差分被输出到下一级电路中后，其无法被放大到能被识别为正确的逻辑。有时甚至在初始压差足够大时，差分输出都有可能被电路中的噪声影响，从而导致初始压差足够小而出现亚稳态。

7.2.4 CMOS 和 BiCMOS 比较器的例子

本节将介绍一些常用的高速比较器。

集成电路的有关文献中有不少关于锁存比较器的例子。图 7.31 所示为具有前置放大器和正反馈跟随锁存级的两级比较器。

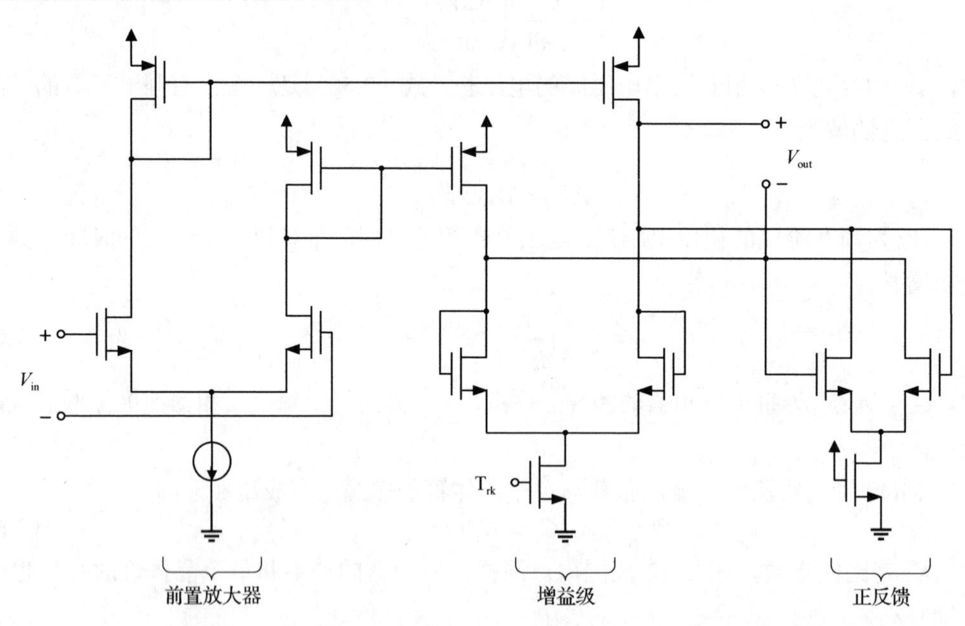

图 7.31 具有前置放大器和正反馈跟随锁存级的两级比较器

这个比较器在第二级拥有一个一直启动的正反馈。在跟随模式下，当增益级的两个晶体管启动时，正反馈环路的增益小于 1，电路是稳定的。增益级中二极管连接型晶体管和正反馈环路中晶体管的并联具有中等大小的阻抗，并且为前置放大器和跟随锁存级提供了增益。

两级比较器如图 7.32 所示。该比较器的设计同样使用了二极管连接型负载来保持所有节点在一个相对低的阻抗上（和电流型电路设计工艺类似），保持了所有节点的时间常数为一个较小的值。此设计也使用了预充电来消除之前的记忆。例如，正反馈级被预充电到低电位，但是数字信号复原级被预充电到高电位。

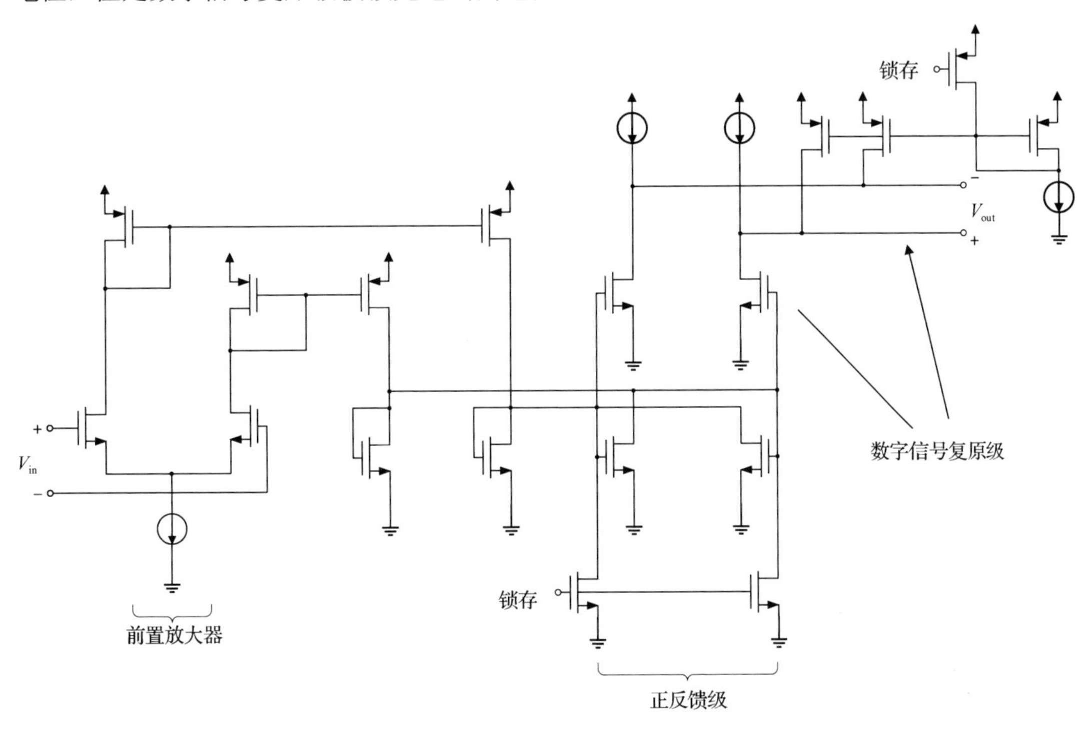

图 7.32　两级比较器

使用耦合电容器的比较器是由 K. Martin 在 1984 年设计、制造和表征的。使用耦合电容器的两级比较器如图 7.33 所示，该比较器所需的时钟波形如图 7.34 所示。这种设计通过容性耦合，消除了一切由第一级或第二级的输入失调电压引起的误差。它在第一级前置放大器中还有共模反馈电路，使得输入信号允许有大的共模信号。它不像全差分运放，在全差分比较器中，共模反馈电路的线性非临界，因为不管何时输入大信号（而且共模反馈电路变为非线性），在分析输入信号的符号时都不会产生模棱两可的情况。这允许在共模负反馈（CMFB）电路中使用一个简单的差分对。这种电路在 2MHz 时钟频率下有 0.1mV 的分辨率，而且用的还是 5μm 工艺。该性能主要由建立时间限制，而不是电路本身。

使用了双极-CMOS 集成电路（BiCMOS）工艺并且展现了良好的性能的比较器是由 Razavi（1992）给出的。这个比较器是迄今为止关于 BiCMOS 工艺的优秀设计之一。它基于无须复位第一级的观念；假设第一级的增益不是很大，由第一级输入失调电压引起的误差仍能通过复位一、二级间耦合电容器的右端来消除。比较器的简化模型如图 7.35 所示。在复位阶段，前置放大器的输入被直接连接到地（或一个参考电压），而且耦合电容器的输出也连接到地。这会把第一级的输入失调电压都存储在耦合电容器上。当比较器离开复位阶段时，S_5 和 S_6 的电荷注入对输入分辨率的影响会减小为第一级增益的倒数。其中，第一级是一个 BiCMOS 前置放大器，包含 MOS 源极跟随器、三极管差分放大器和射随输出缓冲器，如图 7.36 所示。

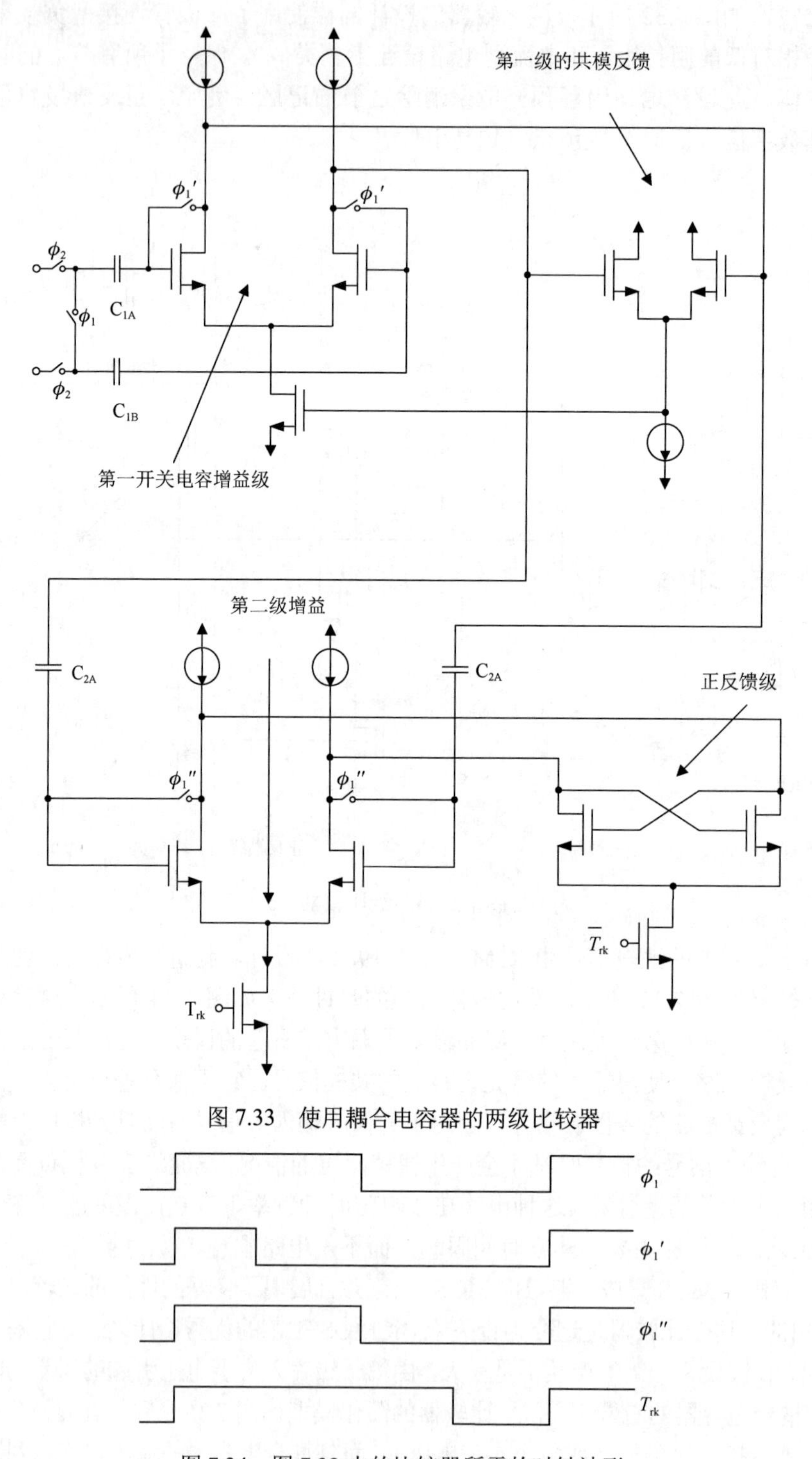

图 7.33 使用耦合电容器的两级比较器

图 7.34 图 7.33 中的比较器所需的时钟波形

注意：电路运作在地和一个负的电源之间；开关是一个 p 沟道晶体管。BiCMOS 跟随锁存级既有三极管锁存又有 CMOS 锁存，如图 7.37 所示。

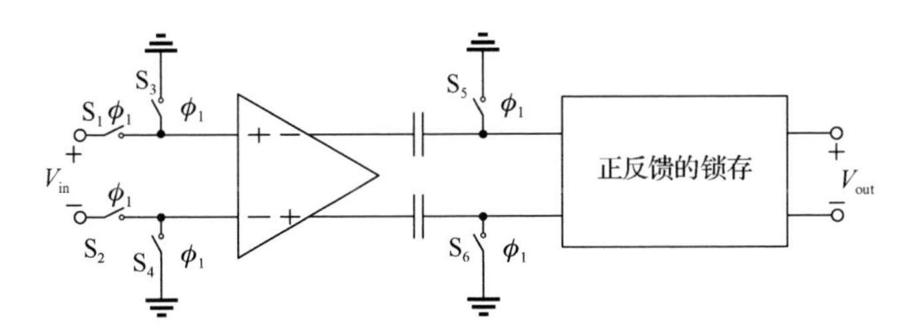

图 7.35　比较器的简化模型

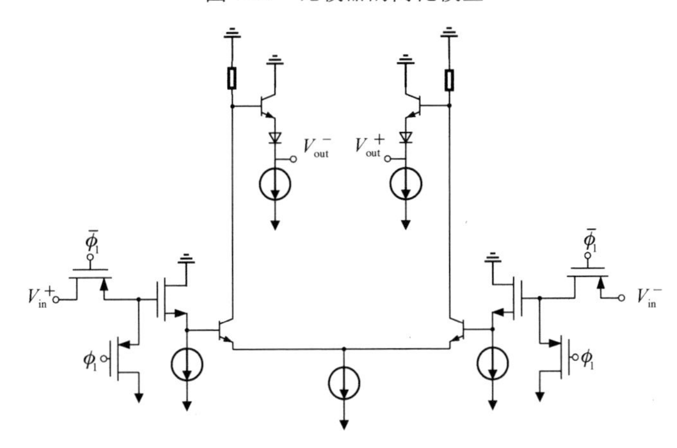

图 7.36　BiCMOS 前置放大器

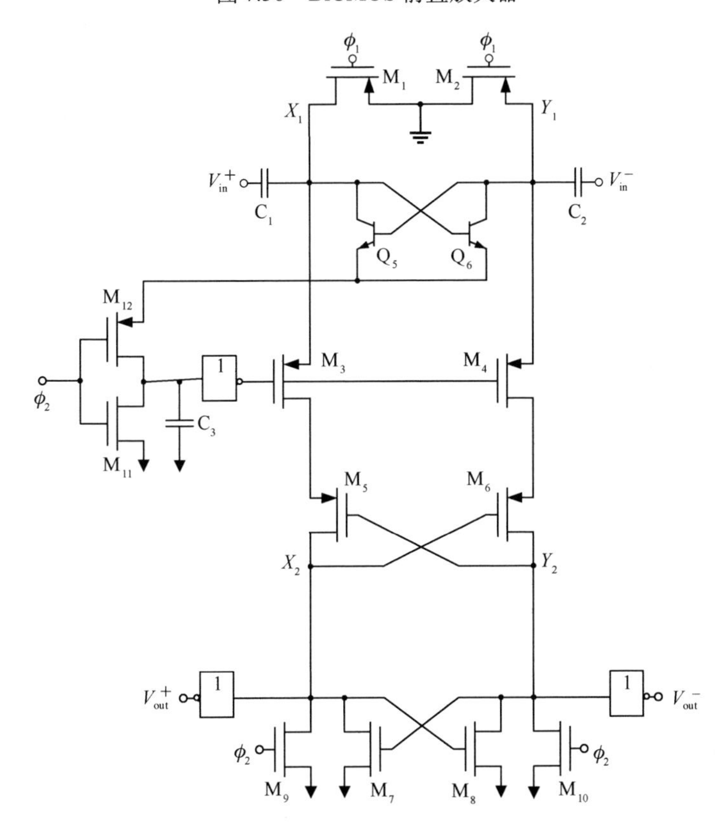

图 7.37　BiCMOS 跟随锁存级

在复位阶段，ϕ_1 为低电位而 ϕ_2 为高电位，X_1 和 Y_1 分别通过开关 M_1 和 M_2 连接到地，C_3 通过 M_{11} 被放电至负电源电位，而 X_2 和 Y_2 分别通过 M_9 和 M_{10} 被放电至负电源电位。这时，M_3 和 M_4 断开，ϕ_1 变为高电位，使得 X_1 和 Y_1 漂移且把前置放大器的输出信号同它的输入信号相连。前置放大器需要一个瞬态响应的延迟，在这个短暂的延迟后，ϕ_2 变为低电位，使得 M_{12} 接通，因此激活了 Q_5、Q_6 和正反馈工作。这使得 X_1 和 Y_1 之间产生了一个大约 200mV 的差分电压，因为 C_3 的尺寸大约是 C_1 和 C_2 的 $\frac{1}{5}$。三极管锁存的失调十分小，一般在 1mV 左右或更小。电路运行时，唯一的供电损耗为 C_3 充电所需（这里没有直流供电损耗）。在三极管锁存激活的短暂时间过后，连接到 C_3 的反相器的状态改变，它的输出电压会减小。这个低电位使 M_3 和 M_4 接通，激活了包含交叉耦合的 M_5、M_6 与交叉耦合的 M_7、M_8 的锁存器 CMOS 部分。包含交叉耦合的 M_5、M_6 是为了阻止节点 X_1 和 Y_1 从地被放电至负电源电位，也是为了将三极管锁存器得到的 200mV 的差分电压放大至满标的 CMOS 电压。因此，锁存器是准确的、相对快的和低功耗的。

在实现高精度的 CMOS 比较器时，必须注意到一个误差机制，即 CMOS 比较器的输入晶体管栅氧化层对电荷的捕获。当 NMOS 管被加上大的正栅压时，电子会很容易通过隧穿机制被捕获，电子隧穿到靠近导带的氧化层陷阱。释放这些电子的时间为几毫秒，远大于电子被捕获的时间。在电子被捕获的时间里，NMOS 管的有效阈值电压增大了，导致比较器迟滞为 0.1～1mV。此效应和 NMOS 管的 $1/f$ 噪声关联，且在 PMOS 管中小得多。需要高精度的比较器时，必须考虑电荷捕获效应且要把它最小化。有轻微滞后的比较器如图 7.38 所示。

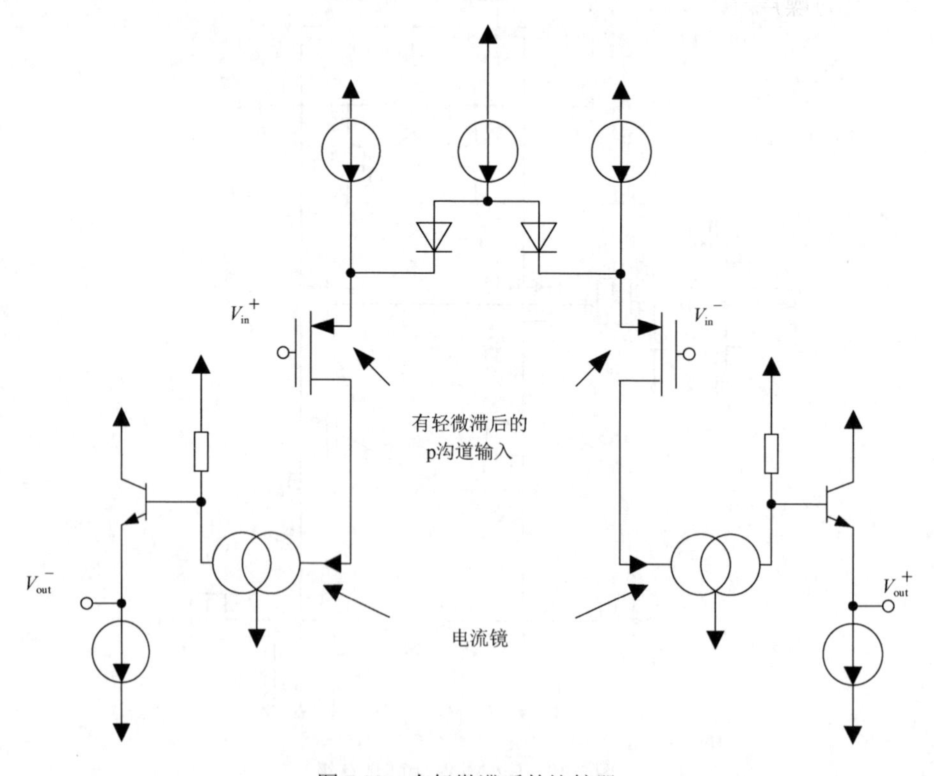

图 7.38　有轻微滞后的比较器

BiCMOS 允许输入级使用二极管，即允许将两个额外的小电流源放入输入级，这可以保障 p 沟道的输入晶体管永不断开。同样，使用 p 沟道输入晶体管时，电荷捕获效应会极大地减小，因为 p 沟道晶体管比 n 沟道晶体管表现出了小得多的迟滞。

7.3 数字转换器的原理

本节主要介绍 D/A 转换器和 A/D 转换器的基本知识。实际上转换器可以被看作一个黑盒子，本节只讨论它们的输入/输出的关系及基本的性能参数概念。

数字转换器可分为以下两类。

（1）奈奎斯特速率转换器。奈奎斯特速率转换器的广义定义为，对于一系列单个输入值，生成一系列一一对应的响应值的转换器。例如，一个奈奎斯特速率转换器会生成一系列模拟输出电平，每个电平就是一个输入字符的结果。然而，应该注意到，奈奎斯特速率转换器很少在奈奎斯特频率下工作，因为实现实际的抗锯齿和重建滤波器有难度。在绝大多数情况下，奈奎斯特速率转换器在 1.5～10 倍的奈奎斯特频率（3～20 倍的输入信号带宽）下工作。

（2）过采样转换器。过采样转换器是指工作频率远大于输入信号的奈奎斯特频率转换器（一般是 20～512 倍），并且通过滤除不在信号带宽内的量化噪声来提升输出信号的信噪比。D/A 转换器使用的是数字滤波器，而 A/D 转换器使用的是模拟滤波器。通常来说，过采样转换器通过噪声整形将许多量化噪声都放到了输入信号的带宽外。

7.3.1 理想 D/A 转换器

图 7.39 所示为 N 位 D/A 转换器的方框图。在图 7.39 中，B_{in} 为一个 N 位的数字信号（或字符），如

$$B_{\text{in}} = b_1 2^{-1} + b_2 2^{-2} + \cdots + b_N 2^{-N} \tag{7.65}$$

式中，b_N（b_N 为二进制位）为 1 或 0。定义 b_1 为最高有效位，b_N 为最低有效位。此外，假设 B_{in} 为正值，即使用的是单极转换器。单极转换器只输出单极性的信号。相应地，符号转换器可以输出正极或负极信号，这取决于符号位（一般为 b_1）。扩充有关符号的概念可以更容易理解符号转换器，但是需要了解一些数字表示的形式（如原码、偏移二进制码、补码）。

模拟输出信号 V_{out} 通过模拟参考信号 V_{ref} 与数字信号 B_{in} 关联。简单来说，假设 V_{out} 和 V_{ref} 都是电压信号，尽管它们实际上可能是其他物理量，如电流或电荷。由单极 D/A 转换器给出这 3 种信号之间的关系，即

$$V_{\text{out}} = V_{\text{ref}}(b_1 2^{-1} + b_2 2^{-2} + \cdots + b_N 2^{-N}) = V_{\text{ref}} B_{\text{in}} \tag{7.66}$$

将 V_{LSB} 定义为最低有效位变动时的电压变化，有

$$V_{\text{LSB}} \equiv \frac{V_{\text{ref}}}{2^N} \tag{7.67}$$

同样给出一个有用的新“单位”的定义（尤其在有测量误差时），即 LSB，它没有单位，即

$$1\,\text{LSB} = \frac{1}{2^N} \tag{7.68}$$

理想的 2 位 D/A 转换器的转换曲线如图 7.40 所示。尽管该转换器的输出只有有限数量的模拟值，但是对于理想 D/A 转换器来说，输出信号值都是定义明确的。V_{out} 的最大值不是 V_{ref} 而是 $V_{ref}(1-2^{-N})$，也等于 $V_{ref}-V_{LSB}$。由图 7.40 可以看出，可以将一个倍增 D/A 转换器看作一个简单的、允许 V_{ref} 跟随 B_{in} 成比例变化的器件。这导致 V_{out} 也跟随 B_{in} 和 V_{ref} 成比例变化。

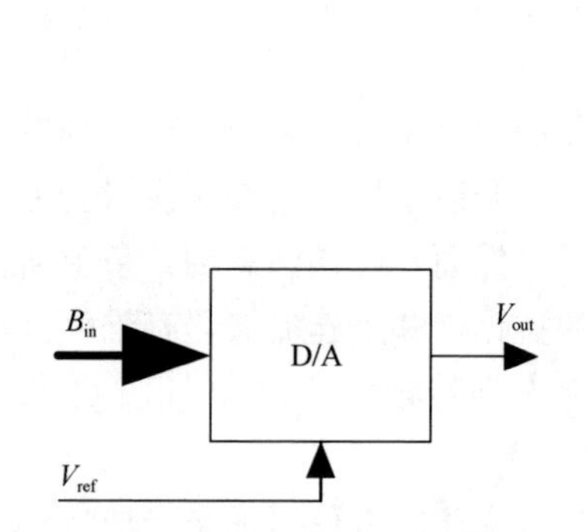

图 7.39　N 位 D/A 转换器的方框图

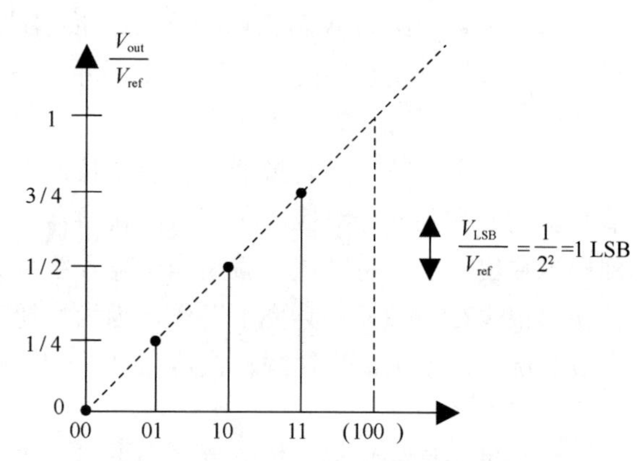

图 7.40　理想的 2 位 D/A 转换器的转换曲线

7.3.2　理想 A/D 转换器

A/D 转换器的方框图如图 7.41 所示，其中，B_{out} 是数字输出信号，V_{in} 和 V_{ref} 分别是模拟输入信号和模拟参考信号。同样，定义 V_{LSB} 是 A/D 转换器中最低有效位的单个变动的响应信号变化值。

A/D 转换器中的信号遵循如下等式：

$$V_{ref}(b_1 2^{-1} + b_2 2^{-2} + \cdots + b_N 2^{-N}) = V_{in} \pm V_x$$

其中，V_x 的取值范围为

$$-\frac{1}{2}V_{LSB} \leqslant V_x \leqslant \frac{1}{2}V_{LSB} \tag{7.69}$$

注意，这里没有那些有效的可以生成同样的数字输出字符的输入值。这种信号的不明确性会生成量化误差。A/D 转换器中没有量化误差，因为输出信号的定义是明确的。

2 位 A/D 转换器的转换曲线如图 7.42 所示。沿着横坐标轴，转变被$(1/2)V_{LSB}$抵消了，所以阶梯曲线的中点精确地落在了等效的 A/D 转换曲线上。假设这一点的过渡电压为 V_{ij}，其中 ij 代表 B_{out} 的转换值。图 7.42 中的 V_{01}（关于 V_{ref} 标准化）代表从 00 过渡到 01。

式（7.69）所示的关系只在输入信号与最后两个过渡电压保持在一个 V_{LSB} 以内时才成立。特别地，对于图 7.42 所示的转换曲线，V_{in} 应当小于$(7/8)V_{ref}$且大于$(-1/8)V_{ref}$，否则量化器会过载，因为量化误差的数值大于 $V_{LSB}/2$。

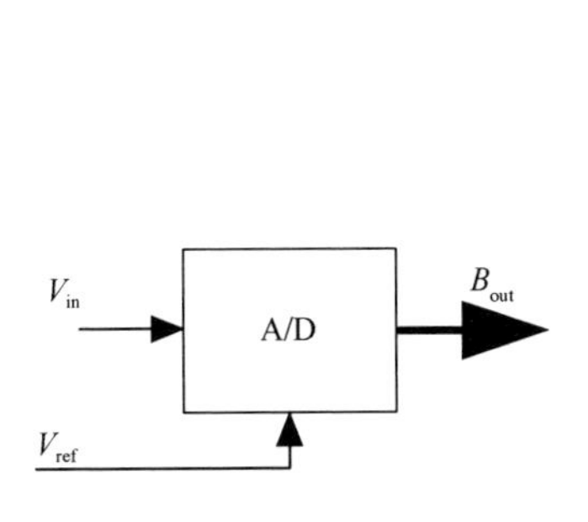

图 7.41　A/D 转换器的方框图

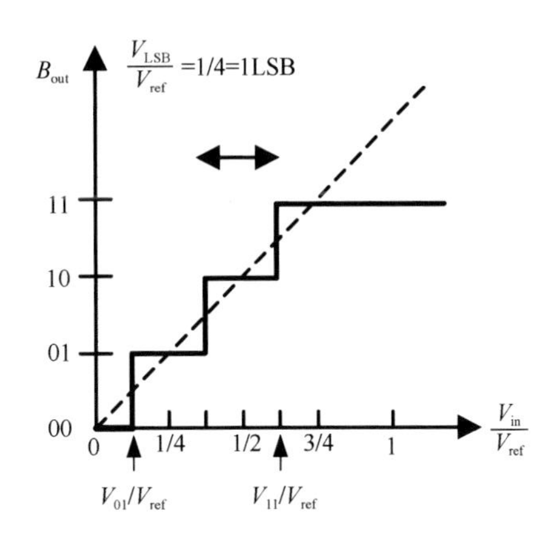

图 7.42　2 位 A/D 转换器的转换曲线

7.3.3　量化噪声

如 7.3.2 节所述，量化噪声可能会在理想的 A/D 转换器中出现。本节将该噪声建模为一个附加的噪声源，并求这个噪声源的功率。研究量化噪声行为的电路如图 7.43 所示，其中的 N 位转换器都是理想的。

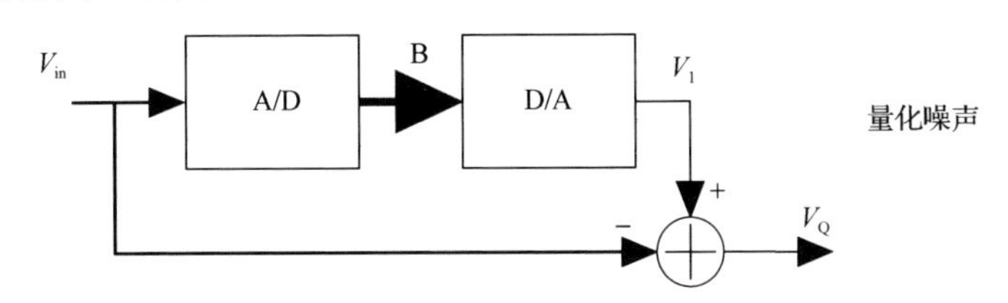

图 7.43　研究量化噪声行为的电路

由以上电路可得如下关系式：

$$V_Q = V_1 - V_{in} \tag{7.70}$$

重新排列，可得

$$V_1 = V_{in} + V_Q \tag{7.71}$$

尽管只是简单的重新排列，但是其意义十分重大，因为式（7.71）意味着量化信号 V_1 可以被看作输入信号 V_{in} 加上一些附加的量化噪声信号 V_Q。式（7.71）是正确的，因为这里没有做约去运算。一旦对 V_Q 的统计学特性做一些假设，那么这个量化噪声的模型就是近似的了。

1．确定性方法

为了对 V_Q 的某些特性有更进一步的了解，下面探讨输入特定信号时 V_Q 的反应。假设输入信号 V_{in} 如图 7.44（a）所示，是一个谐波信号。这样的输入信号使得 A/D 转换器的输出信号 V_1 为一个阶梯信号（假设没有过载现象），如图 7.44（a）所示。将这两个信号做差便可得到量化误差引起的噪声信号 V_Q，如图 7.44（b）所示。V_Q 被限制在$\pm V_{LSB}/2$ 以内，而且对所有的输入信号（不只是谐波信号）都有这样的限制。显然，V_Q 的平均值为 0，其有效值 $V_{Q(rms)}$为

$$V_{Q(rms)}=\left(\frac{1}{T}\int_{-\frac{T}{2}}^{\frac{T}{2}}V_Q^2\mathrm{d}t\right)^{\frac{1}{2}}=\left[\frac{1}{T}\int_{-\frac{T}{2}}^{\frac{T}{2}}V_{LSB}^2\left(\frac{-t}{T}\right)^2\mathrm{d}t\right]^{\frac{1}{2}}=\left[\frac{V_{LSB}^2}{T^3}\left(\frac{t^3}{3}\bigg|_{\frac{-T}{2}}^{\frac{T}{2}}\right)\right]^{\frac{1}{2}} \tag{7.72}$$

$$V_{Q(rms)}=\frac{V_{LSB}}{\sqrt{12}} \tag{7.73}$$

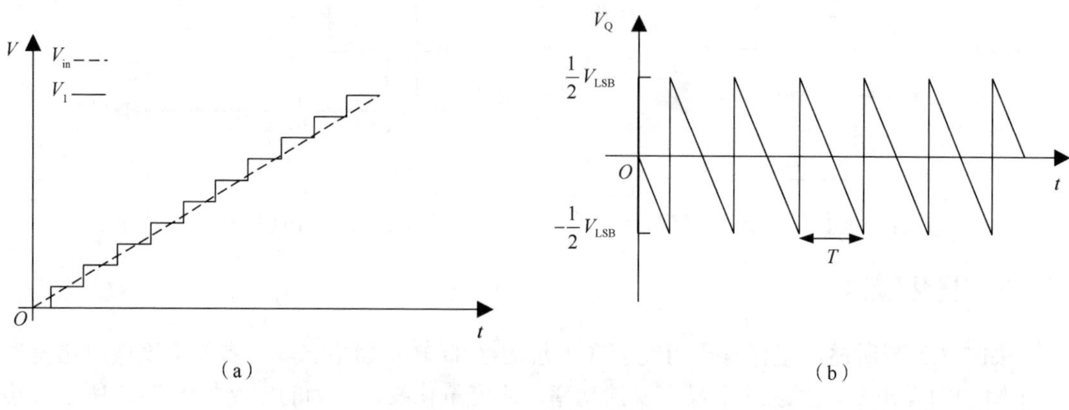

图 7.44　将谐波信号加在图 7.43 所示的电路中

由以上内容可得噪声信号的有效值与 V_{LSB} 成比例，而 V_{LSB} 又由反相器中的位数 N 决定。

2. 随机方法

确定性方法只是一种简单的用于了解量化噪声信号某些特性的方法。要想应对更普遍的输入条件，一般要使用随机方法。在使用随机方法时，假设输入信号的变化非常快，使噪声信号是一个在$\pm V_{LSB}/2$之间随机均匀分布的信号。噪声信号的概率密度函数$f_Q(x)$是一个常数，如图 7.45 所示。

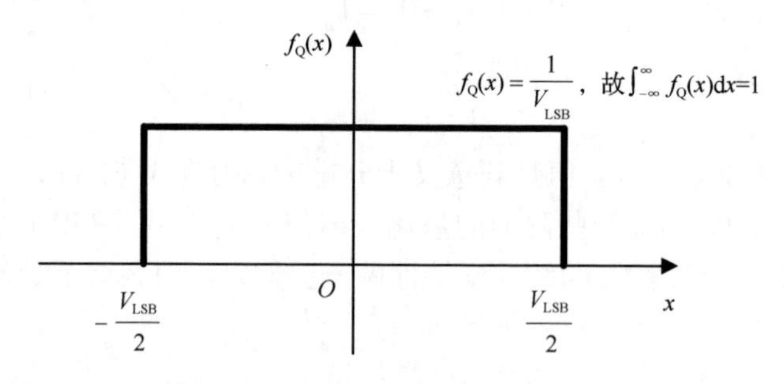

图 7.45　噪声信号的概率密度函数

量化误差的平均值 $V_{Q(avg)}$等于 0，相应的公式如下：

$$V_{Q(avg)}=\int_{-\infty}^{\infty}xf_Q(x)\mathrm{d}x=\frac{1}{V_{LSB}}\left(\int_{\frac{-V_{LSB}}{2}}^{\frac{V_{LSB}}{2}}x\mathrm{d}x\right)=0 \tag{7.74}$$

可得量化误差的有效值，即

$$V_{Q(rms)}=\left(\int_{-\infty}^{\infty}x^2f_Q(x)\mathrm{d}x\right)^{\frac{1}{2}}=\left[\frac{1}{V_{LSB}}\left(\int_{\frac{-V_{LSB}}{2}}^{\frac{V_{LSB}}{2}}x^2\mathrm{d}x\right)\right]^{\frac{1}{2}}=\frac{V_{LSB}}{\sqrt{12}} \tag{7.75}$$

式（7.75）和式（7.73）的结果相同。两个结果完全一致并不令人意外，因为从给定的锯齿波中随机提取样本也会得到一样的均匀分布概率密度函数。当量化噪声信号在$\pm V_{LSB}/2$之间均匀分布时，量化噪声功率的有效值等于$V_{LSB}/\sqrt{12}$。

假设V_{ref}保持恒定，由式（7.73）可得，A/D 转换器每增加 1 位，量化噪声功率就会减小 6dB。因此，给定一个波形的输入信号，就可以求得在给定位数的理想 A/D 转换器下，可能的最佳信噪比。

假设V_{in}是峰值为V_{ref}的锯齿波信号（也可以是一个在 0 和V_{ref}之间随机均匀分布的信号）且只考虑该信号的交流功率，则其信噪比为

$$\begin{aligned}\mathrm{SNR} &= 20\lg\left(\frac{V_{in(rms)}}{V_{Q(rms)}}\right) = 20\lg\left(\frac{V_{ref}/\sqrt{12}}{V_{LSB}/\sqrt{12}}\right) \\ &= 20\lg(2^N) \approx 6.02N\ (\mathrm{dB})\end{aligned} \tag{7.76}$$

例如，一个 10 位 A/D 转换器可达到的最佳信噪比约为 60dB。

正弦波的交流功耗为$V_{ref}/(2\sqrt{2})$，有

$$\begin{aligned}\mathrm{SNR} &= 20\lg\left(\frac{V_{in(rms)}}{V_{Q(rms)}}\right) \\ &= 20\lg\left(\frac{V_{ref}/2\sqrt{2}}{V_{LSB}/\sqrt{12}}\right) \\ &= 20\lg\left(\sqrt{\frac{3}{2}}2^N\right) \\ \mathrm{SNR} &= 6.02N + 1.76\ (\mathrm{dB})\end{aligned} \tag{7.77}$$

在峰值相同的情况下，正弦信号比随机均匀分布的信号多了 1.76dB 的功耗。

注意：式（7.77）给出了N位 A/D 转换器的最佳可行信噪比。然而，输入信号的衰减会使理想的信噪比下降。图 7.46 所示为 10 位 A/D 转换器在正弦输入信号下的理想信噪比。如果输入信号的带宽小于奈奎斯特频率，那么可通过过采样技术提升信噪比。

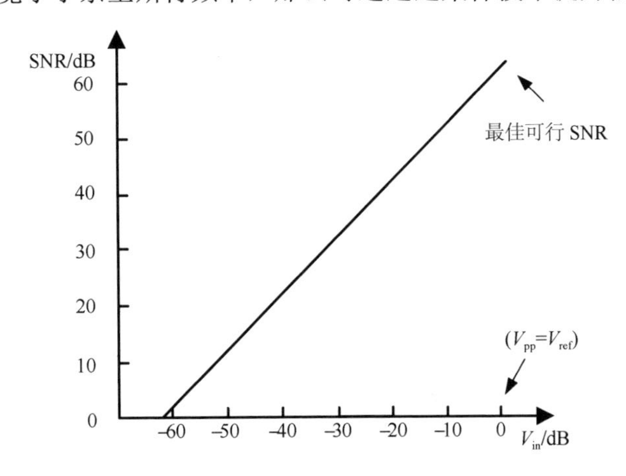

图 7.46　10 位 A/D 转换器在正弦输入信号下的理想信噪比

7.3.4 符号编码

在许多应用中，很有必要设置一个能将正模拟信号和负模拟信号分别转换为正数字信号和负数字信号的转换器。一般来说，模拟信号被限制在$\pm 0.5V_{ref}$以内，这样就与对应的单级转换器有相同的全尺寸数值范围。常见的数字信号表示方式有符号表示法、一补码、二补码、偏移二进制码。表 7.1 所示为四位二进制数。表 7.1 中除偏移二进制码外，其他所有正数编码都是相同的，因为它对最高有效位取反码了。

表 7.1 四位二进制数

数　　字	标准化数字	符号表示法	一补码（反码）	偏移二进制码	二补码（补码）
+7	+7/8	0111	0111	1111	0111
+6	+6/8	0110	0110	1110	0110
+5	+5/8	0101	0101	1101	0101
+4	+4/8	0100	0100	1100	0100
+3	+3/8	0011	0011	1011	0011
+2	+2/8	0010	0010	1010	0010
+1	+1/8	0001	0001	1001	0001
+0	+0	0000	0000	1000	0000
(–0)	(–0)	(1000)	(1111)		
–1	–1/8	1001	1110	0111	1111
–2	–2/8	1010	1101	0110	1110
–3	–3/8	1011	1100	0101	1101
–4	–4/8	1100	1011	0100	1100
–5	–5/8	1101	1010	0011	1011
–6	–6/8	1110	1001	0010	1010
–7	–7/8	1111	1000	0001	1001
–8	–8/8			0000	1000

7.3.5 性能限制

本节将给出一些常见的用来描述数字转换器性能的术语。首先给出 D/A 转换器和 A/D 转换器的传输响应的定义。D/A 转换器的传输响应是指每个数字输入字符对应的模拟电平。A/D 转换器的传输响应是指每个数字输出字符对应的量化间隔的中点。然而，因为传输点比中点更容易测量，所以 A/D 转换器的误差通常用模拟传输点 V_{ij} 的值的方法来测量。

（1）分辨率。转换器的分辨率是指不同数字字符对应的不同模拟电平的数量。因此，一个 N 位转换器可以输出 2^N 个不同的模拟电平。分辨率并不是转换器精度的必要指标，它经常和数字输出或数字输入的位数联系在一起。

（2）失调误差和增益误差。在 D/A 转换器中，失调误差 E_{off} 是指在输入编码本应使输出为 0 时，转换器实际的输出，即

$$E_{off\,(D/A)} = \left.\frac{V_{out}}{V_{LSB}}\right|_{0\cdots0} \tag{7.78}$$

式中，失调误差是以最低有效位为单位的。同样，对于 A/D 转换器来说，失调误差是指 $V_{0\cdots01}$ 与 $\frac{1}{2}$ LSB 间的偏差，即

$$E_{\text{off(A/D)}} = \frac{V_{0\cdots01}}{V_{\text{LSB}}} - \frac{1}{2}\text{LSB} \tag{7.79}$$

增益误差是指在失调误差为 0 时，理想曲线和实际曲线之间的满标值之差。对 D/A 转换器来说，增益误差 $E_{\text{gain(D/A)}}$ 以最低有效位为单位，即

$$E_{\text{gain(D/A)}} = \left(\left.\frac{V_{\text{out}}}{V_{\text{LSB}}}\right|_{1\cdots1} - \left.\frac{V_{\text{out}}}{V_{\text{LSB}}}\right|_{0\cdots0} \right) - (2^N - 1) \tag{7.80}$$

对 A/D 转换器来说，等效的增益误差为

$$E_{\text{gain(A/D)}} = \left(\frac{V_{1\cdots1}}{V_{\text{LSB}}} - \frac{V_{0\cdots01}}{V_{\text{LSB}}} \right) - (2^N - 2) \tag{7.81}$$

2 位 D/A 转换器中失调误差和增益误差的图解如图 7.47 所示。

（3）精度。转换器的绝对精度是指预期传输曲线和实际传输曲线的差。绝对精度包含失调误差、增益误差和线性误差。

相对精度是指去除失调误差和增益误差后的精确度。它和最大积分非线性误差有关。

精度可以用满标值的百分比误差表示，也可以用有效位数或最低有效位的一部分表示。例如，12 位精度代表这个转换器的误差小于满标值除以 2^{12}。

注意：12 位的转换器可能只有 10 位精度，或者 10 位转换器有 12 位精度。精度高于分辨率意味着该转换器的传输响应十分精确（比分辨率的比特数更好）。

（4）积分非线性误差。在失调误差和增益误差都被去除后，积分非线性误差是指实际转换曲线与某条直线之间的偏差。然而，这条直线是哪条直线？有一种定义是找一条最大差值（也可能是方差）最小的直线。2 位 D/A 转换器中的积分非线性误差如图 7.48 所示。注意：本书对每个数字字符都定义了积分非线性值（因此这些值可以用一个转换器来标记），而有时积分非线性误差被定义为积分非线性值中的最大值（等效定义为相对精度）。

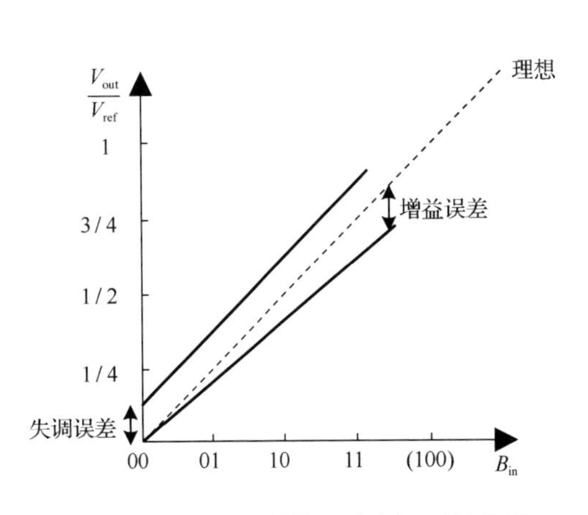

图 7.47　2 位 D/A 转换器中失调误差和增益误差的图解

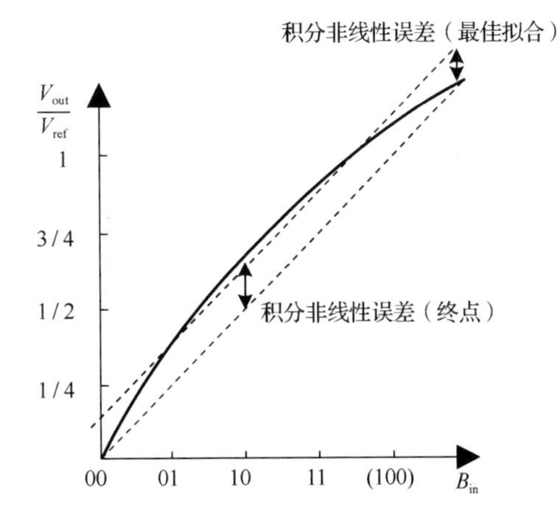

图 7.48　2 位 D/A 转换器中的积分非线性误差

（5）微分非线性误差。在理想转换器中，模拟步长都等于 1LSB。换句话说，在 D/A 转换器中，相邻的输出电平差值为 1LSB；而在 A/D 转换器中，相邻的转换值也是精确的 1LSB。微分非线性误差是指模拟步长与 1LSB 之间的变化（失调误差和增益误差被去除了）。因此，一个理想转换器对所有数字值的最大微分非线性误差应该为 0，而最大微分非线性误差为 0.5LSB 的转换器的步长为 0.5～1.5LSB。和积分非线性误差的例子一样，本书对每个数字字符都定义了微分非线性值，而有时微分非线性误差被定义为微分非线性值中的最大值。

（6）单调性。一个单调 D/A 转换器在输入增加时，其输出也增加。换句话说，D/A 转换器的转换曲线的斜率不变号。如果最大微分非线性误差小于 1LSB，那么这个 D/A 转换器一定单调。然而，许多单调 D/A 转换器可能会有大于 1LSB 的最大微分非线性误差。同样，如果最大积分非线性误差小于 0.5LSB，那么这个 D/A 转换器也必定单调。

（7）漏码。单调性只适用于 D/A 转换器。如果最大微分非线性误差小于 1LSB 或最大积分非线性误差小于 0.5LSB，那么这个 D/A 转换器一定不会出现漏码。

（8）A/D 转换时间和采样速率。在 A/D 转换器中，A/D 转换时间包含采集输入信号的时间和转换器完成单次测量的时间。最大采样速率是指样本可以被持续转换的速率，一般是转换时间的倒数。然而，应该注意的是，一些 A/D 转换器在输入和输出之间有较大的延时，这是由于使用了流水线或多路技术，但它们仍然可以保持较高的采样速率。例如，一个流水线 12 位 A/D 转换器的 A/D 转换时间可能为 2μs（采样速率为 500kSPS，SPS 为每秒采样次数），输入与输出之间的延时为 24μs。

（9）D/A 建立时间和采样速率。在 D/A 转换器中，D/A 建立时间是指转换器达到最终值的某些特定值（一般为 0.5LSB）之内的时间。采样速率是指样本可以被持续转换的速率，一般是建立时间的倒数。

（10）采样时间的不确定性。在采样样本的定义不明确时，A/D 或 D/A 转换器的精度都是有限的。为了量化采样时间的不确定性（也叫作采样抖动），对于正弦波，考虑一个满标信号 V_{in}，将其输入一个 N 位、有符号的 A/D 转换器中，其工作频率为 f_{in}，用公式表达为

$$V_{in} = \frac{V_{ref}}{2}\sin(2\pi f_{in} t) \tag{7.82}$$

因为 V_{in} 在正弦波峰值点的变化率（斜率）十分小，所以采样时间的不确定性对峰值附近的值来说不是什么问题。然而，此波形的最大变化率出现在 0 附近，对 V_{in} 的相对时间求微分可以发现，在 $t=0$ 时达到最大变化率：

$$\left.\frac{\Delta V}{\Delta t}\right|_{max} = \pi f_{in} V_{ref} \tag{7.83}$$

如果 Δt 代表采样时间的不确定性，且要想保持 $\Delta V<1V_{LSB}$，那么

$$\Delta t < \frac{V_{LSB}}{\pi f_{in} V_{ref}} = \frac{1}{2^N \pi f_{in}} \tag{7.84}$$

例如，一个 8 位转换器，要想对一个满标 250MHz 的正弦信号进行采样，则该转换器必须保持它的采样时间的不确定性小于 5ps（皮秒），从而保证有 8 位精度。同样，16 位转换器对一个满标 1MHz 的信号进行采样时，也需要有 8 位精度。

（11）动态范围。转换器的动态范围指转换器能够处理的最大信号与最小信号之间的比率，通常以分贝（dB）为单位。在 D/A 转换器中，输出正弦波可以通过频谱分析仪并忽略

特定频率下的功耗而得到。对于 A/D 转换器来说，测量动态范围的一种简单的方法就是对输出进行快速傅里叶变换并且去除输出信号的基波，或者通过最小均方拟合求出在输入信号频率下正弦波的振幅和相位并从输出信号中减去它。动态范围还可以通过式（7.77）里的关系式表示为有效位数。

上述方法会使动态范围的测量值是关于输入信号频率的函数。因此，比起用直流输入来推算转换器的非线性性能，这是一种更现实的方法。例如，如果一个 8 位、200MHz 的 A/D 转换器有一个限制带宽的前置放大器或限制摆率的采样保持电路，则直流输入可能会展示出完整的 8 位性能，甚至在最大采样速率为 200SPS 的情况下，一个 40MHz 的高频正弦输入需要输入级能够跟踪这个快速变化的信号，这可能导致直流输入只有 6 位性能。

许多转换器的失真度（或非线性性能）是固定的，并不是关于输入信号电平的函数。因此，随着输入信号电平的减小，信噪比也下降。出现这种现象的原因是失真度经常由组件匹配决定，所以在转换器成型时失真度就固定了。然而，在一些转换器中，失真度随着输入信号电平的减小而下降，这是我们想要得到的特性。大多数 1 位过采样转换器都有这种理想的特性，因为它们不依赖组件匹配，并且它们的失真通常是由输入级的弱非线性效应造成的。

第 8 章 新型材料与器件

8.1 后摩尔器件

随着半导体技术的快速发展，晶体管的沟道长度逐渐减小，器件尺寸从最初的微米级缩小到现在的纳米级。随着晶体管沟道长度的减小，半导体器件产生了栅氧击穿、沟道电流泄漏、亚阈值电流增大、速度饱和等一系列短沟道效应，这些短沟道效应给器件的正常工作及应用带来了极大的挑战。随着电子产品功能的日益丰富及体积的小型化，只有晶体管的尺寸不断缩小才能满足超大规模集成电路的发展需求。半导体器件的沟道长度从微米级缩小到深亚微米级后，半导体器件的发展规律遵循摩尔定律，但是其沟道长度从深亚微米级缩小到纳米级后，其发展规律会偏离摩尔定律，并且功耗也成为小尺寸器件面临的主要问题。为了解决这一问题，设计新型后摩尔器件成为继深亚微米工艺之后半导体器件的主要发展趋势。

8.1.1 摩尔定律及低功耗的概念

自 20 世纪 60 年代以来，集成电路的发展一直遵循 1965 年 Intel 公司创始人之一摩尔预言的集成电路发展规律：集成电路上晶体管的数量以每年一倍的速度增长。到了 1975 年，摩尔将一年的时间改成了两年。现在普遍流行的说法是：集成电路上晶体管的数量每隔 18 个月翻一番；晶体管的特征尺寸每隔 18 个月缩小$1/\sqrt{2}$；微处理器的性能每隔 18 个月翻一番，而价格下降为之前的一半，这就是著名的摩尔定律。该定律最开始发表在 1965 年 4 月的 *Electronics Magazine* 杂志上。该定律发表后，集成电路和半导体工艺尺寸的发展都遵循这一定律。此外，摩尔定律的适用范围已经不限于集成电路，并且所有电子产品（如计算机、手机、可穿戴设备）在售价保持不变的情况下，性能翻倍所需的时间也变成了 18～24 个月。

传统的 MOS 管尺寸缩小遵循等比例缩小规则。等比例缩小规则是指在电场强度和电流密度保持不变的前提下，器件尺寸（沟道长度、沟道宽度、栅氧化层）、电压及电流变为原来的 $1/k$，有源区的掺杂浓度变为原来的 k 倍，延迟时间和功率变为原来的 $1/k$，其中 k 为等比例缩小因子。表 8.1 给出了 MOS 管在不同工艺节点下的电源电压和等比例缩小因子的变化。由表 8.1 可以看出，每代工艺的等比例缩小因子都在 1.40 上下，但是当工艺节点缩小到 32nm 以下时，电源电压减小得非常缓慢。

表 8.1　MOS 管在不同工艺节点下的电源电压和等比例缩小因子的变化

工艺节点/nm	500	350	250	180	130	90	65	45	32	22	16
电源电压/V	5.00	3.30	2.50	1.80	1.30	1.20	1.10	1.00	0.87	0.78	0.74
k	1.43	1.40	1.39	1.38	1.44	1.38	1.44	1.41	1.45	1.38	—

MOS 管热电子发射的导通机制使其亚阈值摆幅极限值为 60mV/dec，这意味着要使 MOS 管的导通电流增加一个数量级，至少需要增加 0.06V 的电压，因此 MOS 管的工作电压不能持续减小，这样较高的器件功耗将成为制约其性能的主要因素。图 8.1 所示为不同工艺节点下 MOS 管功耗与栅长的关系。随着栅长的减小，MOS 管的静态功耗和动态功耗增加，特别是静态功耗增加明显。当栅长减小到 10nm 时，静态功耗和动态功耗相等。

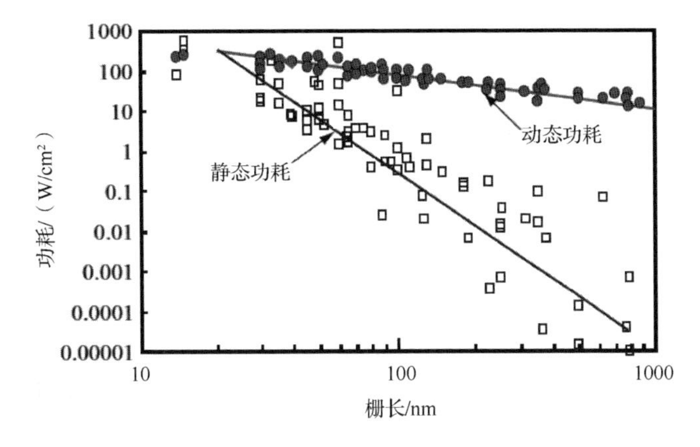

图 8.1　不同工艺节点下 MOS 管功耗与栅长的关系

通常情况下，半导体器件的功耗分为动态功耗和静态功耗。式（8.1）所示为半导体器件的功耗表达式，该表达式右边第一项是动态功耗，第二项是静态功耗。动态功耗与电源电压（V_{DD}）、工作频率（f）有关，它们主要依赖集成电路的工作条件。因此，动态功耗问题主要通过电路设计者改变电路架构来解决。静态功耗与半导体器件的工作电压和关态泄漏电流（I_{off}）有关。

$$P = \alpha L_d C {V_{DD}}^2 f + I_{off} V_{DD} \tag{8.1}$$

只有当半导体器件的工作电压和关态泄漏电流均减小时，静态功耗才会降低。但是由于亚阈值摆幅的限制，当器件尺寸减小时，阈值电压减小会导致关态泄漏电流增大。图 8.2 所示为传统 MOS 管的转移特性曲线示意图。如果器件能够在最低的亚阈值摆幅条件下工作，那么当沟道长度减小时，由于阈值电压减小，转移特性曲线水平左移，关态条件下的漏电流指数增加，这会导致器件的关态泄漏电流增大，产生较高的静态功耗。由于动态功耗的降低直接关系到电源电压，因此目前许多研究者将 MOS 管的功耗降低目标放在了静态功耗上，通过一些先进的技术减小关态泄漏电流。深亚微米工艺形成后，后摩尔器件主要面临的问题就是关态泄漏电流增大导致的静态功耗增加，因此需要通过先进的工艺技术、新型半导体材料、新结构或新原理器件等解决这一问题。

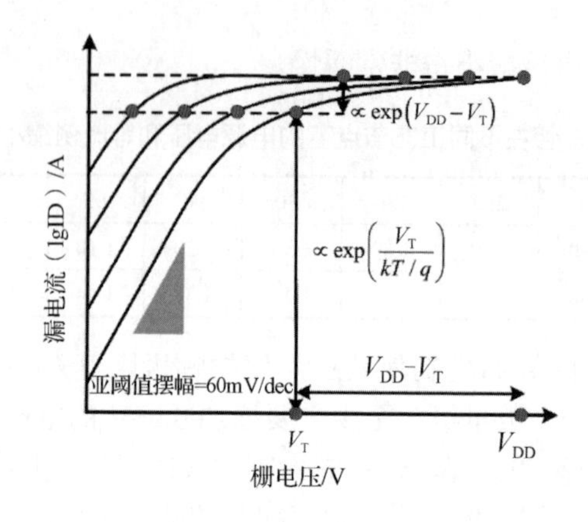

图 8.2　传统 MOS 管的转移特性曲线示意图

8.1.2　SOI 器件

随着纳米技术的发展，传统的体硅技术在大规模集成电路的运行速度、静态功耗、集成度等各方面均遇到了重大挑战。在 32nm 工艺节点以后，新型的绝缘体上硅（Silicon on Insulator，SOI）技术被业界公认为取代现有体硅技术的最佳选择。在 SOI 器件的衬底和顶层沟道之间引入一层埋氧层。根据顶层硅沟道厚度的不同，SOI 器件可分为全耗尽 SOI（Fully Depleted SOI，FD-SOI）器件和部分耗尽 SOI（Partially Depleted SOI，PD-SOI）器件。

PD-SOI 器件的顶层硅沟道厚度远远大于 FD-SOI 器件。FD-SOI 器件的顶层硅沟道厚度减小到只有空间电荷区厚度，消除沟道中空间电荷区底部的中性层，让沟道中的空间电荷区能够填满整个沟道区。因此，FD-SOI 器件的顶层硅沟道是完全耗尽的，PD-SOI 器件的顶层硅沟道是部分耗尽的。图 8.3 所示为 PD-SOI 和 FD-SOI 器件的结构示意图。PD-SOI 器件的顶层硅沟道厚度通常为 50～90nm，FD-SOI 器件的顶层硅沟道厚度通常为 5～20nm。

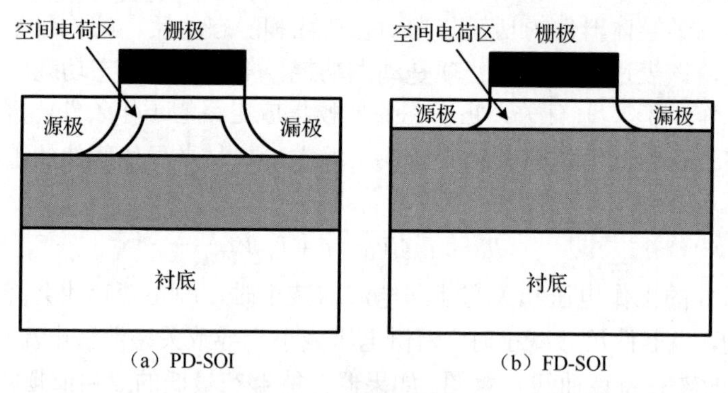

（a）PD-SOI　　（b）FD-SOI

图 8.3　PD-SOI 和 FD-SOI 器件的结构示意图

SOI 技术相比于体硅技术有很多优点：减小了源漏极和衬底之间的寄生电容，在集成电路应用中可以有效降低功耗，并提高芯片的运行速度；由于埋氧层隔离了沟道和衬底，因此避免了衬底偏置对器件阈值电压的影响；基于 SOI 技术的 CMOS 芯片可以消除闩锁效应。由于 FD-SOI 器件比 PD-SOI 器件的顶层硅沟道（硅膜）更薄，因此其源漏结电容更小，具有更高的开启速度及较低的功耗。当 FD-SOI 器件导通时，其沟道底部不存在中性区，也不存在 PD-SOI 器件 I–V 曲线固有的翘曲效应。FD-SOI 器件可以独立施加体偏置电压，避免了体硅电路中影响电路性能的器件串联负偏置。由于 FD-SOI 器件比 PD-SOI 器件具有更低的亚阈值摆幅，因此在电路应用中 FD-SOI 器件具有更低的静态功耗，而且有利于器件尺寸的进一步减小。FD-SOI 器件源极和漏极无底面 PN 结，这样器件的反向漏电流较小，更利于降低电路的总功耗。

目前制备 SOI 衬底主要有三种工艺，分别是注氧隔离（Separation by Implanted Oxygen，SIMOX）技术、键合减薄（Bonding Etch-back，BE）技术和智能剥离技术。

（1）SIMOX 技术。

SIMOX 技术是指在高温条件下，通过高能量将大剂量的氧离子注入硅片中，从而在硅片一定深度形成一层埋氧层。通常要求注入的氧离子剂量远高于集成电路工艺中注入的离子剂量。由于离子注入过程中能量较高，会对顶层硅膜的晶格造成损伤，因此在离子注入后需要对硅片进行高温退火。通过 SIMOX 技术制备的硅膜质量不如体硅技术。图 8.4 所示为通过 SIMOX 技术制备 SOI 衬底的工艺示意图。

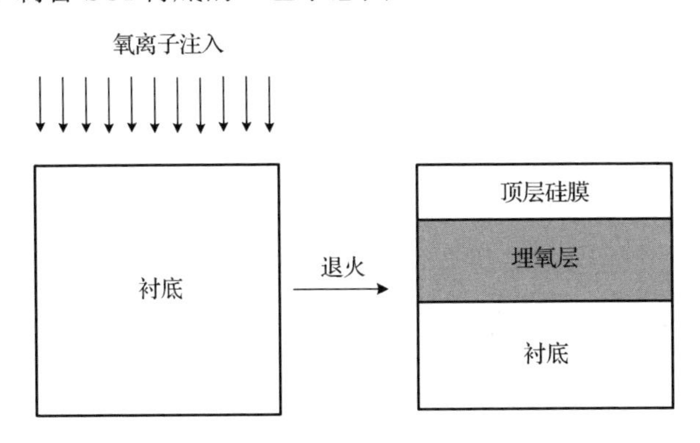

图 8.4　通过 SIMOX 技术制备 SOI 衬底的工艺示意图

（2）BE 技术。

BE 技术是指通过键合技术将两片分别生长了 SiO_2 的晶片的 SiO_2 粘在一起，形成埋氧层，对其中一个晶片的硅片进行腐蚀、抛光、减薄，使其作为硅膜，通过 BE 技术制备 SOI 衬底的工艺示意图如图 8.5 所示。相比于 SIMOX 技术，BE 技术不易形成较薄的硅膜，当晶片尺寸较大时，埋氧层键合会带来较多的缺陷和空洞。

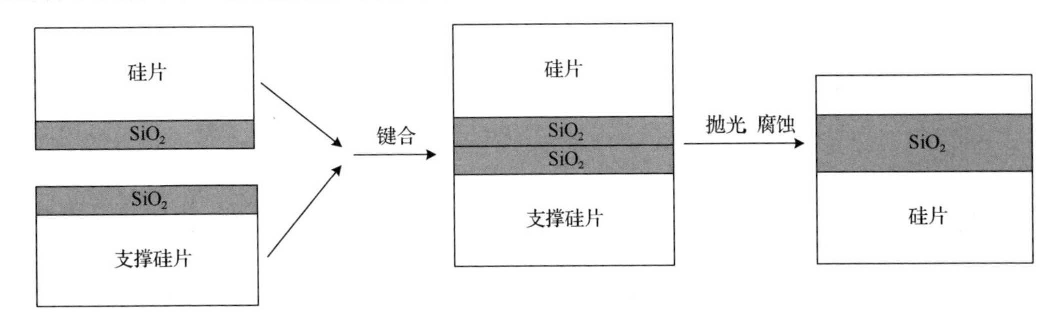

图 8.5　通过 BE 技术制备 SOI 衬底的工艺示意图

（3）智能剥离技术。

智能剥离技术主要分为三步。第一步，离子注入，以一定能量向硅片 A 中注入一定剂量的 H^+或 He^+，注入处会形成一个微空腔，注入的深度决定了顶层硅膜的厚度，如图 8.6（a）

所示。第二步，键合，将硅片 A 和另一片生长了 SiO_2 的硅片 B 键合，硅片 B 作为整个衬底的支撑片，如图 8.6（b）所示。第三步，热处理，经过热处理后，微空腔处的压强增大，硅片 A 从微空腔处脱落形成 SOI 衬底，脱落的硅片还可以继续用作硅片 B；热处理的作用是增强键合。

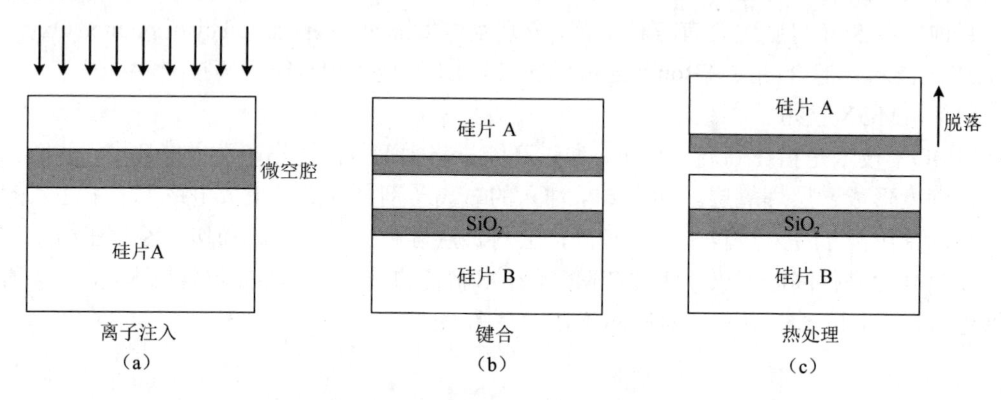

图 8.6　通过智能剥离技术制备 SOI 衬底的工艺示意图

智能剥离技术具有 SIMOX 技术和 BE 技术的特点。由于 H^+或 He^+的注入剂量比 O^{2-}的小，需要的能量较低，而且 H^+和 He^+的质量也较小，因此智能剥离技术中的离子注入更容易实现，对顶层硅膜的损伤较小，因此这种技术更经济、省时。另外，智能剥离技术在键合过程中需要的退火温度比 SIMOX 技术低，可以在普通的退火炉中实现。由于智能剥离技术中的埋氧层是通过热氧化工艺形成的，比 SIMOX 技术中的埋氧层更致密，因此其不会产生大量缺陷导致漏电通道的形成。目前，从各方面评估 SOI 衬底制备工艺，可知智能剥离技术是最有竞争力的技术之一。

8.1.3　FinFET

FinFET（Fin Field-Effect Transistor，鳍式场效应晶体管）是基于传统 MOS 管的一种新型器件。该器件将晶体管从传统的平面结构延伸到了三维结构，栅极位于沟道两侧，这样增强了栅极对沟道的控制能力。FinFEF 的结构示意图如图 8.7 所示。这种设计在很大程度上增强了器件的栅控能力并减小了泄漏电流，而且可以大幅度减小器件的沟道长度。在 20nm 工艺节点以下，几乎所有的半导体厂商都开始研制 FinFET 工艺，并很快将其推入商业化模式。

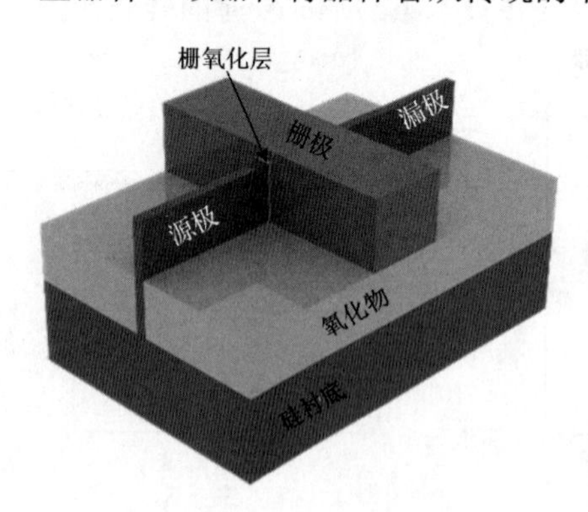

图 8.7　FinFET 的结构示意图

由于 FinFET 是一种多栅结构的 MOS 管，因此其能够实现更强的栅控能力。图 8.8 所示为体结构的 FinFET 示意图及其二维结构示意图。场氧化层厚度为 T_{fox} 的浅槽隔离（STI）用于隔离在同一衬底上制备的器件。由其二维结构示意图可以看出，FinFET 的栅氧化层主要由三部分构成，即厚度为 T_{ox} 的两个侧壁氧化层和硅体鳍顶部的掩蔽氧化层，如果硅体鳍顶部的掩蔽氧化层足够厚，那么硅体鳍顶部的栅控能力很弱，可以将其忽略，这样可以将

FinFET 看作双栅 MOS 管。

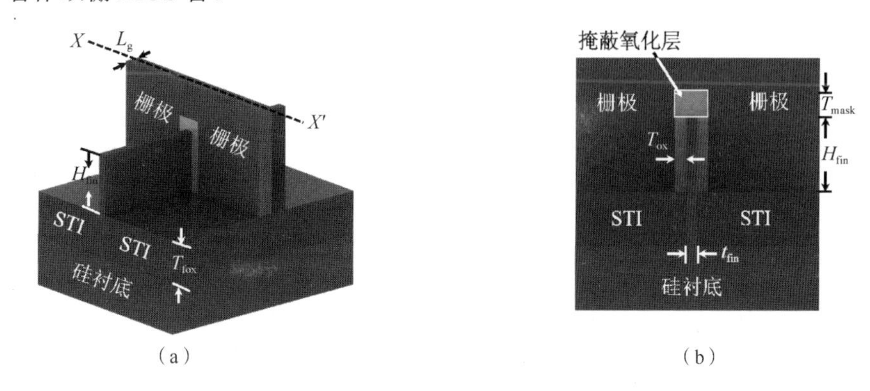

（a）　　　　　　　　（b）

图 8.8　体结构的 FinFET 示意图及其二维结构示意图

图 8.9 所示为 FinFET 转换为平面双栅 MOS 管的示意图。将图 8.8（a）中的 FinFET 沿 XX'从底部到硅体鳍顶部截取后如图 8.9（a）所示。将图 8.9（a）中的结构绕 y 轴顺时针旋转 90° 得到图 8.9（b）所示的结构，沿 x 轴方向有两个栅极。将图 8.9（b）所示的结构绕 x 轴逆时针旋转 90° 得到图 8.9（c）所示的结构，源极和漏极的方向为 y 轴，此时得到的结构完全可以用双栅 MOS 管结构表示。

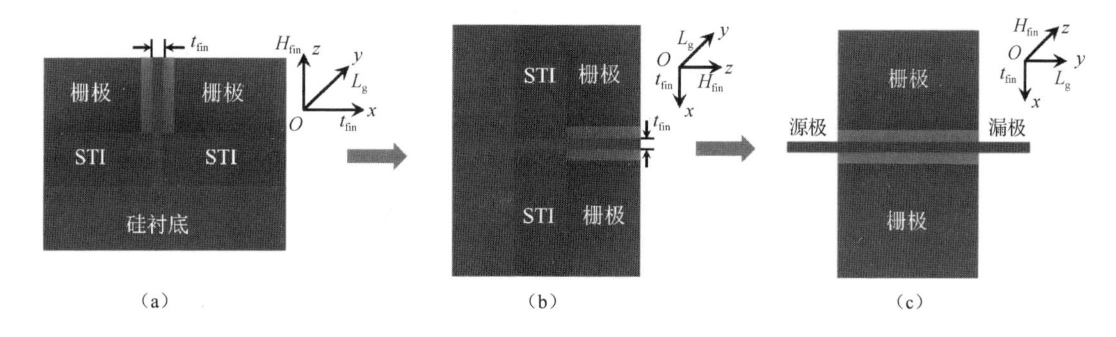

（a）　　　　　　（b）　　　　　　（c）

图 8.9　FinFET 转换为平面双栅 MOS 管的示意图

当 FinFET 硅体鳍顶部的掩蔽氧化层足够厚而等效为双栅 MOS 管时，器件开启后电流在两个侧壁栅控制的整个鳍侧面沟道与源极和漏极之间流通；当硅体鳍顶部的掩蔽氧化层较薄时，顶部的栅控能力不能忽略，电流也从硅体鳍顶部表面流通，此时的 FinFET 可以等效为三栅 MOS 管，因此根据顶部有无栅控能力，FinFET 的沟道等效宽度为 $2H_{fin}$（无栅控能力）或 $2H_{fin}+T_{fin}$（有栅控能力）。由于 FinFET 可以等效为多栅 MOS 管，因此 MOS 管中的各种物理效应和对应的数学表达式在 FinFET 中通用。相比于 MOS 管，FinFET 多了三维的鳍结构。因此，鳍结构的参数（鳍高度 H_{fin} 和鳍厚度 t_{fin}）也会影响器件的各种物理效应。研究发现，只有在 FinFET 的沟道长度远大于鳍厚度时，其才具有较好的抗短沟道效应的能力。

除常见的一些 MOS 管中的物理效应外，对于小尺寸的 FinFET，还必须考虑量子效应。对于超薄体多栅 FinFET，研究发现，反型层载流子不再局限于沟道和栅氧化层界面，在远离界面的鳍中也发现了大量反型层载流子，这种现象称为体反型。当 FinFET 的鳍比较厚时，由于两个侧壁栅之间没有相互作用，因此体反型现象会消失，大量的反型层载流子只在鳍表面产生。由于体反型中的载流子比表面反型层载流子经历较少的界面散射，因此在双栅结构器件中会观察到较高的载流子迁移率。此外，体反型导致沟道表面的反型层电荷减少，只有增大栅极电压才能实现与经典物理预测相当的沟道表面的反型层电荷。因此，体反型会导致器件的阈值电压增大。当然，在相同的栅控能力下，具有体反型现象的器件的漏电电流会退化。

FinFET 的工作机理及各种物理效应与普通 MOS 管相同，但是 FinFET 面临的主要挑战是工艺。FinFET 可以制备在体硅衬底或 SOI 衬底上，体硅衬底上的 FinFET（体硅 FinFET）是一种具有栅极、源极、漏极和体区的四端器件，SOI 衬底上的 FinFET（SOI-FinFET）是一种具有浮体的三端器件。体硅 FinFET 和 SOI-FinFET 的结构示意图如图 8.10 所示。在 FinFET 中，除控制鳍的临界尺寸所需要的特殊工艺外，还要使其他工艺都和 CMOS 工艺兼容，而且 SOI-FinFET 和体硅 FinFET 的工艺制造流程有细微差别。

图 8.10　体硅 FinFET 和 SOI-FinFET 的结构示意图

通常情况下，鳍的尺寸比最小栅长小，且小于当前工艺条件下的光刻机所能制造的最小尺寸。因此，鳍的有源区并不是通过光刻工艺形成的，而是通过自对准双重成像（Self-Aligned Double Patterning，SADP）工艺形成的。首先在衬底上淀积一层 Si_3N_4 或多晶硅，将其作为辅助层，并通过光刻工艺形成类似栅极的结构；然后淀积一层 SiO_2，将其作为硬掩膜层，通过控制 SiO_2 的厚度来控制鳍宽度，通过刻蚀使淀积的 SiO_2 形成类似栅极侧墙隔离的形状；最后在 SiO_2 硬掩膜层的保护下刻蚀硅衬底，形成鳍结构。SADP 工艺流程如图 8.11 所示。

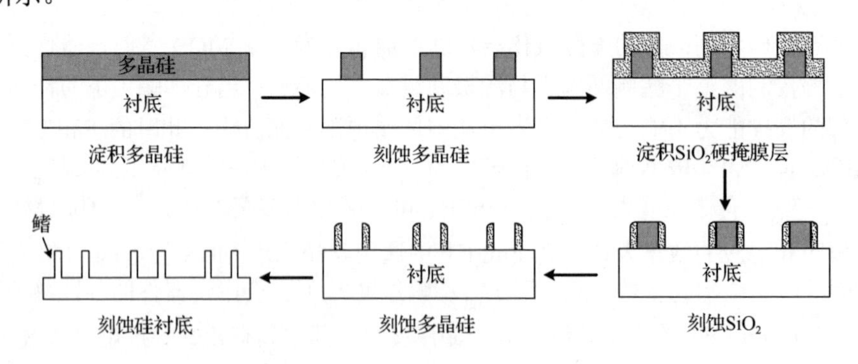

图 8.11　SADP 工艺流程

下面具体讲述 N 型体硅 FinFET 的制备工艺流程，如图 8.12 所示，具体内容如下。

① N 型 FinFET 鳍结构制备。通过 SADP 工艺制备鳍结构。将鳍结构顶部的 SiO_2 层作为缓冲层，如图 8.12（a）所示。

② SiO_2隔离层制备。首先在制备好的鳍结构上淀积SiO_2并进行化学机械抛光（CMP）至SiO_2缓冲层，然后对SiO_2进行回刻，通过控制回刻时间来控制鳍的高度，最后去除鳍顶部的SiO_2缓冲层，如图 8.12（b）所示。

③ 源漏区域掺杂。首先热氧化生长虚拟栅介质层，然后淀积多晶硅虚拟栅并进行 CMP，最后对多晶硅进行刻蚀形成虚拟栅，并通过 N 型离子注入工艺形成源漏区域，如图 8.12（c）所示。

④ 源漏区域外延 SiC，增加电子迁移率，如图 8.12（d）所示。

⑤ 侧墙隔离（Spacer）制备。通过光刻、刻蚀等工艺去掉多余的虚拟栅多晶硅，然后淀积 Spacer 介质并进行各向异性刻蚀以形成 Spacer 层，如图 8.12（e）所示。

⑥ 层间绝缘层（ILD）制备。淀积 ILD 介质，并对 ILD 进行 CMP 至多晶硅，如图 8.12（f）所示。

⑦ 栅电极制备。首先刻蚀掉虚拟栅及虚拟栅电介质，然后在原子层淀积高 k 栅介质层，最后淀积 TiN 栅电极，如图 8.12（g）所示。

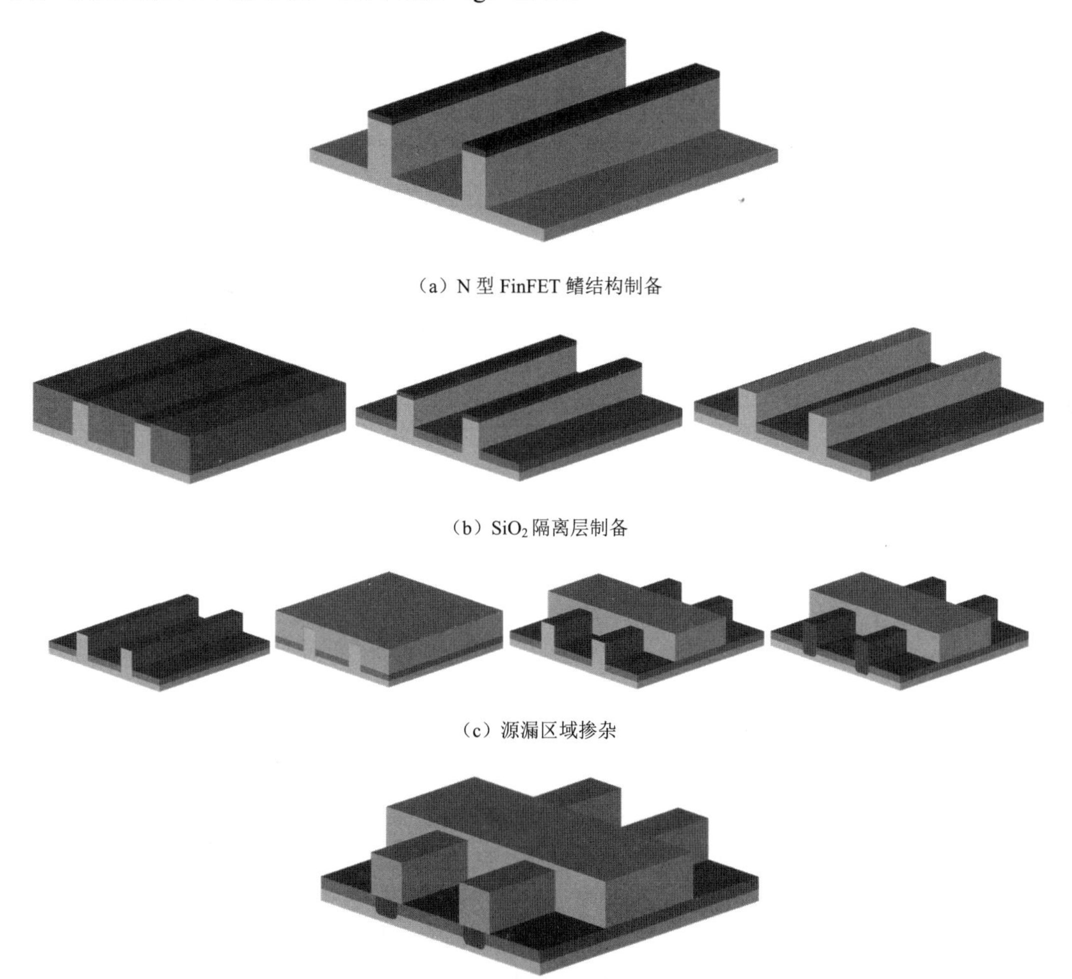

（a）N 型 FinFET 鳍结构制备

（b）SiO_2隔离层制备

（c）源漏区域掺杂

（d）源漏区域外延 SiC

图 8.12　N 型体硅 FinFET 的制备工艺流程

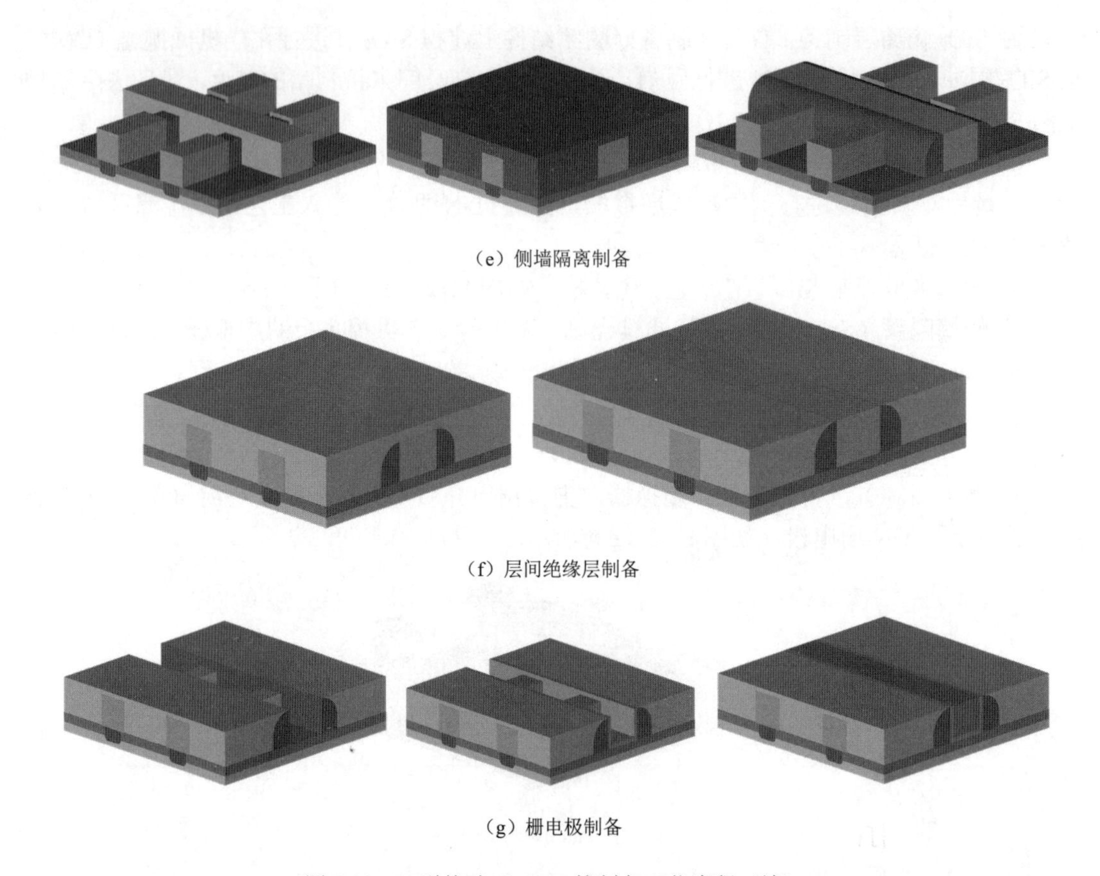

（e）侧墙隔离制备

（f）层间绝缘层制备

（g）栅电极制备

图 8.12　N 型体硅 FinFET 的制备工艺流程（续）

SOI-FinFET 采用了消除阱和 STI 隔离层制备工艺，另外，SOI-FinFET 制备工艺是直接在 SOI 衬底上进行外延硅制备的，外延层的厚度直接决定了鳍高度。对于体硅 FinFET 来说，制备 STI 隔离层后，需要精确地深度回刻隔离层才能确定鳍高度，这种精确刻蚀对工艺技术的要求很高，很难形成厚度均匀的鳍结构。而对于 SOI-FinFET 来说，只需要简单刻蚀衬底顶层的硅体就可以形成厚度均匀的鳍结构。因此，通过消除阱和 STI 隔离层制备工艺，SOI-FinFET 相比于体硅 FinFET 降低了工艺复杂度和制备成本。

8.1.4　TFET

前面所讲的 SOI 和 FinFET 的主要工作机理与传统体硅 CMOS 相同，都依赖沟道载流子的热激发过程，这类器件的亚阈值摆幅不能低于 60mV/dec。因此，关态泄漏电流的减小有限。近年来，学术界提出了一种基于带带隧穿机制的器件，这种器件被称为隧穿场效应晶体管（Tunneling Field Effect Transistor，TFET），其低功耗性能已经在实验和理论方面得到了验证。TFET 是基于隧道二极管的概念提出来的，普通的 TFET 是一个栅控的隧道二极管。TFET 与 MOS 管在结构方面的主要区别是源区和漏区掺杂类型相反。以 N 型 TFET 为例，其源区和漏区分别是 P 型重掺杂和 N 型重掺杂，如图 8.13（a）所示。TFET 导通电流主要受带带隧穿机制的影响，不受漂移扩散机制的影响。器件在关态条件下，源区和沟道之间的能带势垒很宽，沟道中没有载流子出现，关态电流极小。器件在开态条件下，较高的栅压下拉沟道能带，源区和沟道之间的能带势垒宽度较小。从量子力学的角度分析，一旦沟道区导带低于源区价带，源区价带之下大量能量较高的电子就很容易隧穿到沟道区导带，并且被沟道中的空穴吸收，电子从源区隧穿到沟道区将形成隧穿电流。N 型 TFET 在开态和关态时的能带示意图如图 8.13（b）所示。

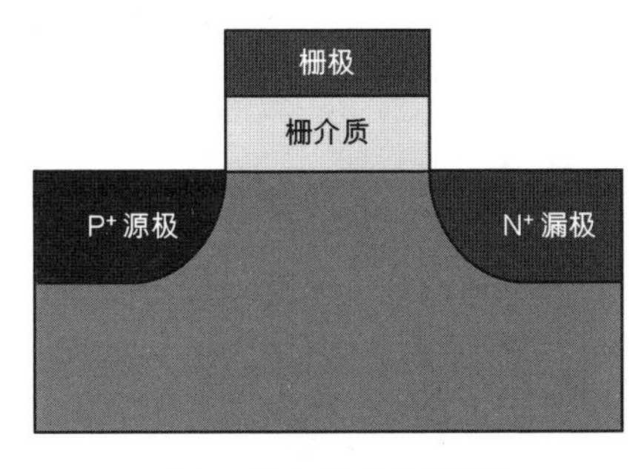

（a）N 型 TFET 结构示意图

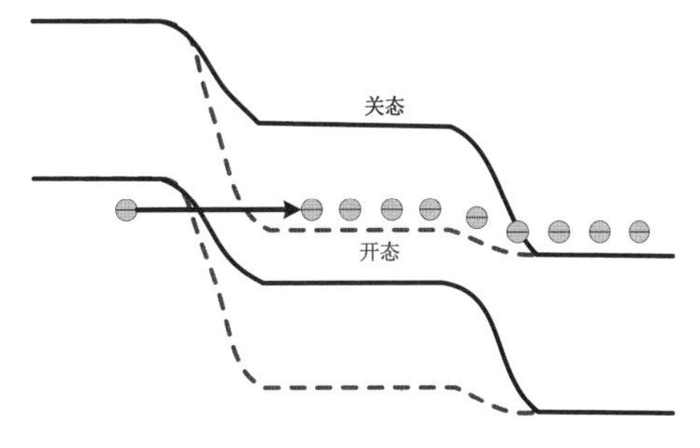

（b）N 型 TFET 在开态和关态时的能带示意图

图 8.13 N 型 TFET

TFET 是通过栅压控制隧穿势垒宽度来工作的，隧穿电流取决于带带隧穿率。TFET 的隧穿电流不受温度的影响。TFET 最大的优点是关态泄漏电流极小，一般小于纳安量级，亚阈值摆幅可以打破 60mV/dec 的理论限制。TFET 的亚阈值摆幅一般在开启电压附近最低。当栅压超过开启电压且逐渐升高时，带带隧穿接近饱和，亚阈值摆幅也会升高且超过 60mV/dec。因此，TFET 更适合在低电压下工作。

由于 TFET 打破了传统的热电子发射的导通机制，并且具有工作电压低、关态泄漏电流小、亚阈值摆幅低等优点，因此其受到了国内外研究者的关注。但是，由于载流子隧穿有限，TFET 最大的缺点是开态电流比同等工艺条件下的 MOS 管小好几个数量级。因此，增大 TFET 的开态电流是目前研究者的主要目标。研究者主要通过减小隧穿势垒宽度和增大隧穿面积两种方法增大 TFET 的开态电流，如源区和沟道使用异质结可以有效减小隧穿势垒宽度，从而增大隧穿电流，这种方法也可以有效减小 TFET 的双极泄漏电流。传统的 TFET 结构如图 8.13（a）所示，由于栅极仅仅对沟道表面进行有效控制，因此隧穿仅在源区和沟道表面呈点状分布，隧穿面积极小，这种隧穿被称为点隧穿，如图 8.14（a）所示，其中箭头的方向代表电子隧穿方向，此方向与沟道平行。将栅极与源区交叠，使源区表面的能带在栅压较大时弯曲，此时价带和导带会对准，源区价带之下的电子也会隧穿到导带上形成隧穿电流，这种隧穿通常发生在重掺杂源区与栅氧化层的表面，且隧穿呈线状分布，故称其为线隧穿；隧穿方向垂直于沟道时如图 8.14（b）所示。可以通过修改器件尺寸对线隧穿面积进行有效控制，因此可以通过设计线隧穿结构来增大隧穿电流，但是增大线隧穿面积也会使器件尺寸增大。

根据线隧穿的工作原理及增大线隧穿面积的思路，研究者提出了具有凹型结构的 TFET，栅极可以通过凹型结构完全和源区对准，源区靠近栅氧化层表面处的线隧穿面积与凹槽栅极的深度有关，这样就不需要增大器件面积，只需要通过刻蚀工艺增加凹槽栅极的深度就可以有效增大线隧穿面积，从而增大 TFET 的开态电流。基于凹型结构的 L 形栅 TFET 和 U 形沟道 TFET 的结构示意图如图 8.15 所示。

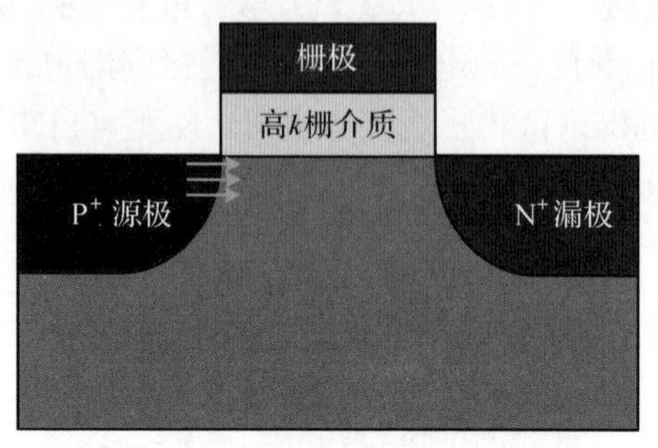

(a) 横向TFET结构（点隧穿）示意图

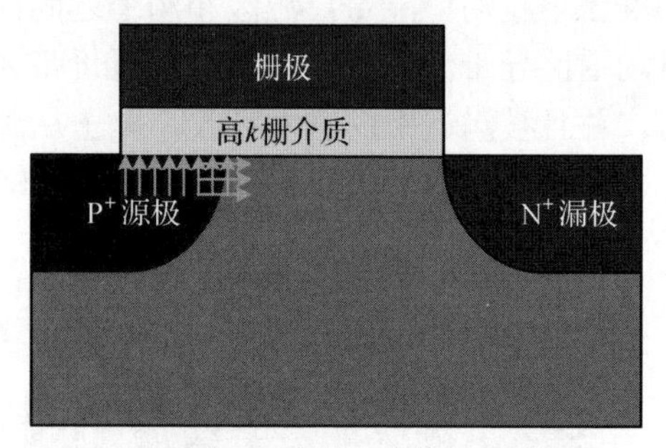

(b) 垂直TFET结构（线隧穿）示意图

图 8.14 横向 TFET 和垂直 TFET

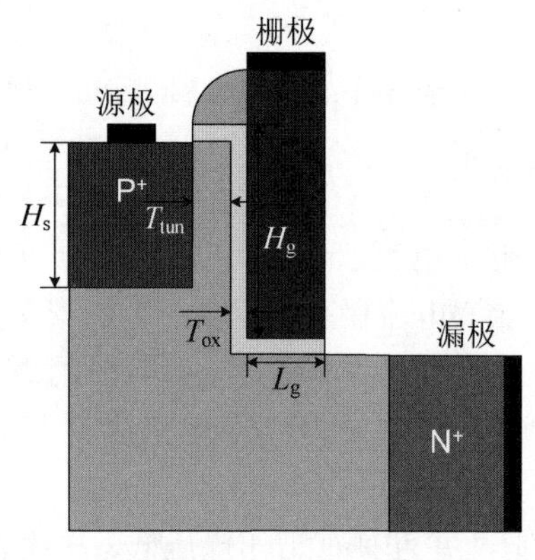

(a) L 形栅 TFET 结构示意图

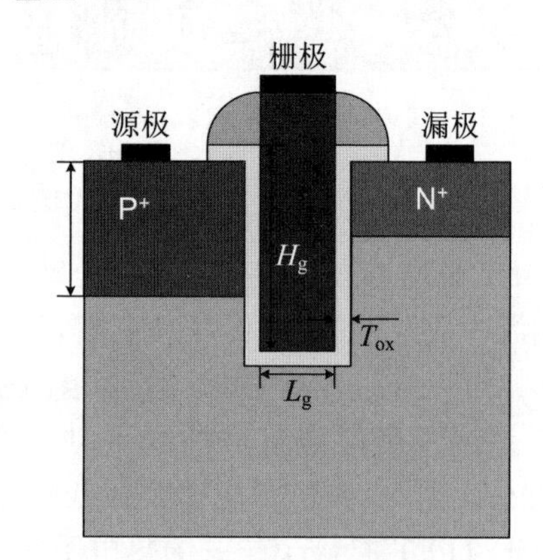

(b) U 形沟道 TFET 结构示意图

图 8.15 基于凹型结构的 L 形栅 TFET 和 U 形沟道 TFET 的结构示意图

8.1.5 NCFET

近年来，研究者提出的可以使亚阈值摆幅低于 60mV/dec 的器件是负电容场效应晶体管（Negative Capacitance Field Effect Transistor，NCFET）。与 TFET 不同的是，NCFET 的工作机制是与传统 MOS 管相同的热电子发射机制，此机制将 MOS 管的栅介质替换为具有负电容场效应的铁电栅介质。

在物理学概念中，电容通过 $C = \mathrm{d}Q/\mathrm{d}V$ 来计算，其中，C 为电容，Q 为电荷。线性的电容能量（U）和电容的关系为 $U = Q^2/2C$。如果电容为负值，那么 $\mathrm{d}Q/\mathrm{d}V<0$ 或 $\mathrm{d}Q^2/\mathrm{d}^2U<0$。铁电薄膜能量（$F$）与电荷（$Q$）的关系曲线、电荷与电压（$E_\mathrm{F}$）的关系曲线如图 8.16 所示。图 8.16 中的阴影区域代表电容为负值。虽然对由铁电薄膜构成的电容进行测试的结果可以间接说明铁电栅电容有为负值的可能性，但由于铁电薄膜中的负电容现象不稳定，截至目前，研究者并未直接观测到铁电薄膜中的负电容现象。不过他们也通过栅极电容放大效应、电阻-电容器串联技术等间接证明了负电容的存在。对基于铁电栅介质的 MOS 管进行测试时，发现了电容尖峰、负微分电阻（Negative Differential Resistance，NDR）和电流增大等一系列现象，基于实验系统地证明了负电容效应的存在，以及其改善器件电流特性和亚阈值特性的能力。

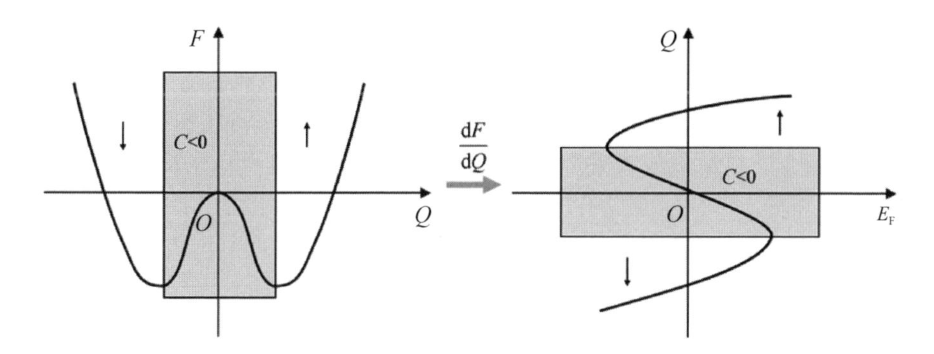

图 8.16　铁电薄膜能量与电荷的关系曲线、电荷与电压的关系曲线

传统的基于铁电栅介质的 NCFET 的结构及其等效电容模型如图 8.17 所示。设 C_{ins} 是铁电栅电容，φ_S 是沟道表面势，C_S 是沟道电容，则 MOS 管的亚阈值摆幅（SS）的计算公式为

$$SS = \frac{\partial V_G}{\partial \lg I_{DS}} = \left(\frac{\partial V_G}{\partial \varphi_S}\right)\left(\frac{\partial \varphi_S}{\partial \lg I_{DS}}\right) \tag{8.2}$$

式中，V_G 为对栅极施加的电压；I_{DS} 为漏电流。在热电子发射机制下，漏电流可以写成如式（8.3）所示的形式。根据式（8.2）计算得到的 MOS 管的 SS 高于 60mV/dec。

$$\begin{aligned} I_{DS} = \exp\left(\frac{qV_G}{k_B T}\right) \Rightarrow \ln I_{DS} = \frac{qV_G}{k_B T} \Rightarrow \frac{\lg I_{DS}}{\lg e} = \frac{qV_G}{k_B T} \\ \Rightarrow \frac{\partial V_G}{\partial \lg I_{DS}} = \frac{k_B T}{q \lg e} \approx 2.3\frac{k_B T}{q} \approx 60\text{mV/dec} \end{aligned} \tag{8.3}$$

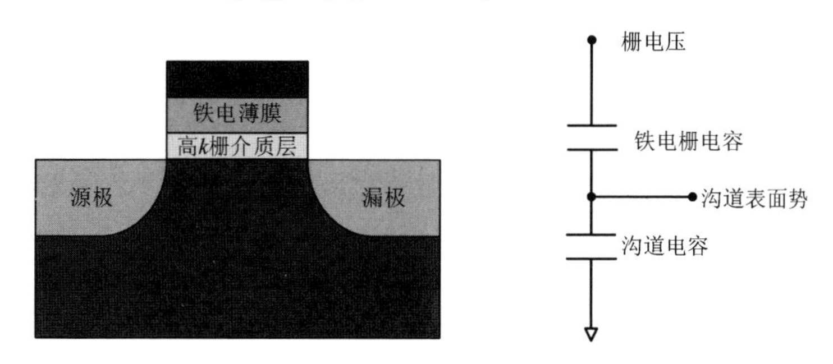

图 8.17　传统的基于铁电栅介质的 NCFET 的结构及其等效电容模型

根据图 8.17 中的等效电容模型可以计算 NCFET 栅电压对沟道表面势的导数，如式（8.4）所示。

$$Q = C_{ins}(V_G - \varphi_S) = \varphi_S C_S \Rightarrow \frac{\partial V_G}{\partial \varphi_S} = 1 + \frac{C_S}{C_{ins}} \tag{8.4}$$

由式（8.4）可以看出，若 C_{ins} 小于 0，且 C_{ins} 的绝对值大于 C_S，则 $0<\partial V_G/\partial \varphi_S<1$。这样，NCFET 的亚阈值摆幅低于 60mV/dec。可以看出，NCFET 在热电子发射机制下，主要通过铁电栅介质的负电容效应实现亚阈值摆幅低于 60mV/dec。

通常作为栅介质的铁电材料有 $BaTiO_3$、PZT、SBT 等压电材料或掺镐元素的高 k 栅介质，如 $HfZr_xO_{1-x}$。NCFET 是目前唯一的在不损失器件工作电流的前提下改善亚阈值特性的一类低功耗器件，在后摩尔时代集成电路产业中极具潜力，具备升级更新现有技术节点性能的能力。目前，NCFET 遇到的主要问题是高 k 铁电材料与普通的衬底材料硅和锗之间存在很大的界面缺陷和固定电荷，这会影响沟道载流子迁移率，器件的导通电流也将受到一定程度的影响。为了减小界面缺陷，研究者普遍采用的方法是在衬底和铁电材料之间插入一层普通的高 k 栅介质材料，或者采用金属/铁电/金属/高 k 的堆叠栅结构。

8.2 二维材料及器件

随着信息技术的发展，在后摩尔时代，虽然工艺技术和新原理使得摩尔定律进一步持续指导器件尺寸的微缩，但是传统体材料本身的物理尺度限制使得摩尔定律逐渐逼近极限。因此，寻求一种尺度极小的新型材料代替传统的体材料来制备器件是很有必要的。当二维材料的尺度缩小到单个原子层厚度时，其仍然能展现出完美的电学、光学、磁学等性能，目前它已经在器件应用方面展现出了巨大的潜能。

8.2.1 二维材料的概念

二维材料的厚度可以缩小到极限值，一般在单个原子层厚度下仍然具有优良的性质。由于二维材料的厚度极薄，当其作为沟道时，载流子被限制在沟道平面内运动，在垂直于沟道的方向无法运动，因此避免了较强的栅电场下载流子的散射效应。由于多层二维材料是由通过微弱的范德瓦耳斯力连接的多个单层二维材料形成的，因此单层二维材料很容易通过实验来制备。

二维材料的种类有很多，有半导体、导体、金属、绝缘体等。最早的二维材料的概念是由曼彻斯特大学的盖姆教授小组成功分离出单层石墨烯后提出的。单层石墨烯结构是由碳原子组成的六边形蜂窝状结构，如图 8.18 所示。单层石墨烯的厚度仅为 0.35nm，碳碳键长 0.142nm，在室温下，载流子迁移率高达 15000cm^2/(V · s)，是硅材料的 10 倍以上。在低温下，载流子迁移率甚至可以达到 250000cm^2/(V · s)。石墨烯具有很好的导热性能，无缺陷的单层石墨烯的导热系数高达 5300W/(m · K)，是导热系数较高的碳材料。此外，石墨烯也是一种强度很高的材料，理论杨氏模量达 1TPa，固有的拉伸强度为 130GPa，同时具有很好的韧性，可以弯曲。上述石墨烯的优良性能可以使石墨烯应用在逻辑器件、光电器件、传感器等领域。但是普通单层石墨烯零带隙的特点使得用单层石墨烯制备的器件很难关断，因此单层石墨烯在电子器件领域的应用面临一定的挑战。但是随着技术的逐渐发展，目前可以通过掺杂、外加电场调控、纳米带、量子点等方法打开石墨烯零带隙。2010 年，英国物理学家安德烈 • 盖姆和康斯坦丁 • 诺沃肖洛夫因成功分离出石墨烯而获得诺贝尔物理学奖。

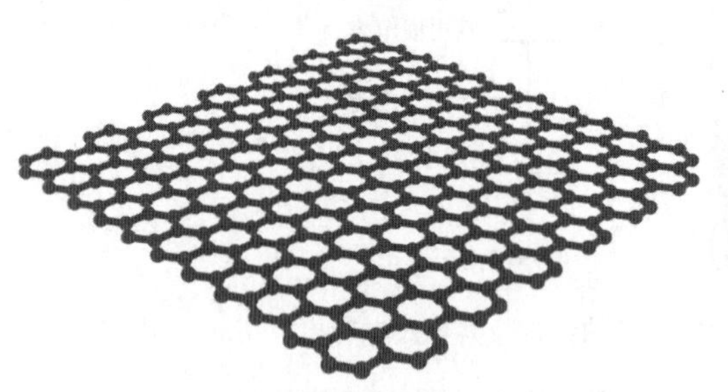

图 8.18 单层石墨烯结构

石墨烯的发现开创了二维材料科学的新纪元。继石墨烯之后，研究者发现的另一类具有潜在应用价值的二维材料是过渡金属硫化物（TMDCs）。TMDCs 是由过渡金属元素和硫族元素组成的化合物，其结构是类似于三明治结构的六方晶格系，化学式为 MX_2，其中，M 表示元素周期表中的过渡金属元素，如 Mo、W、Hf 等；X 表示硫族元素，如 S、Se 等。相比于石墨烯，TMDCs 虽然具有较低的载流子迁移率，但是合适的带隙使其在电子、光电子器件等领域具有一定的优势。通常情况下，TMDCs 的带隙与厚度密切相关。大多数 TMDCs 拥有两种热力学稳定相结构：三棱柱结构的半导体相（2H 相）和八面体结构的金属相（1T 相）。单层 TMDCs 的不同相结构是由三个原子（硫族元素-金属-硫族元素）的不同堆积方式造成的，2H 相对应 ABA 的堆积方式，不同原子层的硫族元素始终占据相同的位置——A，在垂直于层的方向上，每个硫族元素正好在下层硫族元素的正上方；而 1T 相对应 ABC 的堆积方式。通常情况下，2H 相为稳定相时，1T 相为亚稳定相；1T 相为稳定相时，2H 相为亚稳定相。目前，学术界研究最多且最成熟的 TMDCs 是 MoS_2。2H 相的 MoS_2 晶体结构如图 8.19 所示。单层 MoS_2 由三层原子组成，上、下两层为 S 原子，中间层为 Mo 原子，S 原子和 Mo 原子之间以共价键结合。多层 MoS_2 由若干单层 MoS_2 组成，层间具有较弱的范德瓦耳斯力，层间距为 0.65nm。MoS_2 一般以 2H 相的形式存在，但是发生离子迁移时，它会转化为 1T 相。2H 相的 MoS_2 能带结构依赖层数，随着层数的减少，块状材料或多层材料的间接带隙会变为单层材料的直接带隙。理论计算的间接带隙为 1.2eV，直接带隙为 1.8eV。单层 2H 相的 MoS_2 价带最大值和导带最小值分别位于高对称的不等价 K 和 K' 点，对应六边形布里渊区的角。该性质和石墨烯的性质类似，使得其表现出“谷”相关的物理现象，在谷电子学方面具有潜在应用。

TMDCs 除 MoS_2 外，还有 WS_2、$MoSe_2$、WSe_2 等，它们都具有优异的性质。虽然它们之间有类似的晶格结构和能带特性，但是其在电学、化学、热力学、超导性等方面又具有各自的特点。

除半导体和金属性质的二维材料外，具有绝缘体性质的二维材料氮化硼（BN）也引起了研究者的广泛关注。半导体器件的制备离不开栅介质，将 BN 作为栅介质、TMDCs 作为沟道就构成了真正意义上的二维材料器件。BN 是由 N 原子和 B 原子构成的晶体，具有四种不同的结构：六方氮化硼（hBN)、菱方氮化硼（rBN)、立方氮化硼（cBN）和纤锌矿氮化硼（wBN)。其中，hBN 和石墨烯一样可以分离出单层结构。BN 晶体结构是六边形的蜂窝状结构，如图 8.20 所示，也被称为白石墨，并且具有优异的电绝缘性质，禁带宽度高达 6eV，除绝缘体性质外，其在硬度、耐高温性等方面均与石墨烯相当，是目前研究者发现的能作为半导体器件栅介质最好的二维材料。

研究者发现自然界存在的二维材料和人工合成的二维材料多达上千种，上面所述的二维材料是在半导体器件中应用较多的材料，也是目前技术最成熟的二维材料。除上述二维材料外，黑磷优良的光学性质使其在光电探测器领域具有一定的应用价值，但是黑磷在接触氧气或水后会在极短时间内被氧化和降解的缺点也给工艺制备和器件存放带来了一定的困难；二维钙钛矿材料由于优良的光学性质在光伏电池、光电探测器等领域具有一定的应用价值，但是它和黑磷一样面临着在空气中不稳定的问题；还有一些具有铁电性的二维材料（如 $CuInP_2S_6$、InSe）在特殊领域也具有一定的应用价值。

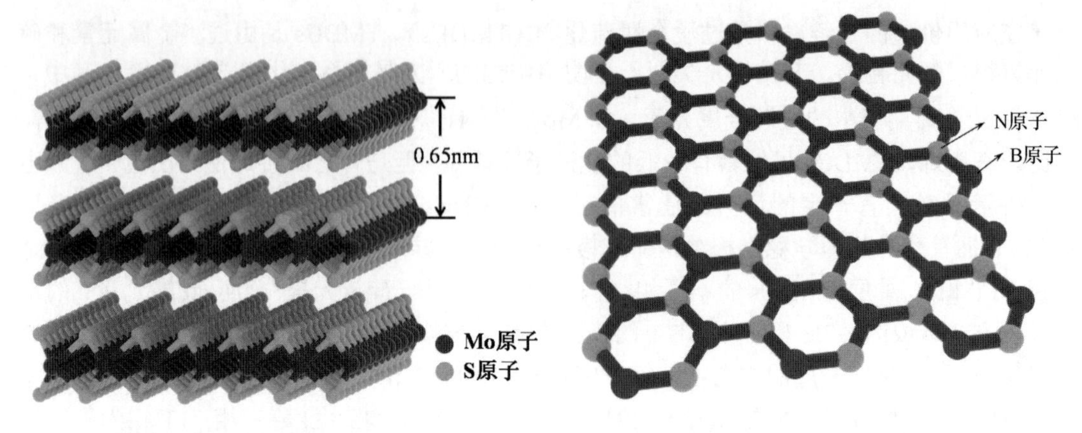

图 8.19 2H 相的 MoS_2 晶体结构

图 8.20 BN 晶体结构

8.2.2 二维材料的制备

二维材料在半导体器件方面具有广泛的应用前景。经过多年的发展，学术界和产业界已经探索出一些成熟的二维材料制备方法，其中最常见的有机械剥离法、转移法、CVD 法，这三种制备方法都有各自的优缺点。

1）机械剥离法和转移法

机械剥离法和转移法是目前二维材料及异质结制备中成本最低、速度最快的方法，较容易制备出单晶二维材料，但是这两种方法最大的缺点是很难制备出大面积二维材料，因此在商业化应用中具有一定的局限性。自 2010 年以来，研究者已经开发出了一系列二维材料机械剥离和精准转移技术。转移法是对不同的二维材料进行堆垛的方法，主要包括干法转移、湿法转移，主要用来制备异质结。

（1）机械剥离法。

盖姆教授小组首次成功从高热裂解石墨上分离出单层石墨烯所用的方法就是机械剥离法，该方法也可应用在其他二维材料的机械剥离中。使用该方法制备二维材料的具体步骤为，首先，将透明胶带粘在块体二维材料上，撕下胶带后胶带上会留下一些片状二维材料；然后，将粘有片状二维材料的胶带连续多次对撕，直到胶带上的片状二维材料变成薄层；最后，将胶带粘到衬底上静置一段时间后缓慢剥离胶带，衬底上会留下厚度不同的二维材料，人们可通过光学显微镜、原子力显微镜分辨出其厚度，从而选取目标材料。目前，人们可通过机械剥离法成功分离出各种单层、多层二维材料，二维材料能够通过机械剥离法实现分离与层间较弱的范德瓦耳斯力有关。

（2）干法转移。

干法转移是指在异质结制备过程中没有任何溶液的参与，通常采用具有一定黏附性的 PDMS（聚二甲基硅氧烷）膜作为载体。基于 PDMS 膜的干法转移可以将单种二维材料转移到目标衬底上，也可以将一种二维材料转移到另一种二维材料表面，形成异质结。

基于 PDMS 膜的干法转移示意图如图 8.21 所示。首先将 PDMS 膜粘在载玻片上，并将带有二维材料的胶带粘到 PDMS 膜上，撕下胶带，二维材料会被转移到 PDMS 膜上；然后将带有样品的载玻片翻转并固定到位移台的支架上，缓慢下移载玻片，在显微镜的帮助下精确定位载玻片上的二维材料，使其与目标衬底的位置对准，直至 PDMS 膜和目标衬底完全贴合。PDMS 膜和目标衬底贴合后加热样品台，根据不同 PDMS 膜的黏附性选择不同的温度和加热时间，一般用 80～100℃的温度加热 10min，加热的目的是降低 PDMS 膜的黏附性，以便将 PDMS 膜和二维材料分离。加热结束后，缓慢抬起载玻片，使 PDMS 膜上的二维材料薄膜留在目标衬底上，形成异质结。进行干法转移时，载玻片抬起太快会使 PDMS 膜的吸附力变大，导致二维材料留在 PDMS 膜上而转移失败，因此在抬起载玻片的过程中一定要控制速度，并根据不同的材料选取黏附性合适的 PDMS 膜。

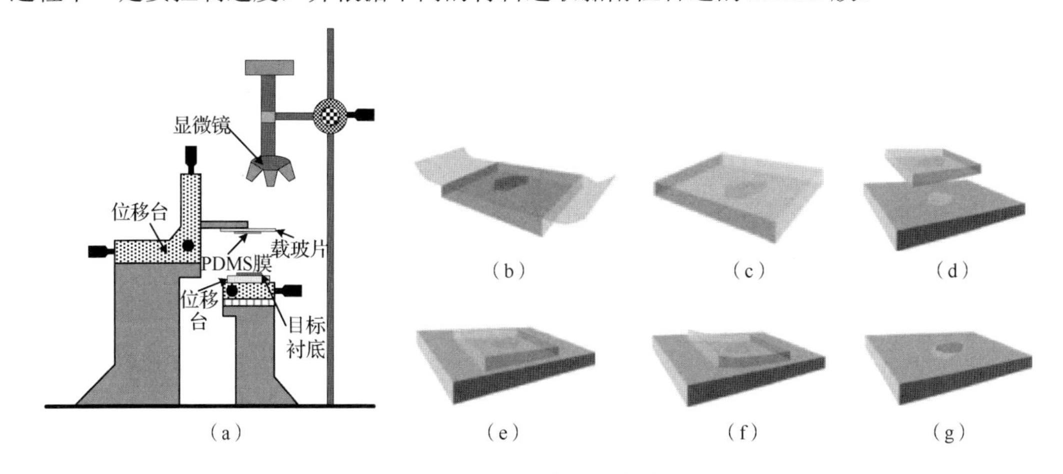

图 8.21　基于 PDMS 膜的干法转移示意图

干法转移的成功率与基底表面的平整度和接触按压时的压力有关，基底表面越平整，干法转移的成功率越高；按压 PDMS 膜时若压力过大，则 PDMS 膜会发生形变，在剥离过程中应变突然释放会在异质结界面产生气泡。在干法转移过程中，PDMS 膜表面吸附杂质或基底表面的杂质都会导致异质结界面产生气泡或褶皱，因此在该过程中保持洁净的环境很有必要。人们可通过高温退火工艺去除异质结界面产生的气泡或褶皱并释放转移过程产生的应力。

（3）湿法转移。

相比于干法转移，湿法转移在异质结制备过程中有溶液参与。最常见的湿法转移以聚合物薄膜为载体。PLLA（聚左旋乳酸）辅助的湿法转移示意图如图 8.22 所示。首先，在制备了二维材料的基底（如 SiO_2/Si）上旋涂一层 PLLA 薄膜，并在衬底边缘刮掉一部分 PLLA，将衬底暴露出来；其次，选取大小合适的 PDMS 膜贴在 PLLA 薄膜表面，在暴露的衬底边缘滴入去离子水，让去离子水渗进亲水性的基底和疏水性的 PLLA 薄膜之间，几秒后将 PLLA 薄膜从基底上剥离；接着，将 PDMS/PLLA/二维材料贴到目标衬底上，对其加热，将 PDMS 膜从 PLLA 薄膜表面剥离，并将样品放到二氯甲烷溶液中溶解掉 PLLA 薄膜；最后，用异丙醇对样品进行冲洗、干燥，并在氩气或氮气环境中对其进行退火处理，至此实现了二维材料的湿法转移。

相比于干法转移，湿法转移中的溶液很难被完全处理干净，残留在二维材料表面的溶液会使制备的器件性能有所下降，但是湿法转移能够将任何衬底上的二维材料转移到目标衬底上，而且能够转移大面积单层二维材料，这为纳米器件阵列的制备奠定了工艺基础。基于上述湿法转移，研究者也提出了一些经过改进的方法，包括牺牲层转移法、小分子掺杂 PS（聚苯乙烯）转移法、纤维素薄膜转移法、PVA（聚乙烯醇缩乙醛）吸附转移法等。

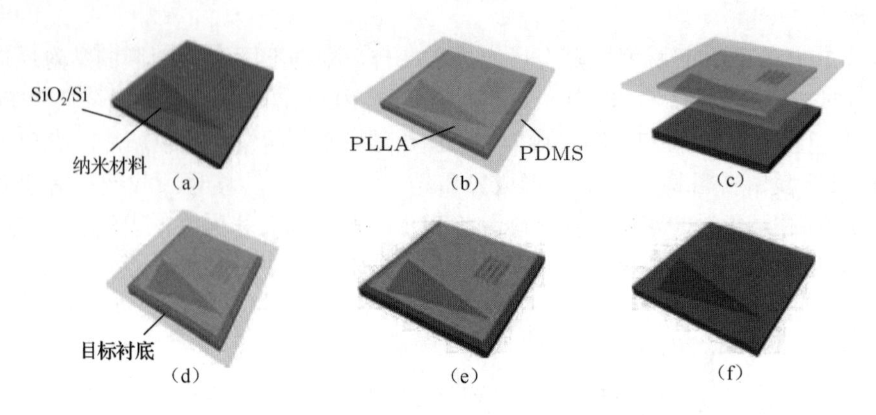

图 8.22　PLLA 辅助的湿法转移示意图

2）CVD 法

CVD 法也是一种制备二维材料的方法。相比于机械剥离法，应用 CVD 法可以制备出大面积单层二维材料。目前，应用最新的 CVD 法可以很容易制备出厘米级的单层二维材料。制备大面积器件阵列时，研究者一般会首选 CVD 法。

CVD 法是指使固体前驱体经过高温汽化后，在载气的带动下将不同的气态反应物带到衬底表面，使其发生化学反应，冷凝后在衬底表面生成薄膜。应用 CVD 法制备 MoS_2 的示意图如图 8.23 所示。选取硫粉和 MoO_3 粉作为生长 MoS_2 的两种固体前驱体，由于硫粉的汽化温度比较低，因此将硫粉放在低温区，将 MoO_3 粉和衬底放在高温区，将氩气作为载气。实验前先在管式炉中通入氩气，将管子中的空气排出，然后设置合适的加热时间和温度，使硫粉和 MoO_3 粉在一定时间内同时汽化，在氩气的推动下，两者在衬底表面经过一定的反应时间后成核并发生化学反应，生成 MoS_2 薄膜。在 MoS_2 薄膜生成后，待管式炉自然降温后取出样品即可。

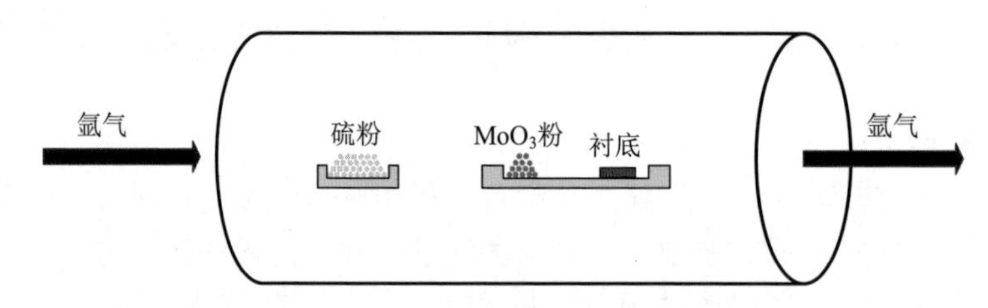

图 8.23　应用 CVD 法制备 MoS_2 的示意图

从上述实验过程中可以看出，生长环境、升温速度、载气流速、压强、反应时间等各种因素都会严重影响生成结果，因此，虽然应用这种方法能够生成大面积单层二维材料，但是工艺不可控，而且重复性较差。应用 CVD 法制备二维材料的要点是先在衬底表面发生反应形成 MoS_2 成核点，然后在 MoS_2 成核点的辅助下扩展形成薄膜，因此成核质量和密度直接影响二维材料的结晶性，一般应用 CVD 法很难制备出大面积单晶二维材料。但是随着工艺技术的逐渐发展，研究者已经通过改进工艺方法大大提高了应用 CVD 法制备大面积单晶二维材料的成功率，主要经过改进的工艺方法有盐辅助法、金属钼硫化法、添加剂辅助法等，但其生长机理和传统的 CVD 方法相同。

3）其他方法

除以上常用的方法外，分子束外延也是近几年发展起来的一种大规模制备单晶二维材料的方法。与石墨烯不同，大多数二维材料不具有中心反演对称性，外延生长普遍存在孪晶晶界问题，这样在进行晶畴拼接时会形成晶界缺陷。先通过液相分离技术分离块体的二维材料晶体获得分散液，然后将分散液旋涂在衬底上获得大面积二维材料，这种由液相分离技术获得的分散液也可以用在喷墨打印的墨水打印柔性电子器件中。截至目前，有很多种制备二维材料的方法，而且其各有优点和缺点，一般应根据不同的应用目的选取合适的制备方法。

8.2.3　二维材料器件

随着二维材料制备技术的逐渐成熟、可控，基于二维材料的新型器件更受到广大研究者的关注。由于二维材料在电学、光学、热力学等方面均比传统体材料具有更优异的性质，因此大部分使用传统的体材料制备的器件都可以使用二维材料制备。二维材料在逻辑器件、存储器件、光电器件、储能器件等领域大放异彩。

1）逻辑器件与电路

二维材料天然的原子层厚使其成为后摩尔器件中可替代硅的最佳材料。在半导体工艺节点缩小到 20nm 以后，FinFET 成了主流工艺；在半导体工艺节点缩小到 3nm 以后，全环绕栅纳米片器件（GAA FET）成了工艺厂商的主要关注点。目前，无论是 FinFET 还是 GAA FET 都使用硅沟道，随着工艺节点的减小，当沟道长度减小时，沟道厚度也会减小。小尺寸器件的短沟道效应和较薄沟道下的载流子散射都是硅工艺器件无法避免的。由于二维材料垂直于沟道方向的载流子被钝化，因此即使沟道厚度减小到一个原子层厚，载流子迁移率也不会受到表面散射的影响。对于二维材料，在器件层面开展的最早的大规模应用研究就是针对低功耗逻辑器件的研究。

基于 MoS_2 沟道制备的晶体管有背栅、顶栅、碳纳米管栅、石墨烯栅等结构，改进栅结构主要是为了增强栅极对 MoS_2 沟道的控制能力，从而增大器件的开态电流。清华大学集成电路学院任天令教授的团队首次利用石墨烯边缘电场制备了亚 1nm 栅长的垂直 MoS_2 晶体管。该结构巧妙地利用石墨烯边缘电场作为栅电场，在石墨烯表面沉积铝并使其自然氧化，形成氧化铝以屏蔽石墨烯垂直电场。沟道采用应用 CVD 法制备的 MoS_2，栅介质采用原子层淀积的 HfO_2，由于通过石墨烯侧向电场控制 MoS_2 沟道的关断，因此可实现 0.34nm 长的等效物理栅长。研究发现该器件的关断电流小至皮安量级，开关比高达 10^5，亚阈值摆幅为 117mV/dec，接近理论极限值。

同样，二维材料也可以应用在 TFET、NCFET 等低亚阈值摆幅器件中。美国加州大学的研究者在重掺杂 P 型锗衬底上干法转移 MoS_2，将锗衬底作为器件源区，将双层 MoS_2 作为沟道和漏区。MoS_2 自身的缺陷使其是一种天然的 N 型材料，这种结构配置就是典型的垂直结构的 TFET，带带隧穿区域也是线隧穿。测试结果表明该器件具有优异的电学性质，平均亚阈值摆幅为 31.1mV/dec，最低亚阈值摆幅只有 3.9mV/dec，这也是目前沟道最薄的陡峭亚阈值器件。NCFET 总体上有两种结构，一种是将传统的 NCFET 沟道变成二维材料沟道，如顶栅介质或背栅介质采用铁电材料 $BaTiO_3$、PZT、SBT、$HfZr_xO_{1-x}$ 等，沟道采用二维材料；另一种是栅介质和沟道都采用二维材料，如顶栅介质或背栅介质都采用二维铁电材料，这种器件是真正意义上的全二维晶体管。在众多二维材料中，$CuInP_2S_6$（CIPS）是一种既具有铁电性质又具有较好的电绝缘性的二维材料。新加坡南洋理工大学的研究者通过机械剥离法和干法转移制备了可作为栅介质的hBN/CIPS，将MoS_2作为沟道的全二维顶栅NCFET，将hBN（六方氮化硼）插入CIPS和沟道MoS_2之间，用来实现电容匹配，基于该器件结构也制备了N型晶体管串联形式的反相器。测试的转移曲线具有可忽略不计的迟滞，在7个数量级的漏电流范围内，平均亚阈值摆幅低于60mV/dec，最低亚阈值摆幅为28 mV/dec，反相器的直流增益达到了24。上述器件是比较典型的二维材料低功耗器件，研究者对该器件进行了一系列技术改进，随着技术的逐渐成熟，器件的性能逐渐提升，能和传统体硅材料器件相媲美。

除单个器件外，近几年研究者也开始探索基于二维材料的集成电路和简单芯片设计，从而进一步验证二维材料在大规模集成电路中替代传统体材料的潜能。2017年，奥地利维也纳工业大学光子学研究所的托马斯·穆勒博士和他的研究团队制备了全球首款基于二维材料的微处理器。该微处理器芯片表面积仅有0.6mm^2，集成了115个栅介质为氧化铝的MoS_2晶体管，可以执行外部存储器中的自定义程序，完成逻辑运算并与外界进行通信，其数据寄存器及程序计数器总容量为1bit。虽然该微处理器从性能、集成度、速度等方面与硅基微处理器相差太大，但是在二维材料领域，该研究成果是一大突破，验证了二维材料在集成电路领域应用的前景。

2）非易失性存储器

半导体器件的发展离不开存储器的发展，特别是非易失性存储器近年来得到了快速发展。浮栅存储器、阻变式随机存取存储器（Resistive Random Access Memory，RRAM）（忆阻器）、相变随机存取存储器（Phase Change Random Access Memory，PCM）、磁性随机存取存储器（Magnetic Random Access Memory，MRAM）等均是近年来提出的新型非易失性存储器。当然，二维材料也可以应用在非易失性存储器中。

研究者提出可以将石墨烯作为浮栅、BN作为隧穿介质层制备浮栅存储器，其结构示意图如图8.24所示。该器件是背栅结构的浮栅器件，MoS_2为沟道，Si为控制栅，SiO_2为控制栅介质。虽然该器件的工作原理与传统浮栅器件一样，但是该器件主要通过石墨烯中的缺陷捕获沟道载流子从而实现非易失性存储性能。制备该器件时要严格控制隧穿势垒层BN的厚度，如果BN太厚，那么沟道电子很难隧穿到石墨烯中，导致非易失性存储性能下降；如果BN太薄，那么隧穿到石墨烯中的电子很容易泄漏到沟道中而无法实现非易失性存储。研究者通过实验探索发现，当BN的厚度在10nm左右时，浮栅存储器的性能最优，擦除/写入速度可以达到20ns，相比于传统体材料浮栅晶体管，该器件兼具非易失性和高读/写速度的优势。该器件的非易失性存储性能也使其在存算一体化的神经形态模拟方面具有低功耗优势。用二维材料模拟神经突触时，将控制栅作为突触前神经元，沟道电流作为突触后反应，在控制栅端施加的电脉冲或光脉冲作为神经元刺激信号，沟道电流的增大或减小作为突触兴奋性反应或抑制性反应。研究者通过不断进行实验探索和测试成功模拟了类脑突触的可塑性、短时程记忆、长时程记忆、遗忘规律等各种功能，并将可塑性模拟测试的电导值作为突触权重搭建了神经网络架构，验证发现基于浮栅存储器的神经网络架构对手写字的识别精度可以达到90%以上。通过器件优化，在较低的脉冲幅值、超快脉冲速度、单个脉冲下，器件的功耗低至皮瓦级，这充分说明了该器件代替传统CMOS工艺模拟类脑突触具有低功耗优势。

忆阻器是一种比较典型的非易失性存储器，其具有简单的两端结构，这一优势有助于集成大规模阵列电路。与浮栅存储器一样，忆阻器除具有非易失性存储性能外，还可以模拟神经突触功能。基于硅基 CMOS 管模拟单个突触或神经元至少需要几十个晶体管，随着类脑系统规模的逐渐扩大，需要的硅基 CMOS 管更多，系统布线也更加复杂，从而产生严重的延迟和功耗问题。由于单个非易失性存储器（浮栅存储器或忆阻器）可以完全模拟神经突触的所有功能，因此其在系统复杂性和功耗方面具有很大的优势。2018 年，南京大学的研究团队将石墨烯作为顶电极和底电极，将氧化 $MoS_{2-x}O_x$ 作为开关层，制备了垂直结构忆阻器，如图 8.25 所示。该器件展现出可以和传统忆阻器相媲美的开关性能，擦写次数可达到上万次，擦写时间小于 100ns。由于石墨烯和 MoS_2 具有较好的热稳定性，因此在高达 340℃的温度下，该器件仍具有稳定的开关性能和存储性能，使存算一体器件在极端环境下的应用成为可能。美国得克萨斯大学奥斯汀分校的研究者利用在 CVD 法下生长的 MoS_2、$MoSe_2$、WS_2、WSe_2 及 BN 等多种二维材料作为开关层，将金属作为底电极和顶电极，制备了垂直结构器件，发现了其有明显的忆阻开关行为，这进一步证明了大多数原子层厚度的二维材料可应用于忆阻器。苏州大学的研究团队也利用在 CVD 法下生长的具有多层 BN 垂直结构的忆阻器成功模拟了神经突触的可塑性行为。

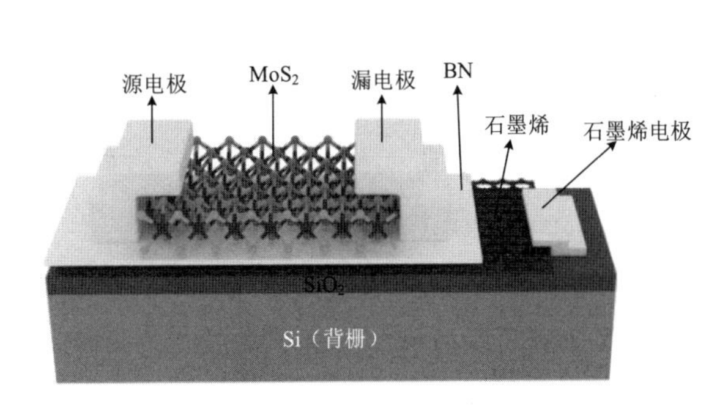

图 8.24　浮栅存储器结构示意图

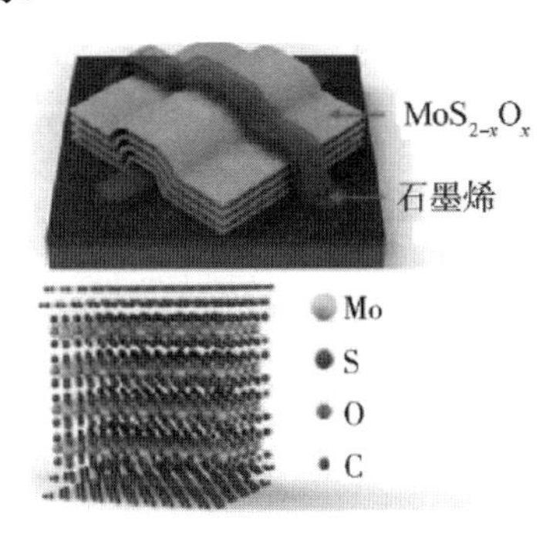

图 8.25　垂直结构忆阻器

除浮栅存储器和忆阻器外，人们也可以利用二维材料不同的相结构、铁磁性、铁电性等性质制备相变存储器、磁存储器、铁电存储器等。虽然二维材料具有原子级的平整界面，但是将二维材料堆叠在具有较大界面缺陷的三维材料表面，利用界面缺陷可以制备非易失性存储器。总之，二维材料可以应用在任何传统体材料可制备的存储器上，这得益于二维材料比传统体材料具有更优异的电学性质。

3）光电器件

二维材料除应用于电子器件外，还应用于光电器件中，这与二维材料优异的光吸收特性有关。当光照射在二维材料表面上时，较高能量的光子激发价带中的电子，使其跃迁到导带，产生电子空穴对，从而产生额外的光电流。由于不同的二维材料的能带结构不同，因此其对不同波长的光的探测能力也不同。图 8.26 所示为不同二维材料对光的探测范围。由图 8.26 可以看出，从紫外到近红外都有对应的二维材料可以探测到。

二维材料能够应用于光电器件中与其本身的能带结构和原子层晶体特点有关，即大多数二维材料，特别是 TMDCs 的能带结构都依赖材料的层数，如单层 MoS_2 具有直接带隙，禁带宽度为 1.8eV，因此它具有很强的光吸收能力，层数增加时，直接带隙变为间接带隙，其光吸收能力减弱；二维材料表面无悬挂键，将性质迥异的二维材料堆垛成异质结后不会产生晶格不匹配的问题，将不同二维材料各自优异的特性结合起来形成的异质结可以提高光电响应范围；一些不稳定的二维材料（如 BP、InSe 薄层）暴露在空气中时，其表面容易被氧化，但是当这些材料比较厚时，其表面被氧化后会使底层形成一个钝化层，从而保护底层材料，提高器件的稳定性，而且顶层被氧化的材料和底层未被氧化的材料之间形成异质结，调整吸收的光强，以调控器件的光电性能。因此，基于二维材料的光电器件在近几年被广泛研究，主要包括光电探测器、光电存储器、太阳能电池、半导体激光器和 LED 等。

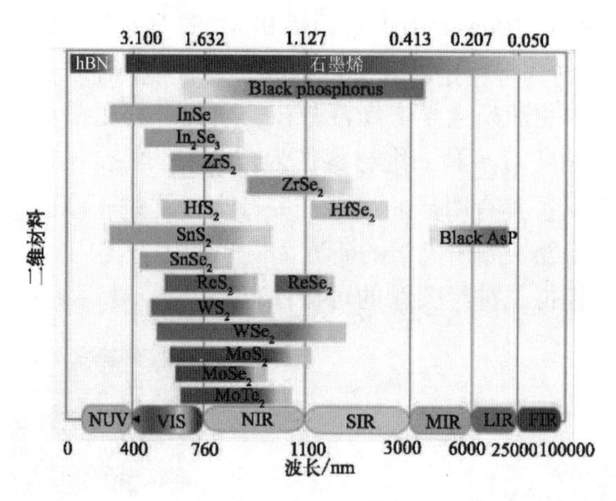

图 8.26 不同二维材料对光的探测范围

2012 年，新加坡南洋理工大学的研究者首次对机械剥离的 MoS_2 晶体管进行了光电响应研究，结果表明单层 MoS_2 光电器件的截止响应波长为 670nm，光响应率为 7.5mA/W（高于石墨烯光电器件的光响应率），光响应时间为 50ms，这一研究开拓了二维 TMDCs 的光电器件研究领域。荷兰代尔夫特理工大学的研究者首次对 BP 光电器件进行了研究，BP 光电器件具有较宽的响应波长范围，涵盖可见光波段到近红外波段，同时器件的光响应时间仅为 1ms，从而证明 BP 光电器件在快速光电响应方面的能力。后来，研究者也发现 BP 光电器件在紫外波段的光响应率可以达到 9×10^4A/W。除单种材料的光电器件外，2013 年，曼彻斯特大学的研究者首次证明了范德瓦耳斯异质结具有较强的光电效应。他们将石墨烯作为电极，以 WS_2 为吸光材料，制备了首个范德瓦耳斯光电器件。研究结果表明，WS_2 具备范霍夫奇点的态密度分布，这导致光与器件具有较强的相互作用。研究者也提出了石墨烯-MoS_2-石墨烯结构，并且对此结构的光电性能进行了表征，这种结构展现了超灵敏的光电探测能力和栅极可调控的光响应率，并且其能够应用于光电开关和存储器中。基于二维材料的光电器件优异的光电响应特性和可调控的可见光探测能力为生物神经系统的感知模拟提供了可行性，这类器件是近几年研究者特别关注的感算一体器件。其中，感知模拟主要依赖材料的光探测能力，计算模拟就是器件传统的逻辑功能。由于大多数二维材料（如 WSe_2、MoS_2、ReS_2）的带隙与可见光波段的光子能量是匹配的，因此可以将可见光波段的材料作为感光层来构筑视网膜传感器。维也纳科技大学团队利用 WSe_2 的双极特性制备了单像素图像传感器，该传感器采用分立栅晶体管结构，不同极性的分立栅向 WSe_2 沟道施加垂直电场，使得 WSe_2 沟道形成横向 PN 结或 NP 结。该团队最终制备了大小为 3×3 的神经网络传感器。经过训练后，该神经网络图像传感器可以实现 3×3 图像的识别和编码/解码。WSe_2 视网膜传感器及神经网络如图 8.27 所示。

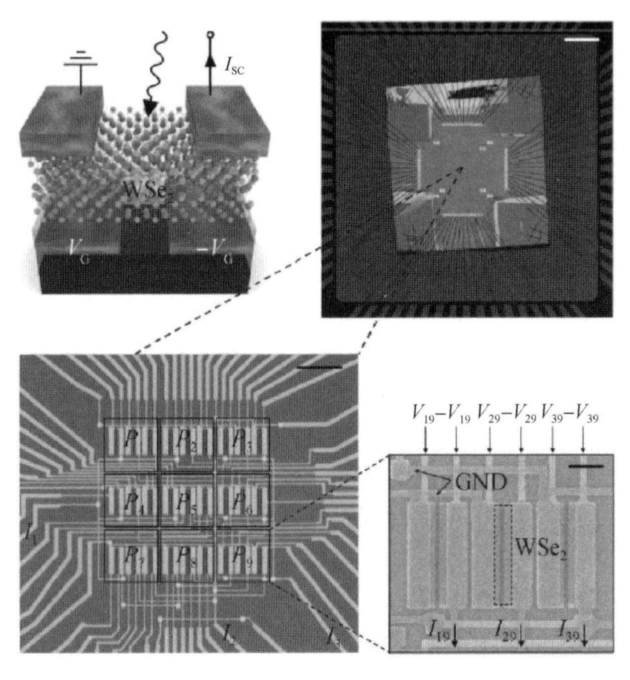

图 8.27　WSe_2 视网膜传感器及神经网络

总之，相比于传统体材料，二维材料的原子层厚使得在半导体工艺节点缩小到 3nm 以后能够选择最佳的后摩尔器件材料，同时二维材料优异的电、光、热、磁等性质也使其在各领域中得到应用。

8.3　柔性电子器件

柔性电子技术是集成电路发展过程中的一种新型技术。21 世纪，电子信息产业与健康、医疗、生物、环境等领域息息相关，柔性电子技术的重要性显得尤为突出。随着半导体技术的发展，柔性电子技术可以实现传统刚性电子技术的所有功能，而且柔性电子技术特有的优势可以带来新的半导体技术。柔性电子技术正处于快速发展阶段，截至目前，柔性电子技术可以实现信息的获取、处理、传输及显示，实现高效的人-机-物共融。柔性电子技术的逐渐成熟和大规模应用将带来全新的电子技术革命。

8.3.1　柔性电子技术的概念

柔性电子技术是在柔性/可延性衬底上制备元器件和集成电路的技术。相比于传统的刚性电子技术，应用柔性电子技术制备的产品具有质量轻、形态可变、功能多样等特点。由于柔性电子产品特有的可弯曲、可拉伸特点，因此其能够满足设备的形变要求，适应更多的工作环境。由于将元器件、集成电路等制备在柔性衬底上，因此制备的元器件、集成电路本身及其性能应该能够承受形变带来的影响，这对制备柔性电子产品的材料、工艺、结构等提出了更高的要求。

柔性电子技术具有结构柔性和功能柔性的特点。结构柔性是指应用柔性电子技术制备的器件、电路、系统在形态上具有可弯曲、可折叠、可拉伸等特点，而且经受多次的形变应力后性能不会退化，这使得柔性电子产品能够适应更多的空间环境，如曲面显示、皮下植入、脑机接口、航空航天等。功能柔性是指柔性电子产品在经受不同的形变、结构重组后实现不同的性能或功能。

柔性电子技术涵盖了材料、物理、化学、机械、电子、生物、集成电路等多个学科的内容，是一项高度交叉融合的颠覆性科学技术。2021 年，教育部将柔性电子学列入普通高等学校本科专业目录中。目前柔性电子学已经成为我国一级交叉学科，包括有机电子学、塑料电子学、生物电子学和印刷电子学 4 个二级学科。柔性电子技术主要从材料、器件、电路、系统与制造 5 个层面解决柔性电子产品制备过程中遇到的问题。在材料层面，主要探索和制备能够承受各种形变应力或在形变后具有突出功能的材料，根据属性其可以分为柔性有机材料和柔性无机材料，根据功能其可以分为柔性功能材料、柔性衬底材料和柔性封装材料。在器件层面，主要在柔性衬底上制备各类器件，包括柔性逻辑器件、柔性存储器件、柔性光电器件、柔性传感器件、柔性储能器件等。在电路层面，将各种柔性电子器件互连，使其形成具有特殊功能的电路，需要考虑刚性-柔性混合互连技术并优化柔性布局。在系统层面，主要在电路的基础上，突破电路单一功能的局限性，通过系统集成技术实现更加复杂、多样化的电路功能，需要考虑柔性电路的系统集成技术。制造贯穿于柔性电子产品的各个层面，也是柔性电子产品成功制备出来及其性能满足要求的基本保障，包括柔性材料制备、柔性器件制备、柔性电路设计、柔性电路封装、柔性互连等。柔性电子技术由于独特的柔性和延展性，以及高效、低成本的制造工艺，给医疗、健康、环境、能源、生物、国防等领域带来了新的技术变革。经过多年的发展，柔性电子技术已经取得了很多创新性成果，并且已经进入产业化阶段，主要包括曲面屏显示、可折叠屏、柔性电子标签、柔性 PCB、可编织导线等。

柔性电子的概念起步于 20 世纪 60 年代，当时研究者采用有机半导体替代传统硅等无机半导体制备的器件具备柔性特点。美国《科学》杂志将柔性电子技术列为 2000 年世界十大科技成果之一，与人类基因组草图、生物克隆技术等重大发现并列。20 世纪 90 年代后，随着计算机、微电子、电子信息等技术的发展，采用有机聚合物作为衬底的柔性电子技术取得了飞速发展。进入 21 世纪后，有机柔性电子和无机柔性电子均取得了突破性发展，而且已经将部分研究成果推向了市场，其正在向产业化方向发展。

8.3.2 柔性电子制备技术

柔性电子制备技术与传统半导体技术的不同之处在于，它包括图案化制备技术、转印技术和封装技术，它们是柔性电子产品制备中的关键技术。

1）图案化制备技术

图案化制备技术是指应用特殊工艺将材料或衬底制备成所需的结构，包括光刻、软光刻、喷墨打印等工艺。

光刻工艺是图案化制备技术中最常用的工艺，具有分辨率高、速度快的特点，将涂有光敏材料的表面以一定的图案曝光（也称为按图像曝光）来区分已曝光和未曝光的区域。一般的光刻工艺要经历衬底表面清洗烘干、预处理、涂光刻胶、前烘、曝光、后烘、显影、硬烘、刻蚀、检测等工序。因此，光刻工艺复杂，对环境的要求比较苛刻。图 8.28 所示为光刻工艺的基本流程。柔性电子制备技术的光刻工艺和传统半导体技术中的光刻工艺相同，这里不再详细描述，读者可以参考本书前面章节中的光刻工艺。光刻工艺按照曝光光源的不同可分为光学光刻和电子束光刻。光学光刻的曝光光源主要为紫外线，随着半导体技术的发展，器件尺寸进入纳米级后，需要波长很短的光源才能刻蚀出精细的线条，因此光学光刻的精度会受到限制。而电子束光刻相较于光学光刻，由于电子增加能量可以使波长缩短，因此其适合尺寸更小的光刻，一般精度能达到 10nm 以下，此外，电子束光刻不需要物理掩膜版，通过电子掩膜版文件就可以实现光刻，但是电子束光刻速度较慢，制备成本高。虽然光刻工艺是最普通的图案化制备技术中的工艺，但是针对柔性电子器件，特别是一些不能承受高温的聚合物衬底，光刻工艺流程中的多步高温烘烤不适用。

软光刻工艺又叫软刻蚀工艺，它是一种利用柔性材料作为掩膜版，将图案转移至目标衬底上的工艺。由于软光刻工艺采用的掩膜版是柔性掩膜版，因此应用其能在曲面衬底上制备复杂的微结构。软光刻工艺能够应用于不同性质的化学材料表面，可以根据需要改变材料表面的化学性质。软光刻工艺能够应用于多种材料中，如生物材料聚合物、胶体材料、陶瓷、玻璃等。软光刻工艺没有光散射带来的精度限制，加工的图案分辨率可以达到 30nm～1μm。软光刻工艺使用的设备简单，在普通实验室就能完成，是一种低成本工艺。

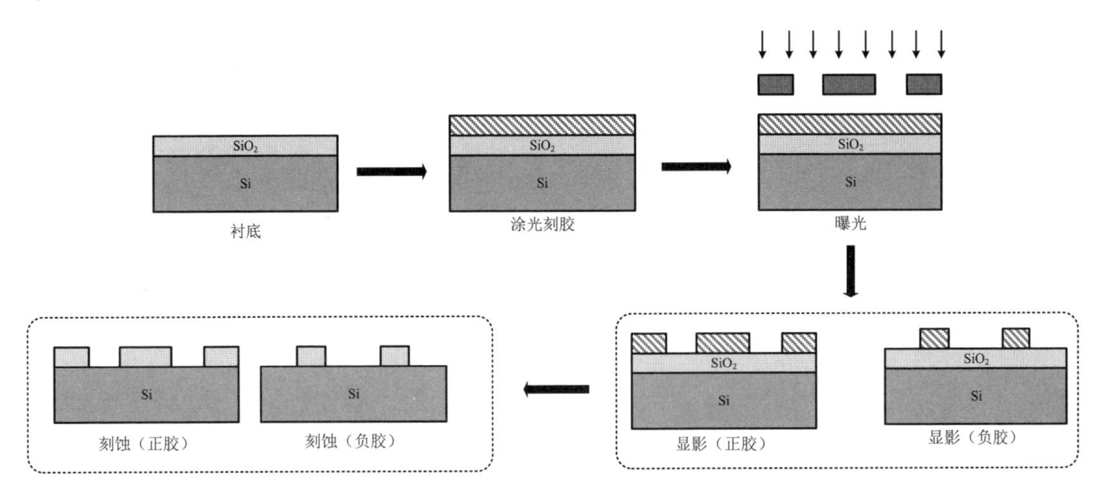

图 8.28　光刻工艺的基本流程

软光刻工艺流程中的首要步骤是制备柔性掩膜版，通常采用 PDMS 制备柔性掩膜版，因为 PDMS 表面自由能低，有良好的绝缘性和热稳定性，重复使用 100 次都不会产生退化现象，较好的柔性使其可以与任何粗糙表面接触。制备 PDMS 掩膜版时，首先采用传统的光刻工艺制备出母版，然后在母版上浇筑 PDMS，等到其固化后，撕下 PDMS 膜便获得了 PDMS 掩膜版。在获得 PDMS 掩膜版后，可以通过微接触印刷、纳米压印刻蚀工艺等在衬底上进行图案化转移。微接触印刷工艺的主要流程：首先在 PDMS 掩膜版上旋涂一层含有硫醇的自组装单分子层（SAM）试剂，然后将涂有 SAM 试剂的 PDMS 掩膜版压到镀金衬底上，衬底可以为玻璃、硅、聚合物等。SAM 试剂中的硫醇与金发生反应，撕掉 PDMS 掩膜版后将形成的 SAM 作为抗蚀剂掩蔽层，进一步通过刻蚀工艺实现抗蚀剂的图案化。微接触印刷工艺流程如图 8.29 所示。纳米压印刻蚀工艺的主要流程：首先在待加工的材料表面涂光刻胶，并将 PDMS 掩膜版压在其表面上，采用加压的方式使图案转移到光刻胶上；然后用紫外线照射光刻胶，使其固化，并移除掩膜版，将所需图案转移到光刻胶上；最后刻蚀光刻胶，沉积所需材料并剥离剩余光刻胶，在衬底表面得到所需材料的图案，如图 8.30 所示。

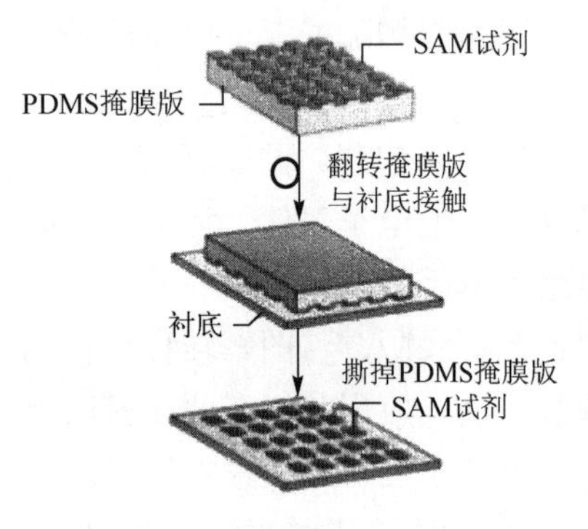

图 8.29　微接触印刷工艺流程

喷墨打印工艺是使用具有导电、介电或半导体性质的油墨，通过喷墨系统快速、高效和灵活地在基板上形成导电线路和图形的工艺。利用柔性电子电路打印机，通过喷墨打印工艺，各种材料以墨水或油墨形式层层叠加沉积，形成最终的电子产品。由于在喷墨打印工艺流程中，喷头与衬底表面不会直接接触，因此使用该工艺时可接受的衬底种类多样，只要保证油墨与衬底兼容即可。喷墨打印工艺的精度主要受打印过程中墨滴大小的影响，因此其精度不高。目前，普通打印设备喷射的墨滴直径为 1～20μm，如果要制备精度更高的器件，就需要开发能够喷射直径更小的墨滴的设备，只有这样才能制备亚微米级甚至精度更高的柔性器件与电路。喷墨打印工艺在有机半导体器件、集成电路、太阳能电池等领域得到了广泛应用。

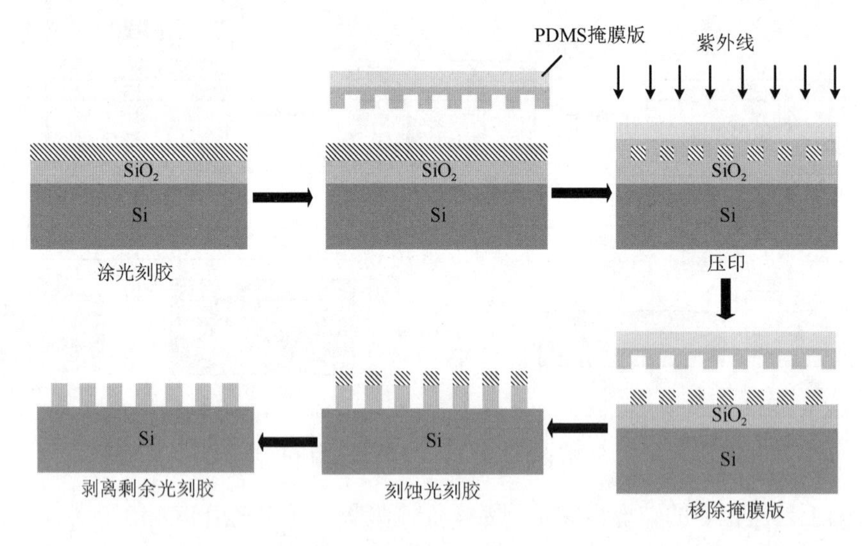

图 8.30　纳米压印刻蚀工艺流程

2）转印技术

柔性电子制备技术中的转印技术通常指将刚性衬底上的功能单元（器件或电路）转移到柔性衬底上的技术，主要包括剥离与印制两个过程，剥离是指使用 PDMS 印章将刚性衬底上的功能单元撕下来，印制是指将从 PDMS 掩膜版上撕下来的功能单元精准地转移到柔性衬底上。转印技术解决了柔性衬底无法外延生长新的材料和功能单元的问题，一般在低温下就可以完成，转印过程中的高温和化学溶液不会对掩膜版与待转印结构造成破坏。转印技术可以对不同材料或功能结构进行多次精准堆垛，有助于二维、三维集成和异质结的制备。

转印技术的流程如图 8.31 所示。首先，在施主基片表面制备待转印的功能结构，此功能结构不受任何限制，可以是任何材料，包括无机材料、有机材料、有机聚合物等，也可以是简单的二维结构或复杂的三维结构；选取掩膜版，使其贴合到施主基片上，掩膜版要求具有较好的柔性，一般选择 PDMS 掩膜版，使 PDMS 掩膜版和施主基片贴合。其次过一段时间将 PDMS 掩膜版从施主基片上剥离，剥离后将功能结构全部转移到 PDMS 掩膜版表面。最后，将 PDMS 掩膜版贴合到受主基片上，过一段时间后，将 PDMS 掩膜版从受主基片上剥离，这样功能结构就被转印到了受主基片上。这种转印流程看似简单，但在转印流程中有好多因素都会影响转印结果。在 PDMS 掩膜版与施主基片贴合后，要保证 PDMS 掩膜版与功能结构的吸附力大于功能结构与施主基片的吸附力，否则无法将功能结构从施主基片上剥离，从施主基片上剥离 PDMS 掩膜版时的力度和方向也非常关键。PDMS 掩膜版与受主基片贴合后，功能结构与受主基片的吸附力要大于 PDMS 掩膜版与功能结构的吸附力，否则从受主基片上剥离 PDMS 掩膜版时容易将功能结构剥离下来。

为了使转印技术能够成功应用于柔性电子器件或电路的制备中，研究者探索出了不同的改进方法，主要有控制剥离速度法、微结构图章法、表面改性法、外部作用辅助法、胶带转印法及牺牲层法。

控制剥离速度法是指控制从施主基片和受主基片上剥离柔性掩膜版的速度，从施主基片上剥离柔性掩膜版时加快剥离速度，柔性掩膜版与功能结构之间的能量释放率大于功能结构与施主基片之间的能量释放率，这样施主基片上的功能结构就能很容易地转移到柔性掩膜版上；从受主基片上剥离柔性掩膜版时要放慢剥离速度，柔性掩膜版与功能结构之间的能量释放率小于功能结构与受主基片之间的能量释放率。控制剥离速度法可以提高转印技术的成功率。

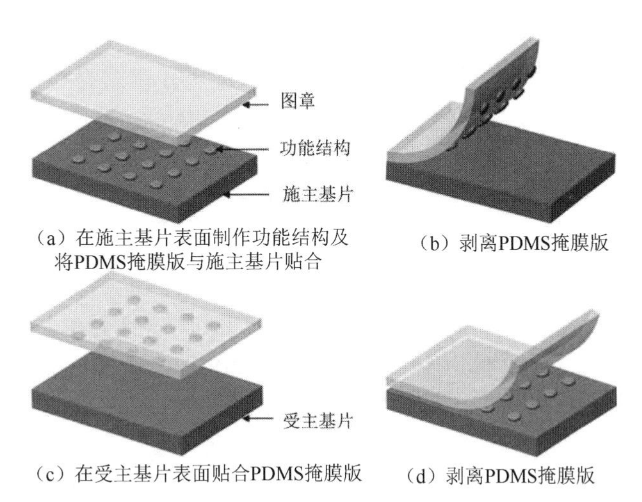

（a）在施主基片表面制作功能结构及将PDMS掩膜版与施主基片贴合　（b）剥离PDMS掩膜版

（c）在受主基片表面贴合PDMS掩膜版　（d）剥离PDMS掩膜版

图 8.31　转印技术的流程

微结构图章法是指在柔性掩膜版表面加工特殊结构，通过控制柔性掩膜版与基片分离时吸附力的大小，从而控制柔性掩膜版与施主基片和受主基片的吸附力。

表面改性法使施主基片表面改性来减小施主基片与功能结构的吸附力，提高功能结构从施主基片上剥离下来的成功率；使受主基片表面改性可以增大受主基片与功能结构的吸附力，提高功能结构转移到受主基片上的成功率。

外部作用辅助法是指在转印流程中施加一些外部作用（如热、激光、等离子体），控制柔性掩膜版与基片之间的吸附力。例如，从受主基片上剥离 PDMS 掩膜版时，可以通过加热来降低 PDMS 掩膜版的黏附性，减小 PDMS 掩膜版与功能结构的吸附力，达到将 PDMS 掩膜版上的功能结构有效转移到受主基片表面的目的。

胶带转印法采用各种性质的胶带作为柔性掩膜版进行功能结构的剥离与转印。

牺牲层法通常适用于功能结构与施主基片吸附力较大而不易将功能结构从施主基片上剥离的情况。先在施主基片表面制备一层牺牲层，然后将功能结构制备在牺牲层表面，在柔性掩膜版贴合在施主基片上之后，通过溶液腐蚀的方法将牺牲层腐蚀，此时功能结构将成功地转移到柔性掩膜版上。

3）封装技术

制备在柔性衬底上的电子器件具有较好的柔性、延展性、可拉伸性、可弯曲性等。但是柔性衬底一般具有较差的致密性，在柔性衬底表面制备功能结构后，如果不对其进行封装，那么功能结构容易暴露在空气中并在接触氧气、湿气、水等后被氧化，导致器件失效。传统的封装方法采用硬质材料直接封装，这严重影响了器件的柔性和可延展性。因此，人们探索了一些适用于柔性器件且不影响柔性器件可延展性的封装方法，主要有液体封装、防水透气封装、散热封装。

液体封装利用的是液体的流动性，液体与被封装的功能结构接触时不会影响器件的柔性和可延展性。液体的流动缓冲能力不仅能隔离功能结构，避免其与空气接触而被氧化，而且能将功能结构制备成浮岛结构，使其悬浮在液体中，这样器件在弯曲时，液体能隔离应力、应变，不会受到器件变形时应力带来的影响。

防水透气封装主要应用于生物医疗传感领域，特别是可用于直接贴附于人体皮肤表面的可穿戴式柔性电子器件的封装。封装材料长期贴附在皮肤表面不仅会影响人体的舒适度，而且会导致皮肤受损。防水透气封装一般选择半透膜或多孔薄膜材料作为衬底和封装材料。这种材料中有大量的微孔结构，微孔的尺寸一般大于气体分子和水蒸气分子的尺寸，且小于液体水滴和细菌的尺寸。因此，选用这种材料对柔性器件进行封装并将其贴附在人体皮肤上，使汗液以水蒸气的形式排出，外部空气也能穿过器件供皮肤表皮细胞进行新陈代谢，同时汗液和外部液体无法渗透功能层而破坏器件结构，起到了防水透气的作用。

散热封装主要解决由柔性聚合物衬底较低的热导率导致的器件长期连续工作时积累的热量无法及时排除的问题，这一问题不仅会使器件失效，而且会在人使用人体皮肤传感器时引起皮肤的不适甚至造成皮肤灼伤。散热封装一般将热导率高的聚合物作为衬底和封装材料，或者将衬底改性，提高衬底的热导率。有研究者利用聚合物各向异性的传热原理，引入分层正交各向异性聚合物衬底，器件产生的热量将在聚合物面内快速扩散，组织热量向外扩散到皮肤表面，达到防热的效果。也有研究者利用金属薄膜、相变材料和柔性聚合物组成的结构作为衬底，金属薄膜较高的热导率会使热量向聚合物面内扩散，并减小向聚合物面外扩散的热量，同时相变材料会吸收一部分热量，保持功能结构温度的相对稳定。

8.3.3　柔性电子器件及其应用

随着 21 世纪逐渐步入智能化时代，基于柔性电子技术制备的器件及电路特有的可弯曲、可拉伸特性在显示、医疗、健康、环境等领域具有极大的应用潜力，曲面显示、可穿戴电子设备、柔性传感器等电子设备逐渐进入人们的日常生活中，简单的柔性电子器件已经不能满足日趋复杂的应用场景，因此研究者开始开发多功能与高集成度的柔性电子系统。

1）柔性显示器件

柔性显示器件是在柔性衬底上制备的可弯曲、可拉伸、可折叠的发光显示器件，通常将单个发光器件作为像素点，在柔性衬底上制备发光器件阵列，从而实现曲面显示功能。目前，技术比较成熟的柔性显示器件主要有无机发光器件（Micro-LED）和有机发光器件（OLED）。

Micro-LED 采用无机材料作为发光器件的功能层，具有效率高、使用寿命长的优点。在一个芯片上集成高密度微小尺寸的 LED 阵列，每个像素都能独立驱动，可看作户外 LED 显示屏的微缩版，将像素点距离从毫米级降低至微米级。无机材料一般只有在高温、高真空环境中才能生长，而且对外延衬底的晶格结构也有严格要求。因此，在有机柔性衬底上是无法直接外延生长无机材料的。一般在无机刚性衬底上外延生长材料后，Mico-LED 会被转移到有机柔性衬底上，这就需要解决无机材料的巨量转移、柔性互连、柔性封装等一系列问题。巨量转移是指将生长在外延衬底上的 Micro-LED 阵列快速、精准地转移到驱动电路基板上，并与驱动电路形成良好的电气连接和机械固定，其是当前限制 Micro-LED 产业化的技术瓶颈。2020 年，由广东省半导体产业技术研究院、日本东京大学和佛山市德宝显示科技有限公司组成的研究团队研发了一种结合胶带和激光剥离工艺的新型转移技术，采用低成本的胶带作为支撑衬底，先利用激光剥离工艺将 Micro-LED 转移至胶带上，再将其放置在另一片胶带上。由于胶带极强的黏合力，能够将 Micro-LED 从一片胶带转移至另一片胶带并对其进行倒装接合。该技术能够实现晶圆级 Micro-LED 的快速转移，良率高且可以最大限度地减少位移现象。同时，激光剥离工艺能够有选择性地将 Micro-LED 转移至胶带上。2022 年，中国科学院长春光学精密机械与物理研究所和北京理工大学的研究团队提出了运用微孔阵列填充及抛光技术对钙钛矿量子点进行图案化的方法，制备了最小尺寸为 2μm 的量子点色转化阵列，并利用套刻的工艺实现了双色量子点色转化阵列的制备。该技术具有生产成本低、加工速度快、灵活性和通用性好等优点，为钙钛矿量子点的图案化提供了新思路，并为 Micro-LED 产业化提出了可行的技术路线。

OLED 又称为有机电激光显示，因为其具有轻薄、省电等优点，所以从 2003 年开始，该器件在 MP3 播放器上得到了广泛应用。OLED 的核心功能材料为有机材料小分子或有机高分子，可以通过真空沉积、成膜等多种方式制备，是无背光源、无液晶的自发光显示，具有优异的色彩饱和度、对比度和反应速度。由于 OLED 材质更加轻薄、可透明、具有柔性，因此其能够实现多样化的设计。OLED 的结构示意图如图 8.32 所示。OLED 由玻璃基底、阳极、空穴注射层、有机发射层、电子传输层、阴极构成，其发光原理是在外部电压驱动下，电子和空穴分别从阴极和阳极进入电子传输层和空穴注射层，并迁移至有机发射层，通过电子和空穴的复合激发电致发光层辐射发光。

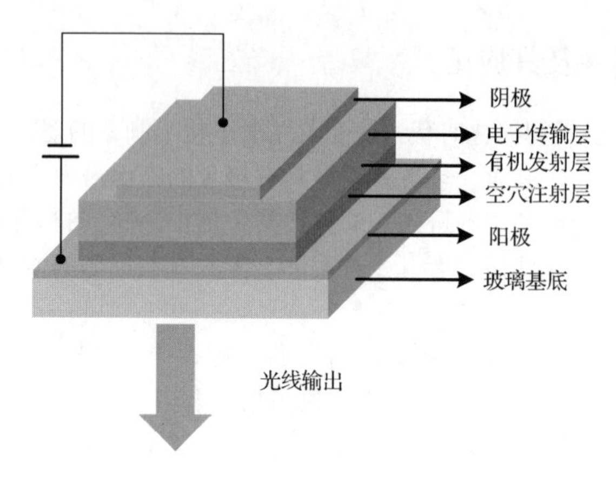

图 8.32 OLED 的结构示意图

OLED 能够得到广泛应用，主要是因为其具有以下优势。

（1）功耗低：OLED 不需要背光源，而背光源在液晶显示器（Liquid Crystal Display，LCD）中是比较耗能的一部分。

（2）响应时间短：与其他显示器件相比，OLED 的响应时间可以达到微秒级，这有助于实现动态图像的清晰显示。

（3）视角范围大：由于 OLED 是主动发光的，因此在很大的视角范围内，画面是不会失真的，其上下左右的视角范围超过 170°。

（4）分辨率高：大多分辨率高的 OLED 采用有源矩阵，其发光层具有吸纳 26 万真彩色的高分辨率，并且随着科学技术的发展，其分辨率以后会得到更大的提升。

（5）宽温度性：OLED 可以在−40～80℃的温度范围内正常工作，有利于在极端环境下得到应用。

（6）较好的柔性：可以直接在柔性衬底上对有机材料进行镀膜、旋涂，有利于制备柔性显示器件。

（7）质量轻：OLED 质量较轻，厚度比 LCD 小，抗震系数较高，能够适应较大的加速度、振动等比较恶劣的环境。

由于 OLED 具备上述优势，因此其在电子信息、商业领域、交通领域、医疗领域都得到了广泛应用，而且 OLED 技术也在逐渐发展和完善。在电子产品中，由于 OLED 的色彩更加浓艳，分辨率更高，并且可以根据不同的显示模式对色彩进行调校，因此其在手机、计算机、显示屏、电视等中的应用最为广泛，特别是曲面显示屏和曲面电视广受用户的好评。在商业领域，OLED 功耗低、分辨率高、视角范围大、质量轻的优势使其在机场、车站、商场等广告屏中得到了应用。在交通领域，OLED 主要用作轮船、飞机、汽车等的仪表、车载显示屏等，并且以小尺寸为主，而且视角范围大也有助于不直视也能清楚地看到显示屏上的内容。在医疗领域，医学诊断影像、手术屏幕监控都离不开显示屏，OLED 的显示屏能够满足医疗显示的广视域要求。由此可见，OLED 的应用领域广泛，具有很广阔的发展前景，市场潜力巨大。OLED 的量产率低、成本高、制造技术还不够成熟，只有在一些高端设备中才使用 OLED。但是随着技术的逐渐成熟，OLED 势必会进入大规模产业化应用中。

2）柔性传感器件

传感器是一种检测装置，能感受被检测的信息，并将感受到的信息按一定规律转换为电信号或其他形式的信息输出，以满足信息的传输、处理、存储、显示、记录和控制等需求。柔性传感器件是指制备在柔性衬底上的传感装置。传感器按基本感知功能的不同可分为热敏元件、光敏元件、气敏元件、力敏元件、磁敏元件、湿敏元件、声敏元件、放射线敏感元件、色敏元件和味敏元件等。近年来，柔性传感器件在生物、医疗、健康、人工智能等领域被广泛应用，也为人们的日常生活和健康检测带来了极大的便捷，此处主要介绍一些柔性生物传感器的应用。

浙江大学宁波科创中心（宁波校区）的张晟团队和来自哈佛大学、英国国家物理实验室及乔治•华盛顿大学的合作团队共同研发了智能隐形眼镜与表皮气体传感器。该传感器能够 24 小时实时、有效检测人体的健康状况。智能隐形眼镜包含 3 个探测器，分别是用于接收光信号的光电探测器、用于诊断角膜疾病的温度传感器和用于监测泪液中葡萄糖水平的葡萄糖传感器。可以直接将该传感器安装在智能隐形眼镜上并使其与泪液保持接触，从而提供高检测灵敏度。这种新型多功能智能隐形眼镜可以获得来自眼球的多种信号，这些信号可以与先进的数据分析算法相结合，为用户提供个性化和精确的健康水平分析。该研究团队也开发了一种基于超大二硒化钼纳米薄片的轻巧的、廉价的表皮气体传感器。该传感器可以像创可贴一样被贴在人的手臂上，能够及时、有效地检测周边环境中的气体数据，并及时将其上传到云终端，以便医疗机构能够轻松访问相关气体数据并进行更准确的监测与预警。

研究者也开发了可监测人体生理信号的新型柔性自供能生物传感器。中国科学院苏州纳米技术与纳米仿生研究所的张珽团队研发了一种新型的基于化学势能作用的湿度驱动自供能柔性多功能传感系统。研究团队将聚多巴胺（PDA）功能化墨水直接喷印在印有双螺旋电极的柔性 PET 衬底上，得到的 PDA 薄膜具有多孔结构（平均直径约为 1μm），会对环境水分进行快速捕获并在 PDA 薄膜内部进行质子解离，释放梯度分布的 H^+，从而产生开路电压和短路电流。在 PDA 自供能器件背面组装具有微纳结构的高灵敏度柔性压力传感器，两者串联构成自供能压力传感系统。该系统既可以对环境湿度进行快速响应，又可以在纳米发电机的驱动下对压力进行灵敏感知，实现对人体生理信号（如呼吸、脉搏）的监测。

青岛大学曲丽君教授团队和深圳大学张学记教授团队合作，应用微流控纺丝技术制备了具有多尺度无序多孔的弹性纤维，该纤维具有较好的导热性能，经石墨烯改性后，该纤维具有优异的拉伸和温度传感性能，可作为传感单元。通过普通的纺织方式无缝地制作出集应变功能、温度传感功能和凉感于一体的智能运动衣。该运动衣具有实时的应变和温度传感能力，可用于监测体温、跟踪人体运动状态及收集心率等。

来自首都医科大学附属北京天坛医院、斯坦福大学、天津大学的研究人员共同研发了一种可紧密贴合在大脑不规则区域的柔性导电高分子微阵列电极，将该电极加工至 2μm 时其能保持可拉伸性和高导电性，被拉伸数倍后其仍可保持导电性能，在神经外科手术中，其可用于脑干或神经外科术腔等多种不规则且易损伤的场景中，手术器械牵拉扭转等操作不会使其受损。基于高导电性和高密度的特征，该电极能精准定位单个细胞，以“热图”的形式帮助医生直接“看到”大脑神经核团，有利于保护大脑功能。这种柔性导电高分子微阵列电极不仅能让医生的神经外科手术操作更精准，还能作为脑机接口中的核心技术，有望在脑科学研究与临床转化中发挥重要作用。

3）柔性集成电路及系统

ARM 团队研制出了世界首款全软性 32 位可弯曲柔性微处理器，该微处理器采用金属氧化物薄膜晶体管（Thin Film Transistor，TFT）技术开发，包含 32 位的 CPU、CPU 外围电路、SoC、存储器和总线接口等模块，这些模块都是在柔性基板上用 TFT 技术制造的。此次研制出的微处理器称为 PlasticARM，其内部存储器可运行程序。PlasticARM 包含 18334 个 NAND 等效门，这使其成为在柔性基板上使用金属氧化物 TFT 构建的最复杂的柔性集成电路（至少比以前的集成电路复杂 12 倍）。

硅基 CMOS 电路目前已经进入后摩尔时代，并且遇到了一些技术瓶颈，但是柔性集成电路目前还处于摩尔定律曲线初期，在集成度、性能、价格等方面还有很大的提升空间。欧洲微电子研究中心（IMEC）的研究者提到，当未来的柔性集成电路特征尺寸减小到 200nm 时，其性能是 1μm 节点工艺的 20 倍以上，功耗可以达到 1μm 节点工艺的百分之一，届时可以看到性能强大的柔性集成电路，包括传感器、处理器及通信系统，从而真正赋能下一个“万物智能”时代。

第 9 章 微电子与光电信息

本章主要介绍微电子在光电领域的相关应用，包括太阳能电池与光伏产业、光电探测器、发光二极管、光通信等内容。

9.1 太阳能电池与光伏产业

9.1.1 太阳能

人类主要利用的能源资源为化石燃料。即使人类不断地发现新的化石燃料，但根据现有的消耗速度，全球化石燃料的储量可能在未来几十看内耗尽。化石燃料在燃烧时会造成空气污染且会释放出大量的二氧化碳，根据美国国家气候资料中心的数据，过去 40 年中，由于人为活动导致的二氧化碳排放，全球平均气温已经上升了约 0.75℃，如果温度继续升高，那么南极和北极的冰山将会融化，海平面上升，海边的城市将会被海水淹没。

太阳能是一种清洁无污染的可再生能源，是一种可再生能源。太阳能在 1h 内产生的辐射能量足够为全球供电一年，其三天产生的辐射能量相当于地球上所有已探明矿物燃料的总和。因此，如何有效地利用太阳能是极具探索意义的。太阳的直径约为 1.392×10^6km，到地球的平均距离为 1.5×10^8km，太阳作为一个核反应堆，其内部会产生能量并散发到空间中去。太阳表面由许多不规则的对流层组成，这些对流层称为光球。光球是太阳的主要辐射源。在大部分情况下，人们可以把太阳当成一个温度大约为 6000K 的黑体辐射源。

太阳辐射穿透大气层到达地面的方式可以分为两种。一种方式是直射到地面，这种方式称为直接辐射；另一种方式是被大气吸收、散射或被地面反射而改变了方向，这种方式称为间接辐射。直接辐射和间接辐射的总和称为太阳总辐射，它是地表接收到的太阳能总量。

影响地球表面辐射的主要因素有很多，包括太阳与地球之间的距离变化、地理位置和地形、大气的吸收和散射，以及地面反射等，观测和接收地点的地理形貌，大气吸收、散射、反射引起的衰减等。大气主要由下列三个部分构成：一是包括氮气、氧气、氩气等在内的固定气体；二是包括水蒸气、二氧化碳等在内的变动气体；三是包括烟、尘、微生物等在内的固定尘埃。理想的 AM1.5 太阳辐射的标准辐照度为 $1000W/m^2$，实际上地球大部分地区的辐照度都小于这个值，即使在很多沙漠地区，每平方米的辐照度仅为数百瓦。尽管世界各地的太阳辐照度不同，但太阳能行业通行标准测试条件如下。

（1）大气质量为 AM1.5。

（2）太阳辐照度 $P_s = 1000\ W/m^2$。

（3）环境温度 $T = 25℃±1℃$。

太阳能的利用有如下四种形式。

（1）光电利用：一种是通过太阳辐射产生的太阳能发电，另一种是利用半导体材料的光电效应将太阳能转换为电能，典型的光电效应案例就是太阳能电池。

（2）光热利用：将太阳能收集起来，使其和物质相互作用，将其转换为热能加以利用，如平板集热器等。

（3）光化利用：利用太阳辐射分解水制氢。

（4）光生物作用：通过植物的光合作用，将太阳能转换为生物能量，如海藻等。

目前市场中最常用的太阳能电池的光伏材料为硅。1954 年，美国贝尔实验室的恰宾（Chapin）等首次成功制成了实用性能较好的单晶硅太阳能电池，这种电池的转换效率达到了 6%，这在当时已经是非常高的水平了。这一发明标志着光伏发电技术的诞生，为后续的太阳能电池研究和应用奠定了基础。

为了提高太阳能电池的光电转换效率，Lofferski 等分析了光伏材料的效率与禁带宽度的关系，得到了禁带宽度为 1.4～1.6eV 的光伏材料（如 GaAs、CdTe 等）具有更高的理论光电转换效率的结论。然而，由于早期的 GaAs 太阳能电池表面复合严重，因此其光电转换效率低于硅电池，直到液相外延技术的出现，才让 GaAs 太阳能电池表面能够生长一层优良的钝化层，从而在 1972 年将 GaAs 太阳能电池的光电转换效率提高至 16%。

除了选择合适的光伏材料，另一种提高光电转换效率的方法是使用多节太阳能电池。这种技术利用不同禁带宽度的光伏材料来制造太阳能电池，通过禁带宽度大小顺序叠层，选择性地吸收不同区域的太阳光谱，可以大幅度提高太阳能电池的光电转换效率。

太阳能电池按照材料的不同可以分为以下几类。

（1）硅太阳能电池。由于硅资源丰富，且可大规模生产，性能稳定，光电转换效率高，因此硅太阳能电池是目前最常用的太阳能电池，但其制造成本高是阻碍其发展的主要原因。

（2）复合半导体太阳能电池。复合半导体是指两种或两种以上的元素组成的化合物半导体，其具有光电转换效率高、耐辐射性好等优势。

（3）新概念太阳能电池。该太阳能电池包括染料敏化太阳能电池（Dye-Sensitized Solar Cell，DSSC）、有机太阳能电池、钙钛矿太阳能电池、量子点太阳能电池、热载流子太阳能电池和表面等离子体增强太阳能电池等。下文介绍几种较为常见的太阳能电池。

20 世纪 90 年代，随着半导体技术的迅猛发展，太阳能电池的光电转换效率也在不断提升，推动了光伏技术的广泛应用。通过规模化生产，光伏发电的成本在不断降低，全球光伏产业也在蓬勃发展，截至 2023 年，世界光伏产量已经超过了 300GW，其应用场合也逐渐拓展到航天、航海、电子通信、农村电气化等领域中。但是，尽管太阳能技术取得了显著进展，太阳能在现阶段仍难以大规模替代传统化石燃料。主要原因首先是太阳能电池的光电转换效率仍达不到人们的要求，其次是材料及工艺层面无法有效地降低电池的制造成本，导致光伏发电在与传统能源竞争时成本劣势明显。

9.1.2 太阳能电池的基本原理

太阳能电池的基本原理来自光生伏特效应。光生伏特效应是 1839 年法国科学家亚历山大·艾德蒙·贝克勒尔发现的，当光照射在电解液中镀银的电极之间时，会产生一定的光生电压。顾名思义，光生伏特效应（光伏效应）就是光照使得物体内的电荷分布发生改变，在不同位置产生电势差的效应。

量子力学中认为光具有波粒二象性，即光同时具有粒子性和波动性。1905 年，爱因斯坦成功地解释了光电效应并因此获得了 1921 年度诺贝尔物理学奖。他认为，在高频光子的照射下，金属内部的电子会吸收光子的能量，从样品表面逸出。假设光子的波长为 λ，真空光速为 c，电子从金属中逃逸所需要的最小能量为逸出功 W，那么电子逃逸到真空后的动能 E 为

$$E=\frac{1}{2}mv^2=h\gamma-W=h\frac{c}{\lambda}-W \tag{9.1}$$

式中，m 为电子质量；h 为普朗克常量。

太阳能电池的种类繁多，此处以 PN 结单晶硅太阳能电池为例对其基本原理进行介绍，其基本结构如图 9.1 所示，该电池的核心是由 N 型半导体和 P 型半导体构成的 PN 结。当 P 型和 N 型半导体相接触时，由于两侧载流子的浓度有差异，N 区的多子（电子）会通过扩散进入 P 区，P 区的多子（空穴）会通过扩散进入 N 区，双方的多子在穿过交界后，会和对方的多子复合，从而在 PN 结的交界附近只剩下带净正电荷和净负电荷的离子，这一部分区域称为空间电荷区。空间电荷区中带净正电荷和净负电荷的离子会产生内建电场，该电场会使得多子向扩散的反方向漂移，载流子的漂移和扩散达到动态平衡后，整个 PN 结被分为 3 个区：掺杂浓度为 N_a、厚度为 x_p 的 P 区，掺杂浓度为 N_d、厚度为 x_n 的 N 区，厚度为 w_n+w_p 的空间电荷区。

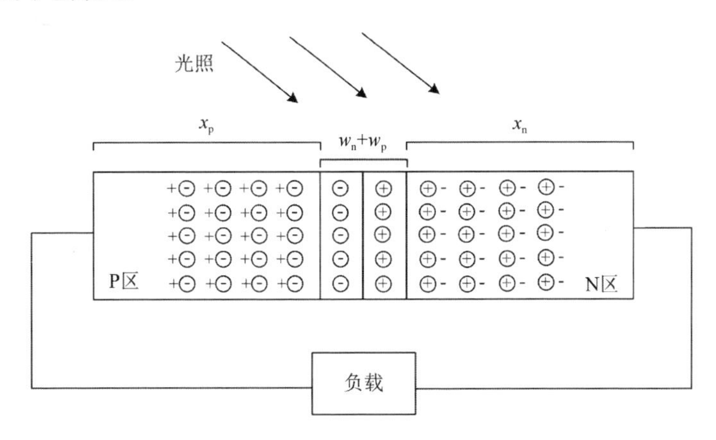

图 9.1 太阳能电池的基本结构

当对太阳能电池进行光照时，能量大于半导体禁带宽度 E_g 的入射光会被吸收，半导体价带电子吸收光子后激发到导带，从而产生光生电子-空穴对，光生电子和空穴是能参与导电的载流子，它们的行为会决定太阳能电池的输出。当光生电子-空穴对在空间电荷区被吸收时，在空间电荷区内建电场的作用下，光生电子漂移到 N 区，而光生空穴漂移到 P 区，从而完成光生电子-空穴对的分离；而在空间电荷区边界附近，由于对应的光生少子形成了指向空间电荷区的浓度梯度，因此光生少子仍可以通过扩散的方式进入空间电荷区，从而完成光生电子-空穴对的分离。

太阳能电池接上负载后，对其给予持续的光照，光生载流子在内建电场的作用下分离，

电子被扫到N区，空穴被扫到P区，此时光生载流子产生了一个与内建电场方向相反的电场，这个电场称为光生电场。光生电场削弱了内建电场，从而降低了空间电荷区的势垒高度，这和对PN结施加正向电压降低结势垒高度的情况类似。

综上所述，可以将太阳能电池的工作原理概括为以下4个步骤：①太阳能电池吸收一定能量的光；②太阳能电池产生光生电子-空穴对；③光生电子-空穴对在内建电场的作用下被分离；④光生电子、光生空穴分别被输运至外电路。

在暗态下，太阳能电池内部的费米能级是统一的。对太阳能电池给予持续光照后，它将产生大量的光生电子-空穴对，其中光生电子和光生空穴分别被扫描到N区和P区，N区电子增加使得费米能级由统一的E_F上升为E_{Fn}；P区空穴增加使得费米能级E_F下降为E_{Fp}，即光生载流子导致费米能级分裂，令分裂的能量$qV = E_{Fn}–E_{Fp}$，此时PN结的势垒高度由qV_{bi}降低为$q(V_{bi}–V)$。

在暗态下，太阳能电池就是一个普通的PN结。太阳能电池的暗电流密度J_{dark}为

$$J_{dark} = J_0\left[\exp\left(\frac{qV}{K_B T}\right) - 1\right] \tag{9.2}$$

式中，J_0为反向饱和电流密度；K_B为玻尔兹曼常数；T为温度；q为电子电荷量；V为电压。这就是PN结肖克莱方程。如果忽略太阳能电池自身的电阻，考虑将太阳能电池仅作为电源给负载持续供电，那么太阳能电池的外部输出电流密度为

$$J = J_{sc} - J_{dark} = J_{sc} - J_0\left[\exp\left(\frac{qV}{K_B T}\right) - 1\right] \tag{9.3}$$

式中，J_{sc}为短路电流密度，它和光生电流密度J_{ph}相等。如果太阳能电池断路，那么P区的空穴和N区的电子将会不断积累，形成由P区指向N区的电势差V_{oc}，即太阳能电池的开路电压为

$$V_{oc} = \frac{K_B T}{q}\ln\left(1 + \frac{J_{sc}}{J_0}\right) \tag{9.4}$$

9.1.3 染料敏化太阳能电池

染料敏化太阳能电池（DSSC）是一种以低成本光敏染料为主要材料的新型太阳能电池，其工作原始是通过模拟自然界光合作用，将太阳能转换为电能。早在19世纪末，Moser在奥地利报告了红萝卜素染料对AgX（X＝Cl、Br、I）的增敏作用，然而，早期电极表面积小的问题制约了染料的吸收。1991年，Grätzel等学者首次报道了基于介孔TiO_2薄膜的DSSC，并获得了超过7%的光电转换效率。DSSC在建筑集成光伏方面表现出优异的性能，如成本低、环保、功率转换效率高、透明度高等，因而被誉为是硅太阳能电池的理想替代品。

DSSC的基本结构如图9.2所示，从下往上依次为导电基底［导电玻璃掺氟氧化锡（FTO）］、光阳极、染料敏化剂、液体电解质、对电极和导电基底。

① 导电基底应具备良好的导电性和透光性，通常选用导电玻璃，常见的导电玻璃包括掺氟氧化锡（FTO）、氧化铟锡（ITO）。虽然两者都称为导电玻璃，但是FTO透过率更高、导电性更好，且在高温下比ITO更稳定。

② 光阳极主要负责传输锚定在其上的染料敏化剂所产生的载流子。导电基底和多种金

属氧化物薄膜可被制备成光阳极。高效的光阳极材料必须具有大的比表面积，从而最大限度地吸收染料；必须有较强的电子接收能力，从而能够将电子从染料中快速地转移到外部电路。目前使用最多的薄膜材料是 TiO_2 纳米粒子，TiO_2 包含金红石型（3.05 eV）、锐钛矿型（3.2 eV）和板钛矿型（3.28 eV）三种。其中，锐钛矿型具有更大的比表面积和点自扩散系数。除此之外，氧化锌（ZnO）、氧化锡（SnO_2）、氧化钨（WO_3）等均被证明具有优秀的抗光腐蚀性和实质性的电子特性。

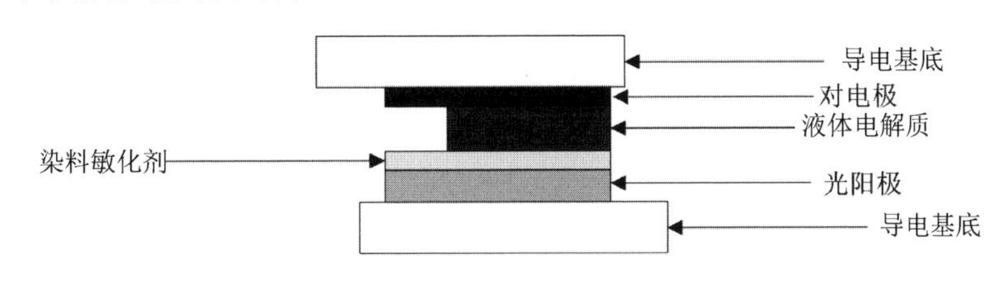

图 9.2　DSSC 的基本结构

光阳极可以通过多种液相沉积法实现，包括旋涂法、浸涂法、胶带铸造法、丝网印刷法、喷墨印刷法和移印法等。在这些方法中，旋涂法是应用最多的方法，所制备出的薄层均匀性高，但是存在成本高、涂层面积小等问题；胶带铸造法和旋涂法相比，成本和工艺复杂度大大降低，但是存在蒸发缓慢和高浓度溶液易结块等问题；丝网印刷法是一种适合创建大面积太阳能电池的方法，但是对浆液浓度要求很高，同时会产生很多生产废料。

③ 染料敏化剂在光照下会激发电子，并将电子注入 TiO_2 的导带中。染料敏化剂可以分为有机敏化剂和无机敏化剂。有机敏化剂通常具备摩尔消光系数高、分子结构灵活、合成方便、成本低等优势。

④ 电解质分为液态、准固态和全固态三种，其主要作用是将电子传导给染料敏化剂并使其被还原成基态而实现再生。由于 DSSC 通常选用液态电解质，因此其也称为电解液。

⑤ 对电极的主要作用是将三碘化物还原成碘离子，并从外部电路中将电子回收到电解质中，从而实现染料敏化剂的循环利用。因此，对电极需要具有较高的导电性、良好的电催化性能。传统的对电极材料铂（Pt）具有较高的导电性和良好的电催化性能，但是其价格较为昂贵，且易被电解质腐蚀，在长期使用中会导致 DSSC 光电转换效率的衰减。目前可以选用一些导电聚合物，如聚 3,4-乙烯二氧噻吩:聚苯乙烯磺酸盐（PEDOT:PSS）、聚苯胺（PANI）、聚 3,4-丙烯二氧基噻吩（PProDOT）等来代替贵金属 Pt。由于导电聚合物在柔韧性、导电性和基底黏附性上均有一定优势，因此其被广泛应用于 DSSC 中。

除导电聚合物外，过渡金属化合物也展现出了替代 Pt 作为电催化剂的巨大潜力。过渡金属化合物包括碳化物、氮化物、氧化物和磷化物等，它们的电子轨道和 Pt 类似，基于导电聚合物和过渡金属化合物的混合电催化剂拥有更好的电催化性能、耐腐蚀性、导电性等。其中，碳化物作为绿色对电极材料，包含多孔碳、碳纤维管、碳纳米管、石墨烯。多孔碳由无定形碳和石墨组成，可以分为微孔（<2nm）、介孔（2～50nm）和大孔（>50nm）三类，具有比表面积大、孔隙率高、孔径大小可调、传导性好等优势，有助于太阳能电池的电子收集、电荷转移和离子扩散；碳纤维管是一种直径在几纳米到几微米的一维纤维状碳，具有电荷转移电阻低、电容大和反应速度快等优势；碳纳米管是一种具有圆柱形纳米结构的管状碳，可以分为单壁碳纳米管和多壁碳纳米管，具有较高的机械强度和导电率；石墨烯是一种晶体质量高的碳材料，具有电子迁移率高、导电性和导热性优秀及机械强度高等优势。

DSSC 的工作原理图如图 9.3 所示，其基本工作原理是，光阳极上的染料敏化剂在外部光的激励下产生激发态电子，激发态电子流入 TiO_2 导带中，而染料敏化剂因失去电子变为氧化态分子，氧化态分子获得电解液中的卤族离子提供的电子，再次被还原成基态。而流入 TiO_2 导带中的电子被输运到对电极中，同时被氧化的卤族离子在对电极中被还原，从而形成循环。

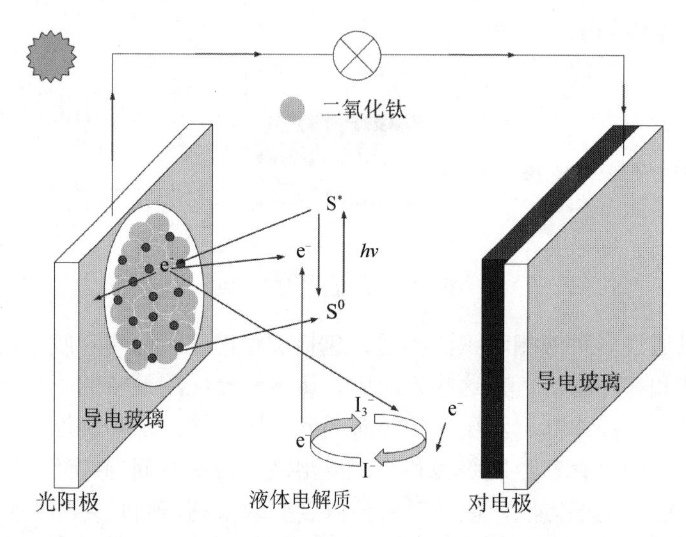

图 9.3　DSSC 的工作原理图

其中，主要的光电转换公式如下。

① 染料激发：在光照下，染料敏化剂从电子跃迁，由基态 S^0 跃迁到激发态 S^*，相应的公式如下：

$$S^0 + hv \to S^* \tag{9.5}$$

② 光电流产生：激发态电子被注入 TiO_2 导带中，染料敏化剂失去电子被氧化，相应的公式如下：

$$S^* + TiO_2 \to e^-\ （TiO_2导带）\ + S^+ \tag{9.6}$$

③ 染料还原：被氧化的染料敏化剂得到 I^-提供的电子被还原成基态，而 I^-被氧化为 I_3^-：

$$2S^+ + 3I^- \to 2S^0 + I_3^- \tag{9.7}$$

④ 液体电解质还原：I_3^-在对电极中被还原为 I^-，相应的公式如下：

$$I_3^- + 2e^-（对电极）\to 3I^- \tag{9.8}$$

⑤ 电子复合，相应的公式如下：

$$e^-（TiO_2导带）+ S^+ \to S^0 \tag{9.9}$$

⑥ 形成暗电流，相应的公式如下：

$$I_3^- + 2e^-（TiO_2导带）\to 3I^- \tag{9.10}$$

9.1.4　钙钛矿太阳能电池

早在 1978 年，德国科学家韦伯首次制备出有机-无机杂化三维钙钛矿材料，但是在之后的 30 年中，该材料并未受到广泛重视。直到 2009 年，日本科学家 Miyasaka 等在实验室首次将钙钛矿材料用于敏化太阳能电池的制备中。虽然电池只有 3.8%的光电转换效率，且材料在液态电解质中很快被溶解，但是有机-无机杂化钙钛矿材料优秀的吸收能力、廉价的制备成本及简易的制备工艺使得其在太阳能电池领域获得了飞速发展。2011 年，Park 等以卤化物钙钛矿 $MAPbI_3$ 为光敏化剂，通过调整制备工艺成功制备了光电转换效率为 6.5%的电池。但是，和 Miyasaka 等一样，由于其仍旧采用主流的液态电解质，该电池的性能在 10 分钟后就衰减至原来的 20%。

为了解决钙钛矿太阳能电池的衰减问题，2012 年 Kim 等使用一种新的空穴传输材料 Sprio-OMeTAD 来代替碘电解质，并制备介孔 TiO_2 层结构，将其作为钙钛矿吸收层，第一块全固态钙钛矿太阳能电池实现了高达 9.7%的光电转换效率，值得注意的是，即使没有封装，500h 后该电池的光电转换效率衰减得仍旧较为缓慢。在此之后，钙钛矿太阳能电池开始迅猛发展。2013 年，Gratzel 等首次采用两步沉积法制备出钙钛矿薄膜，从而使钙钛矿太阳能电池获得了 15%的光电转换效率；同年，Snaith 等用气相沉积法代替旋涂法所制备的钙钛矿电池的光电转换效率超过了 15.4%；2014 年，Seok 小组报道了比 $MAPbI_3$ 吸光性更好的 $FAPbI_3$ 型钙钛矿，并利用该类型钙钛矿使钙钛矿太阳能电池实现了 20.2%的光电转换效率；2018 年，中国科学院半导体研究所的游经碧团队利用聚醚酯亚酰胺（PEAI）来钝化钙钛矿表面的缺陷，从而使钙钛矿太阳能电池获得了 23.3%的光电转换效率；截至 2022 年初，钙钛矿太阳能电池的光电转换效率已经达到了 25.7%，这个数据基本接近单晶硅太阳能电池的光电转换效率，需要明白的是，钙钛矿材料的制备成本和制备工艺的复杂度远远低于单晶硅。

钙钛矿的晶体结构如图 9.4 所示，理想钙钛矿的化学通式是 ABX_3，其中 A 通常为甲胺（MA）、甲脒（FA）、铯（Cs）等阳离子，B 通常为二价的铅、锡等阳离子，X 通常为氯、溴、碘等卤族离子或多种离子的掺杂。在 ABX_3 晶体中，每个 B 离子和它周围的 6 个 X 离子构成正八面体，BX_6 之间通过共用 X 离子来构成钙钛矿的三维骨架，而 A 离子通常被嵌在八面体的间隙中。假设 A 离子和阴离子的大小相当，X-A-X 键的长度为 $2R_X+2R_A$，立方晶胞的边长为 $2R_X+2R_B$，那么可以由几何关系推导出如下公式：

$$R_A + R_X = \sqrt{2}(R_B + R_X) \tag{9.11}$$

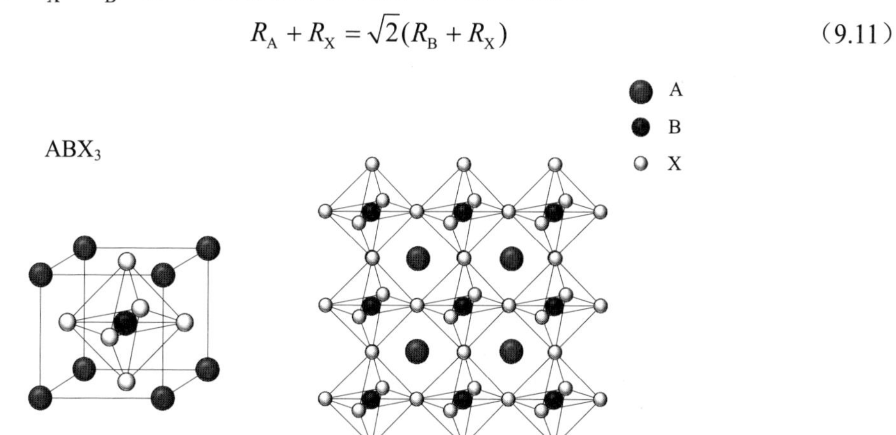

图 9.4 钙钛矿的晶体结构

但是，在实际的钙钛矿的晶体结构中，A、B、X 离子的种类和半径各不相同，因此人

们提出了容忍因子 t 和八面体因子 μ 的概念，有

$$t = \frac{R_A + R_X}{\sqrt{2}(R_B + R_X)} \tag{9.12}$$

$$\mu = \frac{R_B}{R_X} \tag{9.13}$$

如果 t 的取值范围为 0.8～1，μ 的取值范围为 0.4～0.9，那么该钙钛矿能够形成稳定的晶体结构；如果 t 大于 1，那么八面体 BX_6 会以共顶点的方式向二维方向延伸，从而形成层状结构，层间插入 A 离子层，这种相互交错的钙钛矿的晶体结构被称为二维钙钛矿。二维钙钛矿相对于三维钙钛矿具有更稳定的化学性能，但是二维钙钛矿的光电转换能力远不如三维钙钛矿。

钙钛矿太阳能电池的器件结构如图 9.5 所示。根据结构的不同，钙钛矿太阳能电池可以分为介孔型、规则平面型和倒置平面型。在介孔型中，首先在 FTO 上沉积电子传输层（Electron Transport Layer，ETL），然后在 ETL 上依次制备介孔 TiO_2、钙钛矿、空穴传输层（Hole Transport Layer，HTL）和金属对电极。介孔 TiO_2 是一种多孔材料，具有比表面积大、孔道结构丰富等优良特性，是良好的催化剂载体；规则平面型相对于介孔型来说，就是去掉了制备介孔 TiO_2 这一步骤，从工艺角度看，尽管减少了 500℃高温煅烧 TiO_2 的步骤，极大地提高了太阳能电池制备的灵活度，但是相对而言电池的光电转换效率有所降低；倒置平面型结构和规则平面型结构刚好相反，是先在 FTO 上沉积空穴传输层，并依次制备钙钛矿光吸收层、电子传输层和金属对电极，倒置平面型相对于规则平面型而言，制备工艺更简单，可用于制备叠层器件，但是仍旧存在电池的光电转换效率低的不足。

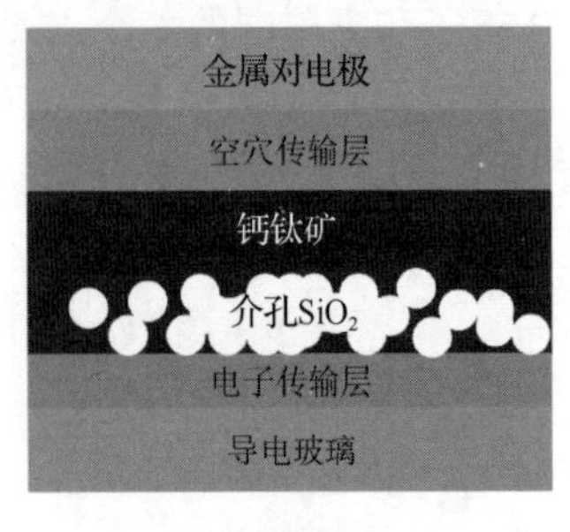

（a）介孔型

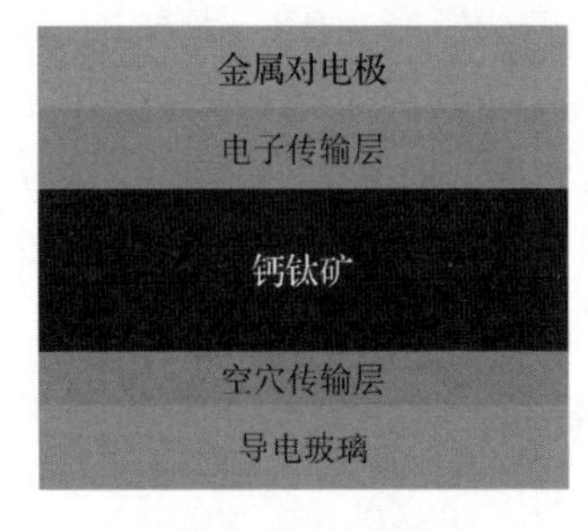

（b）规则平面型

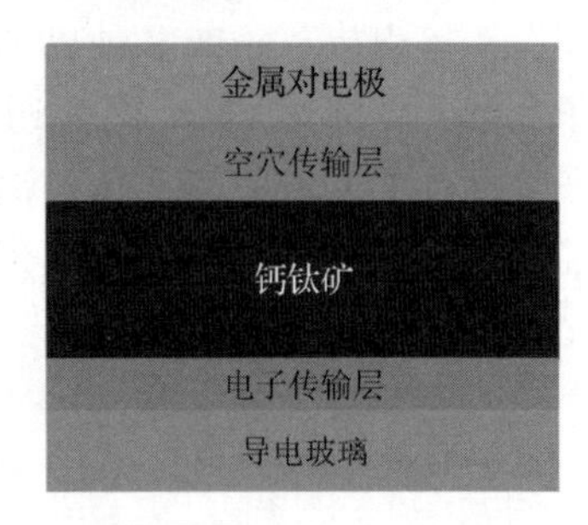

（c）倒置平面型

图 9.5 钙钛矿太阳能电池的器件结构

钙钛矿太阳能电池的工作原理如图 9.6 所示，入射光从透明电极导电玻璃 FTO 底部照射到钙钛矿光吸收层上，钙钛矿光吸收层吸收光子后会产生电子（e−）−空穴（h+）对，电子传输层可以传输电子并阻碍空穴，空穴传输层可以传输空穴并阻碍电子，使得电子和空穴分别向电子传输层和空穴传输层移动，并在连接外电极的电路中产生光电流。

钙钛矿薄膜在制备过程中会形成一些缺陷，这些缺陷会加速钙钛矿在光激励下产生的电子−空穴对的复合作用，该复合称为非辐射复合，电子−空穴对的非辐射复合极大地影响了太阳能电池的光电转换效率，因此在制备钙钛矿太阳能电池时，应采取一定措施降低缺陷的形成，如改变钙钛矿薄膜的组分、维度，以及通过选择一些钝化层来修饰钙钛矿界面等。

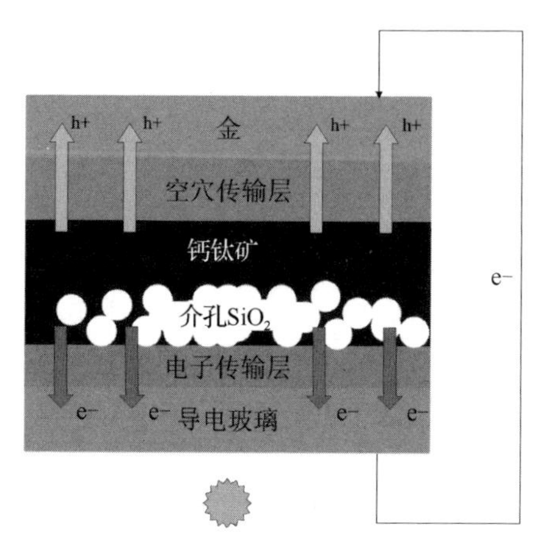

图 9.6　钙钛矿太阳能电池的工作原理

9.2　光电探测器

9.2.1　光电探测器的概述

人类对外界信息的感知超过 70%以上来自光信息，从对光的原始识别到量子力学光学理论的建立，再到光学信息的广泛应用，这一过程经历了上千年的时间。随着光学研究的不断进步，仅通过人眼分辨的频闪、色差及承受的光强等十分局限。例如，人眼仅仅能看到可见光波段的光。因此，人们需要应用相应的器件来对不同的光信号进行探测、识别，这些器件称为光电探测器。

光电探测器的分类如图 9.7 所示，根据器件光响应机制的不同，光电探测器可以分为光热探测器和光子探测器。光热探测器的工作原理是将光敏材料的光辐射能量转换为晶格的热运动能量，从而引起光敏材料温度的上升，典型的光热探测器包括热敏电阻和热释电探测器。光子探测器的工作原理是半导体材料的光电效应。光电效应包括外光电效应和内光电效应。外光电效应是指半导体材料吸收光子而逸出电子的现象，如光电管和光电倍增管，其工作原理是在光电管的阳极和阴极两端施加电压，当光照射到阴极表面时，阴极产生的电子会在电场作用下形成光电流，从而实现对光的探测；内光电效应是在光量子的作用下，半导体材料自身产生电子-空穴对的现象，当光照在半导体材料上时，如果光辐射能量足够强，那么会使半导体材料价带的电子被激发到导带上，从而使得半导体的电导率发生变化。光电探测器的工作原理包括以下三步：①光激励使得半导体材料产生光生载流子；②光生载流子扩散或漂移形成光电流；③光电流在电路中放大并转化为电压信号。当然，光激励能量必须大于禁带宽度才能使电子从价带跃迁到导带，形成光电流。内光电效应可以分为光电导效应和光生伏特效应，光电导效应是指半导体在光激励下，价带中的电子被激发到导带而产生电子-空穴对，使半导体材料的光生载流子浓度增大，进而提高电导值。光生伏特效应是指半导体受光激励产生的电子-空穴对被内建电场分离而分别聚集到空间电荷区两侧，从而产生光生电压。基于光生伏特效应的光电探测器种类多样，包括光电池型光电探测器、光电二极管、光电三极管等。

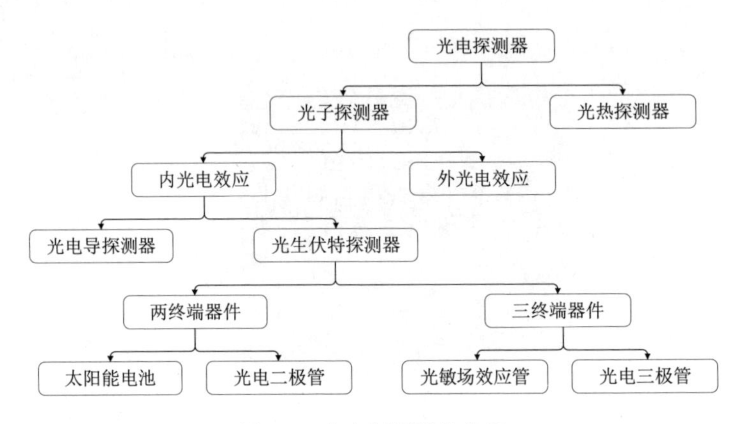

图 9.7　光电探测器的分类

光电探测器具有响应快、易集成、精度高等优势，被广泛用于国计民生等各大领域。光电探测器按照工作波段的不同可以分为紫外探测器、可见光探测器和红外探测器。

紫外线是指波长为 10～400nm 的电磁波。自然界中最强的紫外辐射源是太阳，紫外线的波长最短，能量最大，当其入射到物体表面后，很容易被吸收，因此紫外线的穿透能力比可见光和红外线弱。大气层中的臭氧对于 200～300nm 的紫外线有很强的吸收作用，工作在该波段的光电探测器也称为日盲探测器。日盲探测器可以有效地对信号进行检测且不会受到太阳辐射造成的紫外干扰，具有灵敏度高、精确度高、安全性高等优势。除太阳之外，日常生活中各种物质的燃烧也会产生大量的紫外辐射。紫外线谱分析是利用光谱学方法对物质进行分析的重要技术之一，不仅可以通过吸收紫外能量使得电子发生跃迁并在相应的光谱中出现吸收峰，而且可以对物质的种类和含量等基本参数进行表征。

早在 1801 年，Johann Ritter 首次在太阳辐射中发现了紫外辐射，虽然紫外辐射只占据了太阳辐射的 10%，但是其对于人类的生存具有重要的作用，如适量的紫外线有助于促进人体维生素 D 的合成。紫外探测器是将紫外线强度信息转换为可测量的电信号，其主要应用在工农业、医疗卫生、科学研究和军事领域。在民用领域，紫外探测器主要应用在杀菌消毒、紫外固化、环境紫外线监控、臭氧检测、石油和矿物开采等方面。虽然使用紫外线消毒操作简单、无二次污染，但是它只能沿直线传播，无法对房间死角进行消毒，而臭氧具有弥散性，因此用紫外线加臭氧的方式可以实现全方位消毒。但是过量的臭氧会对环境和人体造成危害，因此需要采用紫外探测器对臭氧浓度进行检测，该探测器已经广泛用于制药、市政、化工等领域。

可见光探测与人类生活息息相关，尤其是在超精密加工和微小形变测量中。和机械接触测量相比，光学测量采用的是非接触式方法，不但测量精度高、速度快，而且不会对样品产生损坏。可见光探测技术目前主要用于数码相机等电子成像设备中，也是机器视觉系统的核心技术之一。

除紫外线和可见光检测外，光电探测器还可以用于红外线检测。红外线是一种肉眼不可见的光波，任何温度高于绝对零度的物体都会向四周辐射红外线。因此，红外波段主要用于导弹制导、红外热成像、红外遥感等方面。红外线探测技术是世界上发展最快的光电探测技术之一，这是因为红外线具有较强的穿透性。红外线又可以分为近红外、中红外和远红外三部分。红外夜视仪和热像仪可用于卫星、飞机、舰艇、反坦克武器、防空武器等军事领域中。光电探测器成像率高，提供的目标图像清晰。它在军事领域大多是被动探测装备，隐蔽性、抗干扰能力好。在强电磁对抗环境中，雷达无法工作，光电探测器会执行主要侦查任务。

9.2.2　光电探测器的分类及性能参数

光电探测器的主要性能参数包括响应度、外量子效率（External Quantum Efficiency，EQE）、暗电流、响应速度、探测效率、噪声等效功率（Noise Equivalent Power，NEP）、光电导增益、线性动态范围（Linear Dynamic Range，LDR）。

（1）响应度是指单位入射光功率引发光电探测器产生的光电流值，即器件的光输出电流与入射光功率之比，响应度可用于衡量光电探测器将光信号转换为电信号的能力，其公式为

$$R = \frac{I_{\mathrm{ph}}}{P_{\mathrm{opt}}} = \frac{\eta\lambda}{hc}q \tag{9.14}$$

式中，I_{ph}为光电探测器的光电流；P_{opt}为入射光到光电探测器的光功率；η为量子效率。

（2）EQE 是指电极收集到的电子/空穴数目和入射光子数之比，即单位入射光子所产生的电子-空穴对数，其公式为

$$\mathrm{EQE} = R\frac{hc}{\lambda q} \tag{9.15}$$

由以上公式可以看出，光电探测器的 EQE 和响应度成正比。

（3）暗电流是指光电探测器在没有光照时仍存在一个很小的电流。暗电流限制了光电探测器对最小光信号的探测能力。一般而言，当入射光功率引起的光电流大于暗电流时，就认为光电探测器刚好能探测到该信号。

（4）响应速度用于表征光电探测器对光的响应的快慢程度，通常用响应时间来度量。响应速度是指在脉冲光照射下，光电探测器输出信号上升至峰值（1−1/e）所需的时间。可以取光脉冲响应曲线上升沿 10%～90%的时间为上升时间，下降沿 10%～90%的时间为下降时间。影响光电探测器响应速度的因素主要有电阻-电容引起的延迟时间、光生载流子在电极间的渡越时间、缺陷对光生载流子的俘获和释放。

（5）探测效率是指光电探测器对光信号的检测能力。光电探测器的探测效率越高（D值越大），探测能力越强。为了公平评价光电探测器的探测能力，考虑该器件的面积A和工作频率带宽Δf对光电探测器探测能力的影响，定义了归一化探测效率D^*，其公式为

$$D^* = D\sqrt{A\Delta f} \tag{9.16}$$

（6）NEP 是指单位信噪比对应的入射光功率，即光电探测器输出信号刚好可以和噪声区分开时对应的入射光功率，其公式为

$$\mathrm{NEP} = \frac{(A\Delta f)^{\frac{1}{2}}}{D^*} = \frac{i_{\mathrm{n}}}{R} \tag{9.17}$$

由以上公式可以看出，NEP 越低，噪声越小，光电探测器探测弱光的能力越强。

（7）光电导增益是指向光电探测器输入一个入射光子时，电极收集到的载流子数量，其公式为

$$G = \frac{\tau_{\text{lifetime}}}{\tau_{\text{transittime}}} = \frac{\tau_{\text{lifetime}}}{d^2 / (\mu V)} \tag{9.18}$$

式中，τ_{lifetime}为多子的寿命；$\tau_{\text{transittime}}$为多子的渡越时间；$d$为电极之间的距离；$\mu$为多子迁移率；$V$为外加电压。

（8）LDR是指在某一光辐射范围内，光电探测器的光电流密度和入射光功率呈线性关系，其对数比例表达式为

$$\text{LDR} = 20\lg \frac{J_{\text{upper}} - J_{\text{d}}}{J_{\text{lower}} - J_{\text{d}}} \tag{9.19}$$

式中，J_{upper}为光电探测器响应偏离线性度的当前值；J_{lower}为分辨率下限。

主流的光电探测器包含PN/PIN结探测器、肖特基势垒探测器和光电导探测器。

（1）PN/PIN结探测器。考虑在0V偏压下，二极管的两个电极均为欧姆接触的情况。当入射光能量大于或等于材料禁带宽度时，器件有源区吸收入射光子的能量产生电子-空穴对。电子-空穴对在内建电场和反向电压的作用下向两端电极做漂移运动，并在外电路中形成光电流。为了提升器件的响应速度和灵敏度，可以在PN结的中间加上一层本征或低掺杂I层，该I层的作用为增加空间电荷区宽度，提高入射光在空间电荷区被吸收的效率。同时，PIN结探测器也可以有效地降低器件的结电容和反向漏电流。

（2）肖特基势垒探测器。它包括一个肖特基电极和一个欧姆电极。肖特基势垒探测器不同于PN结探测器或PIN结探测器，它是通过金属和半导体接触形成肖特基接触结区而制备的光电探测器，当器件在0 V偏压下工作时，肖特基势垒的空间电荷区光生载流子在内建电场的作用下向两端电极做漂移运动，并在外电路中形成光电流。肖特基势垒探测器具有响应速度快和制备工艺简单等优势，但是也存在一些问题。首先，光照射肖特基势垒二极管时需要通过半透明的金属电极，因此会存在较大的光损耗；其次，肖特基势垒的界面存在深能级缺陷会诱导光生载流子复合，从而降低器件的量子效率。

（3）光电导探测器。它是利用光电导工作的探测器，由半导体和两个欧姆电极组成。由于材料在暗态下具有较大的电阻，因此没有光入射时，光电导探测器的暗电流很小；有光入射时，半导体产生非平衡载流子，电导率增大，光电导探测器的电流快速增大。

9.2.3　石墨烯光电探测器

近年来，二维材料飞速发展，因为其具有优异的机械、电学和光学特性，所以它在光电探测器领域中得到了极大的关注。其中，石墨烯作为最早的被广泛应用在光电探测器中的材料，具有如下优势。

（1）石墨烯是零带隙的，可以在超宽的频谱上吸收光子产生电荷载流子，其光响应频率范围覆盖紫外、可见光、近红外、中红外和远红外等多个波段。

（2）石墨烯拥有超快的载流子迁移率、可调谐的光学特性、超强的电磁波束缚能力，高载流子迁移率可以使光子或离子能够以超快速度转换成电流或电压。

（3）石墨烯与当前的硅基材料以范德瓦耳斯力结合，对现有的高成熟硅基电子/光电子平台具有极好的兼容性。

石墨烯是一种由紧密的单层碳原子构成的平面二维蜂窝状晶体，它可以以不同形式存在，如包裹成零维富勒烯，卷曲成一维碳纳米管，以及堆叠成三维石墨。2004年，Geim和

Novoselov 在实验室中首次成功获得石墨烯，随后研究者证明其载荷子是无质量的狄拉克费米子，石墨烯逐渐被广泛研究。石墨烯的碳-碳键夹角为 120°，间距为 0.142nm，厚度为 0.34nm。石墨烯中的碳原子的 s 轨道与 p_x、p_y 轨道杂化，形成 3 个 sp^2 杂化轨道，并与 3 个彼此相邻的碳原子通过 σ 键相连。由于石墨烯基平面内的 π 电子可以自由移动，因此其具有良好的导电性。

石墨烯是零带隙半导体，其导带和价带相交于同一点，该点称为狄拉克点。当电子沿石墨烯的蜂窝状晶格传输时，其有效质量为零。实验表明，石墨烯的电子迁移率超过了 $1.5\times10^4 cm^2/(V\cdot s)$，且空穴迁移率和电子迁移率接近。石墨烯的电阻率也是已知材料中最低的，可达 $10^{-6}\,\Omega\cdot cm$。

目前已经有许多类型的石墨烯光电探测器被研制出来，主要包括金属-石墨烯-金属光电探测器、石墨烯-半导体异质结光电探测器。

① 金属-石墨烯-金属光电探测器。它是最初被研究的石墨烯光电探测器结构，光电流产生的主要机制为光伏效应，即石墨烯在光照下产生光生载流子，并被金属和石墨烯之间的内建电场分离，形成光电流。对于金属结构器件来说，光电流的产生仅仅发生在金属和石墨烯的界面区域，需要采用叉指等结构增加有效的探测面积，由于石墨烯具有高载流子迁移率和短载流子寿命，因此石墨烯光电探测器可用于高速器件中，然而该类型光电探测器的制备需要复杂的微加工工艺，且成本较高。

② 石墨烯-半导体异质结光电探测器。石墨烯可以与多种半导体形成异质结，如硅、锗、二硫化钼等。石墨烯-半导体异质结光电探测器的结构简单，可以通过传统的微加工工艺制备微纳米级异质结器件，并且能够依据半导体的能带和电子特性对器件的光谱范围进行调控。石墨烯和Ⅳ族元素及其化合物的平面结构可以作为肖特基二极管，其电学特性表现出整流特性。当暗电流较小时，石墨烯-半导体异质结光电探测器在反向电压下工作。

9.2.4 氧化镓光电探测器

氧化镓光电探测器是一种常见的日盲探测器，氧化镓的化学式为 Ga_2O_3，性能稳定，在自然界中有 α、β、γ、δ、ε 五种同分异构体。氧化镓的禁带宽度为 4.4～5.1 eV，特别适合进行日盲探测，和其他宽禁带半导体相比，氧化镓具有较低的制备成本、较高的击穿场强、较高的化学稳定性。表 9.1 所示为不同半导体材料的物理性质的对比。

表 9.1 不同半导体材料的物理性质的对比

材　料	ZnO	GaN	Ga_2O_3	AlN	Si	金刚石	MgZnO
禁带宽度/eV	3.37	3.4	4.4～5.1	6.2	1.12	5.5	3.7～7.8
电子迁移率/[$cm^2/(V\cdot s)$]	200	1200	300	135	1400	2000	250
击穿场强/（MV/cm）	—	3.3	8	2	0.4	10	—
相对介电常数	9	9	10	8.5	12	5.5	4.6
热导率/[$W/(cm\cdot K)$]	1.3	1.3	0.13	3.19	1.5	10	1.2

20 世纪 60 年代有部分学者开始研究氧化镓，但是硅的统治地位导致氧化镓的研究仅仅集中在晶体结构和物理特性方面。直到近年来，随着半导体的不断发展，硅基光电探测器的局限逐渐显露，尤其是在紫外探测领域，氧化镓光电探测器的潜力逐渐被发掘，主要

有氧化镓薄膜探测器、氧化镓单晶探测器等。2007 年，日本京都大学的 Takayoshi Oshima 使用等离子辅助分子束外延（Molecular Beam Epitaxy，MBE），在蓝宝石基底上生长了 β-Ga_2O_3 薄膜，并基于 Ga_2O_3 制备了日盲探测器，该器件在 10V 偏压下展现出了超小的暗电流（1.2nA）能力，且在 254nm 光照下，器件响应度为 0.037A/W。

氧化镓薄膜的制备工艺包括分子束外延、金属氧化物化学气相沉积（Metal-organic Chemical Vapor Deposition，MOCVD）、脉冲激光沉积（Pulsed Laser Deposition，PLD）、原子层沉积（Atomic Layer Deposition，ALD）等。表 9.2 所示为用不同方法制备的氧化镓光电探测器的性能对比，从该表中可以看出，氧化镓光电探测器大多采用蓝宝石衬底，由于该探测器要求响应时间短、电流放大倍数大、响应度高，一般来说薄膜质量越高，器件性能越好，如用 ALD 方法制备的氧化镓光电探测器的响应时间为 150ns、用 MBE 和 PLD 方法制备的氧化镓光电探测器的响应度能够超过 100A/W。除此之外，还有一种最为简单的制备工艺——溶胶凝胶法，该工艺制备简单、成本低廉，但是制备出的薄膜质量差。

表 9.2　用不同方法制备的氧化镓光电探测器的性能对比

器 件 结 构	薄膜制作方法	响 应 时 间	电流放大倍数	响应度/（A/W）
Au/Ti/β-Ga_2O_3/蓝宝石	低能束外延	0.86s	10	—
Au/Ga_2O_3/蓝宝石	射频磁控溅射	1s	800	0.3
Au/Ti/β-Ga_2O_3:Sn/蓝宝石	MBE	0.18s	7	444
Au/Ga_2O_3/蓝宝石	ALD	150ns	2.5×10^5	1.34

9.3　发光二极管

9.3.1　电光源基础知识

自古至今，人类社会追求光明的脚步从未停下。从最初的火把、蜡烛、煤油灯，到爱迪生发明的灯泡，再到如今具有照明领域革命之称的发光二极管（LED），人们已经从简单地利用可燃物燃烧进行照明的基础上，发展到了通过电能做功来产生电光源。人类对电光源的研究始于 18 世纪末 19 世纪初，英国的戴维发明了碳弧灯。1879 年，美国爱迪生发明了白炽灯，白炽灯的发明也带来了能源和环保问题。1938 年，荧光灯的发明使发光效率得到了有效提高，但是存在使用寿命较短、伴随紫外/红外辐射等问题。20 世纪 50 年代初，以高压汞灯为代表的高气压放电光源进入照明领域，高压汞灯具有良好的显色性能、较高的发光效率、较长的使用寿命，但是这种灯也存在热量高、有紫外辐射等缺点。随着时间的推移，电光源已经成为人们生活的必需品，而且在工业、农业、交通、国防等领域发挥着重要作用。人的视觉系统能够适应的光环境应满足如下条件：电光转换效率为 100%、显色指数接近 100、辐射在全部可见光区、无红外和紫外辐射、无频闪等。

电光源按用途可分为照明光源和辐射光源两类。照明光源以照明为目的，辐射出人眼可见的电光源，使用量占电光源总量的 95%。辐射光源是能够辐射出大量紫外线和红外线的电光源，主要用于部分装饰照明和工业辐射照明。以上两类光源均属于非相干光源。此外，还存在一种相干光源，发光原理为激发态粒子在受激辐射作用下发光，也称为激光光源。照明光源分类如表 9.3 所示，可以分为热辐射光源、气体放电光源和固体发光光源三类。

表 9.3　照明光源分类

光 源 分 类	代 表 产 品
热辐射光源	白炽灯、卤钨灯
气体放电光源	弧光放电灯、辉光放电灯
固体发光光源	半导体发光器件、场致发光灯

（1）热辐射光源是利用电流的热效应，把具有耐高温、低挥发性质的灯丝加热到白炽程度，从而产生可见光，代表性产品为白炽灯和卤钨灯。白炽灯的发光原理是电流使钨丝升温产生热辐射而发光，当时爱迪生尝试了 1000 多种材料，才于 1879 年成功制造出第一台电灯。1959 年，根据卤钨循环原理，人们制造出了碘钨灯，其与普通白炽灯相比，体积更小，光维持率达 95%，光效和使用寿命远优于白炽灯。白炽灯中的钨丝烧断后，其使用寿命也走到了尽头。一般白炽灯的使用寿命大概在 2000h 内。

（2）气体放电光源的发光原理是电流激发灯管中的气体电离放电而产生可见光。气体放电灯有弧光放电灯和辉光放电灯两种，代表性产品为荧光灯、高压汞灯、氙灯等。弧光放电灯利用气体弧光放电产生光，根据光源中气体压力的大小，可以分为低压气体放电灯和高压气体放电灯，低压气体放电灯包括荧光灯和低压钠灯，高压气体放电灯包括高压汞灯、高压钠灯、金属卤化物灯和氙灯等。辉光放电灯是利用气体辉光放电产生光，通常需要很大的电压，如霓虹灯。

下面简单介绍弧光放电灯中的荧光灯。荧光灯是由汞蒸气放电产生的紫外辐射激发荧光粉层而发光的低压气体放电灯，即当灯管内气体电离产生弧光放电时，汞蒸气受激发产生大量的紫外线，灯管内壁的荧光粉层在紫外线的激励下辐射荧光。荧光灯和白炽灯相比，可以根据涂覆的荧光粉种类来改变光的颜色和柔和度，具有灯光柔和、发光效率高、使用寿命长等优势。然而，荧光灯在外电压变化时工作不稳定，因此通常外接一个镇流器，利用镇流器将其工作电流限制在额定范围内。荧光灯的使用寿命一般在 6000～10000h，由于荧光灯含汞，因此荧光灯废弃物易对环境产生污染。

（3）固体发光光源是指能够在电场激发下发光的光电源，包括半导体发光器件和场致发光灯，代表性产品为 LED，本章主要介绍 LED。

9.3.2　LED 定义

LED 是一种半导体器件，被称为第四代照明光源，具有光效高、环保（无汞）、使用寿命长、体积小等优势，被广泛用于指示灯、显示灯、城市夜景照明等领域。早在 1907 年就有人在无机半导体上观察到了发光现象。1958 年，美国无线电公司的鲁斌首次发现了 GaAs 等具有红外辐射作用。1962 年，通用电气的尼克开发了第一个可见光 LED。然而，早期的 LED 采用和普通二极管类似的结构，发光效率非常低。20 世纪 80 年代，人们开始把注意力集中在 PN 结和提高量子效率上。表 9.4 所示为各国家和地区半导体照明计划。其中，美国从 2000 年起投资 5 亿美元实施“国家半导体照明计划”，欧盟也在 2000 年 7 月宣布启动“彩虹计划”，2003 年，在科技攻关计划的支持下，我国也首次提出实施“国家半导体照明工程”。

表 9.4　各国家和地区半导体照明计划

国家和地区	立项时间	项目名称	预计效果
美国	2000 年	国家半导体照明计划	每年节省 350 亿美元电费，每年减少 7.55 亿吨 CO_2 排放量，形成 500 亿美元的大产业
日本	1998 年	21 世纪光计划	可减少 1～2 座核电厂发电量，每年节省 10^9kg 以上的原油消耗
欧洲	2000 年	彩虹计划	通过半导体照明实现高效、节能、不使用有害环境的材料、模拟自然光的目标
韩国	2004 年	固态照明计划	—
中国台湾	2001 年	次世纪照明光源开发计划	每年可节省 110 亿 kW·h，相当于一座核电厂的发电量
中国大陆	2003 年	国家半导体照明工程	将建立半导体照明产业，全面进入通用照明市场，占有 30%～50%的市场份额，实现节电 30%以上，年照明节电 1000 亿 kW·h 以上

LED 其实是一个 PN 结二极管，由管芯（发光材料）和导线支架组成，管芯周围由环氧树脂封装，其原理和普通二极管类似，预先通过注入或掺杂工艺使半导体材料产生 PN 结，LED 中的电流可以从 P 区流向 N 区。在正向电压下，电子由 N 区流向 P 区，和 P 区中的空穴复合；同理，空穴由 P 区流向 N 区，和 N 区的电子复合，这种复合会导致电子跌落到较低的能级，同时以光子的形式向外辐射发光。

LED 发光的颜色和光的波长有关，可见光的波长范围是 380nm（紫光）到 760nm（红光），紫外线的波长范围是 10～380nm，波长大于 760nm 的光是红外线。复合所发出的光波长是由组成 PN 结的半导体材料的禁带宽度所决定的，即

$$E_g = h\frac{c}{\lambda} \tag{9.20}$$

式中，E_g 为禁带宽度；h 为普朗克常量；c 为光速；λ 为光波长。由式（9.20）可知，PN 结激发出的光波长和禁带宽度成反比，对于半导体硅来说，室温下禁带宽度约为 1.12eV，此时的光波长为 1100nm，为红外线；对于半导体砷化镓来说，室温下禁带宽度为 1.43eV，此时的光波长为 870nm，为近红外线；对于宽禁带半导体氮化镓来说，室温下禁带宽度为 3.39eV，此时的光波长为 370nm，为紫外线。

对于大部分照明来说，需求最多的还是白色光源。白光 LED 的种类和发光原理如表 9.5 所示。

表 9.5　白光 LED 的种类和发光原理

芯片数	激发源	芯片材料和荧光粉	发光原理
单芯片	蓝色 LED	InGaN 和 YAG 黄色荧光粉	InGaN 蓝光激发 YAG 黄色荧光粉混合成白光
		InGaN 和 YAG 三基色荧光粉	InGaN 蓝光激发 YAG 三基色荧光粉混合成白光
		ZnSe	由薄膜层发出的蓝光和基板上激发出的黄光混合成白光

续表

芯 片 数	激 发 源	芯片材料和荧光粉	发 光 原 理
单芯片	近紫外 LED 紫外 LED	InGaN 和三基色荧光粉	InGaN 近紫外、紫外线激发三基色荧光粉混合成白光
双芯片	蓝色 LED 黄色 LED	InGaN GaP	具有补色关系的两种芯片封装在一起构成白光
	蓝色 LED 黄绿 LED	InGaN GaP	
	黄绿 LED 黄色 LED	InGaN GaP	
三芯片	红、蓝、绿 LED	AlInGaP、InGaN、InGaN	三基色芯片封装在一起构成白光
四芯片	黄色 LED 三基色 LED	GaP、AlInGaP、InGaN、InGaN	将遍布可见光区的多种芯片封装在一起构成白光

9.3.3　LED 重要参数和测试方法

LED 的电学特征参数主要包括正向电流 I_F、正向电压 V_F、反向电流 I_R 和反向电压 V_R，这是衡量 LED 能否正常工作的基本依据。正向电压是 LED 在规定的正向电流下，两极间所产生的电压降。正向电压的测量方法如图 9.8（a）所示，测量时使用恒流源给 LED 供电，并在输出电流达到 LED 规定的工作电流后，用电压表测量 LED 两端的电压，该电压即正向电压。反向电压的测量方法如图 9.8（b）所示，只需要将 LED 反过来，并调节电压源使得电流表读数为规定值，即可测得反向电压。

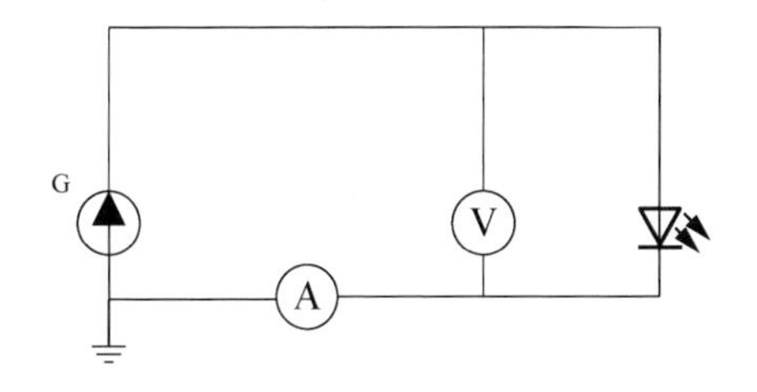

（a）正向电压的测量方法

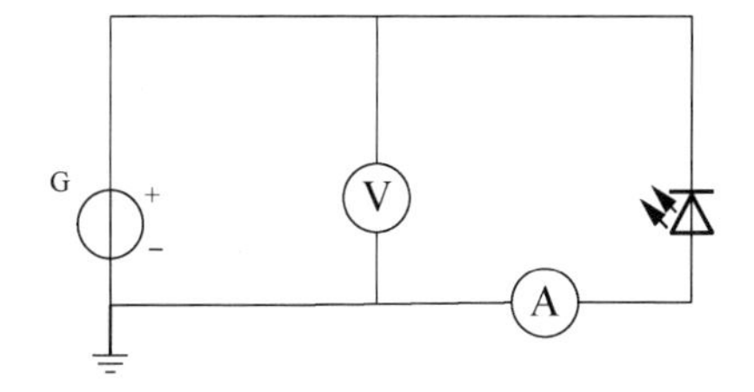

（b）反向电压的测量方法

图 9.8　LED 电学特性参数的两种测量方法

LED 的常用常数包括光通量、发光强度、亮度、照度。

（1）光通量。LED 的辐射通量 Φ_E 用来衡量 LED 在单位时间内发射的总电磁能量，LED 在某个波长发射的辐射通量称为单色辐射通量或光谱辐射通量 Φ_λ，两者之间的关系为

$$\Phi_\lambda = \frac{\mathrm{d}\Phi_E(\lambda)}{\mathrm{d}\lambda} \tag{9.21}$$

在 LED 的辐射通量中，能够引起人眼视觉的那部分称为光通量 Φ_V，又称为光束，单位是流明（lm），是国际上用于人眼视觉特性评价的辐射通量。光通量和发光强度的关系是 1cd = 1lm/球面度，即 1lm 是指发光强度为 1cd 的均匀点光源在 1 球面度内发出的光通量。

（2）发光强度又称为光强，用 I_V 表示，单位是坎德拉（cd）。发光强度是光源本身所具有的属性之和，和方向有关，和到光源的距离无关。发光强度的定义为光源在指定方向上

的很小的立体角元 dΩ 包含的光通量 dΦ_V，其表达式为

$$I_V = \frac{d\Phi_V}{d\Omega} \tag{9.22}$$

通常在许多实际场合中，LED 测量距离往往不够长，光源的尺寸相对太大或 LED 与光探测器表面构成的立体角太大，在这种情况下不能准确地测量出 LED 真正的发光强度。为了解决这个问题，人们通常采用图 9.9 所示的 LED 平均发光强度测试原理进行测试。平均发光强度是指照射在离 LED 一定距离的光探测器上的 Φ_V 与由光电探测器构成的立体角 Ω 的比值，立体角即光探测器的面积 S 除以测量距离 d 的平方。平均发光强度计算公式如下：

$$I = \frac{\Phi_V}{\Omega} = \frac{\Phi_V}{S/d^2} \tag{9.23}$$

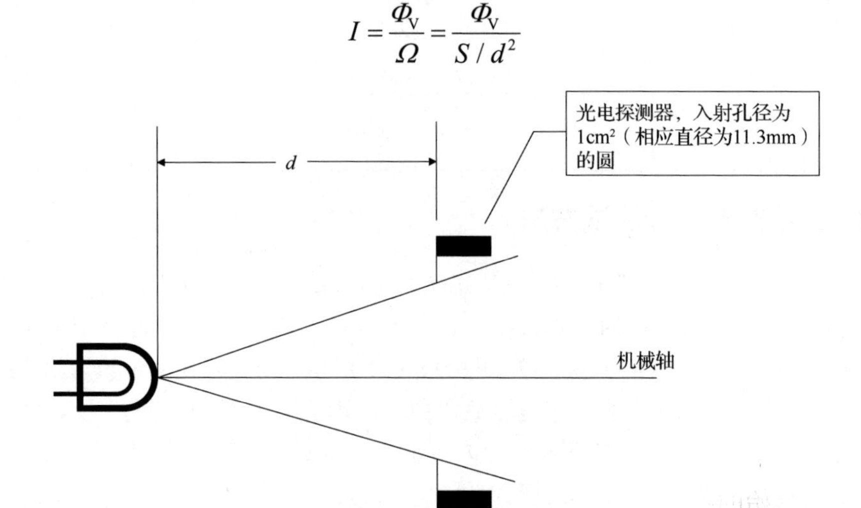

图 9.9　LED 平均发光强度测试原理

（3）亮度是某一方向单位面积的发光强度，用 L 表示，单位是 cd/m^2。

（4）照度是指被照明物体表面单位面积上所接收的光通量，用 E 表示，单位是勒克斯（lux，简称 lx）。其中，1lx 等于 1lm 的光通量均匀分布在 1m^2 的面积上所产生的照度。

9.4 光通信

9.4.1 光通信的概述

近年来，电信网络发展迅猛，随着通信连接性越来越好和通信容量的不断增长，射频无线通信的局限性越发明显。在射频无线通信中，除频谱资源供不应求之外，通信干扰问题、安全问题都亟待解决。因此，人们迫切需要开发一种新的通信技术，以应对射频无线通信面临的挑战。将可见光波段作为载波来进行通信的方式称为可见光通信（Visible Light Communications，VLC），将 LED 作为 VLC 系统的光信号发射端，能够在获得照明的同时实现数据的高速传输。LED 可见光与射频无线通信@2.4GHz 的对比如表 9.6 所示。VLC 是基于光波实现数据传输的一种绿色通信，可见的频谱范围包括红外、可见光和紫外波段。VLC 使用的频段属于空白频谱，因此不需要授权。而射频无线通信使用的频段，特别是低于 30GHz 的频段，电磁波频谱资源有限，频段使用被官方严格控制。VLC 在室内不会产生

电磁辐射，不易受到外界电磁的干扰，可广泛用于对电磁干扰敏感的特殊场合，如医院、航空器和加油站等。而射频无信号穿透性会造成电子设备的相互干扰，因此射频无线通信无法应用于对电磁波敏感的限制区域。VLC 支持快速搭建无线网络，能够便捷地组建临时网络和通信链路，降低网络使用和维护成本。而射频信号则需要昂贵的成本来建立基站。

表 9.6 LED 可见光与射频无线通信@2.4GHz 的对比

属 性	射频无线通信@2.4GHz	LED 可见光	优势方
安全性/隐私性	能穿墙	不可穿墙；防窃听	LED 可见光
可用带宽	受限于连接数	可空间复用	LED 可见光
增加带宽的成本	非常高	几乎没有	LED 可见光
发射功率	需限制发射功率，通信距离受限	通常情况下无须限制	LED 可见光
干扰	使用相同 ISM 频段的其他用户	太阳光、日光灯等	各不相同
多径衰落	时延、相位变化	干扰表现为噪声，无信号时消失	LED 可见光
路径冗余	多个接入点 AP	LED 阵列光源	LED 可见光
数据传输速率	100Mbit/s	几百兆比特每秒	LED 可见光
搭建成本	<20 美元	<2 美元	LED 可见光

VLC 是近十年以来发展迅速的一种新型无线通信方式。VLC 的雏形是美国科学家贝尔于 1880 年研制的光电话。光电话原理示意图如图 9.10 所示，它把太阳能当作光源，将其产生的恒定光束聚焦透射到电话话筒的音膜表面，通过声音振动音膜来形成不同强度的光束，将空气作为传输媒介，用硅光电池作为光信号接收端，并对调制后的光信号进行解调，将信号还原成原始的声音信号。在此后很长一段时间内，由于缺少可靠、稳定的光源，VLC 一直处于沉寂状态。1960 年，美国物理学家西奥多发明了第一台红宝石激光器，获得了光谱线宽窄、亮度高的激光，解决了光源的问题。随着 LED 照明技术的发展，基于 LED 的 VLC 得到了研究者的充分研究和发展。

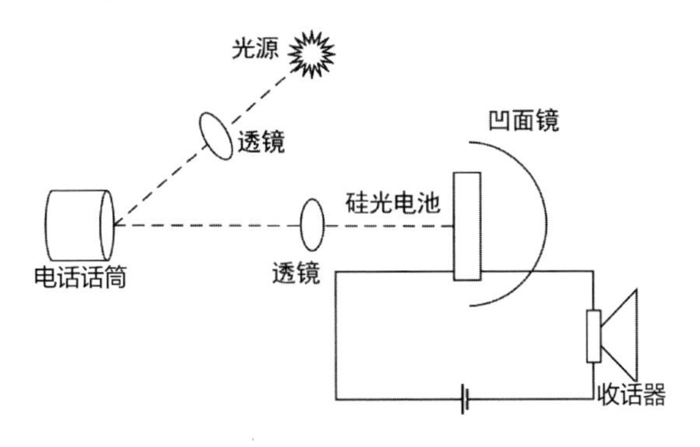

图 9.10 光电话原理示意图

1999 年，香港大学的 Grantham Pang 团队提出在室内使用 VLC 进行音频信号传输，并搭建了相关的演示系统。2000 年，日本庆应义塾大学和索尼计算机科学实验室共同提出了一种利用白光 LED 实现家庭无线接入的 VLC 方案，并基于前人对室内无线光通信模型的研究，推算出该 VLC 方案可支持数据传输速率在 10Mbit/s 以下的通信。欧盟第七科技框架计划中的 OMEGA 项目集合了来自法国、德国、意大利等国家的 21 个团队来进行家庭网络相关技术研究，基于此项目，英国牛津大学、西门子实验室等在 VLC 领域发表了大量的论文，并提出了多种提高 VLC 系统带宽的方案。2009 年，美国加州大学河滨分校成立了一个泛在无线光通信中心，目的是利用 LED 来实现无线光通信、组网、导航等业务。

我国对 LED 室内无线光通信的研究起步较晚。2006 年，暨南大学的陈长缨团队应用室内信道模型对通信系统进行分析，研究了若干改善 VLC 系统性能的通信技术。同年，西安理工大学的柯熙政团队研究了 VLC 系统使用的关键技术，仿真了 VLC 系统中的光源布局与设计对 VLC 性能的影响，并利用蒙特卡罗法分析了 VLC 多径信道模型，优化设计了多 LED 的 VLC 系统中的发射天线参数。2010 年，清华大学的徐正元团队对室内 VLC 信道测试和 VLC 室内定位技术进行了相关的研究，并在 2013 年初启动了国家 973 计划"宽光谱信号无线传输理论与方法研究"，该计划针对频谱危机及光谱资源争夺的国际背景，深入研究了利用宽光谱载波进行无线通信的理论和方法。

随着 VLC 受到诸多关注，为解决不同 VLC 产品之间相互干扰的问题，同时有助于不同通信方式共存时的相互协作，现阶段存在多个 VLC 技术组织可以制定 VLC 标准规范。目前最活跃的两个组织分别是日本成立的可见光通信联盟（Visible Light Communications Consortium，VLCC）和 IEEE 802.15.7 无线个人局域网标准委员会可见光通信工作组（Visible Light Communication Task Group）。

9.4.2 VLC 系统的组成

VLC 作为一种新型的通信方式，许多研究者都对信道模型的测量和建立提出了不同的假设和方案。除考虑室内 VLC 系统的信道和室外 VLC 系统的信道的不同之外，还会考虑它们的共同之处，如墙壁表面的反射现象、不具有穿透性等。目前关于室内 VLC 系统的信道分析均在室内红外通信信道模型基础上展开，主要研究多径问题引起的码间串扰。

VLC 系统包含可见光信号发射模块、VLC 信道和可见光信号接收模块，其示意图如图 9.11 所示，具体步骤如下。

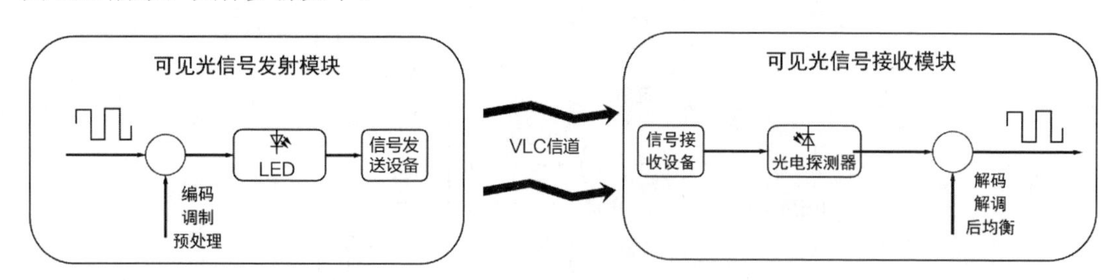

图 9.11　VLC 系统示意图

（1）对原始输入信号进行编码、调制及预处理，将处理过的信号加载到作为信号发生器的发光器件上，通过发光器件的电-光转换功能产生光信号并将其发射出去。

可见光信号发射模块的核心器件是发光器件，常见的发光器件有白色 LED。照明市场使用的主流白色 LED 包括荧光粉发光 LED 和红绿蓝（RGB）发光 LED。荧光粉发光 LED 结构简单、成本低、制备简易，其原理是在蓝色发光 LED 表面覆盖一层荧光粉，该荧光粉受到 LED 发出的蓝光的激发会产生黄光，最终与蓝光混合形成白光并将其发射出去。RGB 发光 LED 为一种常见的 LED，其原理是将发出红光、绿光、蓝光的 LED 合成封装，红光、绿光、蓝光混合形成白光，同荧光粉激发相比，RGB 发光 LED 的调制带宽很高，有利于实现高速可见光信号传输。

由于调制带宽受上升时间和下降时间的限制，因此以 LED 为光源的室内 VLC 系统的最大数据传输也会受到限制。为了尽可能提高系统的数据传输速率，可以通过如下两种措施进行缓解：使用附加技术或均衡技术来缓解（如在接收端使用蓝色滤波片来滤除响应速率慢的黄元素、在 LED 驱动电路中使用预均衡技术、在接收端使用后均衡技术）、使调制技术具有更高效率（一个发送符号尽可能传递更多的信息）。同第二种措施相比，第一种措施可以应用于所有的光通信技术中，因此其被人们广泛研究。

VLC 系统的调节方式可以分为开关键控（On-Off Keying，OOK）、脉冲位置调制（Pulse Position Modulation，PPM）、差分脉冲位置调制（Differential Pulse Position Modulation，DPPM）。

① OOK 属于数字基带调制方式，按照控制方式的不同其可分为非归零开关键控（Non-Reture-to-Zero OOK，NRZ-OOK）和归零开关键控（Reture-to-Zero OOK，RZ-OOK）。图 9.12 所示为 NRZ-OOK 和 RZ-OOK 的调制波形，其中数字 1 代表光源开启，数字 0 代表光源关闭。RZ-OOK 要求每个脉冲结束后需要回归到零电平。因此，考虑 LED 开关速度的限制，NRZ-OOK 更适用于带宽受限的室内 VLC 系统。

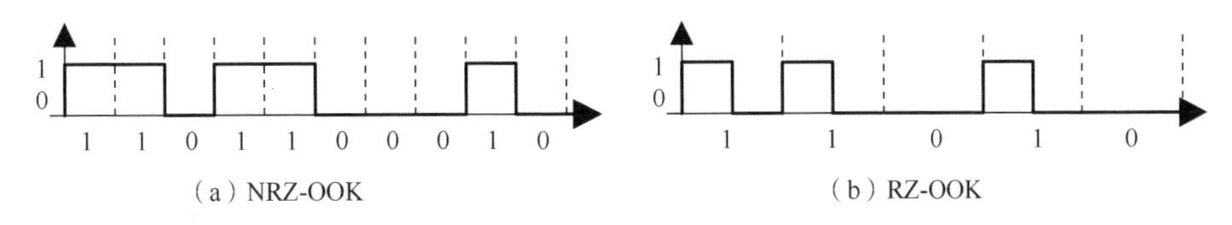

图 9.12　NRZ-OOK 和 RZ-OOK 的调制波形

② PPM 的调制波形如图 9.13 所示，将 b 个原始数据映射到 2^b 个时隙中。2^b-PPM 的占空比为 2^{-b}，因此 b 越大，2^b-PPM 的占空比越小，数据传输速率越低。故 PPM 不适用于 VLC 系统。

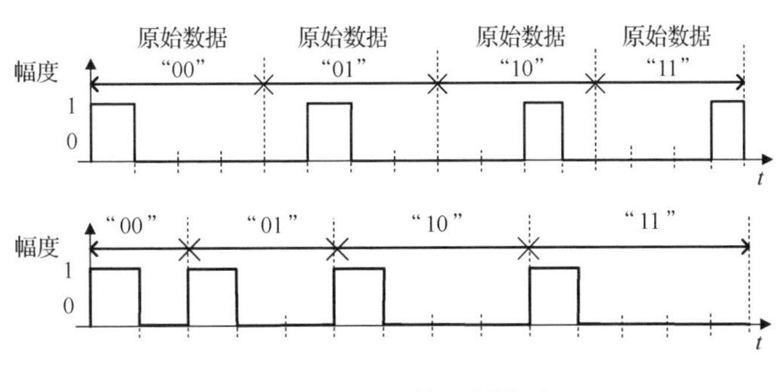

图 9.13　PPM 的调制波形

③ 同 PPM 相比，DPPM 可去除 PPM 调制波形中多余的时隙，带宽效率更高，收发机结构更简单，不需要码元同步。

（2）可见光信号承载信息由 VLC 信道传输到可见光信号接收模块，通过光电探测器的光-电转换功能将光信号还原为电信号。

VLC 信道主要包括引导式光通信信道和非引导式光通信信道两类。引导式光通信信道主要指以光纤或光波导为媒介的传输信道，其原理依据的是光在不同折射率媒介中传播时发生的折射、反射现象，相同波长的光在不同媒介中的折射角度是不同的，不同波长的光在相同媒介中的折射角度也是不同的。当引导式光通信信道以光纤为媒介时，传输质量高、信号干扰小，但是光纤质地脆，很容易被破坏；而光波导会将光能量限制在特定介质内部或表面附近，尺寸一般较小，因此其在集成光学中具有广泛应用。

非引导式光通信信道的传输模型包括点到点视线传输模型和非视线传输模型。在点到点视线传输模型中，发射模块和接收模块之间不能存在遮挡物，发射信号以直线路径传输到达接收模块。在非视线传输模型中，光信号首先到达墙壁、家具等遮挡物上，经过多次漫反射到达接收模块，由于这种传输存在多路径效应，因此相对于前者其通信质量无法得到保证。

（3）采用解码、解调和后均衡技术对电信号进行处理，实现原始信号的还原。

可见光信号承载信息经过透镜等信号接收设备，被光电探测器感应到后，通过光电转换等技术可以实现原始信号的还原。目前光电探测器主要包括 PIN 型光电探测器、雪崩光电探测器和图像传感器。PIN 型光电探测器的优点是响应速度、探测灵敏度一般，但是价格低廉；雪崩光电探测器拥有更快的响应速度和更高的探测灵敏度，但是价格相对更高；图像传感器相对于上述两者，其响应速度更慢、探测灵敏度更低，但是其可以同时接收多个光信号发送的数据，并且支持更远的传输距离。

在 VLC 系统的应用场合中，通常会有其他光线的干扰，携带数据的可见光与其他干扰信号同时被光敏元件捕捉，如果干扰信号足够大，那么接收电路不能正确地解调出信息，这会影响 VLC 系统的传输可靠性，目前解决该问题的方法是加入纠错码进行差错控制。

第 10 章 微电子与航空航天

10.1 航空微电子系统的概述

10.1.1 航空电子系统

航空电子系统的主要任务是支持仪表飞行程序，辅助目视飞行程序，保障飞行的安全性，它是指飞机上所有电子系统的总和。一个最基本的航空电子系统由通信、导航和显示管理等多个系统构成。航空电子设备种类众多，针对不同用途，这些设备从最简单的警用直升机上的探照灯到复杂的空中预警平台，无所不包。其所涉及的系统包括机载雷达、航空通信系统、导航系统、自动飞行系统、自动油门系统、敌我识别系统及电子自卫系统等。

航空电子系统研究正以惊人的速度改变着航空航天技术。起初，航空电子设备只是一架飞机的附属设备。军用飞机正日益成为一种集成各种强大而敏感的传感器的战斗平台。

20 世纪 70 年代之前，航空电子的概念还没有出现。那时，航空仪表、无线电、雷达、燃油系统、引擎控制及无线电导航都是独立的，并且大部分属于机械系统。

航空电子诞生于 20 世纪 70 年代。伴随着电子工业走向一体化，航空电子市场蓬勃发展起来。20 世纪 70 年代早期，全世界 90%以上的半导体产品都应用在军用飞机上。到了 20 世纪 90 年代，这个比例已不足 1%。从 20 世纪 70 年代末开始，航空电子已逐渐成为飞机设计中的一个独立部门。

推动航空电子技术发展的主要动力来源于冷战时期的军事需要而非民用领域。数量庞大的飞机变成了会飞的传感器平台，如何使众多的传感器协同工作也成为一个新的难题。目前，航空电子已成为军机研发预算中最大的部分。粗略地估计一下，F-15E、F-14 有 80%的预算花在了航空电子系统上。

航空电子在民用领域也实现了巨大的跨越。飞行控制系统（线传飞控）苛刻的空域条件带来的新导航需求也促使开发成本相应上涨。随着越来越多的人将飞机作为自己出行的重要交通工具，人们也不断开发出更为精细的控制技术来保证飞机在有限的空域环境下的安全性。同时，民机将所有的航电系统都限制在驾驶舱内，从而使民机在预算和开发方面第一次影响军事领域。

1. 航空电子系统约束

飞机上的任何设备都必须满足一系列苛刻的设计要求。飞机所面临的电子环境是独特的，有时甚至是高度复杂的。制造任何飞机都面临着许多困难。随着飞机及机组人员越来越依赖于航空电子系统，该系统的稳定性便变得非常重要。建造航空电子系统的必要条件是飞行控制系统在任何时候都不能失效。飞机上任何一种系统都要有强大的性能。

1）集成度

从航空电子工业的发轫时期开始，如何将众多的电子系统连接起来，密切有效地使用各种信息就是人们需要解决的问题。当初如何在离散数据线上传递开关变量的简单问题，如今已演化为如何协调光线数据总线传递的飞行控制数据的繁杂问题。空前复杂的软件也被用以满足空前苛刻的航空要求。目前，系统集成已成为飞机工程师所面临的最大问题。不管一架飞机多小，一定程度的集成也是必不可少的（如电力供应）。对于大型飞机（如军用飞机及民用飞机），经常需要数百名飞机工程师来集成这些复杂系统。

2）物理环境

飞行环境不同，系统用途各异。某些系统需要比其他系统更为强大。目前所有的航空电子系统都需要通过特定水平的环境测试。所以，航空电子系统的鲁棒性设计十分重要。

测试航空电子系统的方法多种多样，许多飞机制造商会预先规定如何进行测试。随着航空电子设备的广泛应用，各种适航认证机构（如英国的 CAA 或美国的 FAA）规定了这些设备必须达到的性能标准。飞机制造商则在此基础上规定了这些设备必须达到的环境标准。

这些标准规定了航空电子设备制造商必须进行的飞机零件测试，如盐水喷射测试、防水性模具成长测试及外部污渍测试。目前提供给航空电子设备制造商的航电标准有 BS 3G 100、MIL-STD-810、DEF STAN 00-35 等。在进行每一项单独测试前，人们要先评估某项测试是否适用于某设备。例如，盐水喷射测试对装在密封架内的设备就没有必要。航空电子设备制造商通过交叉引用这些标准，维护测试等级，会生成更为通用的需求。这些需求并不规定性能，而是对设备操作环境的一种描述。

3）电磁兼容性

电磁环境效应（Electromagnetic Environment Effect，EEE）、电磁兼容性（Electromagnetic Compatibility，EMC）是评估电力电子系统相互影响的重要指标。电磁兼容性可导致各种问题出现。飞机及其设备的测试一般使用测试范围更广的特定标准，如 DEF Stan 59-41、MIL-STD-464 等。

4）振动

即使是飞行很平稳的飞机（如民航干线飞机）也存在振动问题。振动对飞机可靠性的影响很大，尤其是对直升机的可靠性的影响大，振动已成为飞机设计中最主要的驱动因素。每一架出厂飞机的振动问题都不同。

5）系统安全性

要定期对飞机上的所有零部件进行系统安全性分析。在航空电子领域，这项工作主要是由各个国家的适航认证机构进行的。对于民用飞机，一般是由 FAA 或 EASA（JAA）来认证其安全性。对于军用飞机，虽然也有一些世界通用标准，但大部分军用飞机的适航认证遵循的是买方当地标准（如 DEF Stan 00-56）。

在飞机设计中，安全性设计一般表述为可靠性及耐用性，其对飞机设计方法的影响极大。任何应用于航空电子系统的软件都要接受严格的安全性审查。

6）质量

航空电子设备的采购在全球范围内已被少数巨头垄断。通过提供盒装部件[如 LRU（航线可更换组件）]，以及开展打包、测试及配置管理等业务，它们几乎垄断了整个航空电子产业。如今 ISO 9001 颁布的质量标准虽然已被主要工业采用，但是主要的飞机制造商对于他们交付的文档和硬件还有更为严格的标准。人们经常说飞机不是依靠燃油飞行的，而是依靠文档飞行的。这是因为任何一个无线电设备或仪器都要产生大量的文档。

2．航空电子系统的组成

航空电子学是个庞大的学科，下文将从飞机电子系统和战术任务系统两个角度阐述航空电子系统的基本组成。

1）飞机电子系统

在任何飞机上，驾驶舱都处于航电系统最显著的位置。这也是最困难和最有争议的问题。所有可以直接控制飞机安全飞行的系统都可以由飞行员直接控制。对飞机安全性很关键的系统都为航空电子系统。

（1）通信系统。

通信系统是航电系统中最先出现的系统。因为飞机和地面的通信能力从一开始就是至关重要的。远程通信爆发式的增长意味着飞机（民用飞机和军用飞机）必须携带很多通信设备。其中，一小部分通信设备提供了关乎乘客安全的空地通信系统。机载通信是由公共地址系统和飞机交互通信提供的。

（2）导航系统。

本节所关注的导航的作用为确定地球表面以上的位置和方向。

从早期开始，为了飞机飞行的安全性，人们就研制了导航传感器来辅助飞行员进行操作。目前除通信设备外，在飞机上还安装了一些无线电导航设备。

（3）显示系统。

很早之前，飞机制造商就努力开发更可靠和更好的系统来显示飞机关键的飞行信息。玻璃驾驶舱是后来出现的。有时根据需要也会用到传统的仪表。

如今，LCD 显示的可靠性已足以让玻璃显示成为关键备份。显示系统负责检查关键的传感器数据，这些数据能指导飞机在严苛的环境里安全飞行。显示系统软件是按飞行控制软件的要求开发出来的，它们对飞行员同等重要。显示系统以多种方式确定飞机的高度和方位，并安全、方便地将这些数据提供给机组人员。

（4）飞行控制系统。

多年来，平直翼飞机和直升机的自动控制飞行的方式是不同的。这些自动驾驶系统在大部分时间里（如巡航或直升机悬停时）减少了飞行员的工作负荷和可能出现的失误。第一个简单的自动驾驶仪用于控制飞机高度及方位，它可以有限地操控一些东西，如发动机推力和机翼舵面。在直升机上，自动稳定仪起同样的作用。直到最近，这些电子系统仍自然而然地利用电子机械。

（5）防撞系统。

为了增强空中交通管制，大型运输机和略小些的飞机会使用防撞系统，该系统可以检测出附近的其他飞机，并提供防止空中相撞的指令。小型飞机也许会使用较简单的空中警告系统，如TPAS，该系统以一种被动方式工作，不会主动询问其他飞机的异频雷达收发器信号，也不为解决空中相撞问题提出建议。

为了防止飞机和地面相撞，在飞机上安装了地面迫近警告系统（Ground Proximity Warning System，GPWS），该系统通常含有一个雷达测高计。新的防撞系统使用GPS和地形、障碍物数据库为轻型飞机提供同样的功能。

（6）气象系统。

气象系统［如气象雷达（典型的如商用飞机上的ARINC 708）］对于夜间飞行或指令指挥飞行非常重要，适用于飞行员无法看到前方的情况。暴雨（雷达可感知）或闪电都意味着强烈的对流和湍流，而气象系统则可以使飞行员驾驶飞机绕过这些区域。

目前，气象系统有了三项最重要的改革。首先，气象系统设备（尤其是闪电探测器）已经便宜很多了，甚至可以装备在小型飞机上了。其次，飞行员除可以使用气象雷达和闪电探测器外，还可以通过连接卫星数据获得远超过机载系统本身能力的雷达气象图像。最后，现代显示系统可以将气象信息及其移动地图、地形、交通等信息集成在一个屏幕上，大大方便了飞行。

（7）飞行管理系统。

飞行管理系统出现在20世纪70年代，它是在原有的自动导航、通信控制及其他电子系统的基础上发展起来的。柯林斯（Collins）和霍尼韦尔（Honeywell）公司分别在其参与研发的麦道和波音飞机上率先引入集成的飞行管理系统。随着技术的进步，飞行管理系统的重要性不断提高，成为飞机上最重要的人机交互接口，集成了飞行控制计算机、导航及性能计算等功能。中央计算机系统、显示系统和飞行控制系统这3个核心系统使飞机上的所有系统（不仅仅是航空电子系统）更易于维护，使飞机飞行更安全。

引擎的监控和管理在飞机地面维护方面已经取得了一定进展。如今这种监控和管理已经延伸到飞机上的所有系统中，并且延长了这些系统和零部件的使用寿命（同时降低了成本）。集成了健康及使用状况监控系统后，飞机管理计算机就可以及时报告那些需要更换的零件。

有了飞机管理计算机或飞行管理系统后，机组人员就再也不需要很多张地图和复杂的公式了。再加上数字飞行公文包，机组人员可以管理小至每一个铆钉的任何方面。

虽然航空电子设备制造商提供了飞行管理系统，但是目前飞机上的飞行管理系统和健康及使用状况监控系统还是倾向于由飞机制造商提供。因为这些软件需要与飞机类型相匹配。

2）战术任务系统

航空电子的主要发展方向已转向驾驶舱背后。军用飞机可以用来发射武器，也可以变成其他武器系统的“眼睛”“耳朵”。基于战术需要，大量的传感器需要安装在军用飞机上。更大的具有飞行功能的传感器平台（如E-3D、JSTARS、ASTOR、NimrodMRA4、Merlin HM Mk 1）除安装有飞行管理系统以外，还安装有战术任务系统。

精巧的军用传感器被广泛应用。目前警用飞机和电子侦察机携带着更为精密的军用传感器。

（1）军用通信系统。

民用通信系统为飞机安全飞行提供了骨干支持，而军用通信系统则主要用于严酷的战场环境中。军用 UHF、甚高频（Very High Frequency，VHF）（30～88Mz）通信、使用 ECCM 方法的卫星通信和密码学构成了战场上安全的通信环境。数据链系统，如 Link 11、16、22，BOWMAN，JTRS，甚至 TETRA 提供了数据（如图像、目标信息）传输方法。

（2）空中雷达。

空中雷达是主要的作战传感器之一。如今它和地面基站的发展非常复杂。空中雷达最引人注目的变化就是其可以在超远距离内提供高度信息。这类雷达包括早期预警雷达、反潜雷达、气象雷达（ARINC 708）和近地雷达。

军用雷达有时用来辅助高速喷气飞机低空飞行。虽然民用雷达市场上的气象雷达偶尔也作此用，但都有严格的限制。

（3）声呐。

声呐是紧随着雷达出现的。好多军用直升机上都安装了探水声呐，用以保护舰队免遭潜艇和水面敌舰的攻击。水上支援飞机可以释放主动式或被动式声呐浮标，用以确定敌方潜水艇的位置。

（4）光电系统。

光电系统覆盖的系统或设备范围很广，包括前视红外系统（Forward Looking Infrared System，FLIS）和被动式红外设备。这些系统或设备可以为机组人员提供红外图像。机组人员可以根据这些图像获得更高的目标分辨率，从而开展搜救活动。

（5）电子预警。

电子预警措施包括电子支援措施和防御支援措施。电子支援措施（Electronic Support Measures，ESM）及防御支援措施常用于搜集威胁物或潜在威胁物的信息。它们可以辅助发射武器（有时是自动发射）直接攻击敌机，也可用于确认威胁物的状态，甚至辨识它们。

（6）机载网络。

不管是军用的、商用的，还是民用的先进机型的电子系统，它们都通过航空电子总线相互连接起来形成机载网络。这些网络在功能上和家用计算机网络十分相似，但是在通信和电子协议方面区别很大。常见的航空电子总线协议及其主要应用如下。

① 航空器数据网（Aircraft Data Network，ADN）：飞机数据网络。

② AFDX：商用飞机上 ARINC 664 的特定实现。

③ ARINC 429：商用飞机。

④ ARINC 664：飞机数据网络。

⑤ ARINC 629：商用飞机（波音 777）。

⑥ ARINC 708：商用飞机上的气象雷达。

⑦ ARINC 717：商用飞机上的飞行数据记录仪。

⑧ MIL-STD-1553：军用飞机。

3）航空电子系统结构的发展

航空电子系统结构的不断改进使航空电子系统水平迅速提高，从而推动战斗机的更新换代。在航空电子系统对飞机整体性能的影响日益增大的同时，航空电子系统的硬件成本占飞机出厂总成本的比例也在直线上升。航空电子技术发展至今，基本上经历了分立式、联合式、综合式和高度综合式阶段，航空电子系统也是如此，同样经历了分立式、联合式、综合式和高度综合式阶段。

（1）第一代航空电子系统称为分立式航空电子系统，雷达、通信、导航等设备均有专用且相互独立的天线、射频前端、处理器和显示器等，它们采用点对点连接的方式。该系统中没有中心计算机对整个系统进行控制，每个子系统有各自的传感器、控制器、显示器及其专用计算机。因此，该系统的特点是专用性强、缺少灵活性、难以实现大量的信息交换，任何一点改进都需要在硬件设计上完成。

（2）第二代航空电子系统称为联合式航空电子系统，各设备前端和处理部分均独立，信息链的后端控制与显示部分综合在一起，能够资源共享。20 世纪六七十年代的航空电子系统逐步被推广，已广泛应用于现役航空器中。这种系统的特点是子系统相对独立，全机统一调度和管理，可以模块化进行软件设计，也可以有效地进行系统维护、系统更改和系统功能扩充。

（3）第三代航空电子系统称为综合式航空电子系统，20 世纪 80 年代美国“宝石柱”航空电子系统是典型代表，它具有更大范围的综合信号处理和控制/显示功能。该系统的特点是可以用少量模块单元完成几乎全部的信号与数据处理，目标、地形及威胁数据可以融合，已经做到系统结构层次化、功能模块标准化、数据总线高速化。该系统已被应用在美国 F-22 等最新一代航空器中。

（4）第四代航空电子系统称为高度综合式航空电子系统，20 世纪 90 年代开始研制的美国“宝石台”航空电子系统是典型代表，它进一步将模块化推进到射频和光电敏感器部分。该系统改进了互联网设计，支持自动目标识别和发射控制等功能。该系统的先进之处在于：一方面在中频转换后就将信号数字化；另一方面使光信号在射频设备中传输。这将最大限度地减少综合射频模块的数量，进一步减轻自身重量和大幅度降低噪声。

10.1.2 航空微电子

航空微电子技术和产品是航空电子系统的核心和基础。以集成电路为核心的微电子技术在军事通信、军事指挥、军事侦察、电子干扰和反干扰、无人机、军用飞机、导弹、雷达、自动化武器系统等方面得到了广泛应用，覆盖了军事信息领域的方方面面。因此，现代信息化战争又被称为芯片之战。出于国防装备的需要，世界军事强国不仅重视通用微电子技术的发展，也十分重视专用微电子技术的发展。这是因为专用微电子产品不仅在国防装备中应用广泛，而且对国防装备的作战效能起着关键作用。美国提出，在其防务的技术优势中，集成电路是最重要的因素。20 世纪 80 年代美国就将集成电路列为战略性产业。决定航空电子系统成本和技术的关键和核心是以航空关键集成电路和元器件为核心的航空微电子技术和产品。

微电子技术的迅速发展推动了电子技术的进步，其发展和应用使航空电子系统向综合化和模块化发展成为现实。微电子技术（包含数字技术、计算机技术和信息处理技术）日新月异的发展使航空电子系统可以实现信息的综合传输、综合处理、综合控制及显示，为航空电子系统综合化提供了基础和发展平台。微电子技术的进步引起航空电子系统结构的改变，使航空电子系统功能增强、性能提高，将传统的按物理任务（雷达、通信、导航、电子战）划分航空电子系统的分立式结构体系，转变为按逻辑功能（综合探测器、综合处理器、综合显控系统）划分航空电子系统的综合式结构体系，使航空电子系统的概念和功能都发生了本质的变化。

由航空电子设备的发展历史可知微电子技术对航空电子系统的发展具有推动作用。现代军用飞机具备的空对空作战能力、精确制导武器的对地攻击能力和航空电子战能力，与机载设备广泛采用微电子技术密切相关。与航空相关的微电子技术发展有如下几个方面。

1. 超高速集成电路

超高速集成电路是组成航空电子设备的关键元器件。在第三代、第四代战斗机上，数字式航空电子设备仍主要采用硅超高速集成电路，主要用于雷达、火控系统、电子对抗系统等。超高速集成电路是实现机载设备小型化的关键。例如，F-111 等飞机的电子对抗吊舱采用线宽为 1μm 的 8 种超高速集成电路后，集成电路的总数由原来的 19813 个降低到 1872 个，设备体积减小 10 倍，平均无故障时间提高 60 倍；同时在信号处理、数据处理等方面速度加快，存储能力变大，而体积进一步缩小。虽然超高速集成电路可以使航空电子设备的性能有很大提高，但要想进一步提高，必须采用电子迁移率比硅快 68 倍的砷化镓。因为砷化镓集成电路比硅超高速集成电路的处理速度快好几倍，而且它具有功耗低、工作温度适应范围大、抗辐射性强等优点。从发展前景看，砷化镓在航空电子方面的应用将超过硅。

2. 专用集成电路

专用集成电路是根据用户特殊要求而制造的微电子芯片，航空电子设备采用该芯片后，其体积将减小、重量会减轻，能有效地提高航空电子设备的可靠性和保密性。目前专用集成电路广泛应用于航空电子设备中。例如，美国为第四代机的航空电子系统研制的微电子电路，其专用集成电路约占 80%。专用集成电路已成为机载计算机、保密通信设备等关键的微电子元器件。

3. 微电子新技术

SoC 的概念是 20 世纪 80 年代提出的，它从整个系统的角度出发，把处理器、模拟算法、软件、芯片结构、各层次电路与器件的设计都紧密结合起来，用一块芯片实现以往由多块芯片组成的电子系统的功能。SoC 的出现使得微电子技术由电路集成转向系统集成。由于 SoC 技术能综合考虑整个系统的各个情况，因此与传统的多芯片电路系统相比，两者在性能相当时 SoC 技术能降低电路的复杂性，使电路成本降低，提高系统的可靠性。

MEMS 是微电子技术的拓宽和延伸，它将微电子技术和精密机械加工技术融合，实现了将微电子与机械融为一体的系统。它不仅可以感受运动、光、声、热、磁等自然界的外部信号，把这些信号转换为电子系统可以识别的电信号，还可以通过电子系统控制这些信号，发出指令并完成该指令。MEMS 将电子系统与外界环境联系起来，电子系统不仅能感应外界的信号，还能处理这些信号并做出相应的操作。MEMS 技术及其产品开辟了一个全新的领域和产业，它们不仅能降低机电系统的成本，还能完成许多大尺寸机电系统（如航空微惯性导航系统）无法完成的任务，具有体积小、重量轻、成本低、可靠性高、易于系统集成等优点。现在人们应用 MEMS 已经成功地制造出了可以在磁场中飞行的蝴蝶大小的飞机等。

随着微电子制造工艺最小尺寸的进一步发展，微电子技术的进步对航空电子系统具有如下作用。

（1）新微电子元器件推动航空电子设备的发展。

微电子技术在航空领域的应用可以大大提高现代武器系统的作战效能和威力。随着微电子技术的发展，如砷化镓微波、毫米波集成电路因为短小轻薄、速度快、可靠性高、封装密度高、易于实现整机多功能化和小型化等优点而受到军方的重视。微电子技术的发展在现代战斗机的电子对抗、雷达、武器、通信、控制等设备中起着重要作用。砷化镓微波、毫米波集成电路芯片是制造新型相控阵雷达的关键元器件。由于雷达应用了微电子技术，因此 20 世纪 80 年代的机载雷达与 20 世纪 60 年代的机载雷达相比，功能提高了 60 倍，故障平均间隔时间增大 230 倍，重量和功耗降为原来的 10%。由此可见，微电子技术在提高雷达性能和可靠性方面起到了关键作用。微电子技术的发展对其他航空电子设备的发展同样起到了巨大的推动作用。

（2）微电子技术推动航空微处理器的发展。

在飞机机载航空电子系统结构中，无论是任务计算机模块还是显控处理器模块都需要用到航空微处理芯片。在某些航空电子系统结构中找不到火控计算机模块是因为现在的航空微处理器能力增强，使任务计算机模块的功能充分发挥，让它一方面完成所有武器及所有攻击方式下的火控解算任务（接收数据计算机、惯导、雷达等部件的信息，通过火控解算，将结果输送到显示控制分系统，使其在平视显示仪和多功能显示器上显示，同时将武器控制信号发送给武器外挂管理系统，供飞行员完成武器的瞄准、发射或投放任务）；另一方面为系统中其他非数据总线接口设备提供数据总线接口。随着航空微处理器能力的增强，显控处理器模块可以被任务计算机模块取代，逐步形成核心处理系统技术，数据融合、人工智能算法和神经网络控制算法都依赖于航空微处理器快速计算处理能力的提高，进而提升航空电子系统智能化水平。

（3）微电子技术推动航空电子综合化、模块化。

SoC 使得微电子技术由电路集成转向系统集成无疑是一种综合化思想。航空电子系统综合化是对航空电子系统、子系统、设备和关键技术及试验方法的全面考虑和研究。从系统的观点出发，始终着眼于整体与部分、整体与环境之间的关系，整体地、综合地考察研究对象，在整体与部分相互依赖、相互结合、相互制约的关系中揭示系统的特性和运动规律，并对其组成、结构、功能、联系方式等进行综合研究，从而实现航空电子系统的综合最优化。在航空电子系统综合化过程中要有模块化的思想，这有利于将微电子的系统集成电路应用于航空电子设备中。目前，美国正进行 F-22 航电系统的研制，在研制系统核心组件 CIP 时，选用芯片遵循的原则是将通用芯片和专用芯片相结合，对于市场上已形成系列、用于支撑运算处理的器件（如 MPU、DSP、SRAM、E^2PROM），应尽量选用市场已有的通用标准芯片；而对于市场上一些没有形成标准、支持处理器结构的器件（如接口、控制芯片），应采用自行设计专用集成电路的方案。图 10.1 所示为 F-22 飞机的航空电子系统结构，从该图中可以看出航空电子系统综合化、模块化的发展方向。

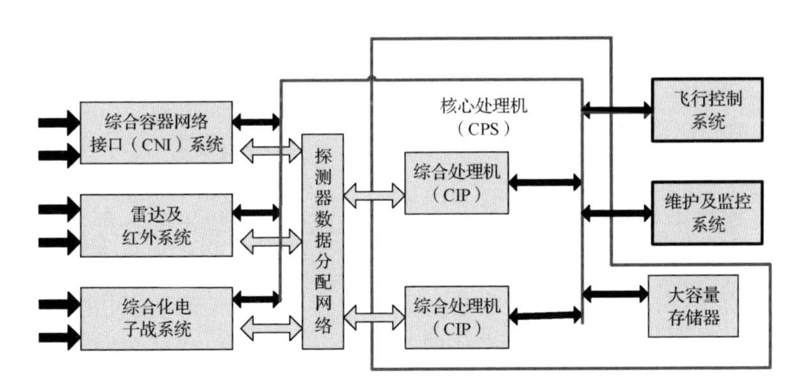

图 10.1　F-22 飞机的航空电子系统结构

10.1.3　航空微电子的特征

我国的航空微电子技术是在极其艰难困苦的条件下发展起来的。为了航空微电子技术的发展，我国航空人奋发图强，坚定不移地走独立自主、自力更生的道路。在“九五”期间就为航空重点型号飞机配套了几百个品种、近百万只集成电路，基本满足了航空产品的急需，保证了我国航空事业的稳定发展。纵观中国航空微电子的发展历程，可概括为以下内容。

（1）航空微电子产业随航空技术的发展而产生。在我国航空微电子产业的初创时期，我国对航空型号有所需求，但西方市场对中国实行严密封锁，中国不能外购，国内整个微电子行业也刚刚起步，没有民用市场产品可供选择，在这种情况下，国家不得不组织专门的研究人才、建立专门的研究机构，开展航空专用集成电路的研制、生产。通过这种集中财力、重点投资的方法，在短时期内基本满足了当时的航空需求，使中国航空在国家整个经济、装备水平落后的条件下得以迅速、稳步地发展。

（2）航空微电子产业已是航空技术发展不可分割的一部分。一方面，尽管中国整个微电子技术已取得了长足的进步，一些具有国际先进水平的微电子生产线也先后在国内建成并营运，但总体来说无论是在品种上还是在水平上，其离航空需求还有相当的差距，而且目前中国的微电子生产线多为国外独资或合资建成的，从生产模式和经营目标上来说，其也不可能满足航空的多品种、小批量特殊产品的研发和生产需求。另一方面，航空微电子与中国航空经过几十年的密切配合，已形成了相对成熟的“需求牵引、专业推动”的共同发展模式，航空技术的发展带动了航空微电子技术的发展，而航空微电子技术的每一次重大突破又推动了新一代航空型号的更新。航空微电子与航空电子系统紧密结合，在将来相当长一段时期内是不可替代的。

（3）航空微电子技术在航空技术中的作用将越来越重要。随着航空微电子技术的飞速发展，越来越多的电子系统功能将在一个芯片上实现，“系统芯片化、芯片系统化”已是不可阻挡的趋势。据有关资料统计，电子系统在航空核心单元中所占的比重已达 70%。因此，航空微电子技术已成为航空技术的核心竞争力。

（4）航空微电子产业的长期存在是必然的。不管将来我们是否有可能从大市场中采购到合适的产品，从国家安全和产品质量方面来考虑，航空业作为一个特殊的行业，其关键的、核心的芯片必须掌握在自己手里。因此，我国航空业必须提高微电子研发、生产能力，以满足航空产品的特殊的、专用的需求。

航空微电子技术具有专用性、特殊性、关键性和周期长的特征。

1. 专用性

航空微电子器件主要是根据航空型号总体系统或分系统提出的各种特殊要求而研制的专用产品。国家建设和发展航空微电子专业单位是为了专门为航空型号配套集成电路。这些单位隶属于航空系统，与各航空型号总体系统或分系统单位形成了相当稳定的产品和技术供需关系。导弹和航空工程需要什么，航空微电子专业单位就开发研制什么。随着导弹和航空工程的发展，航空微电子专业单位也会发展甚至超前发展，如抗核电路等器件是根据航空型号的需求研制的，在国内也是独一无二的。

2. 特殊性

航空型号的特殊应用背景和环境决定了与其配套的电子元器件的特殊性。作为航空产品，航空微电子器件必须具有适应空间特定环境的长寿命、高可靠性、低气压、低功耗、全温区、抗辐照、抗空间单粒子效应、抗深空冷焊、抗核等特殊性能。这就对航空微电子器件的设计、工艺和试验等各个研制环节提出了不同于一般电子产品的要求。航空型号的研制数量有限，其对航空电子产品的要求是品种多、数量少，这就决定了航空电子产品在组织管理上必须适应多品种、小批量的特殊生产模式。例如，某航空机构对采购的集成电路共进行了 672 批次 DPA 试验，其中不合格批次为 110，不合格率高达 16.4%。由这些数字可以看出，即使是通过尽可能可靠的途径购得的元器件，也离航空特殊的高要求有一定的差距。因此，这些具有特殊要求的产品难以由一般制造商完成。

3. 关键性

电子元器件是导弹、卫星、运载火箭和地面站设备不可缺少的重要组成部分，是航空型号提高性能的主要技术基础。现代战争是信息战、电子战，越是新式武器，其电子科技含量越大，“武器电子化，电子武器化”是各国军事装备发展的主流。因此，航空微电子技术是航空型号系统的关键技术，是航空型号向高可靠、小型化、轻量化、信息化、多功能化、智能化发展，实现快速反应、机动灵活、高效可靠、精确打击的关键技术。现代导弹的射程已不是主要问题，如何提高突防能力、干扰和抗干扰能力、精度、生存能力、抗核和抗恶劣环境能力及可靠性是目前航空微电子技术面临的主要问题，这些问题最终都依赖于航空微电子技术水平的提高。航空微电子技术的发展对电子元器件的依赖性越来越大。具有优良功能的电子元器件是航空型号提高可靠性水平的重要保障，是影响航空型号发射、飞行成败的关键性因素之一。据有关资料介绍，有关人员对航天电子系统开展了质量清理整顿工作，对 20 多个航空型号在研制试验中暴露出来的 300 多个问题进行了统计分析，其中设计约占 25%，制造（含工艺）约占 24%，电子元器件约占 26%，管理约占 15%，其他约占 10%。从上述比例来看，由电子元器件带来的质量与可靠性问题所占比例是最高的，它已成为制约航空型号发展的主要问题之一。根据国外的统计，导弹、卫星及各类装备的故障有 30%来源于电子元器件，提高其质量和可靠性是重中之重。

4. 周期长

航空型号一旦确定，相应的所有电子元器件的性能、状态都必须随之固定，不能随意更改，且必须在航空型号的全寿命周期内保证供货。一个航空型号的使用寿命一般为 20～30 年，这就要求相应的航空微电子产品能维持 20～30 年的供货周期，这与一般的民用产品的迅速更新换代是完全不同的。由于航空微电子产品的高可靠性要求，其关键电子元器件的生产全过程必须有详细记录，直到该航空型号退役，退役前发生了任何问题，都要能查到每个生产环节每个生产者的行为责任，因此航空微电子产品还需要不同于一般电子产品的特殊质量管理制度。

10.1.4 航空计算系统

从 20 世纪 50 年代末第一代机载数字计算机首次装备在 F-102 和 F-106 截击机上以来，航空电子设备进入了一个新时代，随着现代飞机性能的不断提高，飞机所能承接的作战任务不断增多，对航空电子系统的要求也越来越高。航空电子系统综合化就是航空电子系统发展的趋势和要求，而航空电子系统综合化离不开机载计算机的支持，研究者认为未来的飞机系统要围绕计算机来设计，并由机载计算机控制。机载计算机实际上就是应用在飞机上的计算机系统，它和我们通常使用的计算机是一样的，飞机上的计算机通常有多台，可以是由通用的 CPU 组成的系统，也可以是由军用的 CPU 组成的系统。对机载计算机系统的可靠性要求是系统设计的一个重要方面。机载计算机采用的可靠性技术主要有容错技术（包括硬件冗余、软件冗余、时间冗余和信息冗余）、系统重构技术（包括模块重构技术、解析余度技术和自修复技术）、自检测技术（包括地面自检测和空中自检测，对计算机硬件的检测可深入每一个部件，对计算机软件的检测可深入每条指令，另外还有对子系统的检测）。

1. 航空计算系统的分类与特点

机载计算机的发展与航空电子系统的发展紧密相关。它的发展经历了以下几个阶段：模拟式机载计算机，此时的航空电子系统由一些分散、功能单一的系统组成；数字式机载计算机，美国空军发起了数字式航空电子设备信息计划，提出了从系统工程的观点来统筹实际的航空电子系统，同时用多路传输总线将飞机上的各个计算机连接成网，实现了座舱的综合显示和控制，计算机采用标准化、模块化设计，通过总线实现信息共享，使系统有重构容错能力，从而形成了新型的综合式航空电子系统，数字式机载计算机开始应用于航空领域；分布式机载计算机，利用当时发展起来的分布式航空电子系统，突破原有的电子系统概念，整个结构按功能不同分为资源共享的任务管理区、传感器管理区和飞机管理区，各个功能区之间通过高速多路传输总线互联；高度综合化机载计算机，它采用人工智能算法和神经网络等新技术，实现了模拟化、综合化、通用化和智能化高度综合的航空电子系统，它主要由综合射频部分和综合核心处理器（Integrated Core Processor，ICP）组成。ICP 是一个模块化的处理器，由 12 个芯片组成，信号处理硬件采用综合的多功能芯片 32/64 位精简指令集计算机（Reduced Instruction Set Computer，RISC）CPU 芯片，每个芯片的处理能力可达 150 百万条指令/秒。因此，机载计算机已成为新一代航空电子系统的核心。

机载计算机在现今的作战飞机上也得到了广泛应用，有的飞机装备了上百万台机载计算机。例如，美国B-52轰炸机装备了200多台机载计算机，美国F-111攻击机中的中央控制计算机为AN/AYK-18计算机，运算速度达300万条指令每秒。美国F-16战斗机的火控计算机是M372，它包括4个CPU模块。F-22先进战斗机的任务数据处理器包括多个1750A处理器模块。模块之间用并行互联（Parallel Interconnected，PI）总线和测试与维护（Test and Maintenance，TM）总线互联。

机载计算机的主要特点如下。

1）具有高速RISC CPU芯片

美ATF飞机的航空电子系统若想实现目标自动识别、红外跟踪报警、雷达引导和合成孔径雷达先进功能，则需要核心处理器具有每秒能执行2亿条以上指令的通用数据处理能力和每秒执行10亿次信息处理运算的能力，因此必须采用高速微处理器。高速RISC CPU芯片精简了指令系统，并采用一系列并行处理的体系结构实现了高速处理。因为它还具有结构简单、易于实现和研制周期短等特点，所以采用高速RISC CPU芯片已成为机载计算机发展的必然趋势。

2）采用并行处理技术

并行处理技术是利用多个微处理器获得等速处理速度的有效手段。而单机和多机系统达到每秒数百亿次运算是不可能的，唯有并行处理系统才可能达到这一要求。

3）采用高速数据总线

高速数据总线（High-Speed Data Bus，HSDB）能实现系统容错、重构和资源共享，具有很强的数据传输能力。HSDB采用光纤作为传输媒介，具有更宽的带宽，较小的体积和重量，以及更好的电隔离性，抗电磁干扰能力大大提高，加强了数据传输的保密性。

4）采用通用模块

随着集成电路的高速发展，航空电子系统的各种完整功能可以浓缩在一个SEM-E的封装内。其各个模块具有很好的可用性，可是通用模块的种类需要尽可能减少。

5）采用人工智能技术

人工智能技术可以完成数据的收集、推理和判断并做出决定，可以直接给出控制指令，也可以向飞行员提出处理建议，由飞行员实施控制。人工智能技术使飞行员从过量的任务中解脱出来，使其集中精力于高层判断，并可弥补人脑在某些方面的不足。

2. 航空计算系统的发展趋势

随着作战飞机由有人机向有人机和无人机相结合的方向发展，作战体系由单架飞机、飞机集群向海陆空天一体化网络作战发展，下一代机载计算机处理平台也向着跨平台、智能化、网络化的方向发展。当前的主要发展方向包括跨平台分布式计算系统、分布式综合化模块化航空电子系统、高组装/功率密度技术、多核处理器应用、高信息安全的机载操作系统、面向航空的高信息安全无线网络技术。图10.2所示为机载计算机处理平台需求和技术要素的变化。

1）跨平台分布式计算系统

面向由有人机和无人机相结合的作战群的新需求，国外开展了跨平台的互操作体系结构的探索和研究。典型的代表就是波音公司的开放式控制平台（Open Control Platform，OCP）。OCP 的研究计划面向由有人机、无人机、传感器等多种作战平台组成的作战群。

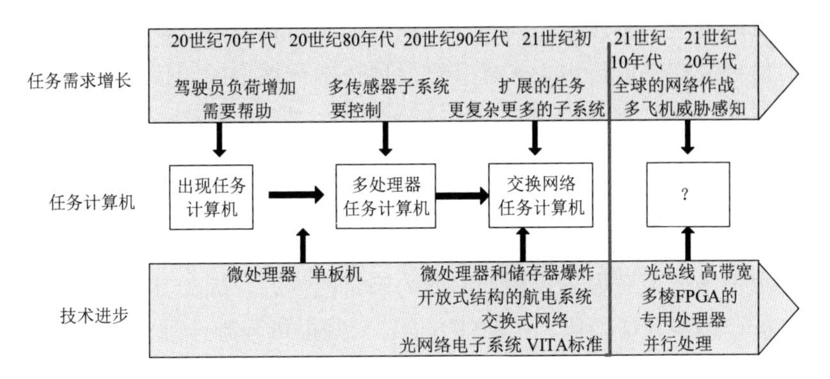

图 10.2　机载计算机处理平台需求和技术要素的变化

作战群包括不同类型的作战平台、不同的功能应用、不同的任务软件、不同的硬件和通信方式、不同厂家或开发时期的武器，以及作战群的组成、作战的任务、作战平台的升级等动态变化。为解决这些异构、动态的多种作战平台的互操作，满足动态的组网、动态的任务规划和作战任务分配、控制层次的动态变化，实现安全的、实时的互操作能力，波音公司最终提出了异构平台的实时分布式中间件研究计划并进行了验证，最终将系统由传统飞机内闭环的控制扩展到无人机协同有人机的作战群的控制中。此外，TOPIA 技术公司也开展了在航空电子系统中应用面向服务的体系结构（Service-Oriented Architecture，SOA）的探索，将整个航空电子系统的处理器和网络以一个整体异构平台的形式实现向航空电子应用提供服务的可行性，把综合化处理平台向着更广、更深的方向推进。

2）分布式综合化模块化航空电子系统

综合化模块化航空电子系统正在向着分布式综合化模块化航空电子系统发展，将核心处理计算机由一个集中式的计算机变为一个分布式的计算机。分布式综合化模块化航空电子系统是在最初的通用核心系统综合化航空电子系统的基础上，采用交换网络和分区操作系统，连接多种不同功能的异构计算资源，实现了更大范围的资源共享和综合，为信息、功能的进一步综合奠定了基础，使得系统的功能进一步提升，而远程数据收集器、分布式安装等也使系统的重量大大降低，从而降低了全寿命周期成本。分布式综合化模块化航空电子系统已经得到了应用，而 Objective Interface Systems 公司也开展了在航电系统中应用数据分发服务技术的探索，其目的是降低分布式综合化模块化航空电子系统开发的复杂度，提高服务质量和对应用开发人员的友好程度。

3）高密度组装技术

为满足机载任务处理综合化的需要，综合核心处理平台向着高性能、高度集成的方向发展。但在满足任务需要的同时，高度集成的高性能处理器也存在质量大、功耗高、成本高的缺点，如 F-35 的 ICP 质量超过 30kg，功耗超过 1000W，给飞机带来了较大的负担。因此，类似的综合化方法在直升机、无人机等领域的应用受到了很大的限制。洛・马公司、BAE 系统公司、泰雷兹公司、伯克利大学、南加利福尼亚大学等试图从提高处理效率的角度解决该问题，并研究新一代高度集成工艺和技术，如基于 IP 的高度集成接口技术、基于 MEMS 的感知计算一体化的计算机技术等。

4）面向航空的多核处理器/DSP 应用技术

多核并行处理技术和定制的专用处理技术是未来处理器发展的趋势。在航空领域，多核处理器的应用技术主要有两个方向。一是高性能专用处理方向，主要对雷达、光电等高性能传感器的信号进行处理，由于多核并行处理技术在该方向同传统的并行处理技术相似度较大，因此其得到了广泛的研究，并已经开始在一些系统中应用。例如，雷神公司在 Mercury 计算机系统公司的帮助下，将多核处理器成功地应用到 SAR 雷达的信号处理中，泰雷兹公司则将多核 DSP 处理器应用到气象雷达的信号处理中。二是高确定性及高安全性处理方向，主要针对任务多、实时性强、安全度高的航空应用，如任务管理、飞行控制、飞行管理等。由于该技术受限于多核处理器的确定性问题，因此其研究进展较为缓慢，目前处于理论分析和初步验证阶段。在硬件方面，一些提供基础软硬件的公司（如 Freescale、TI、SBS、Rad Stone 等基础芯片、板卡厂商，Wind River、Green Hills、LynuxWorks 等）积极对实时性强和确定性强的应用开展研究，试图从基础计算平台的角度解决多核处理器在机载领域的应用问题；在系统方面，波音公司、洛·马公司、泰雷兹公司、DDC 公司、伯克利大学、北卡罗来纳大学等则通过访存延迟、通信实时性、应用的可预测性等方面的分析、计算和仿真，提出了多种解决方案，试图在多核平台上开发出能够满足任务确定性和实时性要求的应用。

5）高信息安全的机载操作系统

为了满足对未来作战形式下安全和信息安全的需求，推动机载操作系统的发展，人们对机载操作系统提出了能够支持不同安全级别信息的安全处理要求。支持不同安全级别信息的混合处理，为信息安全提供有效支撑，分区操作系统应满足多重独立安全级别（Multiple Independent Levels of Security，MILS）架构。而微核方式的分区技术可以保证核心软件足够小，能够提供形式化验证的工程条件，从而实现安全关键系统所需的高安全隔离特性。基于微核方式的 MILS 架构操作系统的核心设计思想是对操作系统进行层次划分，内核层仅包含提供分区隔离机制的最小功能集合；其他传统的操作系统功能（如设备驱动、文件系统、分区安全通信软件）则以中间件的形式存在，分别驻留于不同的分区，为应用层软件提供服务。

6）面向航空的高信息安全无线网络技术

目前，无线网络在飞机上的应用情况可分为四种：一是基于 ZigBee 技术的机载无线传感器网络，在国外该应用还处于基础研究阶段，主要探索无线传感器网络在机载环境下应用的可行性，比较成熟的应用主要体现在一些特殊领域，如太阳能无人机、客机卫生间烟雾探测等领域。二是基于 WiFi 的无线航空电子内部通信（Wireless Avionics Intra-Communications，WAIC），用于机载设备之间、传感器与机载设备之间的通信，该项研究工作也处于基础研究阶段，主要研究 WAIC 的误码率、安全性、穿舱能力、抗干扰能力和电磁兼容能力。三是基于 WiFi 的飞机与地面（机场）之间的通信，主要用于传输飞行计划、电子飞行包、维护信息等数据，2008 年已公布了 ARINC822 标准，用在 A380、波音 747-8 等新机型中，用来代替原 ARINC632/751，该应用的相关技术已成熟。四是基于 WiFi 的航空扩展应用，主要用于机内通话、座舱商务/娱乐等服务，该应用的相关技术较成熟。

10.2　抗辐射集成电路与加固技术

10.2.1　抗辐射集成电路

MOS 管是 CMOS 工艺中的主要器件，它的辐射效应也是最受人们关注的。一般来说，MOS 管对非电离辐射不敏感，因为 MOS 管的工作依赖于多子的运动特征，少子寿命降低对其特性影响不大。由于 MOS 管结构复杂，包含导体、半导体和电介质，因此其对总电离剂量辐射效应和单粒子效应都比较敏感。MOS 管在一般的抗辐射环境下需要考虑这两种效应。

1）总电离剂量辐射效应

图 10.3 显示了 MOS 管受总电离剂量辐射效应影响产生的正电荷堆积情况。在 NMOS 管的栅极加正电压，正电荷在氧化物和沟道界面堆积；在 PMOS 管的栅极加负电压，正电荷在栅极和绝缘层界面堆积。此外，当带正电的导体（如金属或多晶硅）从两个 N 型掺杂区（如 N 型扩散和 N 阱）之间的绝缘层上方通过时，该绝缘层表面也会堆积正电荷，如图 10.4 所示。

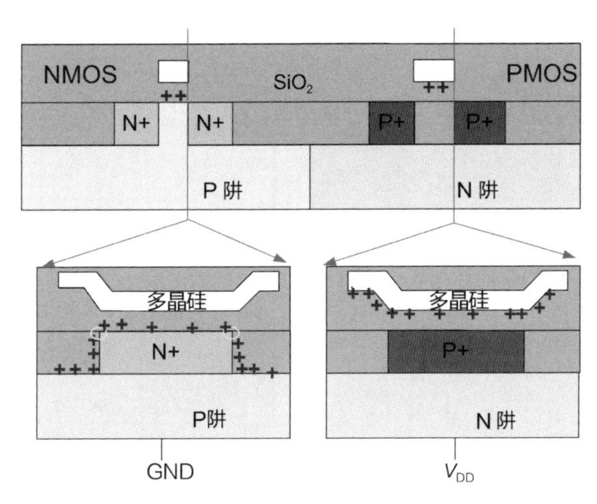

图 10.3　MOS 管受总电离剂量辐射效应影响产生的正电荷堆积情况

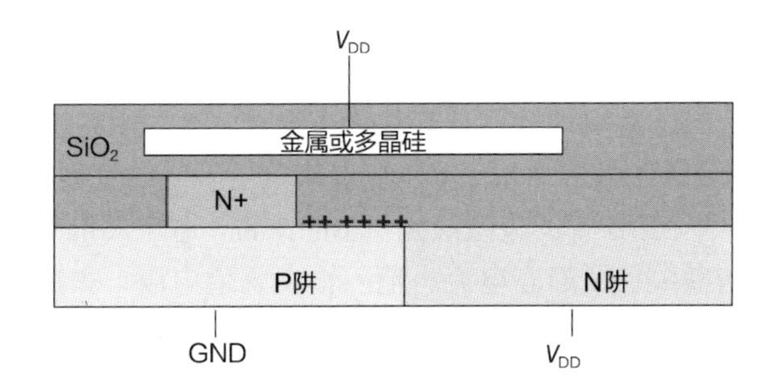

图 10.4　N 型掺杂区之间的漏电流通路

（1）绝缘层表面的电荷使绝缘层的绝缘性能变差，在 NMOS 管的源极、漏极及 NMOS

管和 N 阱之间引入漏电流通路。相比之下，由于 PMOS 管的正电荷在栅极和绝缘层界面堆积，无法形成直接的电流通路，因此从这点来说 PMOS 管的抗辐射水平高于 NMOS 管。

（2）MOS 管的特性曲线会因正电荷的堆积而发生偏移。对于 NMOS 管来说，栅氧中的正电荷相当于在 NMOS 管的栅极加了一个正电压，这样 NMOS 管的特性曲线会向负电压偏移。图 10.5 所示为辐射前后 NMOS 管的 *C-V* 和 *I-V* 曲线。*C-V* 曲线的最小值反映了 NMOS 管从空间电荷区到反型区的转换点，NMOS 管的平带电压和阈值电压都朝负向偏移。当栅氧中堆积的电荷足够多时，NMOS 管可能难以关断，即在零偏压下也导通。在 PMOS 管工作时对栅极加负电压，辐射致电荷使得特性曲线朝正向偏移。

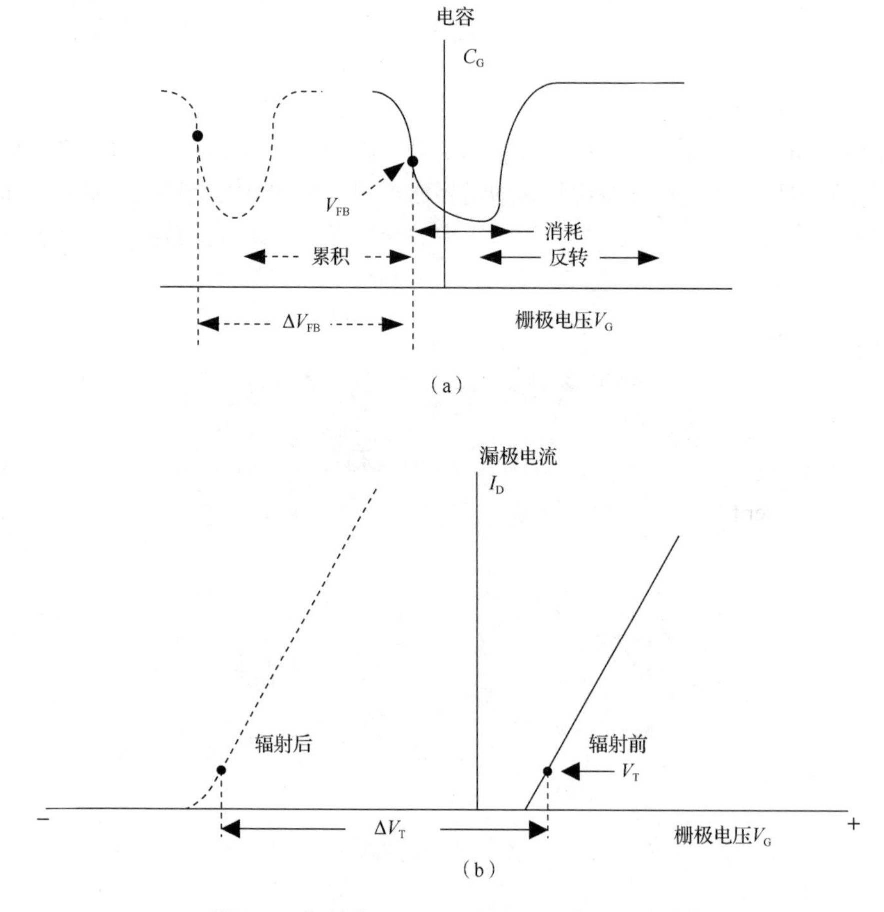

图 10.5　辐射前后 NMOS 管的 *C-V* 和 *I-V* 曲线

总电离剂量辐射是一个累积的过程，当辐射剂量增加时，MOS 管的阈值电压偏移量也随之增大。在总电离剂量辐射效应引起 MOS 管阈值电压下降的过程中，有几个比较关键的阶段，每个阶段对应一种 MOS 管的失效级别。总的来说，总电离剂量辐射效应会导致电路的参数发生变化，这些参数包括静态电流、输入输出阈值电压、关键路径延迟、时序定义及待机供电电流等。随着辐射剂量增加，参数变化加剧，最终会导致 MOS 管失效。

设计电路时需要定义电路所需要的抗辐射水平。通常，不能根据某一个器件来定义失效，而要根据整个器件不能承受的辐射剂量来定义。在高能物理实验应用中，电路最大的可接受辐射剂量通常被定义为电路的工作原理明显失效时的辐射剂量。对于大多数数字电路来说，VTNZ 是电路失效的关键点，因为这时电路的静态电流会急剧增大。但是对于一些对电流敏感的电路来说，其所能接受的电流增大幅度很小，如 MAPS 芯片中的电荷检测单元。另外，在高能物理实验应用中，为了不增加额外的冷却装置，MAPS 芯片追求低功耗设计，希望漏电流较小。

随着现代 CMOS 工艺的发展，MOS 管的抗辐射水平随着栅氧厚度的减小而有所提高，这使得采用商用 CMOS 工艺设计抗辐射集成电路成为可能。

一些研究表明在较薄的氧化层中电荷陷阱会比较少，这样绝缘层氧化物中的陷阱对器件的影响会随着氧化物厚度的变小而减轻。Hughes 和 Powell 的研究发现辐射引起的阈值电压变化量与氧化物厚度的平方成比例。在进一步研究中人们发现当栅氧厚度小于 5nm 时，阈值电压的偏移就变得不明显了，也就是说大多数 0.25μm 以下工艺的阈值电压受辐射的影响很小，0.35μm 工艺略受影响。但是商用 CMOS 工艺普遍采用自对准工艺制造 MOS 管栅极，因此在 MOS 管的边沿仍有比较厚的氧化物，这样 MOS 管的边沿仍存在漏电流通路。此外 N 型扩散之间的场氧化物比较厚，漏电流也依然存在。一般可以采用环栅版图和漏电流隔离等措施进行基本的辐射加固。

2）单粒子效应

单粒子效应是单个高能粒子穿过物质时在其路径上和物质发生电离作用产生大量电子-空穴对，在半导体内引发瞬时大电流而产生的辐射效应。由于单粒子作用的电路结构不同，因此单粒子效应有很多种：在晶闸管结构中存储节点引起单粒子翻转事件（Single Event Upset，SEU）效应，在逻辑电路中引起单粒子瞬态（Single Event Transient，SET）效应、单粒子锁定事件（Single Event Latchup，SEL）效应，在栅面积较大的 MOS 管中引起单粒子栅穿（Single Event Gate Rupture，SEGR）效应，以及在大功率 MOS 管中引起单粒子烧毁事件（Single Event Burnout，SEB）效应等。在 MAPS 芯片中需要考虑的主要有 SEU 效应、SET 效应和 SEL 效应。

1．SEU 效应

SEU 效应是总电离剂量辐射效应所引起的存储器件（如寄存器、锁存器、触发器、存储器存储单元）内部逻辑状态改变。在一些高密度的敏感单元阵列中，单粒子也可能引起一个数据中同时发生多位翻转（Multiple Bit Upset，MBU）。SEU 效应通常是一种软错误，翻转的逻辑状态可以在下一次操作中被更改过来。尽管 SEU 效应不会导致持续的器件损坏，但是它可能导致整个电路系统持续性失效。例如，SEU 效应在控制逻辑中使得状态机进入一个错误的状态、未定义状态或进入测试、停机等工作模式中。这就使得人们不得不重启系统来恢复电路的工作状态。

反映单粒子翻转概率的重要参数为临界电荷。临界电荷是在一个器件中导致单粒子翻转的最小电荷量，其计算公式如下。

$$Q_{crit} = C_s \Delta V_{crit} \tag{10.1}$$

式中，Q_{crit} 为临界电荷量；C_s 为敏感节点的电容；ΔV_{crit} 为敏感节点可接受的最大电压变化量。

通常，临界电荷量会随着工艺特征尺寸及供电电压的减小而减少。因此，在现代深亚微米 CMOS 工艺中，电路的抗 SEU 效应水平较低。

2. SET 效应

SET 效应和 SEU 效应产生的起因相同，只是发生 SET 效应的节点不具有存储功能，因此翻转的逻辑状态不能保持，能很快被正确的输入信号覆盖。通常这个瞬时脉冲会在传输线上引入。如果粒子在敏感节点所积淀的能量足够多以至电压脉冲信号超过逻辑操作的阈值，那么这个瞬时脉冲就可以被传输到下一级逻辑，最终的影响结果和电路的逻辑功能有关。人们通常可以采用合理的系统设计（如时钟同步、优化时序配合）来截断单粒子瞬时脉冲的进一步传输。然而，如果瞬时脉冲发生在时钟线上，结果会变得更为糟糕。这时，通常需要引入冗余机制等避免错误的时钟状态。

3. SEL 效应

SEL 效应通常发生在 CMOS 工艺中的一种特殊的寄生晶闸管（又称可控硅）中。这种晶闸管广泛存在于 CMOS 集成电路中，特别是 CMOS 数字集成电路中。图 10.6 所示为 CMOS 反相器中的寄生晶闸管，其由 NMOS 有源区、P 阱、N 阱及 PMOS 有源区构成。寄生晶闸管的 *I-V* 特性曲线如图 10.7 所示，其中，I_s 是能够使寄生晶闸管导通从高阻区进入微分电阻区的最小电流，I_h 是保持寄生晶闸管在微分电阻区的最小电流，V_s 和 V_h 是分别对应这两个电流的电压。简言之，I_s 和 V_s 是开启寄生晶闸管的电流和电压，I_h 和 V_h 则是保持寄生晶闸管导通的电流和电压。

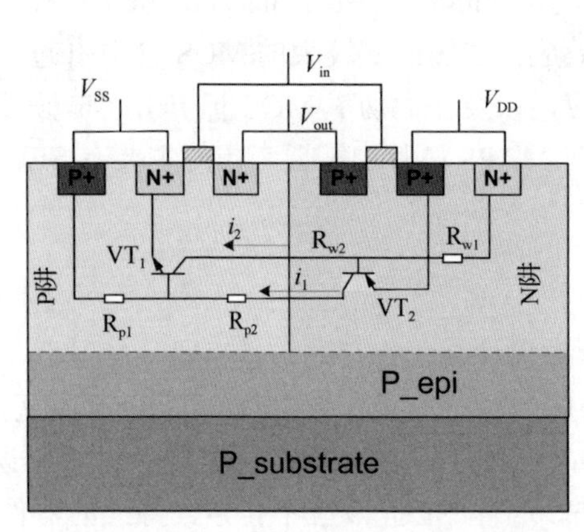

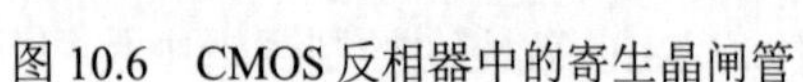
图 10.6 CMOS 反相器中的寄生晶闸管

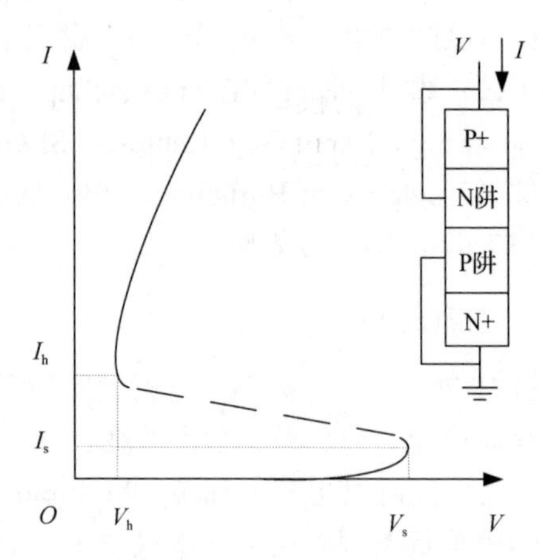

图 10.7 寄生晶闸管的 *I-V* 特性曲线

在通常情况下，商用 CMOS 工艺的设计规则是保证 CMOS 集成电路中的寄生晶闸管都处于关断状态。但是带电粒子入射会在 N 阱和 P 阱中引起额外的瞬时电流，当该电流足够大时，寄生晶闸管就会导通。寄生晶闸管中的电流放大关系用式（10.2）和式（10.3）表示。

$$i_1(t)=\beta_{T_1}\cdot\beta_{T_2}\cdot i_2(t-1) \quad (10.2)$$

$$i_2(t)=\beta_{T_1}\cdot\beta_{T_2}\cdot i_1(t-1) \quad (10.3)$$

式中，β_{T_1} 和 β_{T_2} 分别是组成寄生晶闸管的两个双极晶体管 VT_1 和 VT_2 的增益；$i_1(t)$ 和 $i_2(t)$ 分别是 VT_1 和 VT_2 基极的电流。

结合图 10.6，当 VT_1 和 VT_2 的增益之积大于 1 时，流过寄生晶闸管的电流形成正反馈，当流过电源和地的电流大于开关电流时，电源和地之间的电流会迅速增大，SEL 效应发生。通常维持闩锁状态的电压远小于电路的电源电压，即使单粒子引起的瞬时电流已经消失，晶闸管仍然会被保持在低阻状态。这样，电流会持续增大，直到芯片烧毁或断电。SEL 效应是硬错误，损坏后的芯片不可恢复，应尽量减小其发生概率。如有发生，则必须在其烧毁芯片前断电。

10.2.2　加固技术

MOS 管的抗辐射水平在很大程度上依赖于工艺制造技术，如表面清洁度、衬底掺杂浓度、硅栅掺杂浓度、退火程度等。一般来说工艺选择的范围有限，但在可能的条件下仍可以根据需求选择适当的工艺来提高器件的抗辐射水平。例如，选用薄栅氧化层来提高器件的抗辐射水平，因为栅氧化层越薄，其内部积累的空穴越少。此外，带有薄外延层的双阱工艺、低阱电阻高掺杂衬底工艺等能够提高器件抗单粒子闩锁和抗单粒子翻转的能力。工艺的选择主要依赖于对整个芯片性能和成本的考量。MAPS 芯片选择商用 CMOS 工艺，应当从电路和系统角度出发，对该芯片上 SRAM 的抗辐射水平进行加固。

1. 系统级加固

SRAM 中主要的辐射效应 TID 效应、SEL 效应和 SEU 效应都可以通过系统设计来减轻。TID 效应是随时间的推移而积累的，常见的做法是在系统中做多个 SRAM 模块交替使用，暂不使用的模块断电退火。为了防止芯片被 SEL 效应损坏，必须在系统级避免出现 SEL 效应，这可以通过闩锁保护技术（Latchup Protection Technique，LPT）来实现。抗 SEU 效应的加固技术较多，可以根据系统要求选择硬件或软件实现，比较通用的抗 SEU 效应的加固技术是增加冗余的存储信息。常见的有三态冗余（Trip Modular Redundancy，TMR）技术和检错纠错技术，其中 TMR 技术可用来缓解 SEE 效应。以下将具体介绍上述几种关键技术。

1）闩锁保护技术

闩锁保护技术是指当电源线中的电流达到某个预设值时（闩锁效应被认为发生），保护电路会自动断电一段时间，以防止电路被损坏的一种技术。图 10.8 所示为闩锁保护技术的一种实现方式。在 SRAM 芯片的电源线上加一个检测电阻，通过检测电阻两边的电压来测试通过 SRAM 芯片的电流。随着 SRAM 电源线中电流的增大，SRAM 供电电压会降低。当电流远超出 SRAM 正常工作的最大电流时，即当 SRAM 供电电压等于预设的参考电压 V_{REF} 时，可以认为闩锁效应发生，此时应断开 SRAM 的电源电压以防止 SRAM 芯片被烧毁。通常，从比较器结果的输出到芯片电源断开会间隔一段时间用于片外控制器响应。断电后经过一段预设的 SRAM 放电时间，就可以重新给 SRAM 供电并执行正常操作。

因为闩锁保护电路本身应该不会发生闩锁，而且需要预设切断电源的电流值和断电时间，闩锁保护技术较难在片上实现，所以该技术通常在片外系统中实现。

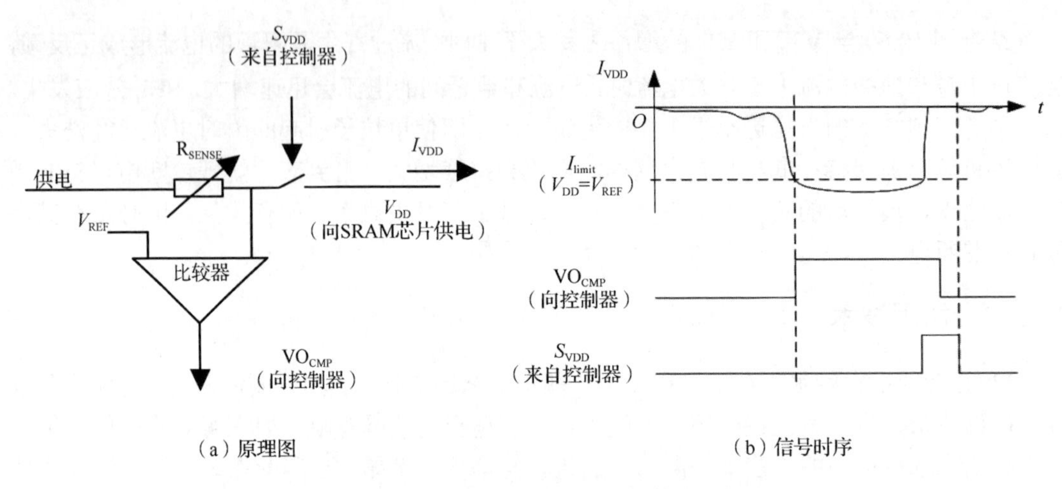

（a）原理图　　（b）信号时序

图 10.8　闩锁保护技术的一种实现方式

2）TMR 技术

TMR 技术原理图如图 10.9 所示。使用该技术的前提是 SEU 事件是一个小概率事件。为了加强一个电路模块的抗 SEU 能力，需要将同样的电路模块复制两个，并对 3 个电路模块的结果进行比较，结果中的多数会作为最后的输出结果。也就是说，当其中一个电路模块受辐射影响发生翻转时，另外两个是一致的，通过投票选择，多数值会被输出。而如果两个电路模块或两个以上电路模块同时发生翻转，则该方法失效。TMR 技术实现的硬件开销较大，相当于原来电路的三倍以上。

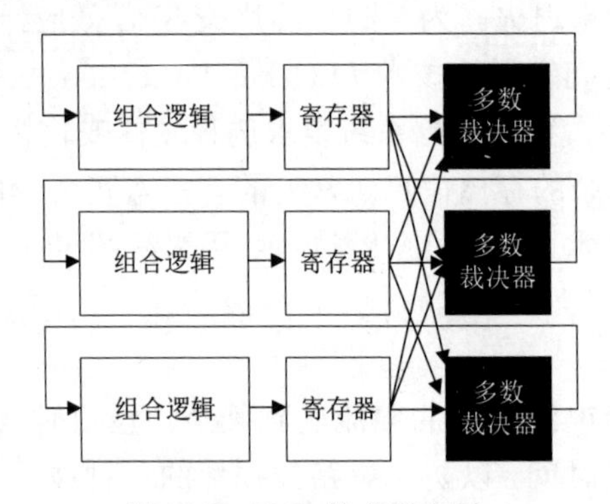

图 10.9　TMR 技术原理图

3）检错纠错技术

检错纠错技术是通过对原始数据增加校验码的方式来实现的。最常用的编码算法有奇偶校验码、汉明码、循环冗余码（Cyclic Redundancy Code，CRC）等。通过这些编码算法识别数据在存储过程中是否发生错误并输出错误标识，主控芯片根据标识可以选择忽略、重发等处理方式。汉明码还可以实现数据纠错。检错纠错技术原理框架如图 10.10 所示。首先对原始数据进行编码产生校验码，然后将原始数据和校验码同时写入存储器，在存储器的输出端对数据进行译码校正。依据不同算法的能力，校验码能够指出是否发生翻转或定位发生翻转的位置，这样原始数据就能够依据校验码进行恢复，最终能够被检测和修正的错误的位数取决于编码算法。一般来说，为了提高编码效率，并非所有的错误都能被检测出来。因此，输出端需要给出一个标志位用来表示输出数据是否被矫正。

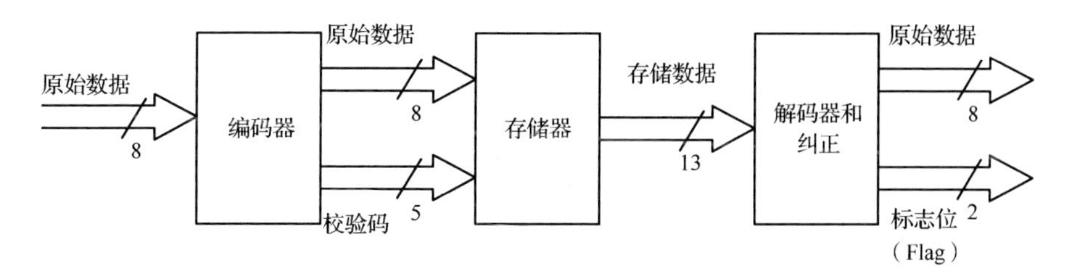

图 10.10　检错纠错技术原理框架

此处以一个用于校正 8 位原始数据的 5 位汉明码为例。设从编码器输出的 13 位数据格式为$\{d_0, d_1, d_2, d_3, d_4, d_5, d_6, d_7, c_4, c_3, c_2, c_1, c_0\}$，其中 d_i 为原始数据，c_i 为校验码，二者之间的关系如下式所示：

$$c_0 = d_6 \times d_4 \times d_3 \times d_1 \times d_0$$
$$c_1 = d_6 \times d_5 \times d_3 \times d_2 \times d_0$$
$$c_2 = d_7 \times d_3 \times d_2 \times d_1$$
$$c_3 = d_7 \times d_6 \times d_5 \times d_4$$
$$c_4 = d_7 \times d_6 \times d_5 \times d_4 \times d_3 \times d_2 \times d_1 \times c_1 \times c_2 \times c_3$$

将这 13 位数据存入存储器中，如果其中某些位发生翻转，那么在译码的时候需要将其校正过来。在解码器中生成一个用于定位错误的伴随矩阵$\{s_4, s_3, s_2, s_1, s_0\}$，且有

$$s_4 = d_7 \times d_6 \times d_5 \times d_4 \times d_3 \times d_2 \times d_1 \times c_1 \times c_2 \times c_3 \times c_4$$
$$s_3 = d_7 \times d_6 \times d_5 \times d_4 \times c_3$$
$$s_2 = d_7 \times d_3 \times d_2 \times d_1 \times c_2$$
$$s_1 = d_6 \times d_5 \times d_3 \times d_2 \times d_0 \times c_1$$
$$s_0 = d_6 \times d_4 \times d_3 \times d_1 \times d_0 \times c_0$$

伴随矩阵$\{s_4, s_3, s_2, s_1, s_0\}$反映了错误发生的情况，如表 10.1 所示。显然，本例的编码算法能够纠正一位检测位错，当错误大于两个时就会出现误判。要提高检错纠错能力，一般来说需要增加校验码的位数。

表 10.1　汉明码（13, 8）的伴随矩阵及标识

$s_4\ s_3\ s_2\ s_1\ s_0$	错误位置	标　识	错误情况
11100	d_7	11	一个错误并被纠正
11011	d_6		
11010	d_5		
11001	d_4		
10111	d_3		
10110	d_2		
10101	d_1		
00011	d_0		
10000	c_4		
11000	c_3		
10100	c_2		
10010	c_1		
00001	c_0		

续表

$s_4\,s_3\,s_2\,s_1\,s_0$		错误位置	标　识	错误情况
00000		—	10	无错误
其他	$S_4=0$	—	00	两个错误，没有被纠正
	$S_4=1$	—	01	两个以上错误

2. 电路和版图级加固

在电路和版图设计中，主要的辐射加固技术研究集中在 SRAM 的存储单元上。由于 SRAM 存储单元阵列占整个存储器面积的 60%以上，通过改进存储单元来改善 SRAM 抗辐射水平的效率比较高。下文分析在原理图和版图上常用的改进方法。

1）标准六管存储单元

标准六管存储单元是商用 CMOS 工艺中最常见的 SRAM 存储单元。图 10.11 所示为标准六管存储单元的原理图和版图。图 10.11 中并未给出阱和衬底的接触，为了提高单位面积上存储单元的密度，阱和衬底的接触通常放在一个特定的行或列中，由一个小的存储阵列共享。正是由于这种共享，阱和衬底的接触离晶体管源端较远，SEL 效应很容易被衬底或阱中的瞬时电流激发。可以通过增加阱和衬底的接触来减小 SEL 效应发生的概率及其阈值，特别是可以在 PMOS 管和 NMOS 管之间加入保护环。加入保护环可以减小衬底电阻，使得辐射产生的瞬时电流不能产生足够的压降来触发 SEL 效应。保护环也可以吸收部分电荷，从而减少到达敏感节点的电荷。因此，加入保护环可以降低 SEU 效应发生的概率。

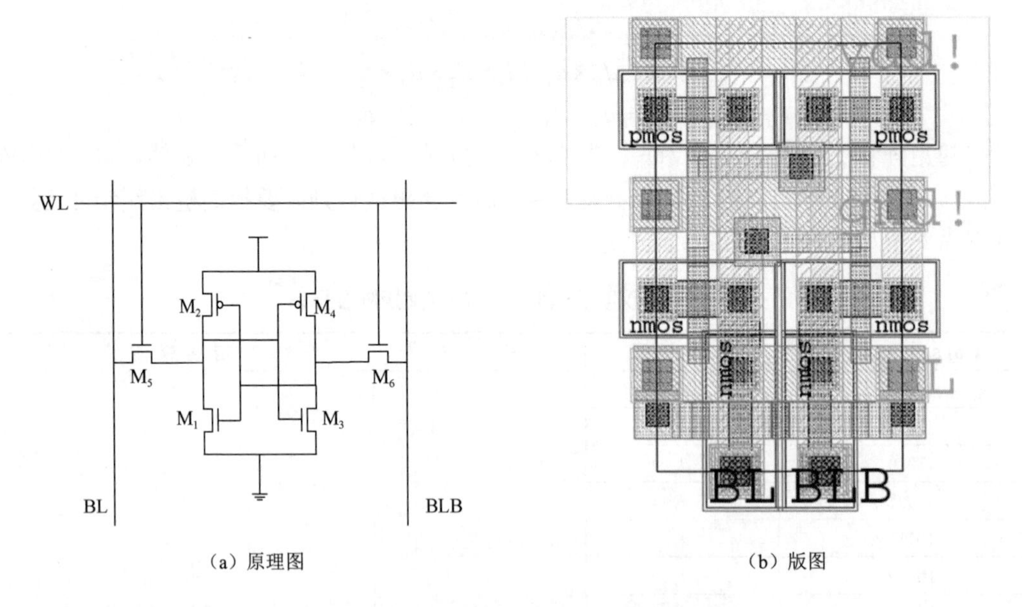

（a）原理图　　（b）版图

图 10.11　标准六管存储单元的原理图和版图

应用 TID 效应的抗辐射技术将 NMOS 管的栅画成环形，以消除普通版图中边缘寄生的晶体管。但是，环栅版图的宽长比较大（深亚微米工艺下宽长比大于 10）。在标准六管存储单元中，PMOS 管和 NMOS 管有一定的比例以保证数据的正确写入和读出，因此采用环栅结构画出来的环栅版图面积通常很大（是加固前的 5 倍以上），环栅结构适合在面积宽裕的情况下使用，不适用于高密度存储器。

2）采用 PMOS 管作为传输管的六管存储单元

由于 PMOS 管相对于 NMOS 管有较强的抗 TID 效应的能力，因此采用 PMOS 管设计的电路有利于提高电路的抗 TID 效应的能力。在存储单元设计中，可以将 PMOS 管作为传输管，图 10.12（a）给出了该电路的原理图。除了添加保护环以外，两个 NMOS 管仍需要采用环栅版图。为了减小环栅版图中 NMOS 管的宽长比，在设计中只使用环栅版图的一个边，对其他 3 个边不画源扩散以减小晶体管宽度。此外，通常需要增加管子长度来得到适当的宽长比。图 10.12（b）给出了一个采用 0.35μm 工艺得到的版图，其面积约为图 10.11（b）所示标准单元的两倍。欧洲核子研究中心（CERN）在 0.25μm 工艺下实现的 SRAM 抗辐射水平可达 10mrad。

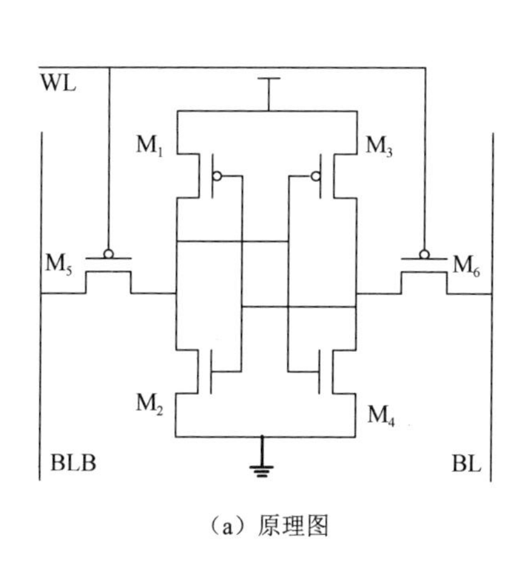

（a）原理图

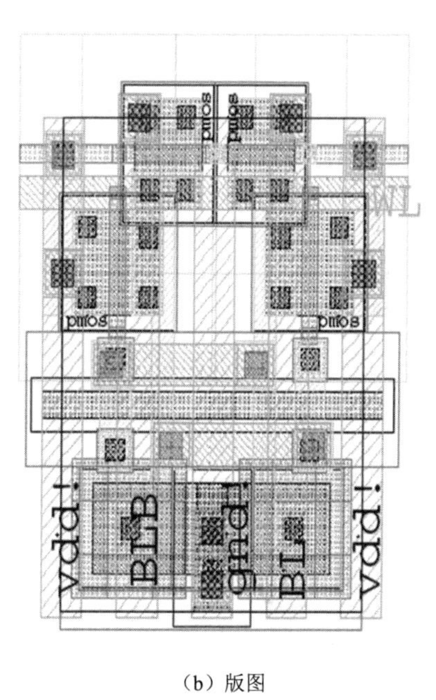

（b）版图

图 10.12　采用 PMOS 管作为传输管的六管存储单元的原理图和版图

3）体效应增强的六管存储单元

通过提高 NMOS 管源端电压以增强其体效应是一种抗辐射设计方法。其目的在于通过增强 NMOS 管体效应来提高其阈值电压，以抵消 TID 效应引起的阈值电压降低。图 10.13 所示为体效应增强的六管存储单元的原理图和版图。这种方法在文献中被证明非常有效，在 0.13μm 工艺中抗 TID 效应的能力可达 1mrad，在 90nm 工艺中抗 TID 效应的能力可达 2mrad。

事实上，这种方法对 SEL 效应和 SEU 效应也有影响。首先对于 SEL 效应来说，当 NMOS 管源端电压高于衬底电压时，寄生晶闸管中 NPN 管的发射极电压减小，这时要使得寄生晶闸管导通（要激发闩锁效应）则需要比原来更大的基极电压，具体所需电压取决于 NMOS 管的源端电压。总的来说，NMOS 管源端电压越大，导通所需衬底电压越大，抗 SEL 效应能力越强。但是，NMOS 管源端电压不能太大，否则会降低 SRAM 单元的静态噪声容限，反过来影响单元的稳定性及抗 SEU 效应能力。这种方法在电源电压较大时可以使用，电源电压较小时使用意义不大，甚至会带来不良影响，因为电路工作时 NMOS

管的源端电压可能有较大的瞬时压降，从而抵消所提升的电压甚至低于地电压，使得 SEL 效应更容易发生。此外，在电源电压较小时使用这种方法会使得存储单元的临界电荷降低，使 SEU 效应更容易发生。

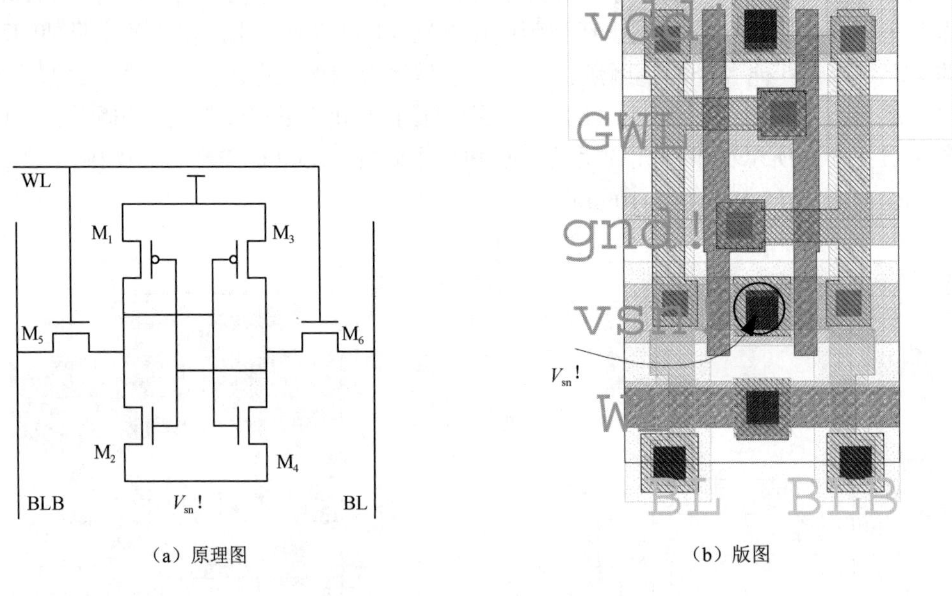

（a）原理图　　（b）版图

图 10.13　体效应增强的六管存储单元的原理图和版图

4）SEU 效应加固的 SRAM 单元

一种降低六管存储单元 SEU 效应发生概率的方法是降低辐射引起的电压脉冲幅度。对于同样的电荷量在敏感节点所产生的电压的峰值，可以通过增加节点电容和电阻来降低。电阻加固的 SRAM 单元如图 10.14 所示。图 10.14（a）给出了一种通过增加敏感节点电阻来减小 SEU 效应的原理图。通常为了达到较高的存储单元密度，可能需要复杂的工艺技术来实现栅上的大电阻。在图 10.14（b）中，P_3、P_4、N_3、N_4 被用作电阻。采用这种加固方法的主要代价是增加面积和存取时间。

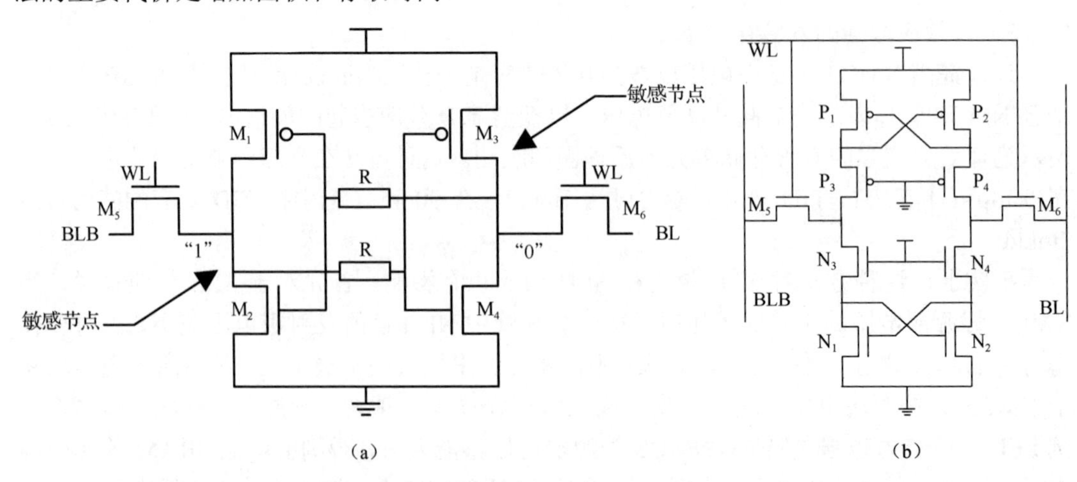

（a）　　（b）

图 10.14　电阻加固的 SRAM 单元

另外一种抗 SEU 效应的方法是通过冗余节点来恢复或保护存储节点的状态。这种方法基于辐射粒子在 N 型扩散上只能引起节点由“1”变“0”，反过来在 P 型扩散上只能引起节点由“0”变“1”。例如，在图 10.14（a）中，当存储数据如该图中所示时，M_2 和 M_3 的源端是敏感节点。这种方法非常流行，基于此方法也产生了很多种不同的单元，如 ROCK、WHIT、LIU、HIT、HAD、DICE 等。DICE 是一个非常流行的单元，SEU 效应加固单元 DICE 如图 10.15 所示。该存储单元的存储部分由 8 个反相器，即四组锁存器组成。每个反相器由单个 NMOS 管或 PMOS 管构成。当四组锁存器中的一组发生翻转时，相邻的两组锁存器会起到隔离作用，使错误不能继续传输。例如，N_1 和 P_1 构成的锁存器中数据 Q_1 和 Q_2 发生翻转，N_3 和 P_3 构成的锁存器中数据 Q_3 和 Q_4 不会受到影响。当粒子消失时，数据 Q_1 和 Q_2 可以由数据 Q_3 和 Q_4 恢复。因此，只有一个节点发生翻转时，数据可以被恢复。采用这种方法的主要代价是冗余晶体管会增加单元的面积。此外，在采用一些设计方法时对外围电路的要求比较苛刻。

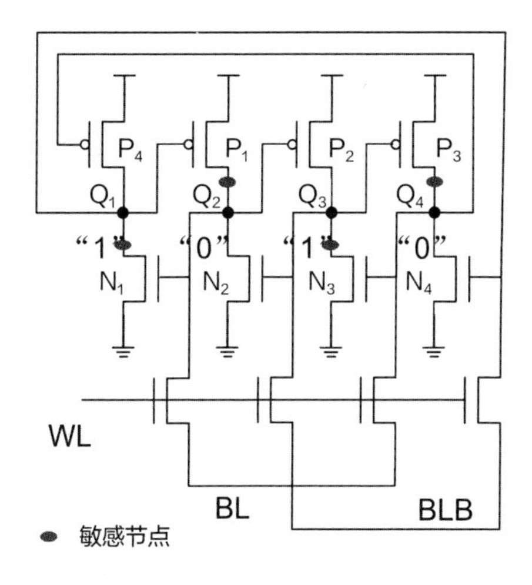

图 10.15　SEU 效应加固单元 DICE

10.3　航空专用集成电路

10.3.1　存储器

嵌入式系统需要存储器来存放和执行代码。嵌入式系统的存储器包含高速缓存、主存储器和辅助存储器。这些存储器的介质、工艺、容量、价格、读写速度和读写方式各不相同，嵌入式系统需根据应用需求巧妙地规划和利用这些存储器，使得存储系统既满足应用对容量和速度的需求，又有较大的价格竞争优势。

计算机系统的存储器被组织成一个金字塔形的结构，如图 10.16 所示。位于整个结构最顶部的 S_0 层为 CPU 内部寄存器，S_1 层为芯片内的高速缓存（Cache），S_2 层为芯片外的高速缓存（SRAM、DRAM、DDRAM），S_3 层为主存储器（Flash、PROM、EPROM、EEPROM），S_4 层为外部存储器（磁盘、光盘、CF 卡、SD 卡），S_5 层为远程二级存储（分布式文件系统、Web 服务器）。

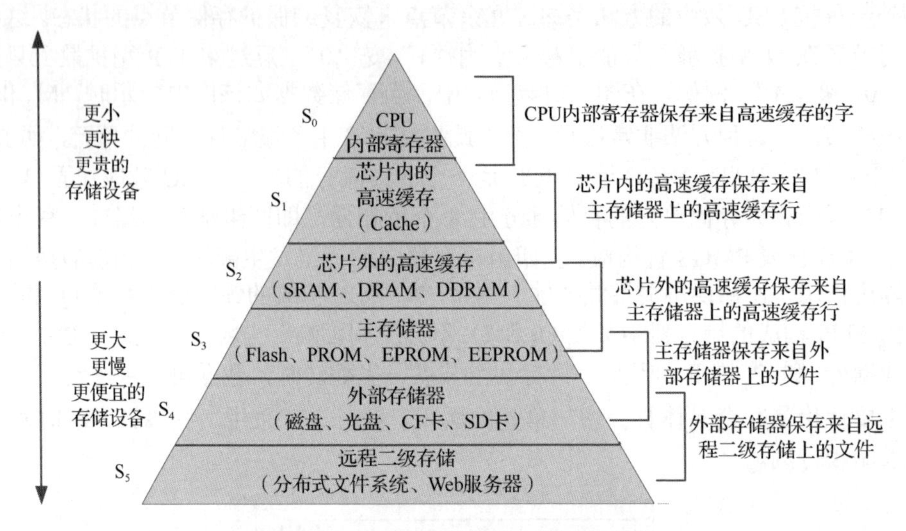

图 10.16 计算机系统的存储器的结构

在这种存储器结构中，上一层存储器为下一层存储器的高速缓存。CPU 内部寄存器是 Cache 的高速缓存，寄存器保存来自 Cache 的字；Cache 是内存层的高速缓存，从内存中提取数据交给 CPU 进行处理，并将 CPU 的处理结果返回内存中；内存是主存储器的高速缓存，它将经常用到的数据从 Flash 等主存储器中提取出来，放到内存中，从而加快了 CPU 的运行效率。嵌入式系统的主存储器容量是有限的，磁盘、光盘或 CF、SD 卡等外部存储器用来保存信息量大的数据。在某些带有分布式文件系统的嵌入式系统中，外部存储器就作为其他系统中被存储数据的高速缓存。

1. Cache

Cache 是一种容量小、速度快的存储器阵列，它位于主存储器和嵌入式微处理器内核之间，存放的是最近一段时间微处理器使用最多的程序代码和数据。在需要进行数据读取操作时，微处理器尽可能从 Cache 中读取数据，而不是从主存储器中读取数据，这样就大大改善了系统的性能，提高了微处理器和主存储器之间的数据传输速率。Cache 的主要目标就是：减小存储器（如主存储器和辅助存储器）对微处理器内核造成的存储器访问瓶颈，使处理速度更快，实时性更强。

在嵌入式系统中 Cache 全部集成在嵌入式微处理器内，可分为数据 Cache、指令 Cache 或混合 Cache，Cache 的大小依不同微处理器而定。一般中高档的嵌入式微处理器会把 Cache 集成进去。

2. 主存储器

主存储器是嵌入式微处理器能直接访问的存储器，用来存放系统和用户的程序代码和数据。它可以位于嵌入式微处理器的内部或外部，其容量为 256KB～16GB，容量根据具体的应用而定，一般片内存储器容量小，速度快，片外存储器容量大。

常见的主存储器如下。

（1）ROM 类 NOR Flash、EPROM 和 PROM 等。

（2）RAM 类 SRAM、DRAM 和 SDRAM 等。

其中，NOR Flash 凭借可擦写次数多、存储速度快、存储容量大、价格便宜等优点，在嵌入式微处理器领域中得到了广泛应用。

3．辅助存储器

辅助存储器用来存放数据量大的程序代码或信息，以及用来长期保存用户的信息，它的容量大，但读取速度与主存储器相比慢很多。

嵌入式系统中常用的外部存储器有硬盘、NAND Flash、CF 卡、MMC 和 SD 卡等。

10.3.2　核心处理器

与通常的嵌入式系统相比，航空电子系统的任务处理有着实时性强、安全性高的特征。实时性强的系统一般关注三种实时要素：周期、最后完成期限、最坏执行时间。多数航空电子系统的任务都是周期性任务或事件触发任务，强调在一个周期或有限的时间内完成计算。周期性任务的最坏执行时间一般在数十毫秒到数百毫秒不等，为保留一定设计裕量，设计时一般使其小于执行周期。事件触发任务的最坏执行时间最低可达数十微秒。

从处理特点的角度讲，航空电子系统的任务可以分为两类：一是实时高性能计算，如雷达、电子战系统的任务，这类任务往往根据处理算法特点由多个处理单元组成并发或流水的高性能处理系统，以完成同一任务，它关注处理单元之间的协作能力以提高处理效率；二是高安全实时控制，如显示控制、机电控制、综合维护等，在综合化航空电子系统中，这类任务往往通过时间空间分区的操作系统共享同一处理单元，它关注在多任务共享同一处理单元的过程中，任务的安全性及各任务之间的相互影响。

1966 年，斯坦福大学教授 Michael J. Flynn 提出了经典的计算机结构分类方法，通常称为 Flynn 分类法。Flynn 分类法是从两种角度对计算机结构进行分类的，一是依据计算机在单个时间点能够处理的指令流的数量；二是依据计算机在单个时间点能够处理的数据流的数量。任何给定的计算机系统均可以依据处理指令和数据处理方式进行分类。Flynn 分类下的计算模式有单指令流单数据流（Single Instruction Stream and Single Data Stream，SISD）、单指令流多数据流（Single Instruction Stream and Multiple Data Stream，SIMD）、多指令流单数据流（Multiple Instruction Stream and Single Data Stream，MISD）、多指令流多数据流（Multiple Instruction Stream and Multiple Data Stream，MIMD）。

（1）SISD。SISD 是传统串行计算机的处理方式，硬件不支持任何并行方式，所有指令串行执行。在一个时钟周期内，处理器只能处理一个数据流。很多早期计算机均采用这种处理方式，如单核 ARM 处理器计算机。

（2）SIMD。SIMD 采用一个指令流同时处理多个数据流。最初的阵列处理器或向量处理器都具备这种处理能力。计算机发展至今，几乎所有计算机都以各种指令集形式实现 SIMD。较为常用的有 Intel 处理器中实现的 MMX™、SSE、SSE2、SSE3、SSE4 及高级矢量扩展（Advanced Vector Extension，AVE）等向量指令集。这些指令集能够在单个时钟周期内处理多个存储在寄存器中的数据单元。SIMD 在数字信号处理、图像处理、多媒体信息处理及各种科学计算领域有较多的应用。TI 公司的 DSP 处理器和 Nvidia 公司的 GPU 处理器的计算模式属于 SIMD。

（3）MISD。MISD 采用多个指令流处理一个数据流。这种模式在实际中很少出现，一般只作为一种理论模型。

（4）MIMD。MIMD 能够同时执行多个指令流，这些指令流分别对不同数据流进行处理。其是目前最流行的并行计算模式。目前较常用的多核处理器及 Intel 公司推出的众核处理器都属于 MIMD 的并行计算模式。FPGA 处理单元也可以归为此类。

针对航空电子系统的任务需求，实时高性能计算采用 DSP、FPGA、GPU 等实现，而高安全实时控制采用 CPU 实现。

10.3.3 协处理器

硅工艺朝着物理极限不断迈进，导致由摩尔定律和登纳德定律组成的集成电路传统缩放模型失效。在芯片功耗墙的限制下，人们发现在后登纳德定律时代，芯片设计中存在使用墙问题及由此所观察到的暗硅现象。更进一步地，随着工艺的持续改进，暗硅现象不可避免地急剧恶化，使得芯片设计进入了暗硅时代。

在暗硅时代，芯片上可以在极限时钟频率下翻转的晶体管比例急剧下降，这使芯片上出现了大量无法有效利用的晶体管。这些不断增加的无法使用的晶体管，导致在设计芯片时功耗和能耗与芯片的面积相比更为重要。这种设计思路的转变导致利用暗硅来换取高能量效率的新型体系结构不断涌现，大量集成异构专用协处理器就是其中之一。

单个专用协处理器与通用处理器相比可以提高 10 倍以上的能量效率，使得集成少量专用协处理器的系统能量效率大大提高。但常见的系统具有大量不同的应用负载，为了提高这类系统的能量效率，架构师需要集成大量的异构专用协处理器并调度软件到异构专用协处理器上执行。

1．使用墙问题和暗硅时代

在深亚微米工艺出现之前的 30 多年中，超大规模集成电路的发展几乎严格遵循着经典的摩尔定律和登纳德定律。在这 30 多年中，仅凭借 CMOS 工艺的进步就能使各种运算设备的性能越来越强、体积越来越小，甚至功耗也逐渐降低。工艺每进步一代，晶体管的面积就会减小一半，晶体管的翻转速度也会随着特征尺寸的收缩比例的减小而提升，并且随着供电电压的减小，单个晶体管翻转所需的功耗也会成指数下降。这些变化使得在芯片总功耗近似不变的情况下，在芯片上可以集成 2 倍的晶体管。

在这 30 多年中，设计师可以在处理器中放置越来越多的执行单元、功能部件和采用更加复杂的机制来不断提升处理器的性能，如使用复杂的超标量流水线、乱序执行、线程级前瞻执行、复杂的分支预测等。

产生深亚微米工艺之后情况发生了改变，虽然芯片上集成晶体管的密度还在不断成指数增长，但是单个晶体管翻转所需的功耗不再随特征尺寸的降低成指数下降。这导致了在固定的芯片功耗预算下，可以在最高时钟频率下翻转的晶体管数量占比随工艺的进步成比例下降。这就产生了使用墙问题，且由此能观察到暗硅现象。下文给出了使用墙的含义，并从理论分析、工业界产品观察角度来阐述使用墙问题的合理性和真实存在性。

使用墙问题是指由于功耗的限制，每一次工艺的改进将导致芯片上可以以最高速度翻转的晶体管的比例成指数下降。使用墙问题是由摩尔定律和登纳德定律共同组成的经典缩放模型中的登纳德定律失效造成的。

DRAM 的发明人登纳德在 1974 年指出每一次工艺的改进将带来 S^2（假设晶体管缩放因子为 S，约为 1.4）倍的晶体管，这些晶体管的运行频率可以提高 S 倍，所以在芯片面积相等时，潜在的运算能力将提高 S^3（2.8）倍。与此同时，单个晶体管的电容将降低为原来的 $1/S$，内核电压也降低为原来的 $1/S$。由此计算出芯片上所有晶体管的总功耗不变。总体来看，登纳德定律阐述了两个问题：处理器的计算性能提升并不仅仅受益于数量越来越多的晶体管，也受益于晶体管越来越快的翻转速度。登纳德定律表明，使用新工艺后，同样面积的芯片的功耗几乎不变。

式（10.4）给出了单个晶体管的功耗计算公式。晶体管的功耗由动态功耗、漏流功耗、短路功耗三部分组成。在 130nm 工艺之前，晶体管的功耗主要取决于动态功耗，因此使用新工艺实现的单个晶体管的功耗降低为原来的 $1/S^2$，但是因为在芯片上可以集成原来 S^2 倍的晶体管，所以芯片的总功耗可以维持不变。这就是登纳德定律的第二个结论。

$$p = \frac{1}{2}\alpha C V_{\mathrm{DD}}^2 f + I_{\mathrm{leakage}} V_{\mathrm{DD}} + I_{\mathrm{sc}} V_{\mathrm{DD}} \tag{10.4}$$

在 90nm 工艺之后，晶体管的漏流功耗逐渐占据主导地位。晶体管的漏流主要由三部分组成：亚阈传导漏流、结漏流和栅极漏流。在小电源电压和小阈值电压的芯片上，亚阈传导漏流是晶体管漏流的主要部分，而且会随着阈值电压的不断减小成指数增大。

$$f_{\max} \propto \frac{(V_{\mathrm{DD}} - V_{\mathrm{th}})^2}{V_{\mathrm{DD}}} \tag{10.5}$$

式（10.5）是表征晶体管翻转速度的关系式，可见晶体管的翻转速度与供电电压和阈值电压的差值成正比。因此，为了维持晶体管的翻转速度，V_{DD} 的减小必然引发 V_{th} 的减小。

$$I_{\mathrm{subthreshold}} \propto \exp(-V_{\mathrm{th}} / T) \tag{10.6}$$

式（10.6）是表征亚阈传导漏流的关系式，可见亚阈传导漏流和阈值电压的变化趋势成反方向的指数关系。也就是说当阈值电压减小时，亚阈传导漏流将成指数增长。

综合式（10.5）和式（10.6），为了使亚阈传导漏流维持在可接受的范围内，以获得可以承受的漏流功耗，就不能按照工艺收缩比例减小阈值电压，甚至需要维持阈值电压不变。在这种情况下，为了维持晶体管翻转速度及获得足够的噪声容限，芯片的供电电压也不能按照传统模型的收缩比例减小。供电电压的缓慢减小甚至维持不变将导致芯片整体的功耗快速上升，这会使得登纳德定律失效。登纳德定律缩放参数与后登纳德定律缩放参数对比如表 10.2 所示。

表 10.2　登纳德定律缩放参数与后登纳德定律缩放参数对比

CMOS 晶体管属性	登纳德定律缩放参数	后登纳德定律缩放参数
功耗预算	1	1
芯片面积	1	1
特征尺寸缩小比例（W、L）	$1/S$	$1/S$
晶体管数量变化	S^2	S^2
晶体管频率变化	S	S
晶体管电容变化	$1/S$	$1/S$

续表

CMOS 晶体管属性	登纳德定律缩放参数	后登纳德定律缩放参数
芯片内核电压变化	$1/S$	1
单个晶体管功耗（αFCV^2）	$1/S^2$	1
芯片总功耗（晶体管数 × 单个晶体管功耗）	1	S^2
使用率（1/芯片总功耗）	1	$1/S^2$

由表 10.2 可以得出，后登纳德定律时期给出了在深亚微米工艺下，登纳德定律失效后，各个参数收缩的状况。这里假设芯片的供电电压维持不变，那么芯片上所有晶体管完全翻转的总功耗将变为 S。这样在芯片功耗预算维持不变的前提下，芯片上晶体管的使用率将降低为原来的 $1/S^2$。这是使用墙问题出现的理论基础，也由此开启了后登纳德定律时代。

在后登纳德定律时代，摩尔定律仍然发挥作用。也就是说工艺每进步一代，芯片上的计算资源所提供的潜在性能依旧提高 2.8 倍（晶体管数量增多并且运行速度变快，$S^2 \times S$）。但是在使用墙的限制下，只有 1.4 倍的潜在性能可以得到发挥。其他提供额外性能的晶体管被关断电源或彻底被关断时钟，由此导致了架构师看到的暗硅现象。假设在当前工艺下，芯片上所有的晶体管同时翻转所需的功耗为芯片总功耗且保持不变，那么根据后登纳德定律时期的收缩公式，8 年后芯片上（假设经过 4 代工艺）将有 93.75%的晶体管处于暗硅状态。

2. 适应暗硅的架构研究

使用墙和暗硅的研究工作并非一帆风顺，它们经历了最开始的备受质疑，逐渐被大家接受，然后成为研究热点。本节将描述使用墙问题、暗硅研究的发展过程及其现状。

这里首先探讨功耗墙和使用墙、暗硅研究的区别。尽管人们相应地提出了功耗墙来说明功耗问题的严重性，但是功耗墙研究与使用墙、暗硅研究的侧重点不同，功耗墙研究的侧重点在于芯片的功耗有一个无法逾越的上限，这个上限可能是由芯片散热、稳定性、设备供电或系统架构决定的，使用墙和暗硅研究的侧重点在于，芯片在功耗上限的限制下，未来芯片上的晶体管不可能同时全速翻转。这导致在芯片工作的任意时刻，芯片上都会出现大量的关断电源、关断时钟或降低翻转频率的晶体管。使用墙和暗硅研究表明，如果体系结构没有创新性的突破，那么架构师将无法利用新工艺所提供的大量晶体管资源，同时芯片的性能提升也十分有限。功耗墙的提出促使大量低功耗设计研究出现，而暗硅的提出将导致系统架构发生突破性的改变，暗硅研究重点关注未来的 14nm、8nm 工艺，以及达到物理极限时芯片的架构组织问题。

使用墙问题是 2006 年由加州大学圣迭戈分校（UCSD）的 Michael Taylor 和 Steven Swanson 教授总结发现的，并于 2010 年在 ASPLOS 会议上由 UCSD 的 Michael Taylor 教授和 Steven Swanson 教授团队正式提出而进入人们的视线。在 2010 年的 Hot Chips 会议上 UCSD 将使用墙问题进一步抽象为暗硅。在 2011 年的印度科学大会（ISCA）会议上，华盛顿大学的 Hadi 分析了暗硅时代，并对当前使用的主流架构进行了建模，并在一定程度上分析预测了多核扩展时代将要终结。至此使用墙和暗硅现象才逐渐被人们所接受。在 2012 年 ISCA 会议举办时，UCSD 的 Michael Taylor 教授、Steven Swanson 教授和 Jack

Sampson 一起组织承办了首届暗硅会议。与此同时，在 2012 年的设计自动化会议（DAC）上，UCSD 的 Michael Taylor 教授总结了所有潜在的适应暗硅时代的架构方法，并分析了每一种方法可能遇到的挑战。在这次会议上，Michael Taylor 教授还提出了协处理器主导架构（Coprocessor-Dominated Architecture，CoDA）的概念，2013 年 UCSD 的 Michael Taylor 教授和 Steven Swanson 教授是一期专刊的特邀编辑，该专刊重点讨论了面向暗硅时代的研究。在此之后关于使用墙和暗硅的研究才逐渐成为热点。从发表的文献数量来看，每年关于使用墙和暗硅的文献从 2010 年的几篇逐渐增加到 2013 年的十几篇，于 2014 年发表的重要文献达几十篇。总体来说，目前适应暗硅时代的架构研究有以下 4 个方向：在芯片中集成专用逻辑；使用暗硅扩展核数但是降低部分主频或电压；使用新器件替代 MOS 管；近似计算。

第 11 章 微电子与智能生物

11.1 神经形态器件与人工智能芯片

在过去的几十年里，摩尔定律支持下的冯·诺依曼架构彻底改变了计算，推动了技术革命的每一次进步。冯·诺依曼架构为摩尔定律时代的设计人员提供了一个机会，可以利用微处理器不断增强的处理能力构建各种复杂的计算系统。今天，人们玩游戏、看视频、听音乐、准备文件等都会用到基本相同的系统。这是因为现代计算机仍然主要基于冯·诺依曼架构，这使得计算机有用且易于使用，但它执行数据密集型任务的效率非常低。连接内存和处理器的总线成为数据传输的瓶颈，称为冯·诺依曼瓶颈。为了在大数据时代提高计算系统的性能，人们必须从根本上改变当前的计算方式，不应以计算为中心，而应以数据为中心。

几个世纪以来，世界各地的神经学家和心理学家一直在研究人脑的功能架构，这启发了人工神经网络（Artificial Neural Network，ANN）和机器学习等以数据为中心的计算方法。人脑的特点是：其通过大量并行可重构连接方式（突触或记忆）连接数十亿个神经元（主要处理单元）。突触在实现人脑的学习和适应性方面发挥着非常重要的作用。突触的权重显示了由该突触连接的两个神经元之间的连接强度。在学习阶段，突触的权重根据学习规则以模拟方式变化。图 11.1 所示为人类神经系统与人工神经系统的比较。为了进一步利用人脑的潜在优势和功能，人们需要在硬件上模仿其功能。因此，神经形态器件与人工智能芯片受到了科研工作者的关注。

基于神经形态的计算芯片的研究始于 2011 年。Carver Mead 在这一领域进行了相当多的开创性工作，构建了早期的硅神经元电路。IBM 公司的 TrueNorth 芯片就是这个方向的一个较新的例子，其架构如图 11.2 所示，它有 4096 个内核，由 54 亿个晶体管组成，集成了 100 万个可编程脉冲神经元和 2.56 亿个可配置突触，充分利用了成熟的硅技术。TrueNorth 芯片被证明非常适合多目标检测和分类。Intel 公司在 2017 年发布的 Loihi 芯片有 128 个神经形态核心，每个核心包含 1024 个原始尖峰神经单元，这些单元被分组为树状结构，总共有大约 13.1 万个模拟神经元和近 1.3 亿个突触。与 TrueNorth 芯片不同的是，Loihi 芯片不仅可以实现推理，而且可以实现基于脉冲神经网络的自学习。

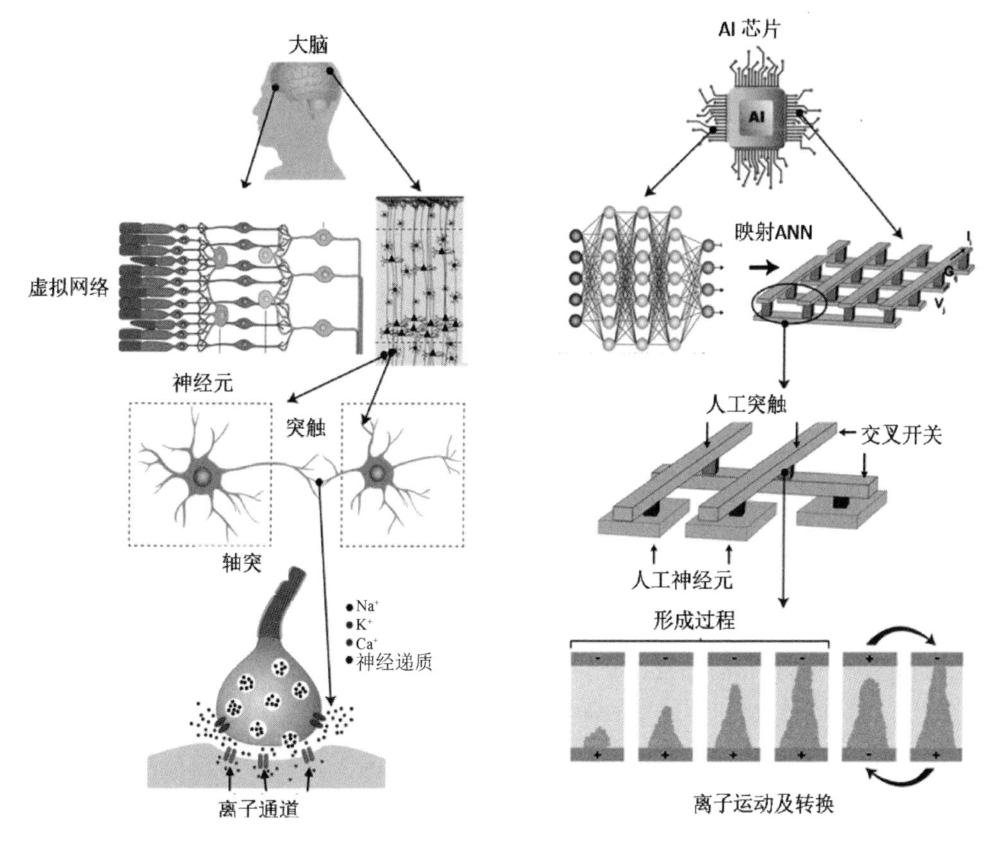

图 11.1　人类神经系统与人工神经系统的比较

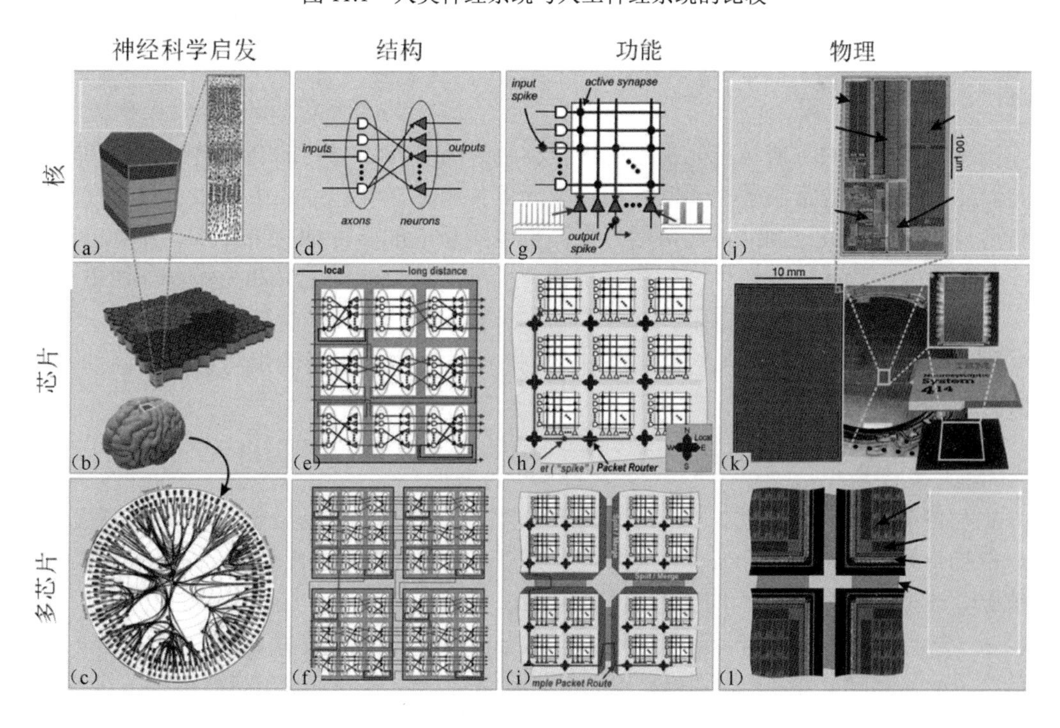

图 11.2　TrueNorth 芯片的架构

然而，基于 CMOS 的方法可能不适用于未来的 AI 应用，因为它们通常具有复杂的电路架构、耗电量大、会占用大量芯片面积，并且在 CMOS 尺寸缩小放缓的情况下，进一步的可扩展性也受到限制。

因此，需要研究新型的神经形态器件实现人工突触和人工神经元来构建更加节能、更加简单的 AI 芯片，非易失性存储器在近几年应运而生。非易失性存储器包括 RRAM（漂移和扩散忆阻器）、PCM、MRAM、铁电场效应晶体管等。这些非易失性存储器的特点为：它们可以很容易地被构建到直接映射 ANN 的交叉点阵列中，每条位线上的电压表示输入电压，通过欧姆定律和基尔霍夫电流定律实现向量矩阵乘法操作。将权重（数据）存储在本地用于内存计算可以为神经网络推理和训练提供强大的并行计算和硬件加速功能。因此，新兴的非易失性存储器在高效神经形态计算方面具有巨大潜力，从而引起了材料科学家、电气工程师、物理学家和计算机科学家的广泛研究。尽管如此，使用现有的非易失性存储器实现 ANN 以进行神经形态计算仍然存在许多挑战，其中许多挑战来自它们不完善的设备性能。例如，RRAM 通常表现出较大的随机性和有限的耐用性，而 PCM 通常表现出不对称切换（增量 SET 和突然 RESET）和电导漂移。其中，一些材料和设备结构方面的缺陷正在得到改善，同时这些缺陷也可以用来模仿生物神经系统的某些功能，如遗忘和随机性。

由于神经形态器件都有自己的优点和缺点，因此人们对神经形态计算的研究大部分处于实验阶段。随着新材料和新技术的涌现，相信在未来会有基于神经形态器件的 AI 芯片得到实际应用。

11.2 智能生物传感器

11.2.1 生物传感器

传感器是能感知（或响应）指定的被测量物并将其按照一定的规律转换为可用输出信号的器件或装置，通常由敏感元器件和转换元器件组成。类似地，生物传感器是指通过产生与待分析物浓度成比例的可测量信号来测量生物反应的一种独立装置，由生物识别元器件（也可称为生物敏感元器件，如酶、抗体、核酸和生物源细胞）和换能器（如电化学电极、光学检测元器件、热敏电阻、场效应晶体管和表面等离子体共振器件）组成。

生物传感器与物理/化学传感器的主要区别在于生物传感器的生物识别元器件是生物物质与仿生物物质。

1．生物传感器的工作原理

生物传感器的工作原理如图 11.3 所示。生物识别元器件对待分析物具有亲和力，其与待分析物特异性相结合时会发生生化反应，从而产生光、声音、pH 或质量变化形式的信号；换能器将生成的信号转换为与待分析物-生物识别元器件相互作用的数量成正比且可测量的信号（如光信号或电信号，这里假设为电信号），该信号由电子仪器进行信号调理（如信号放大、运算调制）并输出，用电极测定其电流或电压，从而换算出待分析物的量或浓度。

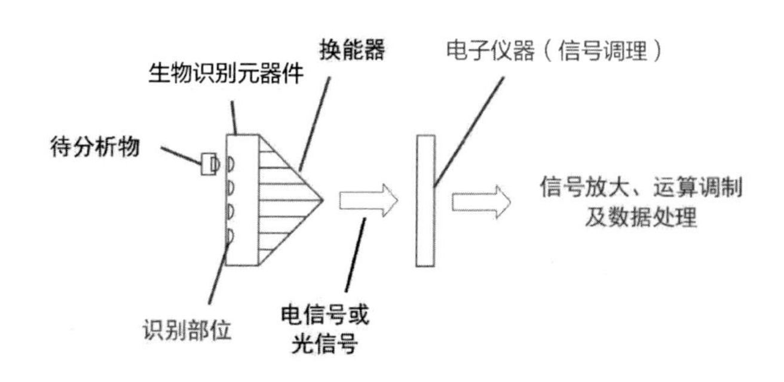

图 11.3　生物传感器的工作原理

2．生物传感器的分类

生物传感器通常有以下三种分类方式。

（1）根据生物传感器输出信号产生方式的不同，可将其分为生物亲合型生物传感器、代谢型或催化型生物传感器。

（2）根据生物传感器信号转换器的不同，可将其分为电化学生物传感器、半导体生物传感器、测光型生物传感器、测热型生物传感器、测声型生物传感器等。

（3）根据生物传感器中生物识别元器件上敏感材料的不同，可将其分为酶传感器、微生物传感器、免疫传感器、细胞器传感器、组织传感器。

生物传感器部分分类图示如图 11.4 所示。

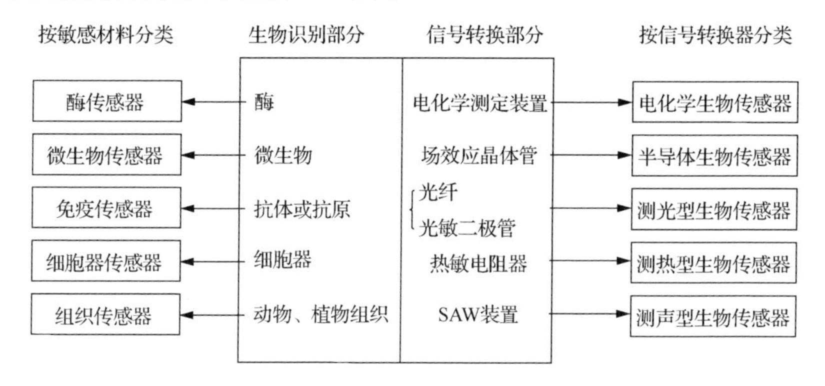

图 11.4　生物传感器部分分类图示

3．生物传感器的优点

生物传感器的优点如下。

（1）根据生物反应的特异性和多样性，理论上人们可以研制出测定所有生物物质的传感器，因而生物传感器的测定范围广泛。

（2）一般不需要进行样品的预处理，因为生物传感器利用本身具备的优良的选择性把样品中被测组分的分离和检测统为一体，测定时一般不需要另加其他试剂，测定过程简便迅速，容易实现自动分析。

（3）体积小、响应快、样品用量少，可以实现连续在线检测。

（4）通常其敏感材料是固定化生物识别元器件，可反复使用。

（5）准确度高，一般相对误差可在 1%以内。

（6）可进行活体分析。

（7）传感器和测定仪的成本远低于大型分析仪器，因而便于推广普及。

（8）有的微生物传感器能可靠地指示微生物培养系统内的供氧状况和副产物的产生，能得到许多需要物理/化学传感器综合作用才能获得的信息。

4．实际案例——UPT 生物传感器

上转换发光技术（Up-Converting Phosphor Technique，UPT）生物传感器用于检测以红外上转换磷光颗粒为标记物的生物反应。红外上转换磷光颗粒由稀土金属元素掺杂于晶体的晶格中形成，在红外线激发下其会发出波长远短于激发光的可见光。基于上转换磷光颗粒的生物传感器具有灵敏度高、灵活性大、特异性强、检测速度快、所需样品量少等特点，适用于核酸及蛋白质等检测。生物样品在特制的试纸条上完成生物反应后，即可用此 UPT 生物传感器进行定量检测。

该生物传感器的主要性能如下。

（1）光源：980nm 红外激光器。

（2）检测灵敏度：优于 100ng/mL。

（3）微机控制工作模式，处理与输出测量结果，并且质量轻、操作简便。

（4）内置计算机，整机体积小（214mm×155mm×187mm）。

（5）所需样品量少，可以实现实时检测。

UPT 生物传感器的主要应用于医学诊断、细菌探测、环境检测、食品检验、生物反应过程的动态监测及药物筛选等。

11.2.2 智能可穿戴生物传感器的应用

智能可穿戴生物传感器是指利用柔性电子技术将有机、无机或有机无机复合（杂化）材料沉积于柔性基底上形成以电路为代表的（光电子）电子元器件及其集成系统，从而实现人体多种信号采集、数据生成与分析的一门新兴科技产物，有时也指具有信息处理功能的生物传感器。智能可穿戴生物传感器具有可变形、便于携带、质量轻、可穿戴、可植入、能实时监测等特性，在航空航天、国防军工、公共安全、医疗健康等多个领域的应用前景广阔。

本节主要介绍几种智能可穿戴生物传感器的应用。

（1）智能伤口敷料的荧光可穿戴生物传感器。

伤口感染的实时监测和临床检测对于改善患者的生活质量和减轻其医疗费用负担至关重要。将集成在伤口敷料上的智能可穿戴生物传感器植入伤口中后，该传感器能够连续监测重要参数，并向临床医生或患者实时反馈伤口状态。这使得临床医生能够迅速做出反应并进行适当的抗菌治疗，而不会影响患者伤口的愈合过程。目前，该传感器包括三种：荧光传感器、色度传感器和电化学传感器。

Thet N.T.等研发了一种带有智能伤口敷料的荧光可穿戴生物传感器，伤口中存在致病性细菌生物膜时该敷料会发出荧光。伤口敷料由水凝胶层组成，该水凝胶层有多个圆柱形孔，直径为 4mm，深 1.5mm，其被固定在聚丙烯伤口敷料膜上，含有羧荧光素的脂质囊泡被密封在伤口敷料的圆柱形孔中。伤口敷料中含量为 2%的琼脂糖可以使大部分荧光染料保留在水凝胶层内，大大减少了从敷料到伤口中的染料。将伤口敷料直接涂在伤口上时，从致病性细菌生物膜释放到渗出物中的致病因子（如细胞毒素）将从伤口扩散到敷料中，并

降解脂质囊泡的膜，释放出荧光染料。用于检测细菌病原体的带有智能伤口敷料的荧光可穿戴生物传感器如图 11.5 所示。

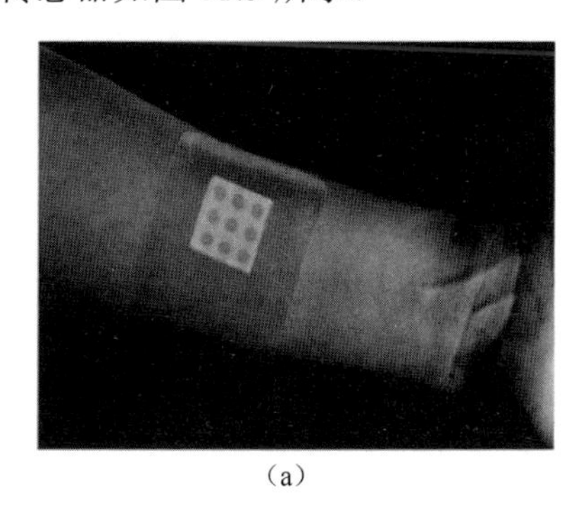

（a）

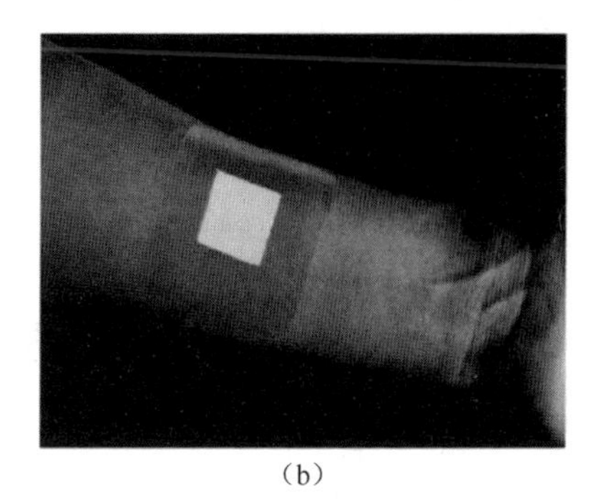

（b）

图 11.5　用于检测细菌病原体的具有智能伤口敷料的荧光可穿戴生物传感器

（2）检测人体汗液的纸基智能可穿戴生物传感器。

纸基智能可穿戴生物传感器通过检测汗液中某些物质的含量和变化来反映被测者的一些生理信息。此外，人体汗液可以很容易地通过全身的汗腺获得，其是集成非侵入性检测的合适介质。纸基智能可穿戴生物传感器如图 11.6 所示。

Laura Ortega 等将一次性生物传感器与在一张小纸上制成的葡萄糖/氧酶燃料电池集成在一起，并将整个检测系统连接到普通尺寸的创可贴上，如图 11.6（a）所示。设备中使用的纸基智能可穿戴生物传感器在吸收汗液后被激活，如图 11.6（b）所示。将纸基智能可穿戴生物传感器直接连接到皮肤上后，皮肤上的汗液被吸入设备中，设备将葡萄糖氧化产生的化学能转换为电能，并能够在无外部电源和复杂的读出设备的情况下监测葡萄糖水平。

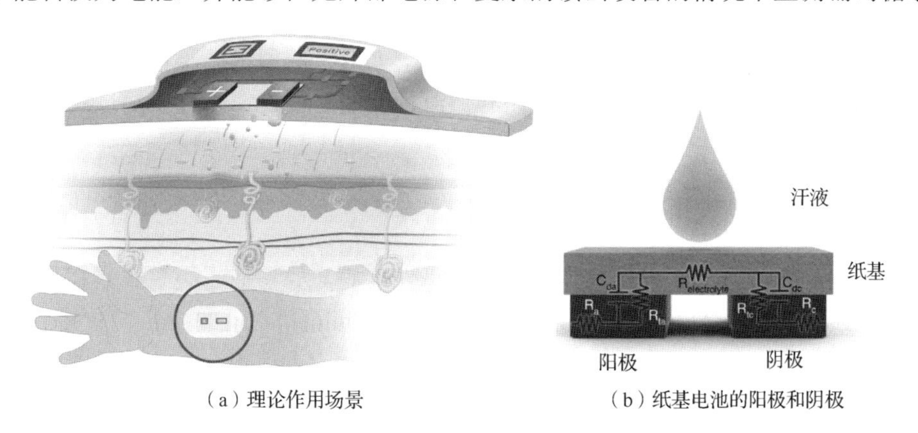

（a）理论作用场景　　（b）纸基电池的阳极和阴极

图 11.6　纸基智能可穿戴生物传感器

（3）基于眼镜结构的智能可穿戴生物传感器。

基于眼镜结构的智能可穿戴生物传感器包含收集眼泪的流体装置、电化学流量检测器、无线电子元器件和眼镜支撑系统。Sempionatto 等集成了微流控电化学检测器件，将其放入基于眼镜结构的内眦部鼻桥垫设计的贴片之中，引流收集泪液后对其中多种生物标志物进行无创检测，如泪液中乙醇、维生素和葡萄糖等含量。与其他泪液检测平台不同，该传感器不仅可以实现无创采集，而且可以实时测量泪液成分，还可以避免直接接触眼表及眼内组织，减少眼部感染及视力受损的可能。

11.3 微流控芯片技术

微型化、集成化和智能化是现代科技发展的一个重要趋势。微流控芯片技术是把生物、化学、医学分析过程中的样品制备、反应、分离、检测等基本操作单元集成到一块微米尺度的芯片上，自动完成分析全过程，已经发展成为高度学科交叉（如化学、生物、医学、流体力学、机械电子、仪器科学）的崭新研究领域。微流控芯片技术以芯片为操作平台，以分析化学为基础，以微机电加工技术为依托，以微管道网络为结构特征，以生命科学为主要应用对象，是当前微型全分析系统领域发展的重点。

20 世纪 90 年代，微流控芯片技术的应用大多集中在化学分析领域，早期的学者称其为微型全分析系统，后来微流控芯片技术越来越多地应用在生物技术领域中。2000 年，微流控芯片技术有了更深层次的发展。在 PDMS 软光刻技术提出一年之后，微流控领域的著名期刊 *Lab on a chip* 创刊；2002 年，一篇明确以“微流控芯片大规模集成”为题目的文章在 *Science* 中发表，四年以后，一系列介绍微流控芯片的专题文章被发表在 *Nature* 上，“微流控芯片实验室”这一研究方向已经被推向了研究的前沿，单细胞分析、药物传输、疾病诊断、血糖监测、光学应用、细菌检测、信息科学等方面的研究得以开展。微电子芯片集成的单元部件越来越多，且集成规模越来越大，使微流控芯片有强大的集成性，可并行式处理大量样品，具有集成度高、精度高、通量高、反应分析快、物耗少、污染小等特点。由于微流控芯片在生物、化学、医学等领域发挥了巨大潜力，因此其已经发展成为一个微电子、电子信息、生物、化学、医学、材料、机械等多个学科交叉的崭新研究领域。Quake 等研制出了一个高集成度的微流控芯片，其包含成千上万个微型机械阀和上百个独立的微腔室，形成了一个比较器阵列的微流控电路和微流控存储装置，在高通量筛选和新型液体显示等领域具有广阔的应用前景。

11.3.1 基于微流控的即时诊断

随着人口的快速增长，世界范围内的非传染性疾病（如癌症、心脏病）和传染性疾病（如 SARS）微流控检测分析芯片是新一代即时检测（Point of Care Testing，POCT）的主流技术，也是体外诊断（In Vitro Diagnosis，IVD）最重要的表现形式，特别是在疾病的诊断和检测方面具有重要的应用和研究价值。基于微流控芯片的 POCT 设备具有检测速度快、精度高、便于携带、样品消耗量少和成本低等优点。微流控芯片技术可满足从生物小分子到细胞的不同尺度对象的检测需求，并可通过在后端耦合光、电、热等形式的检测器和读数装置，实现检测流程的自动化和检测结果的信息化。2003 年《福布斯》杂志把这项技术评为影响人类未来的 15 件最重要的发明之一。近年来微流控芯片技术已日趋成为 POCT 领域的研究热点和核心技术。

由于微流控芯片的集成度高，微流控仪器往往具有操作简便、价格相对便宜、小而轻、能迅速出结果等优势。但是由于传统的手式检测仪器更加成熟，在单位时间内可以检测更多的样本，因此基于微流控芯片技术的产品也面临着传统的手式检测仪器的强大的竞争压力。随着分级诊断的普及，对于基层社区医院而言，低成本、易于操作且能快速出结果的微流控仪器的优势也逐渐凸显了出来。

纸基微流控芯片在 2007 年由 Whitesides 课题组提出。纸基微流控芯片的蛋白质和葡萄糖检测结果如图 11.7 所示。近年来纸基微流控芯片在各个领域（如医疗诊断、食品安全检测、环境分析及细胞培养等领域）获得了越来越多的关注。纸基微流控芯片通常可以利用 PDMS 或光刻胶等在纸表面加工出各种各样的疏水图形或通道。基于光刻或 PDMS 绘制等工艺加工纸基微流控芯片，往往需要光刻机、光刻胶及昂贵的喷绘打印机等设备。同时光刻胶往往很难被去除干净，残留在纸基微流控芯片上的光刻胶还会影响检测结果。然而普通的喷蜡打印工艺仍然需要喷蜡打印机，这种设备在资源有限的偏远地区不容易获得。基于丝网印刷工艺加工纸基微流控芯片的方法较为简单，材料容易获得，且不需要昂贵的设备。基于纸基微流控芯片的诊断检测具有成本低、易操作、一次性等优点，在 POCT 领域获得了越来越多的研究者的关注。基于胶体金技术的试纸条已经被用来检测蛋白或抗体。然而它只适合单步操作，因而具有较低的灵敏度。为解决上述问题，可以通过金或银纳米颗粒的增强反应来放大检测后的化学信号，或者通过酶反应得到灵敏度较高的检测信号。然而信号放大和酶反应的操作过程往往需要多步复杂的反应，在纸基微流控芯片上实现这些操作的关键在于精确控制流体在芯片中的流动时间或方式。可见，纸基微流控芯片在生态保护、环境检测、食品安全和人类健康等领域具有重要的研究和应用价值。

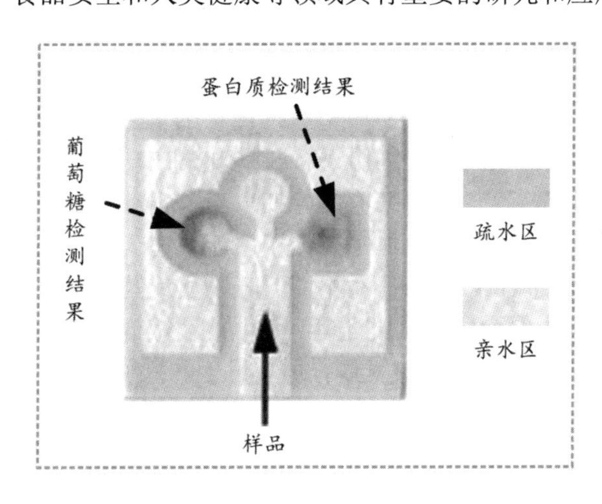

图 11.7 纸基微流控芯片的蛋白质和葡萄糖检测结构

11.3.2 细胞操控和材料合成微流控芯片

细胞操控和材料合成微流控芯片是对哺乳动物细胞及其微环境进行操控的最为重要的技术平台，该技术有望大规模替代小白鼠等动物实验，用于验证候选药物，以及开展药物毒理和药理作用研究，实现个体化治疗。为实现细胞分选和单个细胞捕获等功能，传统的技术手段（如荧光激活细胞分选技术）往往具有设备昂贵、检测流程烦琐、需要样品标记和样品消耗量大等缺点，而微流控芯片技术可以在几十微米的微通道中操控流体，在细胞分选和单细胞捕获等方面具有显著优势，如样品容量小、分析时间短及芯片尺寸小等，在化学合成、单细胞分析、医疗诊断和组织工程等多个领域中具有巨大的应用潜力。基于微流控芯片技术进行细胞分选和单细胞捕获已被广泛研究和报道。微流控细胞分选技术可分为基于外加场及结构设计（如确定性侧向位移方法）等技术。英国萨里大学的 Hughes 等利用介电泳力实现了对红细胞和癌细胞的高通量分选。微流控单细胞捕获技术可分为接触式和非接触式。非接触式包括光场、磁场和电场等，接触式包括微孔结构、黏附剂和凝胶结构等。磁场式需要样品标记等烦琐的样品处理；微孔结构式限制了细胞的生长空间；利用光场等方式把细胞捕获至能量比较高的区域，易对细胞产生不利影响。交流电场下的负介电泳力具有选择性好、易于控制和无须外加标记等优点，且可以将细胞捕获至电场能量最低的位置。

可以结合双极性电化学解决在电场下难以大规模操控单个细胞的问题。19 世纪 60 年代，Fleischmann 提出了流化床电极的概念，这是双极性电极最早的雏形。双极性电极是指一个不与外电源相连的浸入阳极与阴极间电解质中的导体。双极性电极被广泛应用于材料制备和组装、分析检测与富集等领域。将双极性电极放置于微流体通道中，施加一定的驱动——DC 电势后，溶液中会形成一个电势降。双极性电极是一个等势体，上面的电势是相同的，这样在双极性电极与溶液界面上会形成一个过电势。双电层在双极性电极的两端形成，当双极性电极上的过电势足够大时，将会发生电化学反应。基于双极性电极的特性，Crooks 提出了一个含有 1000 个双极性电极的电化学阵列，通过两个激发电极可以驱动每个双极性电极发生电化学反应。当施加的驱动电压为一个高频的交流电信号而非直流电信号时（电场的频率高于氧化还原反应中电子转移的速率），电化学反应将被抑制，双极性电极两端的双电层将会产生电容器充放电效应。双极性电极边缘的电场强度最大，中间区域的电场强度最小。可以通过更改双极性电极的尺寸来调整电场的分布。此外，在单细胞的捕获完成后，还需要对单个细胞进行长期观察或培养。为实现营养物质或药物的及时混合与输送、代谢废物运送及对细胞的长期培养等多种功能，还需结合具有混合和运输功能的部件。而微流控芯片中的流体主要处于层流状态，依靠传统的混合方式很难得到较好的混合效果。因此需借助微混合器对不同营养物质或药物进行及时混合与输送。微混合器主要分为被动微混合器和主动微混合器，其中被动微混合器的结构通常比较复杂，而在主动微混合器中，交流电动微混合器具有加工方便、操作简单的优点，应用比较广泛。因为常用的生物溶液属于高电导率溶液，所以需要采用交流电热机理设计微混合器，进而实现生物溶液或药物的混合。关于将双极性电化学和介电泳相结合对单细胞进行大规模捕获的研究不多，且缺乏系统性，没有涉及营养物质或药物的及时混合与输送、代谢废物运送，以及对细胞的长期培养等研究。此外，对细胞的捕获是基于正介电泳力将细胞控制在电场强度较大的位置，会对细胞产生不可预测的伤害。通过集成交流电热微混合部件和双极性电极阵列可实现营养物质或药物的及时混合与输送、代谢废物运送及对细胞的长期培养等多种功能，具有重要意义和研究价值。用于细胞捕获和长期培养的微流控芯片系统如图 11.8 所示。

微流控液滴芯片应用于基础材料的合成和筛选中。微流控液滴芯片可被看作一种重要的微反应器，它以液滴为主要特征，在高通量药物筛选、材料合成和单细胞测序等领域有巨大的应用潜力。香港大学的 Wang 等利用微流控液滴芯片进行仿生设计并制备出了具有空穴的微纤维，应用微纤维可以对空气中的水分子进行大规模收集。面向水收集的微纤维制备芯片如图 11.9 所示。这种仿生的具有空穴的微纤维具有表面粗糙度可控、机械强度高、耐用性好等特点。

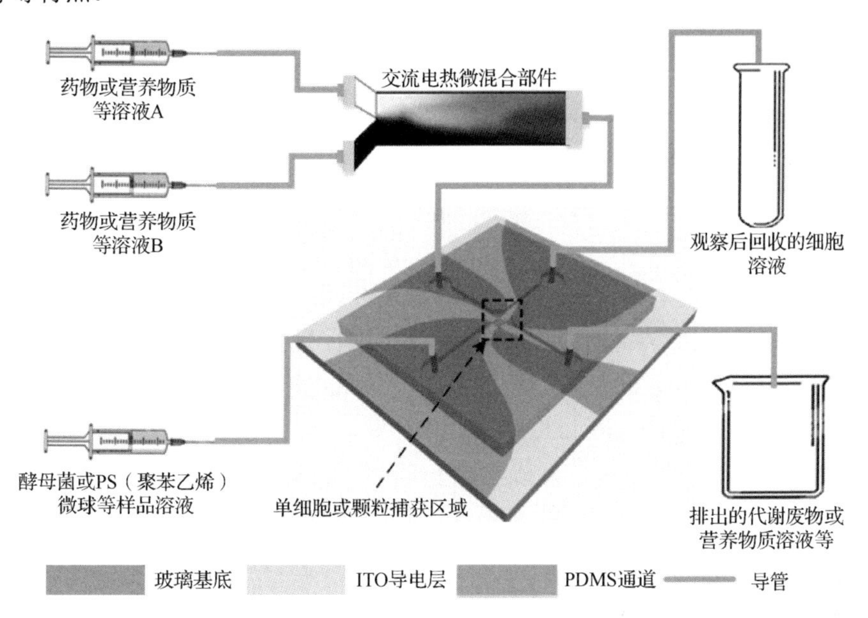

图 11.8　用于细胞捕获和长期培养的微流控芯片系统

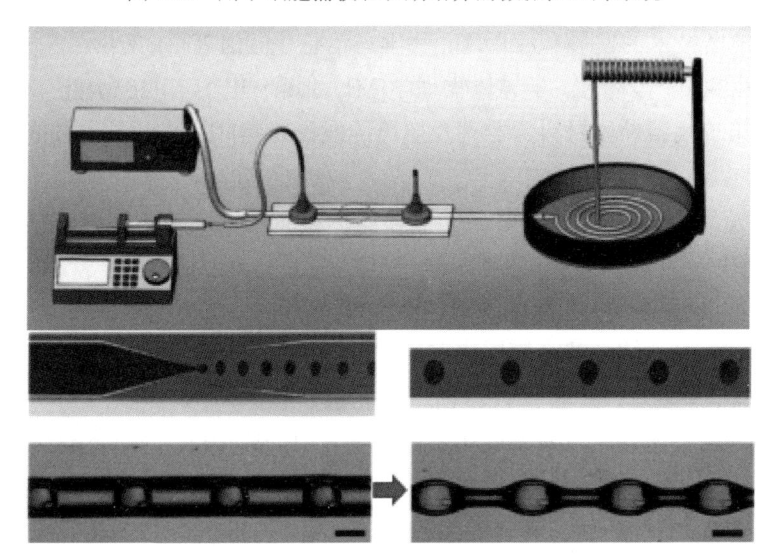

图 11.9　面向水收集的微纤维制备芯片

一个成熟的微流控产品往往需要配套使用试剂、核心的微流控芯片、芯片驱动平台、光电检测模块、信号处理模块及人机交互的软件系统等组件。对于一个成熟的产业链而言，一个复杂产品的不同组件是由不同公司大规模生产出来的，此复杂产品是由某个掌握一个或几个核心技术的公司对不同组件进行组装而得到的。这里最典型的代表就是智能手机。目前资金再雄厚的公司也没办法把所有组件的产业线全部掌握在自己手中。在微流控产业化中，产品缺乏相应的标准化和规范化。

参考文献

[1] 刘振宇, 樊可. 自主装备助力打造中国“芯”[J]. 现代国企研究, 2018(11): 32-40.

[2] 于海燕（摘编）. 硅谷创业先驱系列（三）：集成电路共同发明人：罗伯特·诺伊斯[J]. 微型计算机, 2005(21): 150-151.

[3] 郭善渡. 信息技术教育 40 年回顾与思考（三）：应对摩尔定律[J]. 中国信息技术教育, 2018(20): 85-86.

[4] 王阳元, 张兴. 面向 21 世纪的微电子技术[J]. 世界科技研究与发展, 1999(4): 4-11.

[5] 刘敏. 微电子封装技术及发展探析[J]. 科学与信息化, 2018(8): 119, 121.

[6] 王鹏懿. 浅析微电子制造技术及其发展[J]. 通讯世界, 2018(2): 24-25.

[7] 邓哲. 微电子技术的发展和应用[J]. 科学与信息化, 2017(33): 3, 6.

[8] 刘恩科, 朱秉升, 罗晋生. 半导体物理学[M]. 北京: 电子工业出版社, 2011.

[9] 李和委. 第二代半导体材料、器件及电路的发展趋势[J]. 世界产品与技术, 2003, (11): 36-39.

[10] 柳滨, 杨元元, 王东辉, 等. 第三代半导体材料应用及制造工艺概况[J]. 电子工业专用设备, 2016, 45(1): 1-9, 14.

[11] 郝跃, 贾新章, 董刚, 等. 微电子概论[M]. 北京: 电子工业出版社, 2011.

[12] 邢如萍. 玻尔原子结构理论的历史重构[J]. 科学技术哲学研究, 2014, 31(1): 76-80.

[13] 张兴, 黄如, 刘晓彦. 微电子学概论[M]. 北京: 北京大学出版社, 2000.

[14] 黄永义. 泡利不相容原理的发现和在近代物理中的应用[J]. 现代物理, 2013(3): 90-97.

[15] 施敏, 伍国珏. 半导体器件物理[M]. 3 版. 耿莉, 张瑞智, 译. 西安: 西安交通大学出版社, 2008.

[16] 孟庆巨, 刘海波, 孟庆辉. 半导体器件物理[M]. 2 版. 北京: 科学出版社, 2009.

[17] Neamen D A. 半导体物理与器件[M]. 3 版. 赵毅强, 姚素英, 解晓东, 等译. 北京: 电子工业出版社, 2010.

[18] 尹坤. PXIe 集成电路测试系统多通道同步技术研究与实现[D]. 成都: 电子科技大学, 2020.

[19] 陈昆, 刘丹. 集成电路测试技术研究[J]. 电子元器件与信息技术, 2020, 4(8): 12-14.

[20] 吕俊霞. 集成电路的检测方法[J]. 电子质量, 2011(3): 10-12.

[21] 佚名. 第 18 届中国半导体封装测试技术与市场年会圆满闭幕[J]. 电子工业专用设备, 2020, 49(6): 64-65.

[22] 陆燕菲. 集成电路封装技术现状分析与研究[J]. 电子技术, 2020, 49(8): 8-9.

[23] 毕锦栋, 林长苓. 集成电路封装技术可靠性探讨[J]. 电子产品可靠性与环境试验, 2008, 26(6): 34-38.

[24] 喻尤芬. 浅谈集成电路封装技术的发展[J]. 数码世界, 2018(6): 231.

[25] 刘俊, 段方, 张子杨. 半导体集成电路先进封装技术专利战略研究[J]. 中国集成电路, 2021, 30(11): 82-89.

[26] 管秀君, 闫华. 数字集成电路的设计方法[J]. 试验技术与试验机, 2002(22): 61-62.

[27] 魏惠芳. 集成电路版图设计中的失配问题研究[J]. 电子元器件与信息技术, 2020, 4(11): 3-4, 6.

[28] 王琪. 半定制集成电路的设计[J]. 信息技术与标准化, 2006(5): 31-35.

[29] 李昀, 韩月秋. 采用标准单元法的 ASIC 设计实例[J]. 微电子学, 2003(5): 369-372.

[30] 刘忠立, 赵凯. FD-SOI 的优点及在中国发展的机遇[J]. 微处理器, 2015, 36(2): 1-3, 6.

[31] 张苗, 竺士炀, 林成鲁. 智能剥离: 有竞争力的 SOI 制备新技术[J]. 物理, 1997, 26(3): 155-159.

[32] Kim S W, Choi W Y, Sun M C, et al. Design guideline of Si based L shaped tunneling field effect transistors[J]. Japanese Journal of Applied Physics, 2012, 51(6): 501-504.

[33] Kim S W, Kim J H, Liu T J K, et al. Demonstration of L-shaped tunnel field-effect transistors[J]. IEEE Transactions on Electron Devices, 2016, 63(4): 1774-1778.

[34] Wang W, Wang P F, Zhang C M, et al. Design of U-Shape channel tunnel FETs with SiGe source regions[J]. IEEE Transactions on Electron Devices, 2014, 61(1): 193-197.

[35] Hoffmann M, Fengler F, Herzig M, et al. Unveiling the double-well energy landscape in a ferroelectric layer[J]. Nature, 2019, 565(7740): 464-467.

[36] Zhou J R, Han G Q, Li Q L, et al. Ferroelectric HfZrOx Ge and GeSn PMOSFETs with Sub-60 mV/decade subthreshold swing, negligible hysteresis, and improved ids [C]. IEEE International Electron Devices Meeting, 2016: 310-313.

[37] 周久人. 基于铁电材料的负电容场效应晶体管研究[D]. 西安: 西安电子科技大学, 2019.

[38] 廖俊懿, 吴娟霞, 党春鹤, 等. 二维材料的转移方法[J]. 物理学报, 2021, 70(2): 227-243.

[39] Castellanos-Gomez A, Buscema M, Molenaar R, et al. Deterministic transfer of two-dimensional materials by all-dry viscoelastic stamping[J]. 2D Materials, 2014, 1(1): 011002.

[40] Li H, Wu J, Huang X, et al. A universal, rapid method for clean transfer of nanostructures onto various substrates[J]. ACS Nano, 2014, 8(7): 6563-6570.

[41] Wu F, Tian H, Shen Y, et al. Vertical MoS_2 transistors with sub-1-nm gate lengths[J]. Nature, 2022, 603(7900): 259-264.

[42] Sarkar D, Xie X, Liu W, et al. A subthermionic tunnel field-effect transistor with an atomically thin channel[J]. Nature, 2015, 526(7571): 91-95.

[43] Wang X L, Yu P, Lei Z D, et al. Van der Waals negative capacitance transistors[J]. Nature Communications, 2019, 10(1): 1-8.

[44] 佚名. 全球首款基于二硫化钼二维材料的微处理器芯片诞生[J]. 新材料产业, 2017(5): 76.

[45] Liu L, Liu C, Jiang L, et al. Ultrafast non-volatile flash memory based on van der Waals heterostructures[J]. Nature Nanotechnology, 2021, 16(8): 874-881.

[46] Wang M, Cai S, Pan C, et al. Robust memristors based on layered two-dimensional materials[J]. Nature Electronics, 2018, 1(2): 30-136.

[47] Ge R, Wu X, Kim M, et al. Atomristor: Nonvolatile resistance switching in atomic sheets of transition metal dichalcogenides[J]. Nano Letters, 2018, 18(1): 434-441.

[48] Kim M, Pallecchi E, Ge R, et al. Analogue switches made from boron nitride monolayers for application in 5G and terahertz communication systems[J]. Nature Electronics, 2020, 3(8): 479-485.

[49] Shi Y, Liang X, Yuan B, et al. Electronic synapses made of layered two-dimensional materials[J]. Nature Electronics, 2018, 1(8): 458-465.

[50] 徐春燕, 南海燕, 肖少庆, 等. 基于二维半导体材料光电器件的研究进展[J]. 电子与封装, 2021, 21(3): 71-85.

[51] Yin Z Y, Li H, Li H, et al. Single-Layer MoS_2 Phototransistors[J]. ACS Nano, 2012, 6(1): 74-80.

[52] Buscema M, Groenendijk D J, Blanter S I, et al. Fast and broadband photoresponse of few-layer black phosphorus field-effect transistors [J]. Nano Letters, 2014, 14(6): 3347-3352.

[53] Wu J, Koon G K W, Xiang D, et al. Colossal ultraviolet photoresponsivity of few-layer black phosphorus[J]. ACS Nano, 2015, 9(8): 8070-8077.

[54] Britnell L, Ribeiro R M, Eckmann A, et al. Strong light-matter interactions in heterostructures of atomically thin films[J]. Science, 2013, 340(6138): 1311-1314.

[55] Roy K, Padmanabhan M, Goswami S, et al. Graphene–MoS_2 hybrid structures for multifunctional photoresponsive memory devices[J]. Nature Nanotechnology, 2013, 8(11): 826-830.

[56] Mennel L, Symonowicz J, Wachter S, et al. Ultrafast machine vision with 2D material neural network image sensors[J]. Nature, 2020, 579(7797): 62-66.

[57] 王根旺, 侯超剑, 龙昊天, 等. 二维半导体材料纳米电子器件和光电器件[J]. 物理化学学报, 2019, 35(12): 1320-1340.

[58] 王爽, 梁世军, 缪峰. 二维材料类脑器件[J]. 物理, 2022, 51(5): 319-327.

[59] 庞博, 胡小光, 王泽龙, 等. 转印技术及其在柔性电子中的应用[J]. 机电工程技术, 2019, 48(10): 145-149.

[60] 冯雪. 柔性电子技术[M]. 北京: 科学出版社, 2021.

[61] 黄维. 柔性电子技术将带动万亿元市场[J]. 网印工业, 2017(1): 60-61.

[62] 于翠屏, 刘元安, 李杨柳, 等. 柔性电子材料与器件的应用[J]. 物联网学报, 2019, 3(3): 102-110.

[63] Pan Z X, Guo C, Wang X C L, et al. Wafer-scale Mico-LEDs transferred onto an adhesive film for planar and flexible displays[J]. Advanced Materials Technologies, 2020, 5(12): 2000549.

[64] Sun W C, Li F, Tao J, et al. Micropore filling fabrication of high resolution patterned PQDs with a pixel size less than 5 μm[J]. Nanoscale, 2022, 14(16): 5994-5998.

[65] Guo S, Wu K, Li C, et al. Integrated contact lens sensor system based on multifunctional ultrathin MoS_2 transistors[J]. Matter, 2020, 4(3): 969-985.

[66] Guo S Q, Yang D, Zhang S, et al. Development of a cloud-based epidermal $MoSe_2$ device for hazardous gas sensing[J]. Advanced Functional Materials, 2019, 29(18): 1900138.

[67] Li L H, Chen Z G, Hao M M, et al. Moisture-driven power generation for multifunctional flexible sensing systems[J]. Nano Letters, 2019, 19(8): 5544-5552.

[68] Hu X L, Tian M W, Xu T L, et al. Multiscale disordered porous fibers for self-sensing and self-cooling integrated smart sportswear[J]. ACS Nano, 2019, 14(1): 559-567.

[69] Jiang Y W, Zhang Z T, Wang Y X, et al. Topological supramolecular network enabled high-conductivity, stretchable organic bioelectronics[J]. Science, 2022, 375(6587): 1411-1417.

[70] Biggs J, Myers J, Kufel J, et al. A natively flexible 32-bit Arm microprocessor[J]. Nature, 2021, 595(7868): 532-536.

[71] Myny K. The development of flexible integrated circuits based on thin-film transistors[J]. Nature Electronics, 2018, 1(1): 30-39.

[72] 赵争鸣, 刘建政, 孙晓瑛, 等. 太阳能光伏发电及其应用[M]. 北京: 科学出版社, 2005.

[73] 王炳忠. 太阳辐射能的测量与标准[M]. 北京: 科学出版社, 1988.

[74] 陈龙, 王明根. 紫外线辐射引起的家畜皮肤及眼病[J]. 黑龙江畜牧兽医, 1991 (2): 25-26.

[75] 相文峰, 胡明皓, 蔡天宇, 等. NiO/Ni 纳米线阵列紫外线电探测器的设计[J]. 大学物理实验, 2017, 30(6): 18-21.

[76] 杨莲红, 张保花, 郭福强, 等. 肖特基型 β-Ga2O3 日盲紫外线电探测器[J]. 电子学报, 2020, 48(6): 1240-1243.

[77] 支鹏伟, 容萍, 任帅, 等. g-C3N4/CdS 异质结紫外：可见光电探测器的制备及其性能研究[J]. 光子学报, 2021, 50(9): 252-259.

[78] 胡伟达, 李庆, 陈效双, 等. 具有变革性特征的红外线电探测器[J]. 物理学报, 2019, 68(12): 7-41.

[79] 许航瑀, 王鹏, 陈效双, 等. 二维半导体红外线电探测器研究进展（特邀）[J]. 红外与激光工程, 2021, 50(1): 155-168.

[80] Bullmore E, Sporns O. The economy of brain network organization[J]. Nature Reviews

Neuroscience, 2012, 13(5): 336-349.
[81] Mead C. Neuromorphic electronic systems[J]. In Proceedings of the IEEE, 1990, 78(10): 1629-1636.
[82] Maass W. Networks of spiking neurons: The third generation of neural network models[J]. Neural Networks, 1997, 10(9): 1659-1671.
[83] Ghosh-Dastidar S, Adeli H. A new supervised learning algorithm for multiple spiking neural networks with application in epilepsy and seizure detection[J]. International Journal of Neural Systems, 2009, 22(19): 1419-1431.
[84] Tavanaei A, Ghodrati M, Kheradpisheh S R, et al. Deep learning in spiking neural networks[J]. Neural Networks, 2019, 111: 47-63.
[85] Mead C. Neuromorphic electronic systems[J]. Proceedings of the IEEE, 78(10): 1629-1636.
[86] Mead C. Analog VLSI and Neural Systems[M]. Boston, MA: Addison-Wesley Longman Publishing Co., Inc., 1989.
[87] Douglas R, Mahowald M, Mead C. Recurrent excitation in neocortical circuits[J]. Science,1995, 269(5226):981-985.
[88] Merolla P A, Arthur J V, Alvarez-Icaza R, et al. A million spiking-neuron integrated circuit with a scalable communication network and interface[J]. Science, 2014, 345(6197): 668-673.
[89] Yang J J, Pickett M D, Li X, et al. Memristive switching mechanism for metal/oxide/metal nanodevices[J]. Nature Nanotechnology, 2008, 3(7): 429-433.
[90] Wang Z R, Joshi S, Savel'ev S E, et al. Memristors with diffusive dynamics as synaptic emulators for neuromorphic computing[J]. Nature Materials, 2017, 16:101-108.
[91] Burr G W, Breitwisch M J, Franceschini M, et al. Phase change memory technology[J].Journal of Vacuum Science and Technology B, 2010, 28(2): 223-262.
[92] Kent A D, Worledge D C. A new spin on magnetic memories[J]. Nature Nanotechnology, 2015, 10:187-191.
[93] Setter N, Damjanovic D, Eng L, et al. Ferroelectric thin films: Review of materials, properties, and applications[J]. Journal of Applied Physics, 2006, 100(5): 051606.
[94] Tang J, Yuan F, Shen X, et al. Bridging biological and artificial neural networks with emerging neuromorphic devices: Fundamentals, progress, and challenges[J]. Advanced Materials, 2019, 31(49):1902761.1-1902761.33.
[95] Bhalla N, Jolly P, Formisano N, et al. Introduction to biosensors [J]. Essays in Biochemistry, 2016, 60(1): 1-8.
[96] 佚名. UPT 系列生物传感器[J]. 传感器世界, 2009, 15(8): 47.
[97] Gao W, Ota H, Kiriya D, et al. Flexible electronics toward wearable sensing[J]. Accounts of Chemical Resarch, 2019, 52(3): 523-533.
[98] 樊倩, 王雁, 段学欣, 等. 智能生物传感器在眼科学领域的应用研究进展[J]. 眼科新

进展, 2021, 41(5): 484-487.

[99] Mohamed Salleh N A B, Tanaka Y, Sutarlie L, et al. Detecting bacterial infections in wounds: A review of biosensors and wearable sensors in comparison with conventional laboratory methods [J]. The Analyst, 2022, 147(9): 1756-1776.

[100] Thet N T, Alves D R, Bean J E, et al. Prototype development of the intelligent hydrogel wound dressing and its efficacy in the detection of model pathogenic wound biofilms [J]. ACS Applied Materials & Interfaces, 2016, 8(24): 14909-14919.

[101] Yao Z, Coatsworth P, Shi X, et al. Paper-based sensors for diagnostics, human activity monitoring, food safety and environmental detection [J]. Sensors & Diagnostics, 2022, 1(3): 312-342.

[102] Ortega L, Llorella A, Esquivel J P, et al. Self-powered smart patch for sweat conductivity monitoring [J]. Microsystems & Nanoengineering, 2019, 5(1): 3.

[103] Sempionatto J R, Brazaca L C, Garcia-Carmona L, et al. Eyeglasses-based tear biosensing system: Non-invasive detection of alcohol, vitamins and glucose [J]. Biosensors and Bioelectronics, 2019, 137: 161-170.

[104] Whitesides G M. The origins and the future of microfluidics [J]. Nature, 2006, 442(7101): 368-373.

[105] Thorsen T, Maerkl S J, Quake S R. Microfluidic large-scale integration [J]. Science, 2002, 298(5593): 580-584.

[106] Torrente-Rodriguez R M, Lukas H, Tu J B, et al. SARS-CoV-2 RapidPlex: A graphene-based multiplexed telemedicine platform for rapid and low-cost COVID-19 diagnosis and monitoring [J]. Matter, 2020, 3 (6): 1981-1998.

[107] Lin Q Y, Wen D H, Wu J, et al. Microfluidic immunoassays for sensitive and simultaneous detection of IgG/IgM/Antigen of SARS-CoV-2 within 15 min [J]. Analytical Chemistry, 2020, 92 (14): 9454-9458.

[108] Seo G, Lee G, Kim M J, et al. Rapid detection of COVID-19 causative virus (SARS-CoV-2) in human nasopharyngeal swab specimens using field-effect transistor-based biosensor [J]. ACS Nano, 2020, 14 (4): 5135-5142.

[109] Martinez A W, Phillips S T, Butte M J, et al. Patterned paper as a platform for inexpensive, low-volume, portable bioassays[J]. Angewandte Chemie International Edition, 2007, 46(8): 1318-1320.

[110] Yelleswarapu V, Buser J R, Haber M, et al. Mobile platform for rapid sub-picogram-per-milliliter, multiplexed, digital droplet detection of proteins [J]. Proceeding of the National Academy of Sciences United States of America, 2019, 116(10): 4489-4495.

[111] 乔苗苗, 刘婷, 金庆辉, 等. 基于微流控芯片三维细胞团的构建和培养[J]. 传感器与微系统, 2020, 39(9): 13-15.

[112] Olofsson K, Hammarström B, Wiklund M. Acoustic separation of living and dead cells using

high density medium [J]. Lab on A Chip, 2020, 20(11): 1981-1990.

[113] Faraghat S A, Hoettges K F, Steinbach M K, et al. High-throughput, low-loss, low-cost, and label-free cell separation using electrophysiology-activated cell enrichment [J]. Proceeding of the Natl Academy of Sciences United States of America, 2017, 114 (18): 4591-4596.

[114] Fosdick S E, Knust K N, Scida K, et al.Bipolar electrochemistry [J]. Angewandte Chemie International Edition, 2013, 52 (40): 10438-10456.

[115] Li M, Anand R K. High-throughput selective capture of single circulating tumor cells by dielectrophoresis at a wireless electrode array [J]. Journal of the American Chemical SoCiety, 2017, 139 (26): 8950-8959.